U0303526

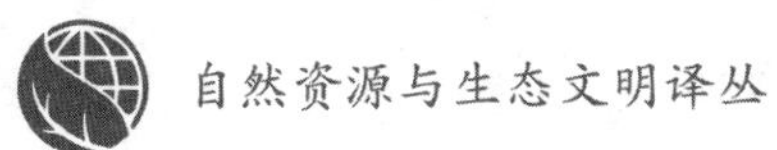

海洋和海岸带资源管理

原则与实践

［英］大卫·R. 格林
［美］杰弗里·L. 佩恩 编

相文玺 曹英志 魏莱 译

MARINE AND COASTAL RESOURCE MANAGEMENT

Principles and Practice

David R. Green Jeffrey L. Payne

MARINE AND COASTAL RESOURCE MANAGEMENT

Principles and Practice

1st Edition

9781849712903

edited by Green，David R.；Payne，Jeffrey L.

Authorised translation from the English language edition published by Routledge，a member of the Taylor & Francis Group.

中文版经泰勒·弗朗西斯出版集团授权

根据泰勒·弗朗西斯出版集团旗下劳特里奇出版社 2017 年平装本译出

“自然资源与生态文明”译丛
“自然资源保护和利用”丛书
总序

（一）

新时代呼唤新理论，新理论引领新实践。中国当前正在进行着人类历史上最为宏大而独特的理论和实践创新。创新，植根于中华优秀传统文化，植根于中国改革开放以来的建设实践，也借鉴与吸收了世界文明的一切有益成果。

问题是时代的口号，“时代是出卷人，我们是答卷人”。习近平新时代中国特色社会主义思想正是为解决时代问题而生，是回答时代之问的科学理论。以此为引领，亿万中国人民驰而不息，久久为功，秉持“绿水青山就是金山银山”理念，努力建设“人与自然和谐共生”的现代化，集聚力量建设天蓝、地绿、水清的美丽中国，为共建清洁美丽世界贡献中国智慧和中国力量。

伟大时代孕育伟大思想，伟大思想引领伟大实践。习近平新时代中国特色社会主义思想开辟了马克思主义新境界，开辟了中国特色社会主义新境界，开辟了治国理政的新境界，开辟了管党治党的新境界。这一思想对马克思主义哲学、政治经济学、科学社会主义各个领域都提出了许多标志性、引领性的新观点，实现了对中国特色社会主义建设规律认识的新跃升，也为新时代自然资源治理提供了新理念、新方法、新手段。

明者因时而变，知者随事而制。在国际形势风云变幻、国内经济转型升级的背景下，习近平总书记对关系新时代经济发展的一系列重大理论和实践问题进行深邃思考和科学判断，形成了习近平经济思想。这一思想统筹人与自然、经济与社会、经济基础与上层建筑，兼顾效率与公平、局部与全局、当前与长远，为当前复杂条件下破解发展难题提供智慧之钥，也促成了新时代经济发展举世瞩目的辉煌成就。

生态兴则文明兴——"生态文明建设是关系中华民族永续发展的根本大计"。在新时代生态文明建设伟大实践中，形成了习近平生态文明思想。习近平生态文明思想是对马克思主义自然观、中华优秀传统文化和我国生态文明实践的升华。马克思主义自然观中对人与自然辩证关系的诠释为习近平生态文明思想构筑了坚实的理论基础，中华优秀传统文化中的生态思想为习近平生态文明思想提供了丰厚的理论滋养，改革开放以来所积累的生态文明建设实践经验为习近平生态文明思想奠定了实践基础。

自然资源是高质量发展的物质基础、空间载体和能量来源，是发展之基、稳定之本、民生之要、财富之源，是人类文明演进的载体。在实践过程中，自然资源治理全力践行习近平经济思想和习近平生态文明思想。实践是理论的源泉，通过实践得出真知：发展经济不能对资源和生态环境竭泽而渔，生态环境保护也不是舍弃经济发展而缘木求鱼。只有统筹资源开发与生态保护，才能促进人与自然和谐发展。

是为自然资源部推出"自然资源与生态文明"译丛、"自然资源保护和利用"丛书两套丛书的初衷之一。坚心守志，持之以恒。期待由见之变知之，由知之变行之，通过积极学习而大胆借鉴，通过实践总结而理论提升，建构中国自主的自然资源知识和理论体系。

（二）

如何处理现代化过程中的经济发展与生态保护关系，是人类至今仍然面临的难题。自《寂静的春天》（蕾切尔·卡森，1962）、《增长的极限》（德内拉·梅多斯，1972）、《我们共同的未来》（布伦特兰报告，格罗·哈莱姆·布伦特兰，1987）这些经典著作发表以来，资源环境治理的一个焦点就是破解保护和发展的难题。从世界现代化思想史来看，如何处理现代化过程中的经济发展与生态保护关系，是人类至今仍然面临的难题。"自然资源与生态文明"译丛中的许多文献，运用技术逻辑、行政逻辑和法理逻辑，从自然科学和社会科学不同视角，提出了众多富有见解的理论、方法、模型，试图破解这个难题，但始终没有得出明确的结论性认识。

全球性问题的解决需要全球性的智慧，面对共同挑战，任何人任何国家都无法独善其身。2019 年 4 月习近平总书记指出，"面对生态环境挑战，人类是一荣俱荣、一损俱损的命运共同体，没有哪个国家能独善其身。唯有携手合作，我们才能有效应对气候变化、海洋污染、生物保护等全球性环境问题，实现联合国 2030 年可持续发展目标"。共建人与自然生命共同体，掌握国际社会应对资源环境挑战的经验，加强国际绿色合作，推动"绿色发展"，助力"绿色复苏"。

文明交流互鉴是推动人类文明进步和世界和平发展的重要动力。数千年来，中华文明海纳百川、博采众长、兼容并包，坚持合理借鉴人类文明一切优秀成果，在交流借鉴中不断发展完善，因而充满生机活力。中国共产党人始终努力推动我国在与世界不同文明交流互鉴中共同进步。1964 年 2 月，毛主席在中央音乐学院学生的一封信上批示说"古为今用，洋为中用"。1992 年 2 月，邓小平同志在南方谈话中指出，"必须大胆吸收和借鉴人类社会创造的一切文明成果"。2014 年 5 月，习近平总书记在召开外国专家座谈会上强调，"中国要永远做一个学习大国，不论发展到什么水平都虚心向世界各国人民学习"。

"察势者明，趋势者智"。分析演变机理，探究发展规律，把握全球自然资源治理的态势、形势与趋势，着眼好全球生态文明建设的大势，自觉以回答中国之问、世界之问、人民之问、时代之问为学术己任，以彰显中国之路、中国之治、中国之理为思想追求，在研究解决事关党和国家全局性、根本性、关键性的重大问题上拿出真本事、取得好成果。

是为自然资源部推出"自然资源与生态文明"译丛、"自然资源保护和利用"丛书两套丛书的初衷之二。文明如水，润物无声。期待学蜜蜂采百花，问遍百家成行家，从全球视角思考责任担当，汇聚全球经验，破解全球性世纪难题，建设美丽自然、永续资源、和合国土。

（三）

2018 年 3 月，中共中央印发《深化党和国家机构改革方案》，组建自然资源部。自然资源部的组建是一场系统性、整体性、重构性变革，涉及面之广、难度之大、问题之多，前所未有。几年来，自然资源系统围绕“两统一”核心职责，不负重托，不辱使命，开创了自然资源治理的新局面。

自然资源部组建以来，按照党中央、国务院决策部署，坚持人与自然和谐共生，践行绿水青山就是金山银山理念，坚持节约优先、保护优先、自然恢复为主的方针，统筹山水林田湖草沙冰一体化保护和系统治理，深化生态文明体制改革，夯实工作基础，优化开发保护格局，提升资源利用效率，自然资源管理工作全面加强。一是，坚决贯彻生态文明体制改革要求，建立健全自然资源管理制度体系。二是，加强重大基础性工作，有力支撑自然资源管理。三是，加大自然资源保护力度，国家安全的资源基础不断夯实。四是，加快构建国土空间规划体系和用途管制制度，推进国土空间开发保护格局不断优化。五是，加大生态保护修复力度，构筑国家生态安全屏障。六是，强化自然资源节约集约利用，促进发展方式绿色转型。七是，持续推进自然资源法治建设，自然资源综合监管效能逐步提升。

当前正值自然资源综合管理与生态治理实践的关键期，面临着前所未有的知识挑战。一方面，自然资源自身是一个复杂的系统，山水林田湖草沙等不同资源要素和生态要素之间的相互联系、彼此转化以及边界条件十分复杂，生态共同体运行的基本规律还需探索。自然资源既具系统性、关联性、实践性和社会性等特征，又有自然财富、生态财富、社会财富、经济财富等属性，也有系统治理过程中涉及资源种类多、学科领域广、系统庞大等特点。需要遵循法理、学理、道理和哲理的逻辑去思考，需要斟酌如何运用好法律、经济、行政等政策路径去实现，需要统筹考虑如何采用战略部署、规划引领、政策制定、标准规范的政策工具去落实。另一方面，自然资源综合治理对象的复杂性、系统性特点，对科研服务支撑决策提出了理论前瞻性、技术融合性、知识交融性的诉求。例如，自然资源节约集约利用的学理创新是什么？动态监测生态系统稳定性状况的方法有哪些？如何评估生态保护修复中的功能次序？等等不一而足，一系列重要领域的学理、制度、技术方法仍待突破与创新。最后，当下自然资源治理实践对自然资源与环境经济学、自然资源法学、自然地理学、城乡规划学、生态学与生态经济学、生态修复学等学科提出了理论创新的要求。

中国自然资源治理体系现代化应立足国家改革发展大局，紧扣“战略、战役、战术”问题导向，“立时代潮头、通古今之变，贯通中西之间、融会文理之壑”，在“知其然知其所以然，知其所以然的所以然”的学习研讨中明晰学理，在“究其因，思其果，寻其路”的问题查摆中总结经验，在“知识与技术的更新中，自然科学与社会科学的交融中”汲取智慧，在国际理论进展与实践经验的互鉴中促进提高。

是为自然资源部推出“自然资源与生态文明”译丛、“自然资源保护和利用”丛书这两套丛书的初衷之三。知难知重，砥砺前行。要以中国为观照、以时代为观照，立足中国实际，从学理、哲理、道理的逻辑线索中寻找解决方案，不断推进自然资源知识创新、理论创新、方法创新。

（四）

文明互鉴始于译介，实践蕴育理论升华。自然资源部决定出版“自然资源与生态文明”译丛、“自然资源保护和利用”丛书系列著作，办公厅和综合司统筹组织实施，中国自然资源经济研究院、自然资源部咨询研究中心、清华大学、自然资源部海洋信息中心、自然资源部测绘发展研究中心、商务印书馆、《海洋世界》杂志等单位承担完成“自然资源与生态文明”译丛编译工作或提供支撑。自然资源调查监测司、自然资源确权登记局、自然资源所有者权益司、国土空间规划局、国土空间用途管制司、国土空间生态修复司、海洋战略规划与经济司、海域海岛管理司、海洋预警监测司等司局组织完成“自然资源保护和利用”丛书编撰工作。

第一套丛书“自然资源与生态文明”译丛以“创新性、前沿性、经典性、基础性、学科性、可读性”为原则，聚焦国外自然资源治理前沿和基础领域，从各司局、各事业单位以及系统内外院士、专家推荐的书目中遴选出十本，从不同维度呈现了当前全球自然资源治理前沿的经纬和纵横。

具体包括:《自然资源与环境：经济、法律、政治和制度》,《环境与自然资源经济学：当代方法》(第五版),《自然资源管理的重新构想：运用系统生态学范式》,《空间规划中的生态理性：可持续土地利用决策的概念和工具》,《城市化的自然：基于近代以来欧洲城市历史的反思，《城市生态学：跨学科系统方法视角》,《矿产资源经济（第一卷）：背景和热点问题》,《海洋和海岸带资源管理：原则与实践》,《生态系统服务中的对地观测》,《负排放技术和可靠封存：研究议程》。

第二套丛书“自然资源保护和利用”丛书基于自然资源部组建以来开展生态文明建设和自然资源管理工作的实践成果，聚焦自然资源领域重大基础性问题和难点焦点问题，经过多次论证和选题，最终选定七本（此次先出版五本）。在各相关研究单位的支撑下，启动了丛书撰写工作。

具体包括：自然资源确权登记局组织撰写的《自然资源和不动产统一确权登记理论与实践》，自然资源所有者权益司组织撰写的《全民所有自然资源资产所有者权益管理》，自然资源调查监测司组织撰写的《自然资源调查监测实践与探索》，国土空间规划局组织撰写的《新时代“多规合一”国土空间规划理论与实践》，国土空间用途管制司组织撰写的《国土空间用途管制理论与实践》。

“自然资源与生态文明”译丛和“自然资源保护和利用”丛书的出版，正值生态文明建设进程中自然资源领域改革与发展的关键期、攻坚期、窗口期，愿为自然资源管理工作者提供有益参照，愿为构建中国特色的资源环境学科建设添砖加瓦，愿为有志于投身自然资源科学的研究者贡献一份有价值的学习素材。

百里不同风，千里不同俗。任何一种制度都有其存在和发展的土壤，照搬照抄他国制度行不通，很可能画虎不成反类犬。与此同时，我们探索自然资源治理实践的过程，也并非一帆风顺，有过积极的成效，也有过惨痛的教训。因此，吸收借鉴别人的制度经验，必须坚持立足本国、辩证结合，也要从我们的实践中汲取好的经验，总结失败的教训。我们推荐大家来读“自然资源与生态文明”译丛和“自然资源保护和利用”丛书中的书目，也希望与业内外专家同仁们一道，勤思考，多实践，提境界，在全面建设社会主义现代化国家新征程中，建立和完善具有中国特色、符合国际通行规则的自然资源治理理论体系。

在两套丛书编译撰写过程中，我们深感生态文明学科涉及之广泛，自然资源之于生态文明之重要，自然科学与社会科学关系之密切。正如习近平总书记所指出的，“一个没有发达的自然科学的国家不可能走在世界前列，一个没有繁荣的哲学社会科学的国家也不可能走在世界前列”。两套丛书涉及诸多专业领域，要求我们既要掌握自然资源专业领域本领，又要熟悉社会科学的基础知识。译丛翻译专业词汇多、疑难语句多、习俗俚语多，背景知识复杂，丛书撰写则涉及领域多、专业要求强、参与单位广，给编译和撰写工作带来不小的挑战，丛书成果难免出现错漏，谨供读者们参考交流。

编写组

简　　介

这本全新且极具原创性的教科书涉及一系列跨学科课程和学位课程，侧重于海洋和海岸带资源管理，在为读者介绍主题性内容的基础上，进一步开阔研究视角，提供更深入、更宏观的理解，同时给出了研究应用案例和参考资料。每章均由相关领域的国际权威专家撰写，视野涵盖自然和人文地理、海洋生物和渔业、规划和测量、法律、技术、环境变化、工程和旅游业等。

除综述主题领域的理论和实践外，许多章节还针对性地列举了详细的案例，进一步说明海岸带综合管理的具体应用，包括与地方、区域和国家各级决策需求的关系。同时，每章提供了一些关键期刊论文和网址的列表，以供读者进一步阅读文献资料。总的来说，本书为本科生、研究生以及海岸带或海洋从业者提供了一部重要的教科书，为研究者提供了长期参考。

大卫·R. 格林(David R. Green)是地理空间技术应用于海洋和海岸带环境领域的专家，现任英国阿伯丁大学地理科学学院地理与环境系的阿伯丁海岸科学与管理研究所(Aberdeen Institute for Coastal Science and Management, AICSM)和环境监测与制图无人机中心(UAV/UAS Centre for Environmental Monitoring and Mapping, UCEMM)的主任、阿伯丁东格兰皮安海岸合作有限公司(East Grampian Coastal Partnership, EGCP)的董事兼副主席以及德国施普林格出版社(Springer)《海岸带保护、管理和规划》(*Journal of Coastal Conservation, Management and Planning*)杂志的主编。此外，他还编著出版了许多海岸带管理方面的专著。

杰弗里·L. 佩恩(Jeffrey L. Payne)是美国国家海洋与大气管理局海岸带管理办公室主任。在他的领导下，美国海岸带活动获得协调，以应对影响美国海岸带社区的重大挑战，并关注客户需求和对合作伙伴关系的承诺。他在环境政策、自然资源管理、区域协同发展、气候适应、海洋学研究和组织发展等领域拥有长达30年的工作经验。曾担任美国国家海洋与大气管理局(National Oceanic and Atmospheric Administration,NOAA)办公厅副主任和政策办公室副主任、白宫预算管理办公室的NOAA项目的预算审查员,并以美国国会科学和工程研究员身份担任美国国会立法助理。在跨部门职务方面,兼任联邦机构间洪泛区管理工作组、恢复支持功能领导小组、防灾机制领导小组和美国海洋科学与技术小组委员会中的国家海洋与大气管理局代表。

目　录

第三部分 当前和新出现的部门及问题

作者简介

维克多·艾博特(Victor Abbott):英国普利茅斯大学生物和海洋科学学院水文测量学讲师。

罗达·C. 巴林杰(Rhoda C. Ballinger):英国卡迪夫大学地球和海洋科学学院海洋地理学高级讲师。

约瑟·博雷罗(Jose Borrero):新西兰拉格伦 eCoast 海洋咨询和研究公司的海岸工程师/主任。

卡尔·卡特(Carl Cater):英国威尔士斯旺西大学副教授,研究领域为探险、船舶和生态旅游的可持续发展。

苏菲·戴(Sophie Day):致力于研究未来气候变化背景下,英国和国外适应海岸带长期变化的相关挑战。她特别关注利益相关者广泛参与的海岸带复杂性问题规划。

J. 帕特里克·杜迪(J. Patrick Doody):曾任英国政府自然保护机构海岸带自然保护首席顾问,自 1998 年提前退休以来,一直担任独立海岸顾问。

大卫·R. 格林(David R. Green):地理空间技术应用于海洋和海岸带环境领域的专家。现任英国阿伯丁大学地理科学学院地理与环境系的阿伯丁海岸带科学与管理研究所(AICSM)和环境监测与制图无人机中心(UCEMM)的主任、阿伯丁东格兰皮安海岸合作有限公司(EGCP)的董事兼副主席以及德国施普林格出版社(Springer)《海岸带保护、管理和规划》杂志的主编。

杰森·J. 哈根(Jason J. Hagon):英国阿伯丁大学地理和环境系的地理和地理信息系统(GIS)专业研究生。现任环境监测与制图无人机中心(UCEMM)研究助理,同时在吉德隆测量有限公司(GeoDrone Survey Ltd.)担任营销主管。

尼克·哈维(Nick Harvey):澳大利亚阿德莱德大学地理和环境领域的名誉教授,拥有40年的海岸带地貌学和管理研究专长,主要研究气候变化和海平面上升对海岸带演变及人类适应性的影响。

罗杰·J. H. 赫伯特(Roger J. H. Herbert):英国伯恩茅斯大学海洋和海岸带生物学首席讲师。

艾莉森·麦克唐纳(Alison MacDonald):英国阿伯丁大学法学院博士生,是一名符合资格、非执业的律师。

肖·米德(Shaw Mead):环境科学家,新西兰拉格伦eCoast海洋咨询和研究公司董事、总经理。

罗伯特J.·尼科尔斯(Robert J. Nicholls):英国南安普敦大学海岸工程学教授,长期从事海岸工程和管理研究,特别是海岸带影响以及海岸工程适应气候变化和海平面上升的问题。

托马兹·涅齐尔斯基(Tomasz Niedzielski):波兰弗罗茨瓦夫大学地球科学和环境管理学院的副教授。

梅丽莎·努尔西-布雷(Melissa Nursey-Bray):澳大利亚阿德莱德大学副教授兼地理、环境与人口系主任。致力于研究社区如何参与环境决策,特别是原住民问题与气候变化适应性管理的有关问题。

杰弗里·L. 佩恩(Jeffrey L. Payne):美国国家海洋与大气管理局海岸带管理办公室主任。在他的领导下,美国海岸带活动获得协调,以应对影响美国海岸带社区的重大挑战,并关注客户需求和对合作伙伴关系的承诺。他在环境政策、自然资源管理、区域协同发展、气候适应、海洋学研究和组织发展等领域拥有长达 30 年的工作经验。

奈杰尔·庞蒂(Nigel Pontee):英国斯温顿 CH2M 公司海岸带规划和工程的全球技术负责人,在英国南安普敦大学担任自然和环境科学客座教授。

乔治娜·里德(Georgina Reid):加拿大纽芬兰纪念大学海洋研究所的研究生,研究方向为海洋空间规划与管理的管理学硕士专业。

斯科特·理查德森(Scott Richardson):新加坡皇家墨尔本理工大学副教授,其学术专业方向为邮轮产业和旅游教育研究。

杰斯丁·桑德斯(Justine Saunders):新加坡 DHI 水与环境私人有限公司的高级海洋政策顾问。

安妮-米歇尔·斯莱特(Anne-Michelle Slater):英国苏格兰阿伯丁大学法律学院院长。

汉斯·D. 史密斯(Hance D. Smith):《海洋政策》(*Marine Policy*)杂志主编,英国卡迪夫大学地球和海洋科学学院职员。

塔拉·特鲁普(Tara Thrupp):英国伦敦自然历史博物馆生命科学部研究员。

乔安娜·文斯(Joanna Vince):澳大利亚塔斯马尼亚大学社会科学学院政治和国际关系课程的高级讲师,研究方向为海洋和海岸带治理。

第一章　绪论

大卫·R. 格林　杰弗里·L. 佩恩

编写本教科书的想法源于为在英国苏格兰阿伯丁大学海洋和海岸带资源管理大学的本科生提供参考框架，为他们三年或四年制学位课程的学习提供辅助。海洋和海岸带资源管理在学科的诸多方面与地理学非常相似。这是一门综合学科，需要借鉴许多其他学科的专业知识和技术方法。同时，这门学科可以提供职业技术学位，学科范围广泛，有助于毕业生从事海洋或海岸带管理的职业。海岸带包括陆地河流流域在内海岸线向陆一侧，也包括海洋环境等诸多区域。

攻读三年或四年制学位课程的部分学生，在刚入学时会难以把握学位课程的诸多学科之间的关联性，因此也难以向他们讲授必要的知识和认识，让他们为进入职业生涯和适应竞争激烈的就业市场做好准备。这种情况头几年尤为明显。上述来自攻读大学位课程的学生的反馈显示，尽管人们空谈要努力把一个学期或一个学年的学习单元（例如课程大纲或教学手册）关联起来，并保持学年与学年之间的递进关系，但许多学生认为，实际上并没有两两关联，因此他们在修学位课程期间也无从把握必修课程的递进关系。存在这个现象的部分原因在于时间有限，因此需要学位课程一开始就要在一个单元中涵盖整个学科。然后，这个学科的主题可能在某个高级单元中再次出现，如果没有再次出现，那么这个主题可能仅作为另一个单元的一部分出现，希望学生能够在若干年后回忆起早期学习的内容。因为，并不是所有的学生都会完整地记录课程笔记，把课程笔记作为学位模块的组成部分，而是依赖 Blackboard 等教育软件提供的在线材料。此外，学生们可能不会保留推荐的课程教材或在教育单元结束后还保留着课程笔记。

这些问题因以下实施而变得更加复杂:海岸带经济和海洋经理的头衔在公司企业招聘广告中并不常见,这使得上述挑战更加复杂。什么是海岸带经理?顾名思义,这就是负责管理海岸带的人的一种头衔。它需要什么样的职业能力?有些人觉得,海岸带的大部分管理一般都是由海岸工程师实施的,因此海岸带经
2 理就是海岸工程师。毕业生会去招聘广告中找海岸带经理的岗位吗?可能不会!实际上,毕业生在求职中,往往依据的是自己的专业领域、海洋及海岸带的宏观知识以及与管理相关的工作价值等,这才是他们期望的职位。这说明,他们头脑中并不清楚海岸带或海洋经理到底是干什么的,或者说明在就业之前,他们对海岸带或海洋管理的深度和广度还是不甚了解。最后,他们可能会发现对方方面面都要有所了解,却没有必要成为某一特定领域的专家。例如,海岸带或海洋管理需要法律知识,但不一定要成为律师。这样说的真正含义是,有时候你需要了解法律问题,因此需要法律问题的基本工作知识,一旦有需要,知道联系谁进一步获取信息以及适用于海岸带或海洋的法律的方方面面。这也同样适用于规划、工程、社会科学和地貌学以及其他范围明确的领域。

尽管,目前已经有许多关于海岸(带)综合管理[Integrated Coastal (Zone) Management,ICM/ICZM]的教科书,但海岸带综合管理其实只是海洋和海岸带资源管理的一部分,不能涵盖这个宏观课题的各个方面。构成海岸带和海洋管理的各种主题都出版过许多教科书,普遍都是从单一主题的角度加以阐述,无法给出更整体、更综合的观点。本书拟通过将海洋和海岸带资源管理的基础知识汇集成册来解决这个问题。

对许多学生来说,海洋和海岸带管理学位课程的吸引力在于其职业与学术性质及实际应用性。当今世界,这被越来越多的人认为是获得就业岗位和开创事业的途径之一。拥有可以付诸实际应用的知识和理解力对雇主来说有很多好处,因为雇主就是要寻找一个具备实用和可转化技能的学生来满足岗位需要。在当前越来越注重实用性学位的就业环境下,海洋和海岸带资源管理是一种完美的契合,前提是学生懂得为什么需要广泛的学科、工具和技术的一般知识。

除此之外,学生们往往被构成课程名称的诸如海洋、海岸、资源等关键字,但也许更重要的是被管理这个关键词所吸引。"管理"一词倾向于指明一种未来的职业,即:将自然科学、物理科学和社会科学的一系列学科知识与技术工具相结

合,使学生将所学知识和理解应用到管理性工作中,进而实施管理并承担即时性和前瞻性决策的责任。

本教科书共有 17 章,分为五个部分:绪论;基本原则;测绘、监测及建模;当前和新出现的部门及问题;后记。这五个部分形成了学生在学习海洋和海岸带管理时应当聚焦的关键领域框架,主要包括了知识和理解力的基本原理以及正在快速发展演变的专业领域。最后一部分提供了正在开始塑造海岸带、河口和海洋未来管理的关键领域和重要议题的见解。

本书每一章都包含与海洋和海岸带研究相关的广泛而具体的主题。此外,
章节中也收录了案例研究,以扩展更多有趣话题的覆盖范围。案例研究和示例 3
应用能够进一步加深各章节和其中所讨论主题之间的联系。本书提供了海洋和海岸带综合管理的导论,但从长远来看,是为构成海洋和海岸带管理基础的多种学科提供参考。

第一章是本书的语境设置、涵盖的内容及结构的概要性介绍。在第一部分的第二章中,巴林杰(Ballinger)为学生提供对海岸/海岸带管理(ICM/ICZM)的全球宏观介绍,包括海岸管理的历史演变和一些关键定义。米德(Mead)在第三章探讨了海滩尺度下比较小范围的海岸管理方法,包括保护和养护海滩战略的制定和实施,特别是在侵蚀严重或泥沙供应减少的地区。麦克唐纳(MacDonald)编写的第四章涵盖了每位学生都必须知道的另一个关键知识领域:海洋法。在实践中很关键的一点是,本章为学生提供了一些主要的海洋和海岸命名,列举了欧洲和北美的例子,旨在提供对海洋法、边界和命名等海洋和海岸管理要素的基本理解(如海洋保护区)。斯莱特(Slater)和里德(Reid)共同编写第五章的海洋空间规划(Marine Spatial Planning,MSP),从第二章和第三章的逻辑出发,深入了解在实践和决策中海洋与海岸带管理将如何越来越多地付诸实践和协商实行的方法。庞蒂(Pontee)在第一部分的最后一章,即第六章中概括介绍了海岸工程师在海洋和海岸带管理中的作用,涉及海岸防御、硬/软/混合工程方法、海岸建模以及与海岸线管理规划的联系。

第二部分旨在让学生洞察地理空间数据和信息在海岸带管理中的重要性。格林(Green)和哈根(Hagon)在第七章中向学生介绍数据转化为信息的途径,特别关注快速发展的地理空间技能和技术。这些技术为收集分辨率越来越高的海

洋和海岸带环境空间与图像数据及其处理、分析、可视化、通信提供了基础。例如，基于地理信息系统(Geographic Information System，GIS)的数据集对于开展海洋空间规划至关重要。涅齐尔斯基(Niedzielski)在第八章中介绍了建模在海洋和海岸带环境中的作用，并揭示了数学建模和预测的重要性及复杂性，同时还介绍了地理信息系统、遥感数据以及程序设计在海洋和海岸带实例中的应用。格林(Green)在第九章中探讨了以基于地理信息系统的网络地图集的形式访问海洋和海岸带数据信息的需求和方法，并列举了使用国际海岸带网络地图集的绘图实例。海洋和海岸带数据电子存储和显示技术，彻底实现了现代纸质地图集变革，人们和机构可以轻松地共享和公开访问这些信息。本章还对现代网络地图集的演变历史进行了概述。最后，艾博特(Abbott)在第十章介绍了从制图到导航的水文学基础知识以及使用从声呐到多波束等一系列的水下测量技术。

本书的第三部分是当前和新出现的部门及问题，这些内容在海洋和海岸管
4 理学位课程中往往是作为专门课程选项提供的，聚焦了许多不同方面的话题。在第十一章中，杜迪(Doody)汇集了海岸带生态保护、可持续性和管理的难题。由赫伯特(Herbert)和桑德斯(Saunders)编写的第十二章在海岸带生态系统管理的背景下，讨论了海洋和海岸带生物、海洋渔业和水产养殖，扩展了学生对海洋环境的理解。努尔西-布雷等(Nursey-Bray *et al.*)在第十三章中探讨了一个非常前沿和热门的研究领域，即适应气候变化及其对海岸带区域环境影响的必要性。与气候变化研究相关的另一个重要领域是，由当前全球范围内依赖碳排放化石燃料的能源利用模式，向可再生能源驱动的可持续能源发展模式转变的挑战。在第十四章中，史密斯(Smith)和特鲁普(Thrupp)探讨了全球对海洋和海岸带可再生能源日益增长的兴趣以及近岸环境中发生利益冲突的可能性。在第十五章中，卡特(Cater)和理查德森(Richardson)研究了海洋和滨海旅游业，随着社会经济水平的提高以及人们的流动性增加，近年来滨海旅游活动的热度越来越高，从而需要掌握更多的知识并深入理解，才能确定和减轻潜在的影响，进而有效缓解。本书第三部分的最后一章——由米德(Mead)和博雷罗(Borrero)编写的第十六章介绍了冲浪科学的概念，并探讨了发展多用途礁(包括人工鱼礁)的科学理论。

作为后记，本书的最后一部分——由格林(Green)和佩恩(Payne)编写。第

十七章——旨在强调全球海洋和海岸带环境未来将面临的若干问题，因为人们的注意力再次聚焦到海洋和海岸带环境中用途相互冲突的各种用海活动。其中包括为保护海岸免受风暴潮和海啸损害修建巨型海堤的必要性及其影响、北极目前面临的海冰快速融化的不确定性以及全球邮轮业发展、海洋垃圾、商业航运、能源和矿产开采等的影响。

任何一本书都不可能涵盖海洋和海岸带管理的方方面面，也不可能从一开始就预测未来的问题。因此，本书着手为学生提供海洋和海岸带管理所需的基本背景知识，连同管理实践中使用的一些技术方法，相关的关键选修科目以及新出现的问题和感兴趣的主题。

5

第一部分 6

基本原则

第二章　海岸带综合管理导论

罗达·C. 巴林杰

一、引言

几千年来，海岸带为人类定居提供了优越的区位条件。海岸带地区不仅是贸易中心，而且拥有丰富的便于获取的自然资源，这些吸引力导致人类社会“滨海化”。然而正是这些吸引力引发了海岸带的衰退。完整的文献记录证实，在20世纪，包括红树林和珊瑚礁在内的高生产力的海岸带生态系统已经大范围衰竭和退化（Agardy *et al.*，2005；Kay and Alder，2005），导致海岸带提供的诸多利益的显著减少，其中包括其自然防御能力。在20世纪，世界上一半的湿地因人类的干扰而消失（Creel，2005）。污染影响和海岸带资源——尤其是渔业资源的过度开发利用，也给海岸带生态系统造成了压力，威胁到海岸带地区的民生福祉。

到了20世纪末，学术界等人士开始质疑海岸带管理和治理的方法，尤其是海岸带地区的制度安排，因为他们越来越意识到传统的部门管理法难以有效遏制海岸带环境质量的下降（如 Sorensen and McCreary，1990）。他们认为，部门管理法认为无法解决“魔障”的海岸带问题，因为这些问题源自海岸带系统的复杂性和相互关联性，其中包括了人类、自然子系统以及相关的级联影响。许多争论聚焦于分散的制度安排的不足，在许多国家，这种不足源自代代相承的零散和被动的立法（Sorensen and McCreary，1990）。也有人认为，由此导致的相互脱节、强调部门及其职能的组织架构延续了“筒仓式”职业心态[①],导致决策窗口狭窄化,也导致利益相关者群体之间的严重不协调和潜在冲突。特别是在人口稠密的海岸带地区,由于发展空间有限,相关权力之争更加激烈。

人们认为,海陆交界处职责分工不当是海岸带众多问题的根源所在。国家机构,具有长远眼光和战略关切,普遍主导离岸水域的管理。与此相反,近岸水域以地方机构管理为主,他们重点关注民生和短期利益,因此他们主导的近岸的决策和规划,往往会为了权宜之计和短期利益而牺牲环境健康。图 2-1 说明了英国海岸带海陆交界处司法管辖的复杂性,表 2-1 强调说明了沿海地区常见的
8 各种通量的范围。鉴于其中许多通量由于人类因素而发生放大作用和衍生作用,因此务必确保这片“丛林”的司法管辖不会妨碍对这些过程理应采取的基于系统的管理方法(Agardy *et al.*,2005)。正如西辛-塞恩等指出的,这些通量并

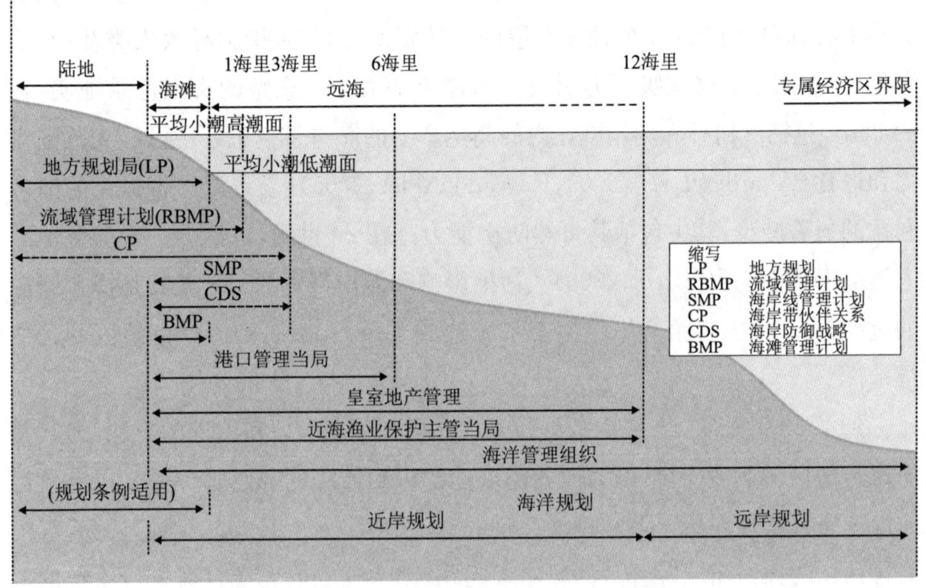

图 2-1 英国海岸规划和管理的陆上和海上管辖边界

① 所谓筒仓,是一种又高又厚没有窗口的构筑物。筒仓式职业心态,指的是条块分割的思维和行为,让人们只会站在自己的角度看问题。——译者注

非无关紧要，影响海岸带生态系统污染物的77%来自陆地，其中44%来自处置不当的废弃物和流域径流（Cicin-Sain *et al.*，2002）。

表2-1　陆海之间的主要通量

陆地到海洋：陆地	海洋到陆地：海洋
→自然流动←	
地震岩屑→	←飓风带来的能量/碎屑片
火山碎屑→	←上升流带来的冷水和养分
	←波浪作用
	←盐和盐气溶胶
	←动物尸体和鸟粪带来的营养盐
→自然通量（包括人为因素的放大作用）←	
河流排放→	←沙子
地下水→	
沉积物→	
营养盐和矿物质→	
腐殖质和有机物→	
风暴带来的碎屑→	
→人为流动←	
农业/水产养殖业带来的除草剂和杀虫剂→	←海上鱼类养殖场的药品 ←石油和化学品泄漏
石油和化学品→	←海上作业石油和化学品的长期输入
人类病毒和细菌（来自城市生活污水）→	←船舶废弃物（包括含有外来生物的压舱水）
	←含水层海水入侵

资料来源：仿自Agardy *et al.*，2005。

本章综述海岸带综合管理（ICZM）。海岸带综合管理已经发展成为解决上述问题的机制，尤其是解决现行海岸带治理、规划及管理不健全问题的有效方法。首先简要介绍海岸带综合管理的演变过程，然后说明海岸带综合管理的主要特点，并对其概念和方法进行评价。本章最后阐述在日益增长的海岸带环境和社会经济压力下，海岸带综合管理及其相关技术的未来前景。

9 二、海岸带综合管理的发展

20世纪中叶,由于人们逐渐认识到规矩完善的部门管理和规划方法难以遏制海岸带生境的退化和海岸带资源的过度开发,海岸带综合管理随之拉开了序幕。与此同时,对海岸带支持沿海社区发展的地位和价值的高度认可推动了第一批海岸带管理规划和相关法规的出台,其中就包括经过多年酝酿和讨论的1969年《加州海岸带管理法》(*the California Coastal Management Act* 1969)和1972年《美国联邦海岸带管理法》(*the US Federal Coastal Zone Management Act* 1972)(Godschalk,2010)。《美国联邦海岸带管理法》规定了鼓励和支持各州制定海岸带管理政策和规划的激励机制和措施,也包括了在具有特殊意义的河口区开展研究、培训、教育和管理的条款规定,这是海岸带管理史上的重要里程碑。这样的规划,涵盖了陆上区域和海上区域,通过多个部门的联合编制,解决灾害、污染、视觉美学和减少公众进入海岸线等海岸带关键性问题。正如戈德沙尔克(Godschalk,2010)指出的,《美国联邦海岸带管理法》的实施催生了像北卡罗来纳州海岸带规划这样极具先驱性、备受推崇的州级规划。

在其他国家,虽然对海岸带管理具有相当大的学术兴趣,但结果往往只是对海岸带管理的概念及其应用进行长期的探讨论证,而不是采取果断的行动,20世纪70年代以来的澳大利亚就是这样。澳大利亚为推进海岸带管理政策和立法进程,完成了一系列全国性调查研究报告,但实际行动却很少(Norman,2009)。其他国家则出现了海岸带管理的雏形,重点是解决当地关切的问题。在英国,人们对因城市扩张和不受控制的休闲通道占用自然海岸景观的现象感到不安,因此开展了新定义的海岸带"遗产"的项目计划。这类海岸带计划在很多地区针对景观保护、海岸带通道和休闲娱乐区,在海岸带土地征用方面获得国家信托基金企业的海王星项目计划(National Trust's Enterprise Neptune programme①)的支持,成为了人们眼中欧洲海岸带管理王冠上的"明珠"(Ballinger,1999)。

---

① National Trust,全称为National Trust for Places of Historic Interest or Natural Beauty,俗称"国家信托"。成立于1895年,是英国目前最大的慈善组织,也是全英国拥有最多会员的组织。——译者注

到20世纪80年代,海岸带管理实践开始激增,尤其是在东南亚、地中海和南美地区(Sorensen,2002)。美国国际开发署(US Agency for International Development,US AID)和联合国环境规划署(United Nations Environment Programme,UNEP)提供的大量海外援助和技术援助是其得以普及的原因(Godschalk,2010),其中,获得美国国际开发署援助的东南亚国家联盟(Association 10
of South East Asian Nations,ASEAN)倡议值得关注。该倡议于1986年创立,旨在解决整个区域内的自然资源枯竭和海岸带环境退化问题(Chua,1993)。虽然最初是以美国海岸带管理“模式”为基础,但是东盟的项目计划通过结合本地区的不同管理方式和其他特点,形成了适应各个国家需要的通用管理海岸带综合管理模式。

不过,1987年由联合国(United Nations ,UN)世界环境与发展委员会的报告——《我们共同的未来》(*Our Common Future*)(即布伦特兰报告),阐明的可持续发展概念,对海岸带管理发展的影响最为深远。自1992年里约热内卢联合国环境与发展会议之后,随着对生态、经济和社会可持续发展需求的不断提高,可持续发展成为海岸带管理的主导范式(Godschalk,2010)。地球峰会不仅通过非约束性行动计划——《21世纪议程》(*Agenda 21*)促进可持续发展,而且促使海岸带综合管理成为公众关注的焦点。《21世纪议程》呼吁各国在海岸带地区引入协调机制,强调需要“整合”部门计划。除了建议其他技术工具外,还建议海洋和海岸带规划要进行环境影响评价、能力建设、监测和信息管理等。

在联合国环境与发展会议的推动下,全球各种机构试图“进一步定义、解读和业务化运用海岸带综合管理(ICM)的概念”,发布了大量国际指南、手册和规定,努力把海岸带综合管理确定为各国采用的制度规范(Cicin-Sain and Knecht,1998)。这些规定和准则主要由海洋污染科学专家组[①](Group of Experts on the Scientific Aspects of Marine Pollution,GESAMP,1996)、联合国环境规划署(UNEP,1995)、经济合作与发展组织(Organization for Economic Cooperation and Development,OECD,1998)、世界自然基金会(World Wide

---

① 海洋污染科学专家组(Group of Experts on the Scientific Aspects of Marine Pollution)现在已经更名为海洋环境保护科学问题联合专家组(The Joint Group of Experts on the Scientific Aspects of Marine Environmental Protection)。——译者注

Fund for Nature)和国际自然保护联盟(International Union for Conservation of Nature)(WWF and IUCN,1998)和世界银行[1993年的《诺德韦克海岸带管理指南》(*The Noordwijk Guidelines for Coastal Zone Management*)]制定。上述文件为后续的海岸带管理确定了基本原则、管理范围以及要采用的关键原则和管理措施(Cicin-Sain and Knecht,1998)。事实上,经久不衰、至今依然广泛采用的海岸带综合管理定义是海洋污染科学专家组15年前在其准则中确定的。在全球环境基金(Global Environment Facility,GEF)支持这类倡议之前,这些准则把海岸带综合管理置于核心位置,促进了联合国机构和多边开发银行对全球发展中国家海岸带综合管理项目的广泛投资(Chua,1993)。因此,在千禧年来临之际,凯和阿尔德估计,与前10年相比,海岸带综合管理的项目数量增加了两倍到三倍(Kay and Alder,2005)。索伦森也认为,在这一时期,地方、国家和国际层面的海岸带综合管理项目数量均有显著增加(Sorensen,2002)。特别值得一提的是东亚海洋环境管理伙伴关系(Partnerships in Environmental Management for the Seas of East Asia,PEMSEA)计划,该项目支持建立政府间、机构间和多部门间的合作关系,成为东亚沿海地区海岸带综合管理的推动力。

与其他地区相比,欧洲海岸带综合管理起步较晚,在接受具体的、专门的海岸带管理方法方面进展缓慢,尽管在许多国家,如英国,用户群体、从业人员、非政府组织、学术界和其他各界的不安情绪日益高涨(Ballinger,1999),但欧洲共同体选择将重点放在制定通用环境立法上,而不是针对海岸带出台任何特定管
11 理制度。虽然这确实对海岸带环境的改善有些帮助(Ballinger and Stojanovic,2010),但这些改善还远远不够。因此,到了20世纪90年代中期,为海岸带政策制定提供信息,实施了一项示范计划,其中包括试点项目和专题研究。尽管示范计划提供了很多可借鉴经验,最终在2002年提出的《海岸带综合管理建议》(*the Integrated Coastal Zone Management (ICZM) Recommendation*)依然只是一项乏力的政策工具,其中只是"鼓励"成员国在对相关制度安排和实践进行全面的国家评估之后制定国家海岸带综合管理战略。与美国的《联邦海岸带管理法》相比,《海岸带综合管理建议》对各国达标管理的激励微乎其微,有的只是对良好环境治理原则的苍白解释。结果,《海岸带综合管理建议》导致了海岸带综合管

理政策的零碎采纳，甚至已制定海岸带综合管理战略的成员国最后也放弃了这些战略。相比之下，最近发布的《巴塞罗那海岸带综合管理公约议定书》(*ICZM Protocol to the Barcelona Convention*，2008)标志着地中海地区令人兴奋的发展，有力地促进了海岸带保护和管理实践发展。在地中海海岸带地区面临诸多环境挑战(包括气候变化)之时，《巴塞罗那海岸带综合管理公约议定书》的制定得益于长期的海岸带管理具体项目的经验累积，是该地区海岸带综合管理发展的里程碑，有效促进了机构间的协调合作，加强了非政府组织和主管部门等相关机构的参与。由于没有在超国家层面制定特定海岸带综合管理法律文书的先例，正如《内罗毕公约》(*Nairobi Convention*)缔约方的意向和黑海国家所表明的，这一开创性倡议可能成为其他地区的示范。

三、海岸带综合管理的特点

(一) 海岸带综合管理的定义

从 20 世纪 70 年代少数几项开创性实践开始，全球各级治理逐渐形成海岸带综合管理的成熟概念和机制，挑战现有的管理方法和制度结构，并提供与现代环境管理范式相协调的管理流程，其中包括生态系统方法。尽管可以说海岸带综合管理的理论基础相对薄弱(Kay and Alder，2005)，但具有不同学科背景的国际规范已经对海岸带综合管理实践产生了影响。而且，从业人员和政策制定者已经把海岸带综合管理塑造成满足自身需求和愿望的工具。最终我们看到了各种对海岸带综合管理的定义和解读(见表 2 - 2，同时参见 Sorensen，1993；Clark，1997)。这样既有利又有弊，一方面使得海岸带综合管理的拥护者可以从中“挑选”出最能够与其团体和利益产生最大共鸣的内容；另一方面，定义术语固有的“模糊性”，往往使抨击者感到困惑和怀疑，尤其来自根深蒂固的学科和部门背景的抨击者，他们更习惯于严格定义的工具手段，如环境影响评价。这导致一些海岸带管理项目，例如澳大利亚和瑞典的海岸带管理，为了避免遭受抨击，甚至没有贴上“海岸带综合管理”的标签。 12

表 2-2　海岸带综合管理的定义和解读

海洋污染科学专家组(1996)之海岸带综合管理(ICM)	一个动态和持续的过程,通过该过程可以实现海岸带地区的可持续利用和发展
地中海海岸带综合管理议定书(*Mediterranean ICZM Protocol*,2008)之海岸带综合管理(ICZM)	一个可持续管理和利用海岸带的动态过程,同时关注海岸带生态系统和景观的脆弱性、开发利用活动和功能的多样性、它们之间的相互作用以及某些活动和利用的海上定位及其对海洋和陆地的影响
欧盟委员会(1992)之海岸带综合管理(ICZM)	一个旨在促进海岸带地区可持续管理的动态和持续的过程。在自然水动力和资源环境承载力范围内,在保护、保全和恢复海岸带的利益,最大限度减少人类生命和财产损失的利益以及公众抵达和享受海岸带的利益之间达到长期的平衡

更令人困惑的是,由于主要的海岸带管理计划是为全球不同地区的特定需求量身定制的,术语和相关首字母缩写的差异就各有千秋。这个概念在美国最初以海岸带管理(Coastal Zone Management,CZM)的形式出现,但后来的术语中增加了“综合”这个词汇,例如海岸带综合管理(Integrated Coastal Management, ICM),其中强调必须采取更全面的跨部门方式来解决社会经济和环境问题(World Bank,1993)。目前,这套术语反映了不同尺度、不同目标的海岸带管理方案,包括海岸带区域综合管理(Integrated Coastal Area Management,ICAM)、海岸带地区综合管理(Integrated Coastal Zone Management ,ICZM)及海岸带和海洋综合管理(Integrated Coastal and Ocean Management, ICOM)等。

尽管存在上述令人不快的不同提法,但大多数当代的海岸带综合管理项目计划都拥有许多容易辨识的共同点,仅是“主题侧重点不同”。它们关注的都是独立分散的海岸带地区的管理,其中包括陆地和海洋的管理 (Sorensen and McCreary,1990)。所有项目计划也都认为,海岸带地区所面临的复杂、动态多维的“魔障问题”需要通过协调解决。如在学术文献中所定义的那样(Cicin-Sain and Knecht,1998),项目计划整合所有领域的程度可以有所不同(图 2-2)。相比之下,大部分项目计划声明以可持续发展为主要目标,但还是有一些项目计划强调海岸带地区总体环境和保护需求,其中蕴含了对可持续发展的“绿色”解释。许多海岸带综合管理项目计划的主要目标是相似的,通常包括提供决策信息、减少

冲突和确定管理活动优先次序方面的作用。不过，由于海岸带综合管理项目计
划是针对具体项目量身定制的，因此也会包含许多地方特色的目标，有些项目计
划也会出现从自然灾害管理到陆地规划等广泛的内容。不同的项目计划对海岸
带综合管理“过程”的理解也不同，尽管表 2-2 的定义表明海岸带综合管理是一
个动态过程，但在学术界之外，该定义并未获得普遍认可。有些人认为海岸带综
合管理不过是一个系统、一个框架，甚至仅是一个项目。这就容易造成认知混 13
乱，破坏海岸带综合管理动态治理过程。显然，海岸带综合管理过程是由多个系
统、多个框架、多个方案和多个项目来支撑的，其中任何一项都不能代替整合的
和适应性长期治理进程，这样的进程才是海岸带综合管理的核心所在。

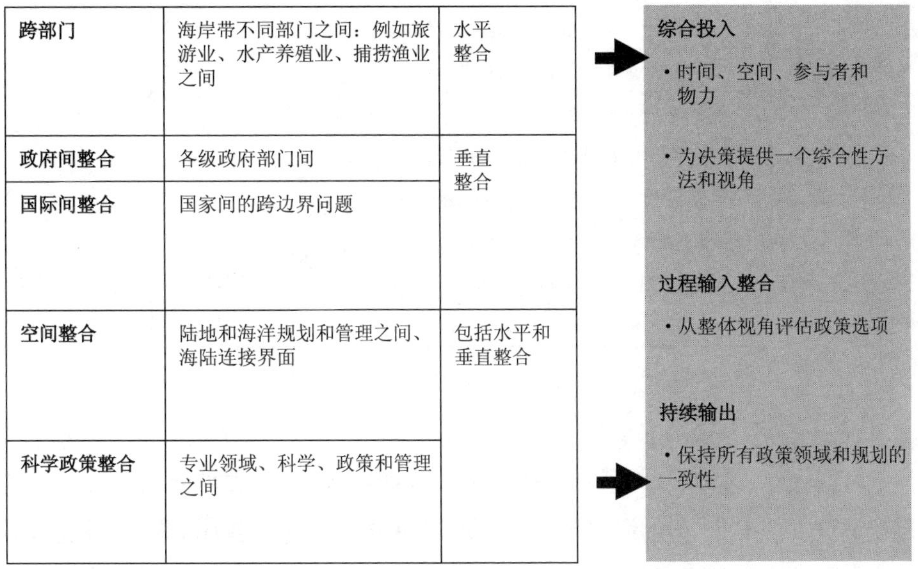

图 2-2　海岸带综合管理的维度

(二) 海岸带综合管理的原则

鉴于任何单一定义均难以囊括海岸带综合管理的所有关键特征，人们转而编制各种指导原则和解释来促进海岸带决策和政策制定。源自国际讨论和相关规定的许多原则与可持续性和环境良治的一般原则密切相关（Cicin-Sain and Knecht，1998；Kay and Alder，2005；Intergovernmental Oceanographic Commis-

sion，2006），例如预防原则、污染者付费原则、代际公平原则和跨界责任原则等。此外，还有一些与管理方法更密切相关的原则，例如适应性原则、迭代原则和集中性原则等。表 2－3 为欧洲海岸带综合管理的制定原则，虽然这些原则由于缺乏清晰解释、优先次序以及相互关系难以捉摸，遭到学术界的广泛批评（见 McKenna *et al*.，2008；Ballinger *et al*.，2010），但其仍然保有欧洲海岸带综合管理方式的定义性特征，其中 7 和 8 属于程序性原则；1、2 和 5 属于战略性原则；3、4
14 和 6 属于地方指导性原则（McKenna *et al*.，2008）。

表 2－3 欧洲海岸带综合管理的制定原则

原则
1. 广泛的整体视角（主题和地理范围）
2. 包括预防原则在内的长期视角
3. 渐进过程中的适应性管理
4. 局部的特殊性和欧洲海岸带地区的高度多样性
5. 遵循自然过程和尊重生态系统的承载能力
6. 让所有相关方参与管理过程
7. 相关行政机构的支持和参与
8. 采用提高连贯性的组合方法

（三）海岸带综合管理的政策周期

与传统的战略业务和规划周期非常相似，海岸带综合管理的发展过程可分为若干阶段。图 2－3 的海岸带综合管理周期循环说明了这一过程的连续性、适应性和渐进性，其中一环又一环的学习则以前一轮的经验教训、事件、信息和知识为基础（Olsen *et al*.，2009）。

如表 2－4 所示，对构成海岸带综合管理过程的各个阶段均有不同的解读，不过，无论是从包括项目规划和机构制度等能力发展在内的准备阶段，还是到运营评估和最终评估阶段，虽然在细节上各有不相同，但总体概念和行进方向始终保持一致。各个阶段都强调夯实基础的重要性，从而确保海岸带综合管理的可持续发展进程。因此，启动阶段和筹备阶段至关重要，不仅要构成对海岸带系统
15 的整体理解，而且要获得利益相关者的支持、信任和承诺。值得注意的是，2008

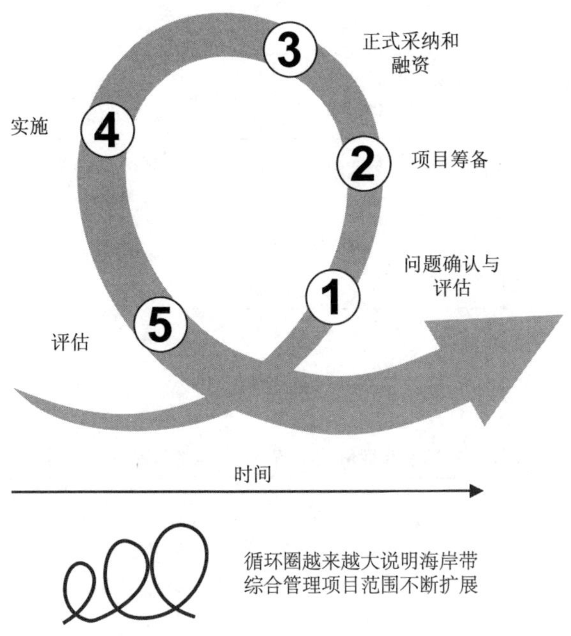

图 2－3　海岸带综合管理周期循环

资料来源：原创，修订自 Olsen(2003)。

年《地中海海岸带综合管理议定书》(*the ICZM Mediterranean Protocol* 2008)和政府间海洋学委员会支持的《海岸带和海洋综合管理进程》(*the Integrated Coastal and Ocean Management (ICOM) process*)，在情景阶段和远景阶段均采用明确的前瞻性方法。与此大相径庭的是其他模式，它们在海岸带综合管理循环的早期阶段就致力于识别和解决沿海问题。重视结构层次、规范展望未来的海岸带综合管理方法较有潜力，比以传统技术和生态为中心的海岸带管理方法更能促进创造性思维，可能会鼓励对适应性采取更积极的态度，增强对不同尺度的海岸带综合管理进程互联性的理解。

表 2－4　海岸带综合管理阶段的比较

ICOM 过程要素(IOC)	GESAMP ICM 阶段政策循环	coastlear 阶段	地中海 ICZM 议定书
初步确定 初始化 可行性	初始阶段	启动	制定

续表

ICOM过程要素(IOC)	GESAMP ICM阶段政策循环	coastlear阶段	地中海ICZM议定书
编制 社会经济评估书 理想和可能的情景 管理规划设计	项目计划编制 制定—正式采纳与融资	规划	分析与未来 确定愿景 前景设计
实施 机构化 计划和实施 评估与调整	实施 监管与评估	实施 监管与评估	实现愿景
巩固、复制与扩展 巩固 复制 扩展	—	—	—

资料来源:Belfiore *et al*., 2003;www.coastlearn.org/; Henocque and Denis(2001),the ICZM Mediterranean Protocol 2008。

与大多数其他海岸带综合管理模式相比,《地中海海岸带综合管理议定书》和《海岸带和海洋综合管理进程》方法本身没有独立的监测和评估"阶段",不过,两者都强调按照通用绩效管理原则进行全过程监测的重要性。为了应对这种状况,大量关于海岸带综合管理评估的研究文献纷纷出版,其中21世纪初出版数量尤其庞大。这些文献不仅讨论评估过程,还研究海岸带状态指标,例如欧洲海岸带综合管理进展指标(Pickaver *et al*.,2004)和政府间海洋学委员会涵盖治
16 理、生态和社会经济的综合指标体系(Belfiore *et al*.,2003)。这种把产出结果分阶段的方法为理解和判定海岸带综合管理的成果提供了最实用的框架(Olsen,2003)。按照这种方法,第一阶段的产出结果确定了可持续海岸带综合管理的赋能条件(阶段1至阶段3,见图2-3);第二阶段的产出结果标志着管理的深入发展和人们行为的改变,这些都是长期可持续性海岸带综合管理不可或缺的条件。该模型然后表明随着时间的推移和能力的提高,终极目标是可能实现的;第三阶段产出结果可能就达到了环境和社会目标;第四阶段产出结果就是

实现海岸带综合管理可持续发展。

实际上，海岸带综合管理项目的发展并不像表 2－4 表达的那样的层次分明和清晰。贝伯布里奇等指出，有些项目是从第三阶段的立法改革付诸实施起步的（图 2－3），然后再进行第一阶段和第二阶段的问题分析和计划编制（Burbridge *et al.*，2001）。这样的改变可能会降低方案的成本效益，因为前两个阶段的某些内容需要一再审定和修订。也许，在“梳理其中相互纠缠问题”的过程中，会揭示某些导致利益相关者不安的潜在误解，也可能会跳过前几个阶段的某些关键内容，因而进一步削弱后续工作的效益，甚至危及整个进程。

（四）海岸带综合管理的工具和技术

鉴于海岸带综合管理涵盖的范围广泛，为了支持其计划和实施，已经采用或改造许多不同的工具和技术，其中包括许多常规的环境规划和资源管理工具。采用哪些工具和技术普遍取决于人力资源、技术能力和经费强度。理想情况下，定制工具套餐是海岸带综合管理筹备阶段设计的组成内容。然后运用这些工具解决具体的地方性需求，如加强部门间合作和其他人际关系，这对于项目的综合至关重要。在实践中，工具的选用及其应用范围通常与手头的任务成正比，同时在很大程度上也取决于可资利用的资源和员工的技术知识。因此，往往只有成熟和资源充裕的海岸带项目，例如切萨皮克湾项目，才能采用诸如信息技术工具等复杂和高科技的工具。在其他地区，资源不那么充裕的海岸带综合管理项目，只能采用成本和高科技含量较低的解决方案，如西北欧非法定的地区海岸带管理，其中包括英格兰海岸带伙伴关系。

表 2－5 列出了一些最常用的海岸带综合管理工具和技术，并分类为评估、实施和治理改进的相关工具和技术。前两类在海岸带综合管理周期的筹备和实施阶段特别重要，包括协助流程制定的辅助工具；与治理有关的工具对机构制度、团体和公众能力建设至关重要。与治理相关的工具最近关注试点研究和相关的治理过程，这些过程在气候和海岸带变化的背景中，可以促进海岸带科学决策的整合（Cummins and McKenna，2010）。海岸带综合管理的学术文献中有大量评估其他相关治理技术对海岸带综合管理作用的论文，包括利益相关者分析（Rockloff and Lockie，2004）、能力建设（Le Tissier *et al.*，2002）以及数据收集、信息管理、可视化和场景开发等内容（Ballinger and Rhisiart，2011）。

表 2－5 海岸带综合管理工具和技术

评估措施		
数据收集与信息管理	评估技术	
· 监管与监测活动及网络 · GIS 研发 · 建模与可视化 · 情景开发 · 以信息技术为基础的管理系统 · 指标体系	· 环境影响评价(EIA) · 战略环境评价(SEA) · 承载能力评价 · 景观和视觉资源分析 · 快速海岸评估 · 生态足迹 · 风险评估(如侵蚀、洪水、气候变化等) · 脆弱性评估	· DPSIR 分析(驱动—压力—状态—影响—反应) · 多标准分析 · 资源统计 · 经济分析(含成本效益分析和经济环境评估) · 利益相关者分析 · 基于指标开展评估
实施技术		
战略管理和政策工具	经济、金融和财政手段	分配工具
· 法律与政策(海洋和陆地) · 国家、区域和地方的海岸带政策、计划和项目 · 国家和区域指南	· 经济激励机制 · 税收 · 费收,如污水处理费 · 直接投资	· 区划 · 批准与许可证办法 · 规划和土地使用控制 · 退缩区 · 禁捕区
改进治理的措施		
能力建设与开发	促进合作与协调的手段	
· 人员能力建设培训 · 机构能力开发 · 交流事项、产出和交流 · 决策支持系统 · 外展服务(含公共参与事项) · 研究、科学和技术辅助 · 信息交流及最佳实践	· 冲突解决技术 · 谈判技巧 · 谈判 · 自愿协议	

(五)机制和治理方面 18

米(Mee)认为尽管在海岸带综合管理文献中,对与海岸带相关的管理机制和治理问题存在不正常的偏见,但还是有必要对此类问题进行详细的辩论(Mee,2010)。正如勒·蒂西尔等所指出的,海岸带政策的制定作为海岸带综合管理进程的组成部分,既是一项政治任务,也是一项技术任务(Le Tissier *et al.*,2002)。它需要理解利益相关者的权利、知识、价值观和信仰,以便为有意义的利益相关者参与相关的决策权力下放提供信息。早期的文献侧重于海岸带管理的制度安排(Sorensen and McCreary,1990),对政府结构进行了众多有效的分析。尽管博伊斯和艾鲁特等继续强调海洋和海岸带管理政策的不足和过于复杂(Boyes and Elliott,2014),但学术界最近都将侧重点转向治理过程研究(Milligan and O'Riordan,2007)和基于社区管理研究(Zagonari,2008)。

20 世纪 90 年代的文献重点关注有可能促进"整合"的制度性机构安排(Sorensen and McCreary,1990),其中包括沿海国已经设立了海岸带管理的专属部委或部门、有机构或政府间机构在相关机构之间进行协调的安排以及其他工作组、委员会和咨询小组的安排。随后,围绕与这类制度安排相关的适用立法权力展开了许多辩论,激发国家和区域政府对政府结构开展了许多近乎例行的分析。例如,在英格兰和威尔士,在建议设立一个海岸带政策跨部门小组和一个中央政府内设的海岸带管理部门之前,下议院环境特别委员会审议了现有政策和组织机构的合理性及其他事项,其中除了其他事项外,就质询了海岸带保护和规划报告[1](Ballinger,1999)。虽然是短暂的,而且一开始就摇摆不定,但在环境、食品和农村事务部(Department for Environment, Food and Rural Affairs, DEFRA)内,一个小型的海岸带单位仍然存在了一段时间。

如上所述,在过去的几十年里,基于社区和交互式的治理进程受到了相当多的审查。在借鉴了其他学科领域的普遍管理方法之后,相互合作,特别是伙伴关

---

[1] 指下议院环境委员会 1992 年提交的海岸带保护和规划报告(*Report on Coastal Zone Protection and Planning*)。下议院环境特别委员会审议后认为:"不能孤立地审查海岸带保护和规划;它们与沿海地区的许多活动和用途的行政和管理有着千丝万缕的联系……"("*Coastal zone protection and planning cannot be reviewed in isolation; they are inextricably linked to the administration and management of the many activities and uses of the coastal zone...*")。——译者注

系和网络等合作方式,已经成为现阶段的**必然选择**。海岸带地区特定伙伴关系,通常是在专门的组织和计划的推动下,已经发展起来了,他们把原本独立的机构联合起来实现一个共同的目标。网络,尽管属于较为松散、也较不正式的安排,也在许多部门内部发展起来以解决海岸带的各种公共利益问题。有些人可能会认为,这些新的“机构”的发展已经填补了由于缺乏连贯性制度框架所形成的空白(Stojanovic and Barker,2008)。斯托亚诺维奇和巴克还指出,它们具有地方知识积累和能力建设方面的价值,而另一些人则认为它们的优势在于其所具备的“变色龙能力”,即可以根据当地的需要、愿景和情况调整侧重点(Stojanovic and Barker,2008)。不过,虽然这类协作可以带来明显的利益,但正如斯托亚诺维奇和巴克指出的,这类协作数量的激增说明需要进一步了解网络互动和个体之间的关系(Stojanovic and Ballinger,2009)。事实上,科瓦尔斯基和詹金斯对桥接组织(bridging organization)研究中所吸取的经验教训(Kowalski and Jen-
19 kins,2015)与此相关,值得借鉴。

(六) 讨论:对海岸带综合管理的批评

根据前述各节,可以认为海岸带综合管理已趋于成熟,并被公认为是促进海岸带可持续发展及促进多部门整合的机制。索伦森(Sorensen)等指出,大量的海岸带综合管理项目计划已经证明取得了相对成功。这些项目计划涵盖了全球的发达国家和发展中国家,适用于各级政府的治理,如英国地方性海岸带伙伴关系、东南亚和地中海的区域性倡议。然而,要真正确定海岸带综合管理对海岸带区域本地改善的总体贡献是非常困难的。虽然已建立了一系列可反映具体流程和海岸带地区状况完善的指标体系,但这些指标并不总是严格地加以应用,评估经常过度依赖传闻轶事,其中蕴含着支持者或反对者的偏见。而且,评估对海岸带综合管理原则也是选择自己最心仪的指标,而不是以经验审查为依据加以筛选(Ballinger *et al.*,2010)。这一点在为回应前文提到的欧盟委员会海岸带综合管理建议而进行的某些国家评估中尤其明显。不过把海岸带综合管理的“附加值”孤立地作为海岸带管理众多干预措施之一也是不妥的。即使是长期实施的项目计划,如《美国海岸带管理计划》(*the US CZM Programme*),这种“归因问题”有时也会导致政客们质疑海岸带综合管理过程的整体价值。

此外,美国由联邦政府批准的州海岸带管理计划包括了各式各样的内部协调机制和决策制定机制，有的州海岸带管理计划归某个政府机构主管，有的规划和监管职能分属若干个机构主管。如果不同的机构对共同目标观点不同，或者政治领导层变化导致计划运作方式或主管部门的改变，这样的安排可能引起挑战。另一方面，在州计划和联邦管辖权之间关系方面，美国海岸带管理法第307节称为“联邦一致性”的条款，对于可能影响州海岸带利用或资源的活动，赋予各州在联邦机构决策中拥有本不该拥有的强大话语权。联邦一致性条款是促使各州加入美国国家海岸带管理计划的主要激励机制，也是州计划管理海岸带活动和资源以及促进与联邦机构协调合作的有力工具。

海岸带综合管理可以带来一些显而易见的利益。有人认为，局限于不相宜行政边界的海岸带管理计划更应该关注根据生态系统或地理边界定义的区域。其他人强调，在海岸带综合管理类项目计划的发展中，重点是改进管理和提高能力，许多人则认为要加强参与性管理过程（Christie *et al.*，2005）。他们认为，这样可以增进利益相关者之间的相互理解、信任和尊重，建议以此为实施全面综合管理的先决条件。在威尔士塞文河口建立的地方性非法定的海岸带综合管理伙伴关系肯定已经提供某些这类利益（Ballinger and Stojanovic，2010）。塞文河口合作伙伴关系定期组织利益相关者参与活动和电子通信，因此，利益相关者增进了对海岸带问题的了解和海岸带事务的参与。确实，合作伙伴正在联合制定《塞文河口战略》（*the Severn Estuary Strategy*），为河口全域提供连贯性更强的战略决策框架。然而，总体来说，鉴于海岸带综合管理的特殊性，利益问题难以一
概而论，因为其中反映的是符合项目本身特定目标和愿望的利益。所以美国北 20
卡罗来纳州海岸带管理计划在灾害管理和开发控制方面颇有成效，而纽约州海岸带计划则解决了视觉景观和公众通道等一系列问题。

遗憾的是，虽然海岸带综合管理被认为是治理海岸带问题的灵丹妙药，但实际效果往往达不到预期。尽管也有一些成功的案例，取得了一定的成就，但海岸带综合管理始终处于并非法定活动的地位，因此经费强度和资源水平低，导致对海岸带综合管理的支持和信心呈螺旋式下降。业绩欠佳的原因俯拾皆是。理论基础相对薄弱和认知水平较低要为从业者和决策者难以理解海岸带综合管理的真谛负部分责任（Kay and Alder，2005；Billé，2007）。于是，海岸带综合管理经常被贴上“含糊不清”和“外围活动”的标签，得不到重视或者被边缘化。这类情

况已经在欧洲发生,海岸带综合管理已经让位于其他更严格定义的规划和环境管理过程。此外,欧盟内部在定义海岸带综合管理的特征中过度依赖一般环境治理原则,不仅无助于海岸带综合管理事业的发展,反而导致了“海岸带政策受到挤压”。关注地方层次的问题,通常被引述为海岸带综合管理发展最有效的层次(Power *et al.*,2002),也导致权力下放及相关的连锁反应(见 Milligan and O'Riordan,2007)。其中包括与权力再分配相关的问题以及地方社区难以识别和参与可持续发展所需的长期优先事项和更大空间范围等(Mee,2010)。过分强调地方层次也可能导致中央政府逃避支持海岸带管理的责任。英国在某些方面就是这样。在英国,中央政府承认地方海岸带伙伴关系取得成功,但除了口头/书面认可该项目的工作外,几乎没有提供任何其他支持。而且,在缺乏政策支持的背景下,许多地方工作聚焦于无争议的、快速双赢的“软”事务上,如休闲娱乐和信息交流等问题。他们甚至可能追随呼声最高、魅力最强、资源最丰富的“优胜者”,屈从其愿望和利益,而这些人基本没有任何政治授权。对参与管理的关注也是喜忧参半,特别是相关社区的承诺和能力有限,尤其是其技能和知识方面的局限,导致了旷日持久的辩论以及随之而来的惰性。麦肯纳和库珀认为整个欧洲都存在这个问题(McKenna and Cooper,2010)。希普曼和斯托扬诺维奇认为,欧洲许多海岸带综合管理以项目为主,在支持管理进程的长期发展的基础建设方面少有建树,导致从业人员流动率高,政策周期循环分散和脱节(Shipman and Stojanovic,2007)。不过,这种问题不仅仅局限于欧洲,全世界以项目为重点的海岸带综合管理都可能导致临时性和不可持续的结果(Christie,2005)。

虽然海岸带综合管理在很大程度上属于一种社会过程和建构,但近年来过分关注制度和治理方面,往往损害了其他亟须解决的海岸带管理问题(Cheon,2008;Mee,2010)。比利对海岸带综合管理的“乌托邦社区”以及机构整合和相关行政简化的必要性提出质疑(Billé,2007),他认为这可能只是掩盖了“自家内部”的现有紧张关系和权力斗争。同时他还质疑利益相关者协调是否能自动地实现真正的、综合的、整体的管理。他认为在集体框架内设定问题并不确保能引
21 发集体关注(Billé,2007)。任何时候都需要权衡利弊,海岸带综合管理实际上既涉及分配性管理,也涉及一体化管理。除这些基本问题外,还有人质问了海岸带

决策与海岸带系统基础科学脱节的问题(McFadden,2007;Mee,2010),呼吁进一步深入了解海岸带管理的科学需求(Tribbia and Moser,2008)。虽然已经试图去解决这个问题,但它仍然是海岸带治理的一个关键难题。正如比利所言,实证主义者关于“运用科学知识肯定导致科学决策”的幻想可能存在缺陷(Billé,2007)。科学-政策之间的界面是复杂的,我们显然需要加深理解和把握。在这个过程中,我们必须接受适应性管理,并提高我们对预防原则可操作性的理解。

四、结论

正如前面几节说明的,人们已经认识到传统的部门管理不适合海岸带,因此,在过去的半个世纪里,全世界都在努力开发新的海岸带管理方法。海岸带综合管理已被确立为可帮助沿海地区实现可持续性发展的机制。许多人甚至认为该机制已进入“成熟”阶段(Billé,2007;Godschalk,2010;Shipman,2012)。当然,最近颁布的《地中海海岸带综合管理议定书》及随后其他区域海对该方法产生的兴趣,也预示着人们已经接受将海岸带综合管理作为海岸带区管理及其相关的复杂、相互关联问题的关键工具。

然而,如前所述,海岸带综合管理并不总是某些人希冀的灵丹妙药。随着人口密集地区的增长和对海岸带关键生态系统的侵占,全球多数海岸带继续退化和恶化。事实上,62%的河口和滨海沼泽、64%的红树林和58%的珊瑚礁与人口10万人以上的城市中心相距不过25千米(Agardy *et al.*,2005)。在过去的几十年里,海岸带地区及其渔业、红树林和珊瑚礁等相关的自然资源,正在缓慢恢复,不过,许多这样的成就归功于部门管理的改善,而不是海岸带综合管理本身。确实,前面的讨论也表明,海岸带综合管理虽然已取得一些显著成功,但仍受到基本概念问题和更多实际问题的困扰,其中包括实施程度的明显差距(Burbridge et al.,2001)以及与难以实现政策模式的高层次成果等相关问题。即使海岸带综合管理中某些非常成功的因素(如Stojanovic and Ballinger,2009),最近也受到了批评者的质疑(Billé,2007)。

海岸带属于聚合体,这无疑给海岸带综合管理的评估带来困扰。海岸带综合管理的发展不仅与现代环境管理的演变同步发生,而且是发生在一般治理理论和实践的重大变革时期。在这一时期，环境影响评价（Environmental Impact Assessment，EIA）和战略环境评价（Strategic Environmental Assessment，SEA）等技术以及针对流域和海域的新型、更加综合的规划和管理制度，都在实践中促进了更具包容性、整体性和综合性的管理方式的产生与改进。如欧洲，《奥胡斯公约》（*Aarhus Convention*）促进了社区参与和责任分担，这反过来又促成了欧洲最近的立法，特别是《栖息地指令》（*Habitats Directive*）（92/43/EEC）和《水框架指令》（*Water Framework Directive*）（2000/60/EC），对不同主管部门在政策执行时的协调性提出了更高要求（Ballinger and Stojanovic，2010）。

22 虽然这些新的环境管理方法间接地支持了海岸带综合管理的良好治理原则的实施，但这些方法的引入同时也需要新的立法以及相关责任。巴林杰和斯托扬诺维奇指出，在本已错综复杂的法律和职责上叠加新的官僚机构，导致混乱加剧（Ballinger and Stojanovic，2010）。最重要的是，进一步的碎片化和混乱困扰着许多海岸带地区，权力下放过程不仅导致机构数量的增加，也导致跨越新的行政边界的议程分歧。以塞文河口为例，随着威尔士逐渐从英格兰获得越来越多的独立管理权，其组织机构也越发拥挤混乱（图 2－4）。

然而，正是海洋空间规划（MSP）的引入，给海岸带综合管理带来了最重大的挑战。这导致海岸带（政策）受到挤压，威胁到海岸带综合管理本身的存在。对海洋渔业、近海资源和海洋生态系统衰退的关注，引发了当前对海洋空间规划的关注。各国政府，特别是发达国家政府，已经制定了新的法规、行政命令和政策，如《加拿大海洋法》（*Canadian Oceans Act*）（1996）和《战略计划》（*Strategy*）（2002）、《英国海洋和海岸带地区准入法》（*UK Marine and Coastal Access Act*）（2009）以及《美国国家海洋政策》（*US National Ocean Policy*）（2010）。海洋空间规划已经升格为一副新的灵丹妙药，不但为海洋管理提供了综合方法，同时也提供了更加完善的问责制，提高了管理的透明度，加强了以科学为依据的政策和利益相关者的参与。你看到了吗？肯定觉得与海岸带综合管理有许多相似之处。然而，正如博伊斯和艾鲁特所指出的，为支持英国海洋空间规划的发展而颁布的法律确实为基于生态系统的管理方法指明了方向，但是并未真正完全把握

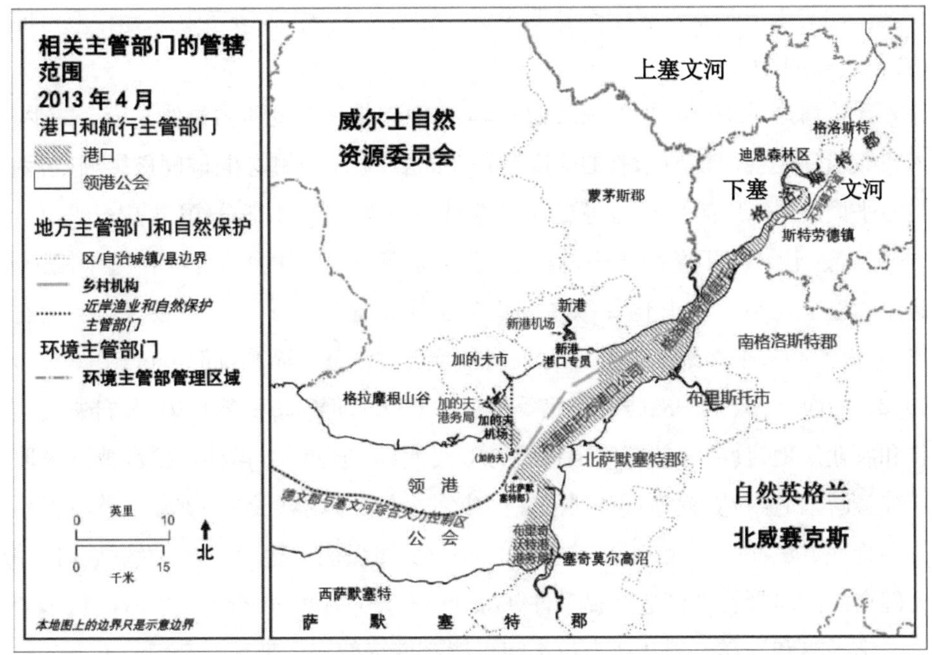

图 2-4 相关主管部门的管辖范围(2013 年 4 月塞文河口)①

住机会,对海洋和海岸带治理进行彻底重组(Boyes and Elliott,2015)。值得一 23
提的是,欧洲为制定《海洋空间规划指令》(*the Maritime Spatial Planning Directive*)(2014/89/EU)围绕海岸带综合管理和海洋空间规划之间的相互关系、两个进程之间的差异、相似性和协同作用开展了一系列探讨,这些讨论为《海洋空间规划指令》的制定提供了大量信息。然而,《海洋空间规划指令》最终还是决定将海岸带综合管理的术语从中删除,取而代之的是关于"陆海"交互作用的简短章节,其中第 7 条规定:为了根据第 4 条第 2 款考虑海陆相互作用,只要不构成海洋空间规划的组成部分,成员国可以采用其他正式或非正式的过程,例如海岸带综合管理。

许多地方的海岸带综合管理实施机构,看到海洋空间规划笼罩在海岸带综合管理头上的阴影,感到沮丧。对此情形,英国政府并未给予帮助,除了通过利用一些海岸带合作伙伴关系协助与海洋空间规划相关的公众参与外,对海岸带

① 本书中插附地图系原文插附地图。

管理活动的未来基本没有给予长期投资。这种做法表明,海岸带综合管理可能被“束之高阁”了。

无论海岸带综合管理的未来如何,全球海岸带承受的压力显然并不会减少。人口数量注定会以前所未有的速度增长,加之气候变化和相关的间接影响,特别是海平面上升,现有的问题将更加复杂化,并带来新的挑战(Nicholls *et al.*, 2007)。数十亿人日益受到海岸带浅水洪涝和潮汐引发的复合洪涝、海岸侵蚀、海水盐度变化和生境退化等一系列次生灾害的影响(Creel,2003),到 21 世纪末,东南亚和太平洋地区的数百万人可能会沦为“海平面难民”(Wetzel *et al.*, 2012)。在地势较低的岛屿和环礁等高风险地区,随着海平面上升,人们失去居住和农业用地,食品和健康安全将成为首要问题,迫使人们流离失所,被迫采取迁徙、迁移和重新安置等一系列潜在的应对措施。这些问题将使海岸带治理系统和管理方法面临极大考验,需要我们进一步加强能力建设、改变投资战略,并为健全的海岸带管理创造前提条件(Glavovic,2008;O'Riordan *et al.*,2014)。

学术界和海洋管理从业人员之间可能会继续就海岸带综合管理的未来走向展开辩论,其中,焦点不可避免地会集中在已有的话题上,如什么是适当的海岸带管理分权程度,科学如何更好地为政策提供信息,法定或自愿法定是否更有效,如何使参与过程变得更有效以及如何使海岸带综合管理更好地与新兴的流域综合管理和海上规划的进程相联系等。根据这类讨论提供的信息,有人认为,海岸带地区的治理和综合规划可以采用渐进的发展模式,并配合总体环境管理实践的改进而不断完善,进而改善海岸带地区的实际状况。虽然许多人认为最主要的挑战可能是确保海岸带综合管理不被人全面地从拥挤不堪的政策平台上挤出去,但关键的问题是要真正确保在海岸带地区运行的所有规划和管理政策,包括那些未明确标明为海岸带综合管理的政策,能够反映并包容海岸带的多样
24 性、复杂性和动态性。同时,政策的制定必须努力为沿海地区提供基于生态系统的管理方法,并能够在相应的架构和治理理念下开展合作。嵌入某种形式的互动、适应性多中心治理,进而能够反映并响应复杂多维的海岸带的要求是海岸带综合管理工作面临的一大挑战。为此,所有海岸带综合管理的学者、政策制定者和具体实施者均需欣然接受最近由奥斯特罗姆(Ostrom,2010)、保罗尔·伍斯特尔等(Pahl-Wostl *et al.*,2009)为主编撰出版的学术新论著中的观点。

参考文献

Agardy, T., Alder, J., Dayton, P., Curran, S., Kitchingman, A., Wilson, M., Catenazzi, A., Restrepo, J., *et al.* (2005). *Coastal Systems. Millennium Ecosystem Assessment: Ecosystems & Human Well-Being, Volume 1: Current State and Trends*, W. Reid, Ed. Island Press, pp. 513–549.

Ballinger, R.C. (1999). The Evolving Organisational Framework for Integrated Coastal Management in England and Wales. *Marine Policy*, 23(4/5): 479–500.

Ballinger, R.C., Pickaver, A., Lymbery, G., and Ferriera, M. (2010). An Evaluation of the Implementation of the European ICZM Principles. *Ocean and Coastal Management*, 53: 738–749.

Ballinger, R.C. and Rhisiart, M. (2011). Integrating ICZM and Future Approaches in Adapting to Changing Climates. *MAST*, 10(1): 115–138.

Ballinger, R.C. and Stojanovic, T.S. (2010). Policy Development and the Estuary Environment: A Severn Estuary Case Study. *Marine Pollution Bulletin*, 61(1–3): 132–145.

Belfiore, S., Balgos, M., McLean, B., Galofre, J., Blaydes, M., and Tesch, D. (2003). A Reference Guide on the Use of Indicators for Integrated Coastal Management. *ICAM Dossier 1, IOC Manuals and Guides*, No. 45. Paris: Intergovernmental Oceanographic Commission of UNESCO.

Billé, R. (2007). A Dual-Level Framework for Evaluating Integrated Coastal Management beyond Labels. *Ocean & Coastal Management*, 50(10): 796–807.

Boyes, S.J. and Elliott, M. (2014). Marine Legislation – The Ultimate 'Horrendogram': International Law, European Directives & National Implementation. *Marine Pollution Bulletin*, 86(1): 39–47.

Boyes, S.J. and Elliott, M. (2015). The Excessive Complexity of National Marine Governance Systems – Has This Decreased in England Since the Introduction of the Marine and Coastal Access Act 2009? *Marine Policy*, 51: 57–65.

Burbridge, P.R., Glavovic. B.C., and Olsen, S. (2001). Practitioner Reflections on Integrated Coastal Management Experience in Europe, South Africa and Ecuador. *Treatise on Estuarine and Coastal Science*. Elsevier. pp. 131–158.

Christie, P. (2005). Is Integrated Coastal Management Sustainable? *Ocean & Coastal Management*, 48: 208–232.

Chua T.-E. (1993). Essential Elements of Integrated Coastal Zone Management. *Ocean & Coastal Management*, 21(1–3): 81–108.

Cicin-Sain, B. and Knecht, R.W. (1998). *Integrated Coastal and Ocean Management. Concepts and Practices*. Washington, DC: Island Press.

Creel, L. (2003). Ripple Effects: Population and Coastal Regions, Making the Link: Population Reference Bureau, 8 pp. In: Goudarzi, S. (2006). *Flocking to the Coast: World's Population*. Available from: www.livescience.com/4167-flocking-coast-world-population-migrating-danger.html (accessed August 2012).

Cummins, V. and McKenna, J. (2010). The Potential Role of Sustainability Science in Coastal Zone Management. *Ocean & Coastal Management*, 53: 796–804.

Glavovic, B.C. (2008). Sustainable Coastal Communities in the Age of Coastal Storms: Reconceptualising Coastal Planning as 'New' Naval Architecture. *Journal of Coastal Conservation*, 12: 125–134. 25

Godschalk, D.R. (2010). Coastal Zone Management. pp. 44–52, In: Steele, J.H., Turekian, K., and Thorpe, S. Editors-in-Chief. *Marine Policy and Economics from the Encyclopedia of Ocean Sciences*, 2nd Edition. Oxford: Elsevier Limited.

Henocque, Y. and Denis, J. (2001). *A Methodological Guide: Steps and Tools towards Integrated Coastal Area Management*. Paris: UNESCO.

Kay, R. and Alder, J. (2005). *Coastal Planning and Management*, 2nd Edition, Spon Text. 380pp.

Kowalski, A.A. and Jenkins, L.D. (2015). The Role of Bridging Organizations in Environmental Management: Examining Social Networks in Working Groups. *Ecology and Society*, 20(2): 16.

Le Tissier, M.D.A., Ireland, M., Hills, J.M., McGregor, J.A., Ramesh. R., and Hazra, S. (Eds) (2002). *Management Capacity Development*. Produced by the Integrated Coastal Zone Management and Training (ICZOMAT) Project, 196pp.

McFadden, L. (2007). Governing Coastal Spaces: The Case of Disappearing Science in Integrated Coastal Zone Management. *Coastal Management*, 35(4): 429–443.

McKenna, J., Cooper, J.A.G., and O'Hagan, A.M. (2008). Managing by Principle: A Critical Analysis of the European Principles of Integrated Coastal Zone Management (ICZM). *Marine Policy*, 32: 941–955.

Mee, L. (2010). Between the Devil and the Deep Blue Sea: The Coastal Zone in an Era of Globalisation. *Estuarine, Coastal and Shelf Science*, 96: 1–8.

Milligan, J. and O'Riordan, T. (2007). Governance for Sustainable Coastal Futures. *Coastal Management*, 35(4): 499–509.

Nicholls, R.J., Wong, P.P., Burkett, V., Codignotto, J., Hay, J., McLean, R., Ragoonaden, S., Woodroffe, C.D., Abuodha, P.A.O., Arblaster, J., and Brown, B. (2007). Coastal Systems and Low-Lying Areas. Available from: http://ro.uow.edu.au/scipapers/164/.

Norman, B. (2009). Integrated Coastal Management to Sustainable Coastal Planning. Thesis submission for Doctor of Philosophy, School of Global Studies, Social Science and Planning College of Design and Social Context, RMIT University, Australia. 216pp.

Olsen, S. (2003). Assessing Progress toward the Goals of Coastal Management. *Coastal Management*, 30(4): 325–345.

Olsen, S.B., Page, G.G., and Ochoa, E. (2009). *The Analysis of Governance Responses to Ecosystem Change: A Handbook for Assessing a Baseline*. Geesthacht: LOICZ, GKSS Research Centre.

O'Riordan, T., Gomes, C., and Schmidt, L. (2014). The Difficulties of Designing Future Coastlines in the Face of Climate Change. *Landscape Research*, 39(6): 613–630.

Ostrom, E. (2010). Beyond Markets and States: Polycentric Governance of Complex Economic Systems. *Transnational Corporations Review*, 2(2): 1–12.

Pahl-Wostl, C. (2009). A Conceptual Framework for Analysing Adaptive Capacity and Multi-Level Learning Processes in Resource Governance Regimes. *Global Environmental Change*, 19(3): 354–365.

Pickaver, A.H., Gilbert, C., and Breton, F. (2004). An Indicator Set to Measure the Progress in the Implementation of Coastal Zone Management in Europe. *Ocean and Coastal Management*, 47(9/10): 449–462.

Rockloff, S.F. and Lockie, S. (2004). Participatory Tools for Coastal Zone Management: Use of Stakeholder Analysis and Social Mapping in Australia. *Journal of Coastal Conservation*, 10(1): 81–92.

Shipman, B. (2012). ICZM2 – A New ICZM for an Era of Uncertainty. *Keynote Presentation* at Littoral 2012, the 11th Littoral International European Conference. Available from: www.littoral2012.eu/index.php?p=presentations.

26 Shipman, B. and Stojanovic, T. (2007). Facts, Fictions and Failures of Integrated Coastal Zone Management in Europe. *Coastal Management*, 35: 375–398.

Sorensen, J. (2002). *Baseline 2000. Background Report. The Status of Integrated Coastal Management as an International Practice*. Second Iteration – 26 August 2002. Boston:

Urban Harbours Institute.

Sorensen, J.C. and McCreary, S.T. (1990). *Institutional Arrangements for Managing Coastal Resources and Environments*. Narragansett, RI: University of Rhode Island.

Stojanovic, T.S. and Ballinger, R.C. (2009). Integrated Coastal Management: A Comparative Analysis of Four UK Initiatives. *Applied Geography*, 29(1): 49–62.

Stojanovic, T.S. and Barker, N. (2008). Improving Governance through Local Coastal Partnerships in the UK. *Geographical Journal*, 174: 344–360.

Tribbia, J. and Moser, S.C. (2008). More Than Information: What Coastal Managers Need to Plan for Climate Change. *Environmental Science & Policy*, 11(4): 315–328.

Wetzel, F.T., Kissling, W.D., Beissmann, H., and Penn, D.J. (2012). Future Climate Change Driven Sea-Level Rise: Secondary Consequences from Human Displacement for Island Biodiversity. *Global Change Biology*, 18(9): 2707–2719.

Zagonari, F. (2008). Integrated Coastal Management: Top–Down vs. Community-Based Approaches. *Journal of Environmental Management*, 88: 796–804.

27 第三章　海滩管理

肖·米德

一、引言

近几十年来，人们看待海滩和沿海设施的态度发生了显著的变化(Hickman，2002)，其中主要表现在两个方面：认可海滩拥有的社会价值和经济价值(Houston，2013)和认识到最完美的防控沙滩侵蚀和风暴潮的方式往往是功能健全的海滩系统。事实上，查尔斯·芬克(Charles Finkl)主张海滩作为海岸防护和滨海生物栖息地的重要基础设施，应获得和滨海住宅、工商企业、滨海道路、输电线路和各类港口码头等同的保护强度(Williams and Micallef，2009)。随着上述的态度转变和对海滩演变过程认识的加深，海滩管理逐渐在全球范围得到应用。海滩管理区域一般包括后滩(也称为沿岸沙丘)、前滩和向外延伸至闭合深度的海滩(闭合深度指活动海滩向海最远处的深度)。

海滩管理策略可以认为指的是开发混合的解决方案，即通过组合措施，为海滩的长期、可持续健康发展提供最优解决方案。海滩管理策略并非单一的补救，而是一系列技术的并用，往往需要软硬件工程相结合的解决方案，还要同时考虑生态环境和休闲等因素，也就是说要采取整体解决方案。监测是海滩管理的重要内容之一，用以评估策略的成功率和指导适应性管理技术的应用。通过精心设计的监测方案，可以不断地微调进而优化监测区的海滩管理。顾名思义，海滩管理是一种持续不断的、维护海滩健康可持续发展的管理方法。

制定海滩管理策略的目的是保护、维护和改善海滩环境。这样的策略适用于已经或正在蒙受侵蚀而面临消失的海滩(例如，在临近侵蚀海滩地方或在滨外沙嘴、岬角滩等能够自然再调整的海岸带地形上建造的房屋或者基础设施)，或者是沉积物供给量减少的海滩(例如因建造了防波堤，其口门阻挡了沿岸泥沙输送，在河流上筑堤取水导致河流中的泥沙无法到达海岸以及在海滩开采建设砂等)。正是由于人类活动或人为因素存在，为了维护海滩，就必须对海滩实施管理；海滩的侵蚀(和淤积)是只有在沿海居民资产和海岸设施处于危险时才会成为“问题”的自然过程。鉴于海滩的价值因其社会利益和经济利益已获得普遍认 28
可，因此海滩管理的重点一般在于海滩本身的保护、维护、改善和补砂，而不是海岸上的土地或资产，尽管海岸上的土地或资产通常会受益于健康海滩的附加防护作用。

另一个人们普遍忽视的因素是海岸带区在生态功能和初级生产力方面的重要性。海滩的生物组成可提升海滩的复原力和应对海岸自然过程的能力(参见 Zanuttigh *et al.*，2010)。在这方面，固沙植物尤其重要：海岸带原生植物具有耐盐性，可以“捕获”风吹起的沙子，有助于在风暴事件之后“重建”和“修复”被风暴破坏的沙丘(见专栏 3－1 沙丘修复/沙滩稳定工程)。沙丘是海滩动力系统的一个重要组成部分，为海滩提供缓冲区和存沙区，促进海滩应对极端自然事件。

气候变化，特别是海平面上升(Sea Level Rise，SLR)，也是海滩管理发展的推动力。现在人们逐渐意识到，一个“健康”的海滩系统与其他许多海岸系统一样，对海平面上升及陆地相对沉降的反应和响应能力较大。无论是人为原因还是自然原因，海平面正在上升是无可争辩的事实，而且这种上升趋势可能会持续若干世纪(IPCC，2014)。

海滩管理是海岸防护中相对新兴的领域，称为“有管理的推进”的领域。现在，人们认为，“有管理的推进”不仅是一种可以保护海岸带的社会价值、经济价值和生态价值的可行性管理方法，而且是在保证宝贵的沿海基础设施和财产在其设计生命周期内得以利用的同时，为子孙后代制定适应性管理方案“购买时间”的手段(Burzel *et al.*，2010；Mead and Atkin，2013)。

过去，为解决海平面上升的问题，人们提出了三大类应对方案：建造海岸防护结构、适应性的建筑结构(如在桩柱上建造房屋,下方水流相通)和有管理的退缩[①]。只是在最近10年,人们才建议把"有管理的推进"作为"有管理的退缩"可行的替代方案(图3-1),并在许多案例中作为最优选项(见www.environment.nsw.gov.au/coasts/coasthotspots.htm)。不过,如果考虑到有管理的退缩的经济问题,其中包括政府购地经费、税收的减少、基础设施迁移的成本以及海滩潜在社会和经济利益的损失等,那么和有管理的推进的购买时间的成本进行比较,就知道后者只占前者的一小部分。例如,德国北部海岸的海平面上升的首选适应方案就有受管理的推进,这是权衡各种利害关系的结果,其中,健康的宽阔海滩所能带来的旅游价值,与在海岸建筑防护结构还是允许侵蚀的相互比较是采纳这种方案最强有力的论据之一(Burzel *et al.*,2010;Houston,

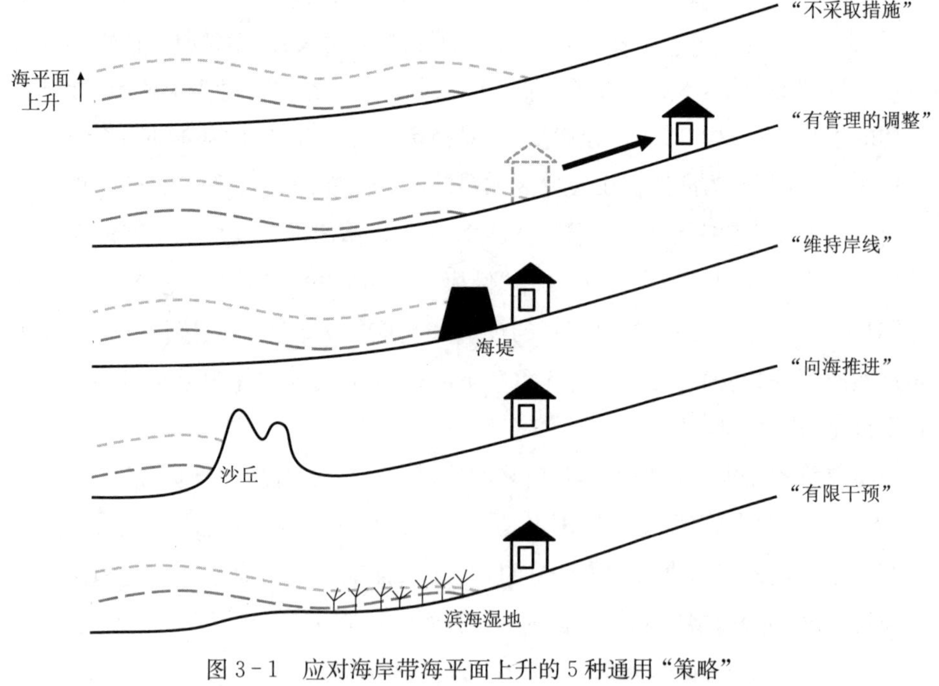

图3-1　应对海岸带海平面上升的5种通用"策略"

① 有管理的退缩(managed retreat),也称为有管理的再调整(managed realignment)是一种海岸带管理策略,指的是允许海岸线向内陆移动,而不是通过建设结构工程维持海岸线,因而使得向海一侧的海岸带自然生境转化为新的防护线的策略。——译者注

2013）。如今，虽然应对海平面上升问题的三大方案仍然有效，但多数规划和管理计划已经采纳更多的选项（图 3－1）。

综上所述，我们对海滩价值态度的转变、对海滩动力学的更深入理解以及海平面上升对滨海社区的真实威胁，都推动了海滩管理策略的制定。 29

二、制定海滩管理策略

海滩管理汇集了前几章论述的各种原则和实践。一项成功的海滩管理策略的制定通常包括以下组成部分。

（一）利益相关者的参与

海滩管理策略成功的关键是从一开始就获得利益相关者的支持。不同利益集团投入的作用广泛，从有助于深化对管理区域演变过程的了解，到对海滩管理策略的贡献，一直到对监测和适应管理框架内的长期成功做出的贡献。在许多现有海滩管理案例中，社区网站是海滩管理策略相关信息传播的主要途径，其中包括海滩管理策略的制定和应用，监测结果发布以及管理策略的适应性调整（例如，南澳大利亚州实施的活力海滩管理策略、黄金海岸的海滩保护策略、威尔士波尔斯海滩保护策略、新南威尔士州的伍里海滩保护行动、英格兰锡德茅斯和伊斯特沙滩管理计划、美国佛罗里达州的“朗博特岛”海滩管理计划）。本书的第十三章将进一步详细介绍利益相关者、沿海社区和公众在可持续的海岸带管理和决策中的作用。 30

（二）法律框架

与利益相关者全过程持续参与海滩管理策略制定的情况类似，法律框架应在项目最开始时就纳入考虑。事实上，在许多国家，利益相关者的协商及参与也是法律框架的组成部分，首先必须遵循法律框架才能获得实施海滩管理策略的许可证。

海滩管理旨在为特定海岸问题制定一个可持续解决方案，同时还必须考虑该方案对海岸带本身及其外围区域的可持续发展和生态环境的潜在影响。这些影响将在法律框架中根据环境影响评价（EIA）或环境效益评估（assessment of

Environmental effects,AEE)的要求加以评价或评估。

新西兰为海岸带资源管理的法律框架提供了一个很好的例子,实际上是独一无二的,其独特之处在于以《资源管理法》(*Resource Management Act*,RMA)(1991 年)为形式的立法过程采纳了可持续发展理念。维基百科的综合信息索引就使用新西兰的法律框架来阐明“海岸带综合管理”。《资源管理法》(1991 年)授权制定《新西兰海岸带政策声明》(*New Zealand Coastal Policy Statement*,NZCPS),然后在此基础上,各地区主管制定本地区的海岸带政策声明。海岸带政策声明规定了海岸上允许开展、自主决定开展和不合规的活动,并在《资源管理法》(1991 年)的框架内寻求获得资源开发许可证。2010 年,《新西兰海岸带政策声明》的最新修订版颁布,其中规定了与海滩管理直接相关的若干政策:

· 第 6 条——海岸带环境中的活动;只要合理可行,构筑物应向公众开放或用于多种用途。

· 第 13 条——保护自然特征;应认识到,海岸带的自然特征包括海岸带的生物物理学、生态学、地质学和地貌学等多个领域。

· 第 14 条——恢复自然特征;促进海岸带环境的自然特征和生态功能完整性的恢复,以及……

· 第 16 条——国家级重点冲浪场——对 17 个国家级重点冲浪场进行保护。

有关资源管理中的海岸带立法详见第四章的内容。

(三) 场地评估

为制定一项可持续且有效的海滩管理策略,必须要了解和量化海滩现有的演变进程,如果在现行体制内做不到这一点,海滩管理将不会成功并长期保持可持续发展。每一片海滩都有各自特殊的物理学和生态学的特征和变量,如现有海滩的宽度/体积、海砂粒径大小、潮差、海浪暴露程度和风力等级、近岸/离岸水深、沉积物来源、现有海岸结构、生物构成、前滩植被、滨海娱乐设施等,所有这些因素均需在场地评估中加以研究,通常需要现场收集场地数据。

31 由于特定的海滩现场的特征广泛,而且有不同的变化程度,因此从逻辑上应避免“一刀切”,在一个海滩行之有效的海滩管理策略,在其他海滩往往难以奏效。

(四) 设计过程

成功的海滩管理策略的设计要建立在场地评估阶段对海滩深入了解的基础之上。在设计过程的第一阶段，最主要的任务一般是方案评估和遴选，或者说是可行性研究。目前，这个任务普遍在场地评估阶段建立的数值模型，一般可以根据对场地细节的了解完成该任务。例如，如果海滩侵蚀的原因是当地风暴导致沉积物离岸流失（也就是说短期内导致泥沙剧烈的离岸运输），那么，海滩管理要获得成功，从机制上就要较多地采取减少离岸沉积物运输的措施（如岛式防波堤或暗礁），而不是采取丁坝等减少沿岸沉积物运输的措施（US Army Corps of Engineers，2002；Pilarczyk，2003）。如果沉积物流失的原因主要是在"正常"条件下沉积物长期沿岸运输造成的，那么采取的措施则与之相反。

在其他情况下，海滩上沙子损失的根源是沉积物供给量下降，但主要原因却是海滩的自然演变过程导致的。换句话说，海滩上的沙子做离岸或沿岸运动，而沙滩的补沙速度不足以阻止净侵蚀趋势。在世界的某些岸段，人们实施极其宏大的补沙护滩计划，给沙滩输沙，以冲抵沙滩沙供给量的下降（Mulder and Tonnon，2010）。不过，这种代价高昂的大手笔海滩管理方法，注定是要失败的（因为需要不断地定期补沙）。同时，这种方法也忽略了沙滩的生态和舒适价值的重要性——其中，近岸生物栖息地受到掩埋和破坏，离岸的取沙区也蒙受物理性和生物性损失，失去其冲浪作用（即使在最新的海岸再补沙工程中考虑到冲浪舒适度也是这样——见 Miller *et al.*，2010；Pitt，2010；同时见本书第十六章）。因此，这样的海滩管理缺乏全面的观点，而且在许多沙滩，也难以长期实施。

多数情况下，从对冲持续减少的沉积物供给量角度，仅仅持续不断地给沙滩增加沙的数量在经济上是不可行的。因此，为了减少补沙需要的供沙量，就要减少海滩海砂的流失，这样的案例如今更为普遍。在对目标海滩进行全面了解的基础上，可以采用软硬件手段相结合的管理方法来形成一个可持续且更加稳定的海滩管理策略。采取这样的策略，第一步就是大规模地再补沙，然后建设合适的构筑物减少海滩沙子的流失，并通过种植合适的沿海植物来稳定沙丘，以降低风成沙子的损失。风沙流失是一个并未引起广泛重视的慢性自然侵蚀过程。黄金海岸沙滩保护策略就是一个软硬件手段相结合，制定出一个综合解决策略的良好例子(见第十六章)。

在方案评估和遴选或可行性研究的基础上,可以确定最合适于目标海滩的海滩管理方法策略组合,并进入详细的设计过程。与方案评估和遴选类似,某些遴选可以根据场地评估全面了解目标海滩的发展过程(例如,再补沙的初始供沙量,最适合目标沙滩种植的植物种类等)以及实证方法(例如,为应对极端事件和海平面上升必须达到的沙滩面高度,海岸构筑物的体积和重量等)进行,但如今,
32 数值模型是制订详细海滩管理设计方案的首选方法。

例如,一旦因地制宜地确定了海滩管理策略的各个组成部分,就可以通过交互式数值模拟方法,即测试、完善、再测试、再完善等过程,确定能提供最佳效果的海滩管理现场的确切位置、长度、宽度、高度等。每个海滩管理现场都不相同,数值模型在把各种差异纳入详细设计框架过程中发挥了重要的作用。然而,在数值模型框架中,实证方法、最新的科学和研究成果以及经验和专业知识的应用也至关重要——这些都是从事海岸带研究的科学家/工程师可以获得的最先进工具(见第八章),然而,它们仍然只是工具,需要与方案制订人员的其他专业知识和经验结合应用。

(五) 实施

若海滩管理策略在实施的过程中没有遵循设计的规范,极有可能无法达到预期的效果,虽然这点显而易见,但还必须予以强调。因此,在实施过程中很重要的一点就是确保在建设阶段坚持稳健的招标和承包流程——尤其是在离岸区域和/或水下(即不可见且难以接近)实施的工程。此外,最初的建设工程仅是海滩管理策略的第一阶段;它是一个管理策略,因此在监测、评估、适应性管理的应用和维护上需要持续的成本付出。

(六) 监测、评估和适应性管理

即使设计过程再周密,管理策略也很难完全按预期执行或一开始就百分之百成功。因此,这就是为什么管理策略要取得长期成功,就离不开监测和评估的原因。

要衡量对项目是否成功具有决定性作用的各种工程,就需要相应地收集适当的数据,才可以对照预期评估项目绩效,深入研究和定量化目标场地的变化过

程。然后再利用这类信息和深化的认知，调整海滩管理策略，提高其功效，这就是所谓的适应性管理。

成功的适应性管理需要一个稳健的监控方案来发现转化点，从而对管理做出相应的反馈，其中需要的信息可能包括海滩剖面图、远程照片/视频（图 3－2）、航拍照片和水深测量。转化点的确定是基于评估遴选和项目涉及阶段对场地的认知。转化点的确定可能导致采取具体的行动（例如增加沙滩的沙料），也可能导致应对海平面上升的长期策略的考虑。 33

图 3－2　远程视频成像是一个非常强大的监测工具，越来越多地应用在沙滩监测上。澳大利亚新南威尔士州在伍里村的海滩设置了 3 个俯瞰海滩的远程摄像机，图中显示了其中的一台摄像机的角度。摄像机每小时拍摄一张图片，每张图片都会自动校正并存储在本地计算机和两台远程计算机上。

在海滩管理中，有一类海滩的监测、评估和适应性管理极其重要，那就是为了建设休闲设施而建造的人工海滩，如开发滨海度假村而制造的海滩，其中包括斐济群岛的奈索索岛和乌纳巴卡湾以及马来西亚的凌家卫度假村。这类海滩普遍必须实施集中管理，因为是制造的人工海滩，若不经常给予关注，则容易回归到开发前的状况。这就好比自家的花园，如果不经常维护，就会回归于荒野。采用精心设计的监测方案，就可以制订出完善的维护计划来维护滨海休闲设施。

三、海滩管理的基本措施

如上所述，海滩管理综合采用各种因地制宜的海岸保护方法，制订整体的、可持续的解决方案。海滩管理没有“万应灵药式”的方法，要保证海滩管理项目获得长期的成功，关键是对具体场地的各种变量以及可以应用于海滩管理的各种措施的功能具有深入的认识。下文简要介绍海滩管理策略中一些比较常见的
34 措施及其功能作用的背景知识。其中的重点是应用于海滩管理的物理措施，也就是能够用于维持海滩自然属性的部分，至于社会和环境方面的措施，如安全、分区、水质、警示标志、垃圾处理和救生员配置等，详见威廉姆斯和米卡勒夫(Williams and Micallef，2009)的著作。海堤和护岸工程不属于海滩管理的内容，因为它们只是一类保护陆域的人工设施(专栏 3－2)。

(一) 补沙护滩、旁通输沙和海滩清理

在世界范围内，补沙护滩和旁通输沙已经越来越多地纳入海滩管理策略中。一旦海滩上的沉积物供给量不足以冲抵风暴侵蚀量或沉积物长期流失量时，可以采取机械手段补沙护滩。事实上，沙滩补沙是世界上常见的海岸保护方法(例如澳大利亚(Jackson and Tomlinson，1990)；新西兰(Mead *et al.*，2001)；美国(Bush *et al.*，1996；Brunn，2000；Houston and Dean，2013)；南太平洋群岛(Mead and Atkin，2014；Mead *et al.*，2015)；毛里求斯(Borrero *et al.*，2015)；全球(Schwartz，2005)。补沙护滩是指以人工方式将沙子撒于沙滩上，弥补流失的沙子；旁通输沙则是指将障碍物一侧的沙子转移到另一侧来补偿海岸下部的侵蚀(例如，从一防波堤口门一侧转移到另一侧，从导流口一侧到另一侧，等等)。沙滩补沙通过定期在滩面覆盖沙子冲抵沙滩的自然侵蚀，可以形成抵御风暴侵蚀的“缓冲区”。为取得成效，最好对整个沙滩剖面进行补沙，不要仅在低潮线以上的沙滩补沙，也要在风暴海浪破碎区的水下海滩补沙。黄金海岸多年来一直采用这种剖面补沙护滩法，成功地取得了效果(Jackson and Tomlinson，

1990）。

海滩清理也是近年来在世界上常常用来管理沙滩的措施。清理是将海滩下部的沙子推移到高潮位以上，形成沙丘缓冲区，再加上种植适当的固沙植物稳定沙丘。海滩清理措施的实施结果是缓冲区发育，使得原先处于风险的陆域和沿海基础设施获得保护。这种措施普遍适用于沙源有限的袋形沙滩。海滩清理既可以是主动的也可以是被动的。在承受长期侵蚀的沙滩，可以利用海滩清理措施构建相对较宽的沙丘系统。若发生极端事件或者一系列事件，则可能导致其完全或部分被摧毁，需要定期加以复建（即修复）。如上所述，如果仅仅出于休闲娱乐的目的（如开发沿海度假区），在以前没有沙滩的地方制造新的人工沙滩，则需要对沙滩进行集约式管理。这样，有时需要天天清理沙滩，把沙子重新回填到最活跃的沙滩岸段。

（二）丁坝和人工岬角

丁坝和个头比它还大的人工岬角，属于同类，都是与岸线垂直的海岸构筑物，形成横跨海岸线的屏障，导致沿岸流动沙子的陷落，增加岸线上部的海滩宽度。因此，在沿岸沙流动占主导的海滩上最能发挥作用（Basco and Pope，2004）。

丁坝要有效发挥作用，沿岸必须有沙子供给，并且沙子能漂移到丁坝上游并 35
在其向陆侧聚集。然而减少向丁坝下游的沙供给，会导致下游的侵蚀，即出现所谓的“丁坝效应”（USACE，2002）。可以根据补沙护滩计划填充丁坝下凹处，减少下游的漂移侵蚀，同时采用向上漂移和向下漂移沙丘管理措施适应沙滩和沙丘系统的变化。

《海岸研究杂志》（*Journal of Coastal Research*）第 33 期特刊（2004 年）对丁坝的有效性、设计方案和案例分析进行了全面评估。许多沙滩因丁坝建设位置不妥而导致了沙滩慢性侵蚀和岸线不良变形（Hanson and Kraus，2004），已采用多种手段（部分有效）来降低这类影响。巴斯科和波普（Basco and Pope，2004）概述了丁坝建设的原则和功能特性，其中包括需要在漂沙区全面构筑丁坝，消除对下游海岸的影响；使用丁坝垂直侧面的锥度来增加丁坝漂沙区之间的沉积物交换；需要人为地用沙子“填充”丁坝间隔以及如果漂沙区无法进行全面防护，则要降低连绵丁坝的长度。

(三) 沙丘修复/沙滩稳定工程

沙丘修复是海滩管理相对较新的措施,其中涉及在后滩种植固沙植物,有时还要通过海滩清理构建沙丘(即把沙子从沙滩的下部推移到高潮线以上,有时也称为“沙滩上推”)。沙丘修复措施通常非常有效,而且还解决了普遍忽视的因为风沙作用导致的海滩沙子流失问题,详见专栏 3-1。

(四) 岛式防波堤/暗礁

岛式防波堤(也称为离岸堤)的走向与海滩基本平行,但与一般防波堤不同,岛式防波堤与海岸保持一定距离。它们一般突出于水面以上,有的是连续的,有的是由几个独立的部分组成。岛式防波堤的建筑材料和前面提到的海岸带防护工程的类似。传统上,岛式防波堤通常沿潮汐波动较小的海岸线而建,用以控制沙子的跨岸流动(NSWG,1990;USACE,2002)。

与岛堤非常相似的结构物包括近海水下防波堤或水下礁体(Pilarczyk,2003;Mead and Borrero,2011)。作为具有多种用途的、相对较新的构筑物,这类水下礁体(也称为水下防波堤和人工礁)已在全球普及且颇见成效(参见 Adams and Sonu,1986;Pilarczyk,1990;Van der Meer and Pilarczyk,1990;Pilarczyk and Zeidler,1996;Smith *et al.*,2001;Harris,2001;Pilarczyk,2003)。

岛式防波堤/水下礁体在海滩管理中起到消散海浪能量的作用,结果,导致构筑物背风处的沙滩逐渐变宽,这样的现象如发生在沙滩与构筑物之间有一片连绵的开放海域则称为沙滩凸台(图 3-3),如果该凸角与构筑物相连,则称为沙颈岬。因此,如同对沙滩补沙会导致沙滩变宽一样,岛式防波堤/暗礁也有助
36 于“有管理的推进”,或向海推移。

与海滩管理的其他措施一样,这些构筑物设计得适当与否对于确保其发挥最佳功能且避免不利影响十分重要。如果海上构筑物和沙滩相连形成沙颈岬,则可能出现类似于“丁坝效应”的下游海岸侵蚀现象。水下构筑物普遍仅适用于潮差相对较小的海滩(便于构筑物的破浪作用),构筑物的离岸距离很关键,因为合适的距离既能决定能否起到最佳作用(Black and Andrews,2001),又能确保在海滩发生的是淤积而非侵蚀现象(Black and Mead,2003;Ranasinghe *et al.*,2006;Savoli *et al.*,2010)。拉纳辛哈等(Ranasinghe *et al.*,2006)利用数值和物

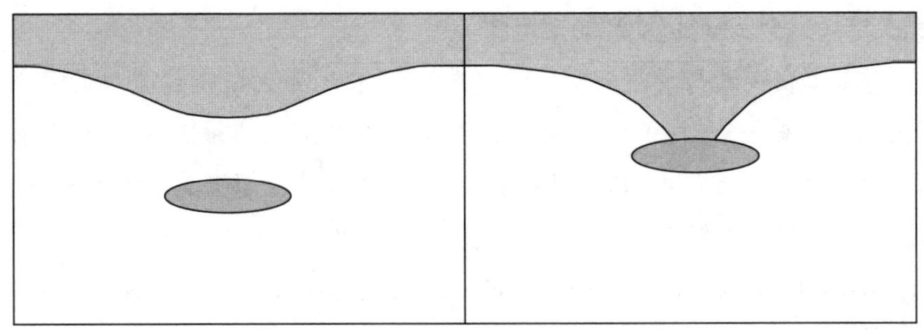

图 3-3 当海上障碍物距海岸足够远，那么沙滩加宽效应则不会导致海滩和构筑物连成一体，这样就形成了海滩凸台(左图)。当沙滩与构筑物相连并形成沙颈岬时，则有可能在下游出现海岸侵蚀现象，这与大型丁坝经常导致的现象非常相似(右图)；如果在构筑物和海岸(凸角)之间保持一定距离，沙子仍可自由地沿岸移动，则不会发生这种情况。

理模型确保岛式防波堤/水下礁体的离岸距离正确，确保形成四元环流，而不会
形成导致侵蚀的二元环流(图 3-4)。 37

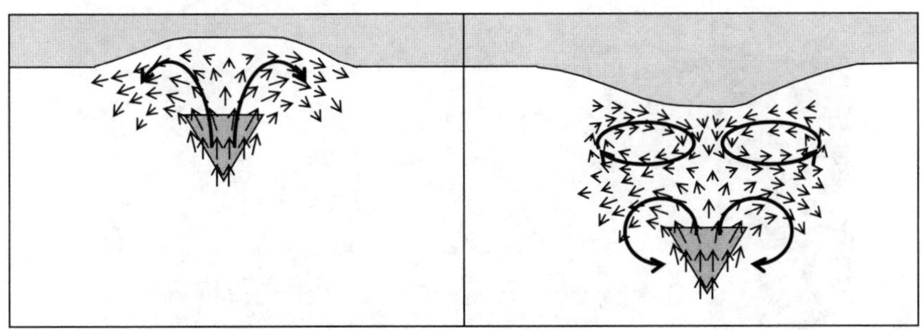

图 3-4 若水下构筑物的位置离沙滩过近，位于破浪区内，就会派生出二元环流模式，结果导致侵蚀而非淤积(左图)。可以采取实证方法和数值模型协助设计构筑物的最佳位置，促进四元环流模式(而非二元模式)和沙滩凸台的形成(右图)。

资料来源：Ranasinghe *et al.*，2006。

澳大利亚黄金海岸海滩管理策略是一个综合解决方案，不仅软硬工程技术结合，而且生态效益和舒适度都获得提升。该项目的设计目标、设计流程和项目效果详见专栏 3-1。项目的第二阶段计划于 2018 年在黄金海岸水域开工建造体积达 56 000 立方米的大型水下人工礁(Royal Haskoning DHV，2016)。

38 **专栏 3-1　沙丘修复/沙滩稳定工程**

沙丘修复是海滩管理相对较新的措施，已在世界上许多国家（如新西兰、澳大利亚和美国）取得了成功，许多地区的地方政府或当地居民团体，例如，新西兰和澳大利亚组织的"海岸护卫队"定期在海滩上部大面积种植适当的本地固沙植物，在修复海滩和提高沙滩的恢复力方面取得了巨大成功——（http://www.boprc.govt.nz/sustainable-communities/care-groups/coast-care/；http://www.coastcare.com.au/）。这些地区提供了储存沙子的"缓冲区"，防止风暴潮侵蚀海滩。

即使可以种植固沙植物的空间有限，但阻止风沙的作用却仍然很大。在新西兰惠灵顿市莱尔湾海堤（图 3-5）底部种植鬣刺草之前，一旦刮起猛烈的南风，道路上就要清理出若干卡车的风沙（WCC，1990）。现在，莱尔湾海

图 3-5　新西兰惠灵顿市的莱尔湾海堤前滨的鬣刺草有效降低了风沙流失——在采取该工程措施之前，一场强风过后，道路上往往要清理数卡车的风沙。

资料来源：肖·米德。

堤路上的沙子流失已经不再是问题，由于沙滩中沙量的增加，沙滩能够更有 39
效地抵御风暴的影响（Mead and Phillips，2016）。

如果种植的植物种类正确，即肯定会在特定地点的沙丘上自然生长的本地植物，则会形成反馈机制，促使沙丘系统的健康发育（图 3－6）。虽然植物本身抵御风暴的能力似乎并不突出，但由于其防风固沙作用，从而将沙丘建成重要的沙子储存库，进而使沙丘稳定，因此这一工程措施获得广泛应用（图 3－7）。

图 3－6　新西兰的奥马哈海滩上的鬣刺草和滨海莎草大大减少了因风和海浪造成的沙子流失，也促成了沙滩的淤积——在此之前，由于 20 世纪 70 年代和 20 世纪 80 年代初在近岸进行了疏浚工程以及为建造住宅而平整了沙丘，奥马哈海滩的某些地方已经蚀退 30 多米。

资料来源：肖・米德。

最新的研究表明，若管理适当，沙丘的“成长”速度可以远高于目前预测的海平面上升的速度（de Lange and Jenks，2010），因此在中期阶段，是应对气候变化，提高海岸恢复力的有效的海滩管理措施。

图 3-7　新西兰丰盛湾已广泛采用海岸沙丘稳定措施,效果普遍良好

专栏 3-2　海堤和护岸工程

除了作为海岸的最后一道防线的埋藏式后滩海堤外,海堤和护岸工程在海滩管理策略基本没有一席之地,因为它们是用来保护沿海基础设施的,而不是用来保护海滩的。它们不能解决海滩侵蚀的本质问题,而且在很多情况下,其向海一侧或者没有海堤的岸段及其周围的海滩两端(末端效应)反而侵蚀加剧,这主要是由于一方面海堤和护岸会抵消携带海沙的波浪能,另一方面又会阻止在风暴天气下向海滩移动的沉积物,因此虽然这类构筑物经常被列为“海滩”保护的构筑物,但实际上属于“陆地”保护的构筑物(Raudkivi,1980;Black *et al.*,2001;Piorewicz,2002)。此外,这些构筑物可能不够美观,并可能妨碍人们进入海滩(USACE,2002),这两点都与海滩管理理念相悖。

四、结论 40

在过去的几十年里，人们看待海滩和海岸环境舒适度的态度已经有了明显的改变。如今，海滩所具有的社会价值和经济价值已成为一种共识，并且人们已认识到功能正常的健康海滩系统是抵御海洋侵蚀和控制风暴潮的最佳形式，因此海滩管理策略得到广泛应用。海滩管理策略旨在恢复、复原或重建与现有海岸演变过程相结合的海滩系统。首先通过了解和量化海滩的实地环境制定出一个融合了最佳管理措施的海滩管理策略，进而制定综合解决方案。有效的综合解决方案往往将软硬件工程措施相结合，并同时考虑了生态和舒适度因素，因此称为整体方法。精心设计的监测方案也是海滩管理的重要组成部分，通过对特定场所不断地进行微调达到最佳效果。海滩属于高度动态的环境，因此，海滩管理是一种维护海滩健康的持续性方法。

参考文献

Adams, C. B. and C. J. Sonu, 1986. Wave Transmission across Submerged Near-Surface Breakwaters. *Proceedings 20th Coastal Engineering Conference*, ASCE, 1729–1738.

Basco, D. R. and J. Pope, 2004. Groin Functional Design Guidance from the Coastal Engineering Manual. Special Issue 33, *Journal of Coastal Research*, pp. 121–130.

Black, K. P., S. T. Mead and J. Mathew, 2001. Design and Approvals for an Artificial Reef for Protection of Noosa Main Beach: Detailed Investigations and Modelling. Final report for Noosa Council and ICM Ltd.

Black, K. P. and S. T. Mead, 2003. Numerical Prediction of Salient Formation in the Lee of Offshore Reefs. *Proceedings of the 3rd International Surfing Reef Symposium*, Raglan, New Zealand, June 22–25, 2003, pp. 196–218.

Borrero, J. C., S. T. Mead, M. Clarke, R. Klaus and S. Persand, 2015. Coastal Adaptation Measures for Mon Choisy Beach, Republic of Mauritius: Options for Adaptation. Prepared for the UNDP, March 2015.

Brunn, P., 2000. *Coastal Protection Structures. Proceedings Coastal Structures '99*, I. J. Losada (ed.), Balkema, Rotterdam. pp. 737–746.

Burzel, A., D. R. Dassanayake, M. Naulin, A. Kortenhaus, H. Oumeraci, T. Wahl, C. Mudersbach, J. Jensen, G. Gönnert, K. Sossidi, G. Ujeyl and E. Pasche, 2010. Integrated Flood Risk Analysis for Extreme Storm Surges. *Proceedings of ICCE 2010* No. 32.

Bush, D. M., O. H. Pilkey Jr., and W. J. Neal, 1996. *Living by the Rules of the Sea*. Duke University Press, Durham and London, p. 179.

de Lange, W. and G. Jenks, 2010. Dune Restoration as a Mitigation Strategy for the

Management of Coastal Hazards. *Proceeding of Conserv-Vision*, the next 50 years, 4–7 July 2007, University of Waikato, Hamilton, New Zealand.

Hanson, H. and N. C. Kraus, 2004. Advancements in One-Line Modelling of T-Head Groins: (Genesis-T). Special Issue 33, *Journal of Coastal Research*, 315–323.

Harris, 2001. Submerged Reef Structures for Habitat Enhancement and Shoreline Erosion Abatement. US Army Corps of Engineers Coastal & Hydraulic Engineering Technical Note (CHETN), Vicksburg, MS.

Hickman, M., 2002. We Love the Coast... But How Do We Value It? *Coastal News #20.*
41 www.coastalsociety.org.nz/Newsletter/pdfs/nzcs20.pdf.

Houston, J. R., 2013. The Economic Value of Beaches – A 2013 Update. *Shore & Beach*, 81(1).

Houston, J. R. and R. G. Dean, 2013. Beach Nourishment Provides a Legacy for Future Generations. *Shore & Beach*, 81(3).

IPCC, 2014. Climate Change 2014: Synthesis Report. Contribution of Working Groups I, II and III to the Fifth Assessment Report of the Intergovernmental Panel on Climate Change [Core Writing Team, R. K. Pachauri and L. A. Meyer (eds.)]. IPCC, Geneva, Switzerland, 151pp.

Jackson, L.A. and R. B. Tomlinson, 1990. Nearshore Nourishment Implementation, Monitoring and Model Studies of 1.5M^3 at Kirra Beach. *Proceedings of 22nd International Conference on Coastal Engineering*, ASCE, Delft, 1990.

Mead, S. T., K. P. Black and P. McComb, 2001. Westshore Coastal Process Investigation. Technical report for Napier City Council.

Mead, S. T. and J. C. Borrero, 2011. Multi-Purpose Reefs – A Decade of Applications. *Proceedings of the 20th Australasian Coasts and Ports Conference*, Perth, Australia, 27–30 September 2011.

Mead, S. T. and E. Atkin, 2013. Development of a Coastal Adaptation Strategy in Northeastern New South Wales, Australia. *Proceedings of the New Zealand Climate Change Conference 2013*, 4–5 June, Palmerston North, New Zealand.

Mead, S. T. and E. Atkin, 2014. Denarau Island Beach Management Assessment. Report prepared for Denarau Corporation Limited, August 2014.

Mead, S. T., J. C. Borrero, E. Atkin and D. J. Phillips, 2015. Application of Climate Change Adaptation, Resilience, and Beach Management Strategies on Coral Islands. *Proceedings of the 22nd Australasian Coasts and Ports Conference*, Auckland, New Zealand, 15–18 September 2015.

Mead, S. T. and D. J. Phillips, 2016. Lyall Bay, Wellington: Coastal Remediation. Prepared for Wellington City Council, June 2016.

Miller, J. K., A. M. Mahon and T. O. Herrington, 2010. Assessment of Alternative Beach Placement on Surfing Resources. *Proceedings of ICCE 2010*, No. 32.

Mulder, J. P. M. and P. K. Tonnon, 2010. "Sand Engine": Background and Design of a Mega-nourishment Pilot in the Netherlands. *Proceedings of ICCE 2010*, No. 32.

NSWG, 1990. *NSW Coastline Management Manual.* New South Wales Government, September 1990, ISBN 0730575063.

Pilarczyk, K. W., 2003. Design of Low-Crested (Submerged) Structures – An Overview. *Proceedings of the 6th International Conference on Coastal and Port Engineering in Developing Countries*, Colombo, Sri Lanka.

Pilarczyk, K. W. and R. B. Zeidler, 1996. *Offshore Breakwaters and Shore Evolution Control.* A. A. Balkema, Rotterdam, 560pp.

Piorewicz, J., 2002. *Proceedings of the Public Workshop – Yeppoon 2002.* Ed. J. Piorewicz, Central Queensland University Press.

Pitt, A., 2010. Bomobora Controlled Beachbreaks. *Proceedings of the 7th International*

Surfing Reef Symposium, 19 March 2010, Bondi Beach, Sydney, Australia.

Ranasinghe, R., I. L. Turner and G. Symonds, 2006. Shoreline Response to Multi-functional Artificial Surfing Reefs: A Numerical and Physical Modelling Study. *Coastal Engineering*, 53, 589–611.

Raudkivi, A., 1980. Orewa Foreshore. Report to Rodney County Council Meeting, November 1980.

Royal Haskoning DHV, 2016. Palm Beach Shoreline Project. Report prepared for the Gold Coast Cty Council.

Savoli, J., R. Ranasinghe and M. Larson, 2007. A Design Criterion to Determine the Mode of Shoreline Response to Submerged Breakwaters. *Proceedings of the Australasian Coasts and Ports Conference*, Melbourne, Australia.

Schwartz, M. L., 2005. *Encyclopedia of Coastal Science*. Springer, p. 160. 42

Smith, J. T., L. E. Harris and J. Tabar, 1998. Preliminary Evaluation of the Vero Beach, FL Prefabricated Submerged Breakwater. *Beach Preservation Technology '98*, FSBPA, Tallahassee, FL.

US Army Corps of Engineers, 2002. *Coastal Engineering Manual*. Engineer Manual 1110–2–1100, US Army Corps of Engineers, Washington, DC (in 6 volumes).

Van der Meer, W. and K. W. Pilarczyk, 1990. Stability of Low-Crest and Reef Breakwaters. No. 22, *Proceedings of 22nd Conference on Coastal Engineering*, Delft, The Netherlands, 1990.

WCC, 1994. A Draft Landscape Development Plan for the Lyall Bay to Palmer Head Coastline. A report prepared for the Wellington City Council. p. 32.

Williams, A. and A. Micallef, 2009. *Beach Management – Principles and Practice*. Earthscan, London, p. 445.

Zanuttigh, B., I. Losada and R. Thompson, 2010. Ecologically Based Approach to Coastal Defence Design and Planning. *Proceedings of ICCE 2010*, No. 32.

网　站

www.environment.sa.gov.au/our-places/coasts/Adelaides_Living_Beaches/Resources

www.goldcoast.qld.gov.au/northern-gold-coast-beach-protection-strategy-6044.html

www.protectwooli.com.au/

www.borthcommunity.info/index.php?option=com_content&view=article&id=43percent3Acoastal-view&lang=en

www.naisosoisland.com/

www.vunabaka.com/

www.fourseasons.com/langkawi/

http://eastdevon.gov.uk/coastal-protection/beach-management-plans/sidmouth-and-east-beach-management-plan/

www.longboatkey.org/pView.aspx?id=21043

第四章　海洋保护区法律制度

艾莉森·麦克唐纳

一、引言

地球表面的70%是由海洋组成的。据估计,95%的海洋物种在各国的管辖范围内(de Klemm and Shine,1993)。尽管这样,迄今为止,海洋环境法仍不完善;国家和国际两个层面,都是在问题出现时才以被动的、零散的方式出台法律文书。人们逐渐认识到,海洋环境需要跨越管辖边界,以协调合作的方式实施管理,从而导致国际、区域、欧洲和国家层面复杂法律文书体系的演化。不过,海洋具有其独特性,在考虑海洋应该如何加以管理时,这样的法律体系就导致一系列特定问题的发生,其中,国家主权、全球公域和航行自由等法律原则均难以背离。

各国对各自领土内的自然资源拥有主权,因此理论上,只要资源不枯竭,各国尽可以开采利用。根据国际法,各国的主权权利超越陆地,延伸到海洋环境,直到200海里左右专属经济区的大陆架外部界限,最远达到350海里。海洋环境保护可资利用的机制种类繁多,范围广泛,因此,需要对所涉及法律制度的广度加以限制。本章集中讨论由国际自然保护联盟定义的海洋保护区,概述若干关键的保护海洋生态系统、限制国家主权的国际和区域机制,不仅涉及可以开展的活动,而且涉及各国消耗自然资源的权利。

本章的目的是让读者广泛了解在国际层面建立海洋保护区义务的演变、所涉及的各种法律文书以及国际法的局限性。本章先界定保护区的概念,解释国际法的相关规定,再介绍在海洋中建立保护区义务要求的演变,最后,介绍两个区域公约,从而为读者了解国际层面上各种法律机制之间复杂的相互作用和相

互联系提供必要的基础。就法律发展而言,这一领域的法律相对较新,但发展迅速,而且越来越专业化。 44

本章没有讨论欧洲或国家层面的立法,原因有两点:一是本书所规定的字数限制不足以涵盖这一范围的内容,而且也无法进行比较;二是不同法律体系具有多样性和复杂性,即使在欧盟内部,欧洲或者国家层面上的法律文书本身都值得单独加以研究。

二、保护区的定义

通过划定海洋保护区来保护海洋环境并不是一个新思路。早在 1935 年,美国就建立了第一个海洋保护区,将当时佛罗里达州的杰斐逊堡纪念碑划定为保护区,覆盖了 18 850 公顷的海域和 35 公顷的海岸带陆域[参见国际海事组织(International Maritime Organization, IMO)于 1991 年 11 月 6 日通过的第 A. 720(17)号决议]。那么,确切地说,什么是保护区呢?保护区包含国家公园、自然保护区和荒野区域等划定的区域,是国家、区域和国际各层次采用的保护战略的基石。尽管如此,并非所有由国家划定为保护区的区域都会被其他国家承认(Dudley,2008)。因此,国际自然保护联盟(the International Union for Conservation of Nature, IUCN)制定了国际公认的保护区定义,该定义已获得《生物多样性公约》(*Convention of Biological Diversity*)缔约方会议的认可,并被联合国环境规划署、许多区域组织、国家和其他国际机构采用(Dudley,2008)。该定义适用于陆地和海洋,具体内容如下。

保护区是一个明确界定的地理空间,通过法律和其他有效手段加以认证,确定专门的用途并对其进行管理,以实现对自然及其生态系统服务和文化价值的长期保护(Day *et al.*,2012)。

随着时间的推移,保护区的定义不断演变,在一句话中纳入了众多内容(Dudley,2008)。为了清晰起见,本文对关键术语进行了定义,并提供了陆地和海洋环境的示例(Dudley,2008)和劳希(Lausche,2011)。然后按照主要管理目标,对符合定义标准的区域加以分类;这一目标必须适用于相关区域的 3/4(Dudley,2008;Day *et al.*,2012)。2004 年,《生物多样性公约》缔约方会议认可了保护区单一分类制度的价值(COP Decision Ⅶ/28 para 31),但并非所有的保护区都获得归类(Gillespie,2007)。由于海洋环境的复杂性,海洋保护区的具体指南已出台,其目的是确保保护区划定的一致性,为管理人员提供清晰的指导,
45 且准确评估建立全球保护区网络的效果(Day *et al.*,2012)。

专栏 4-1　保护区的类别

IUCN 类别	定义	主要目标
Ia	这些区域是为保护生物多样性以及可能存在的地质/地貌特征而划出的严格保护区。在此区域内,为确保其价值,严格控制和限制人类的进入、利用和其他人为活动带来的影响。这些区域是科学研究和监测不可或缺的参照区	保护区域性、全国性或全球性的优秀生态系统、物种(出现或聚集)和/或地质多样性特征:这些属性主要或完全由非人类力量形成,在受到人类任何影响(非常轻微的影响除外),都会发生退化或破坏
Ib	这些保护区普遍是未经改造或稍加改造的大面积区域,保留着自然特征和影响,没有永久性或重大的人类居住地,对其进行保护是为了保持其自然状态	保护未受重大人类活动干扰、没有现代基础设施、以自然营力和自然过程主导的自然区域的长期生态完整性,让当代人和后代人有机会体验这些地区
Ⅱ	这些保护区是自然的或接近自然的大面积区域,划分并用于保护大规模的生态过程以及该地区特有的物种和生态系统。这些区域可以提供在环境和文化上兼容的精神抚慰、科学、教育、娱乐和旅游场所	保护自然生物多样性及其基础生态结构和支持环境过程,促进教育和娱乐活动
Ⅲ	这些区域旨在保护特定的自然遗迹,这些自然遗迹可以是地貌、海山、海底洞穴、地质构造(如洞穴),甚至是生物区(如古树林)。它们普遍面积相当小,但却具有很高的旅游价值	保护特定的、突出自然特征及其相关的生物多样性和生物栖息地
Ⅳ	Ⅳ类保护区旨在保护特定物种或栖息地,重点体现在管理上。许多Ⅳ类保护区需要定期进行积极干预,以满足特定物种的需求或维护栖息地,但这不是该类别的要求	维护、保护和恢复物种和栖息地

续表 46

IUCN 类别	定义	主要目标
Ⅴ	在这些区域，随着时间的推移，人类和自然的相互作用产生了一个具有显著生态、生物、文化和风景价值的独特区域，维护这种相互作用的完整性对于保护和维持该区域及其相关的自然保护和其他价值至关重要	保护和维持重要的景观/海景和相关的自然资源以及通过传统管理实践与人类互动创造的其他价值
Ⅵ	这些区域用于保护生态系统和栖息地以及相关的文化价值和传统的自然资源管理系统。它们通常范围很大，其中大部分地区处于自然条件状态。有一部分地区建立了可持续自然资源管理制度，自然资源的低水平非工业利用与自然养护互相兼容。这是该地区的主要目标之一	当保护和可持续利用可以互惠互利时，保护自然生态系统并利用可持续资源

在定义了保护区并解释了分类制度之后，下文介绍国际法律体系和建立海洋保护区义务的演变。

三、国际法律体系

国际法是从各国相互交往中采用的习惯演变而来的。国际法最初产生于16世纪和17世纪，即“发现时代”，是为了满足协调国家间关系的需要而产生的，国际法的重点是为国家之间的合作和协调提供机制（Wallace and Martin-Ortega，2013）。目前，政府间组织和个人等其他实体也享有国际法规定的权利和义务。非政府组织（Non-Governmental Organizations，NGO）和跨国公司等非国家行为主体也给各国政府施加了巨大影响，其中许多在国际组织会议上享有咨商地位（Parmentier，2009）。国家以外的实体，其权利和义务范围各不相同；例如，海洋保护区制度的国际政府间组织的权利和义务将由组成该组织的协议决定。 47

协议可以，但并非一定要赋予该组织以法人资格。因此，国家仍是国际法的主体,但并非唯一的主体(Wallace and Martin-Ortega,2013)。如今,几乎所有的国家间关系都受到国际法的管辖,但国际上并不存在单一的立法机构。此外,国际法的效力也要取决于各国的政治意愿(Wallace and Martin-Ortega,2013)。国际法可以以两种方式成为国际法:首先,国际法可以由被各国采用并被接受为法律的实践确立,这类国际法称为国际习惯法。实践要转化为法律,必须具备两大要素——实际行为或实践要素和精神要素,必须相信实践具有法定的拘束力;必须具有适用的特定规则,据以确定是否已经具备转化为法律的条件;其次,国际法要根据公约或条约来确立,这些公约和条约是由参与国授权的代表谈判达成的。国际习惯法并不具体要求国家明确同意才具有约束力,与此相反,公约是以协商一致为基础的。各国自愿同意放弃一定程度的主权;也就是说,他们同意“承担限制其行为的义务”(Wallace and Martin-Ortega,2013)。由于需要达成共识,新的国际协定谈判可能是一个漫长的过程。

四、建立海洋保护区义务的演变

在1962年第一届世界国家公园会议期间,国际社会认识到建立海洋保护区的必要性(Gillespie,2007);然而,直到1993年12月29日《生物多样性公约》生效时,才规定了建立保护区用以保护海洋环境中生物多样性的一般义务(Yoshifumi,2009)。在此之前,海洋环境中的保护区是通过条约义务产生的,这些条约义务或者是区域性的,仅涉及某一特定区域,例如《南极海洋生物资源养护公约》(*the Convention on the Conservation of Antarctic Marine Living Resources*)(1980年);或者是部门性的,侧重于具体活动,如1972年《防止倾倒废物及其他物质污染海洋公约》中规定的防止污染活动;或是针对物种的,保护具有重要经济价值的特定物种或物种名录(de Klemm and Shine,1993)。《捕鱼与养护公海生物资源公约》(*the Conservation of Living Resources of the High Seas*)(1958年)是侧重于特定区域内特定活动的公约的典型。该公约指出,新的捕鱼技术以及满足不断增长的世界人口对粮食的需求已经导致出现过度开发的风险。该公约为各国签订双边协定和采取必要的养护措施提供了一个途径以及解决争端的机制。然而,该公约没有规定各国对鱼类或生物资源生存至关重要的特定区域的保护义务。其原因在于，随着海洋的日益工业化和勘探开发，国际社会已经认识到以更可持续的方式管理海洋环境的必要性以及防止产生管辖权主张争端的意愿，但在管辖权问题得到解决之前，无法确定各国保护特定海洋区域的一般保护义务。 48

五、1982 年《联合国海洋法公约》(United Nations Conventions on the Law of the Sea 1982，UNCLOS)

《联合国海洋法公约》由 17 个部分组成，共 330 条，9 个附件。《联合国海洋法公约》力图对海洋的方方面面实施管理，消除了使得世界海洋的 35%成为“国家之间冲突日益加剧的根源”的内容(Our Common Future，第 10 章第 51 段)。通过明确规定领海(第 3 条)、毗连区(第 33 条)、专属经济区(第 57 条)和大陆架(第 76 条)的地理界限的条款划定海洋空间，赋予沿海国在这些区域内立法和利用区域内资源的法律权利。它还保障其他国家的航行权(第 17 条至第 32 条；第 34 条至第 45 条、第 57 条、第 87 条、第 90 条、第 261 条和第 262 条)；为科学研究提供授权(第 143 条、第 238 条至第 243 条、第 245 条至第 247 条、第 249 条至第 260 条)和分享所获得信息的义务(第 244 条、第 248 条)以及规定解决争端的机制(第 186 条至第 191 条、第 264 条、第 265 条、第 279 条至第 299 条)。为了确定每个区域的起始位置，《联合国海洋法公约》宣布，沿岸低潮线应被视为正常基线(第 5 条)，在海岸线极为曲折的地方连接各适当点的直线基线法作为例外(第 7 条)。特殊规则适用于河口(第 9 条)、海湾(第 10 条)、港口(第 11 条)和低潮高地(第 13 条)的基线划定。用于测量基线的点的坐标必须标记在海图上，并交存于联合国秘书长(第 16 条)。所指的海图是“海员用作航海辅助的海图”(《海洋法：基线》，*Law of the Sea：Baselines*，1989)。还设立了一个新机构(国际海底管理局)[①]，授权其控制国家管辖范围以外的区域的活动(第 156 条至第 185 条)。《联合国海洋法公约》(International Seabed Authority)试图提供一部“全

① 《联合国海洋法公约》第 157 条规定：“管理局是缔约国按照本部分组织和控制‘区域’内活动，特别是管理‘区域’资源的组织。”——译者注

面的海洋宪法”(Koh,1982)。但《联合国海洋法公约》的谈判是基于功能性的考
49 虑(Churchill and Lowe,1983)。因此,《联合国海洋法公约》只载有与保护生物多样性直接相关的少数条款(Yoshifumi,2009)。尽管如此,题为“海洋环境的保护和保全”的第 12 部分及其所载规定,特别是第 192 条中的一般义务规定“各国有保护和保全海洋环境的义务”,当该条文写入公约草案时,曾被称为“重大突破”(Elferink *et al.*,2004)。

专栏 4－2 列出了《联合国海洋法公约》第 12 部分规定的若干国家权利和义务。

专栏 4－2 《联合国海洋法公约》第 12 部分规定的若干国家权利和义务

权利	义务
各国有依据其环境政策和按照其保护和保全海洋环境的职责开发其自然资源的主权权利(第 193 条)	保护和保全海洋环境(第 192 条) 在全球性或区域性的基础上进行合作(第 197 条)
单独或与其他国家合作采取一切必要措施,防止、减少和控制污染(第 194 条)	向其他国家通报已经遭受海洋环境损害的情况或遭受污染损害的迫切危险(第 198 条)
采取一切必要措施,保护和保全稀有或脆弱的生态系统以及衰竭、受威胁或有灭绝危险物种和其他形式的海洋生物的生存环境(第 194 条第 5 款)	监测和评估其准许的活动(即在其管辖或控制下的活动),监测污染的风险,并发表报告(第 204 条、第 205 条和第 206 条)

从专栏 4－2 可以看出,根据第 194 条,各国有义务单独或与其他国家合作采取一切必要措施,防止、减少和控制污染,确保在其管辖范围内进行的活动不会造成另一管辖范围的污染。所采取的措施必须包括保护“稀有和脆弱的生态系统以及衰竭、受威胁或濒危物种和其他形式海洋生物的生存环境”的机制。为确保海洋环境得到保全和保护,各国有义务在全球和区域范围内进行合作(第 197 条)。尽管有人批评《联合国海洋法公约》中有关海洋环境保全和保护的条款过于笼统,不太实用(Yoshifumi,2009),但也有人称赞说这些条款提供了一个国际框架,不仅设定了“高标准”(Oude and Rothwell,2004),而且体现了《斯德哥尔摩宣言》的原则。

六、第一次联合国人类环境会议

1972 年 6 月 5～16 日，为解决跨境污染问题，斯堪的纳维亚半岛的国家发起了第一次联合国人类环境会议（Atapattu，1993）。会议产生的《斯德哥尔摩宣言》被普遍视为国际环境法发展的转折点（Atapattu，2007）。这次会议的成功不仅可以从联合国环境规划署的成立得到证明，还可以从以下事实得到印证：会议产生的宣言和建议已成为许多国际、区域和国家法律措施的基础（de Klemm and Shine，1993）。在构成《斯德哥尔摩宣言》的 26 项原则中，有许多原则与海洋环境关系密切。例如，原则 7 要求各国采取适当行动，“防止会对人类健康造成危害、损害生物资源和破坏海洋生物环境舒适性、破坏公益设施或妨害对海洋的其他合法使用的物质污染海洋”。正如德·克莱姆和希恩所指出的，原则 2 和原则 4“强调保护物种和栖息地的必要性”（de Klemm and Shine 1993）。《斯德哥尔摩宣言》在原则 12 中承认环境保护需要财政资源，在原则 24 中承认国家之间的合作对于实现国际环境保护至关重要，但同时在原则 21 中承认国家主权，明确规定各国拥有“根据本国环境政策开发本国自然资源的主权权利”，但有义务确保活动不会对其他管辖区域的环境造成损害。 50

这项原则可以追溯到 1941 年美国和加拿大之间的争端——特雷尔冶炼厂仲裁案（3 RIAA 1905，1941），现在已经是国际习惯法的一部分（Atapattu，2007）。在《斯德哥尔摩宣言》（*Stockholm Declaration*）认可了控制海洋污染的区域方法之后，联合国于 1974 年设立了区域海洋计划，到 1987 年，该计划已联合 130 个国家，在全球 11 个不同的海域开展互利合作（《我们共同的未来》（*Our Common Future*），第十章第 37 段）。虽然在 1972 年达成了这些原则，但各国没有建立海洋保护区的义务，因为《斯德哥尔摩宣言》的目标是就总体保护目标达成共识，以“激励和指导世界人民保护和改善人类环境”（序言）。因此，要求各国在海洋中建立海洋保护区的国际法继续以一种零敲碎打的方式演变。图 4－1 列出了适用于这项义务的公约范围的选定示例。

如上所述，1993 年《生物多样性公约》是第一部规定缔约国有义务建立海洋保护区保护生物多样性的国际法。尽管如此，各组织也通过其他机制来保护海

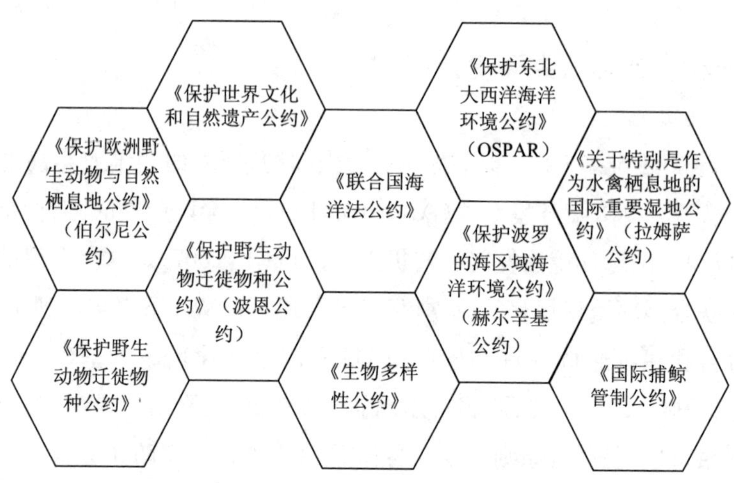

图 4-1 要求各国建立保护区的公约实例

洋环境,例如,自 20 世纪 70 年代以来,国际海事组织就已使用引导船只通过或绕过特定区域的路由系统。禁止和/或限制在规定区域内排放特定物质——这就是大堡礁的最初保护方式——并规定了禁渔期和禁渔区,于 1938 年建立了第
51 一个鲸鱼保护区(Gillespie,2007)。

七、建立海洋保护区保护生物多样性义务的产生

《生物多样性公约》从 1981 年开始酝酿,其发展可以追溯到世界自然保护联盟对全球公约概念开展的研究,目的是通过明确划定保护区为保护生物多样性提供协调和足够的财政和技术支持(de Klemm,1993)。同时开展背景工作,促进成立特别独立委员会,负责调查如何在保持经济发展的同时解决日益严重的环境退化问题。到了 1983 年,联合国大会已要求世界自然委员会编制一份报告,讨论在处理环境问题时如何在发达国家和发展中国家之间实现更大的合作,使国际社会能够采取更有效的方法来解决这些问题,并提供"实现可持续发展的长期环境策略"(《我们共同的未来》(*Our Common Future*)主席序言)。在格罗·哈莱姆·布伦特兰主持和 21 个国家代表的协助下,这份名为《我们共同的未来》的报告于 1987 年提交给联合国。报告建议在以前的宣言、公约和建议的基

础上建立一个新的公约，“规定所有国家在环境保护和可持续发展方面的主权权利和相互责任”(第 85 段)。它还建议制定一项联合国可持续发展行动纲领。翌年，联合国环境规划署设立了一个特设工作组，探讨是否需要签订生物多样性国际公约。到 1989 年，一组法律和技术专家受命起草公约草案。经过 3 年的谈判，最后公约于 1992 年 6 月 5 日在联合国环境与发展会议(里约地球峰会)上开放签字；《里约宣言》(*the Rio Declaration*)也重申了 1972 年《斯德哥尔摩宣言》的原则[联合国环境与发展会议的报告 A/CONF151/26(第一卷)]，从而支持了在地球峰会期间讨论的解决可持续发展所有领域的全球行动详细方案，并纳入《21 世纪议程》。

《生物多样性公约》序言确认保护生物多样性是“人类共同关切”，其出发点是生物多样性本身就很重要，除此以外，生物多样性在维持地球和为人类提供价值方面也发挥着关键作用。该公约将生物多样性定义为“是指所有来源的形形色色生物体，这些来源除其他外包括陆地、海洋和其他水生生态系统及其所构成的生态综合体；这包括物种内部、物种之间和生态系统的多样性。”(《生物多样性公约》第二条)。《生物多样性公约》在第一条中明确了公约的目标，包括“保护生物多样性、持久使用其组成部分以及公平合理分享由利用遗传资源而产生的惠益”。根据第八条，各国有义务(尽可能地)建立保护区系统，以保护生物多样性。第二条将保护区定义为“一个划定地理界限、为达到特定保护目标而指定或实行管制和管理的地区”。虽然这个保护区的定义不像世界自然保护联盟发布的定义那么全面，但随后的《生物多样性公约》缔约方会议批准了世界自然保护联盟
的定义(Lausche，2011)。根据第六条，各缔约国应按照其特殊情况和能力，为保 52
护和持久使用生物多样性制定国家战略、计划或方案，或为此目的变通其现有战略、计划或方案；这些战略、计划或方案应特别体现本公约内载明与该缔约国有关的措施。

为指导《生物多样性公约》的进一步实施，2002 年，缔约方大会通过了《生物多样性战略计划》(*Strategic Plan for Biodiversity*)，目的是在各级治理中大幅度降低生物多样性损失(UNEP/CBD/COP/6/20)。这项战略计划获得 2002 年世界可持续发展峰会的支持。不过，直至 2004 年，尽管保护区的覆盖率有所增加，但仍不足以阻止生物多样性的减少；海洋保护区“代表性特别不足”，只有

1%的覆盖范围,而陆地保护区覆盖率达到11%。因此,联合国环境规划署商定了一项工作方案,“加强”对实现战略计划目标的进展情况的评价。方案1侧重于“规划、选择、建立、加强和管理保护区系统和地点的措施”。对沿海缔约国提出的行动建议:到2012年建立“一个全面、有代表性和有效管理的国家和区域保护区系统的全球网络”。确定了具体措施,以协助实现总体目标。例如,到2006年,鼓励缔约国进行差距分析并制定区域和国家目标、到2008年,鼓励缔约国“采取行动解决海洋和内陆水域生态系统代表性不足的问题”、到2009年,鼓励缔约国通过国家或区域差距分析(包括精确的地图)划定保护区、2010年之前在陆地、2012年之前在海洋建成具有全面生态代表性的国家和地区保护区系统(UNEP/CBD/COP 7/DEC/Ⅶ/28)。

保护区的覆盖率是检查目标实现进展情况的相关指标(UNEP/CBD/COP/8/31,DEC/Ⅷ/15)。由于在全球范围内,《生物多样性战略计划》所确定的目标未能实现,因此在2010年对其进行了修订和更新,其中包括2020年应实现的新目标(即爱知目标;见UNEP/CBD/COP/10/27)。战略计划的总体愿景是在2050年之前,世界将“与自然和谐共处”,重视、保护、恢复和持续利用生物多样性,从而维护生态系统服务功能,维持一个健康的地球,并为全人类带来必不可少的利益。确定了4个战略大目标和20个小目标。其中有许多内容与海洋环境密切有关;例如,目标11是“至少有17%的陆地和内陆水域以及10%的沿海和海洋区域……,通过有效和公平管理的、生态上有代表性和妥善关联的保护区系统性的和其他有效的基于地区的保护措施受到保护,并被纳入更广泛的陆地
53 景观和海洋景观。”目标6适用于鱼类、无脊椎动物和水生植物,旨在确保这些物种都得到可持续、合法与生态系统的方法的管理和利用,避免过度捕捞,对所有已接近枯竭的物种制订恢复计划并采取恢复措施,渔业不再对受威胁的物种和脆弱的生态系统产生负面影响,使渔业对资源、物种和生态系统的影响维持在安全的生态界限内(UNEP/CBD/COP/10/27,DEC/X/2)。

下面重点阐述解决海洋问题、采取保护措施的国际途径和建议实施的区域法律文件以及对各国开展合作的鼓励。

八、区域方法

斯德哥尔摩会议的成果之一是1972年成立了联合国环境规划署，从此以后，联合国区域海洋计划于1974年启动。如今，区域海洋计划的目的是通过促进邻国之间的合作，促进各国参与以公约和行动计划形式提出的共同倡议，以保护其共同的海洋环境。迄今为止，环境署的区域海洋计划涉及143个国家，涵盖18个不同区域：其中6个海区由联合国环境规划署直接管理；5个独立海区，这些海区不是由环境规划署建立但与区域海洋计划合作并参加定期会议，最后7个海区不由联合国环境署规划管理，而是由区域组织管理，其活动属于区域海洋计划的一部分（关于联合国环境规划署区域海洋计划的详情，参见www. unep. org/regionalseas/default. asp）。正如吉莱斯皮（Giuespie，2007，pp. 22-23）评述的，"尽管有大量的区域海洋协定提出要使海洋保护区等关键区域得到更大的发展，但只有少数区域协定具有与海洋保护区直接相关的具体议定书或政策"。吉莱斯皮还指出，在18项区域倡议中，只有8项提到海洋保护区；下文讨论其中的2项，即《保护东北大西洋海洋环境公约》（《奥斯陆-巴黎公约》）*Convention for the Protection of the Marine Environment of the North East Atlantic*，OSPAR）和《保护波罗的海区域海洋环境公约》（《赫尔辛基公约》）（*Convention on the Protection of the Marine Environment of the Baltic Sea Area*，*Helsinki Convention*），这两个公约可以说是海洋保护领域的先驱。

九、第一个区域海洋公约

人们意识到必须采取更全面的办法来改善波罗的海区域的海洋环境状况，于是在1974年签署了第一个区域公约。1974年《保护波罗的海区域海洋环境公约》（以下简称《赫尔辛基公约》）被称为"当时最现代的环境公约"。为了保护整个海域不受各种污染源的污染，7个缔约国（丹麦、芬兰、德意志民主共和国、德意志联邦共和国、波兰、瑞典和苏联）有义务采取一切适当的国内措施，预防和
减轻污染、保护和提高波罗的海区域的海洋环境质量（第3条）。 54

由于政治版图的变化和国际海事法的发展,1992 年由丹麦、爱沙尼亚、欧共体、芬兰、德国、拉脱维亚、立陶宛、波兰、俄罗斯和瑞典签署了一项新的公约。该公约庄严地吸纳了预防原则[第 3(2)条]、采用最佳环境实践和最佳可用技术[第 3(3)条]和污染者付费原则[第 3(4)条]。虽然公约没有具体规定缔约国通过承诺在波罗的海区域内采取措施以“保护自然栖息地和生物多样性并保护生态过程”来建立保护区的义务(第 15 条),然而 1992 年修订的《赫尔辛基公约》成为第一个“包括沿海和海洋区域自然保护政策和一系列相关办法”的区域海洋公约(Baltic Marine Environment Commision,2007)。这一政策的演变始于 1990 年,当时的初始缔约方认识到与陆地机制相比,波罗的海内的海洋环境保护存在不足,并承诺在波罗的海创建具有代表性的各种生态系统保护区并保护动植物
55 (HELCOM 建议 15/5)。这项承诺最终促成了赫尔辛基委员会第 15/5 号建议(HELCOM 建议 15/5),并于 1994 年 3 月通过,该建议要求缔约各方“建立沿海和海洋的波罗的海保护区系统”[以下简称 BSPA(Baltic Sea Protected Areas)](HELCOM 建议 15/5 第 a 段)。最初,建议将 62 个特定区域作为适宜建立 BSPA 的地点,这些区域的边界由其所属国家明确划定。缔约各方需每三年编写报告,说明 BSPA 的设立和管理情况。1996 年,缔约方商定了 BSPA 的选划标准,并出版了第一份报告。到 1998 年,人们认识到如果要实现减少 50%污染的目标,还需要付出更多努力,因此缔约方承诺“加强联合合作研究项目”(1998 年 3 月 26 日的部长级会议公报)。

十、《奥斯陆-巴黎公约》

1992 年《保护东北大西洋海洋环境公约》(《奥斯陆-巴黎公约》)(*Convention for the Protection of the Marine Environment of the North East Atlantic*, *OSPAR*)是由 1972 年《防止船舶和飞机倾倒废物造成海洋污染公约》(奥斯陆公约)(*the* 1972 *Convention for the Prevention of Marine Pollution by Dumping from Ships and Aircraft* , *the Oslo Convention*)和 1974 年《防止陆源物质污染海洋公约》(巴黎公约)(*the*1974 *Convention for the Prevention of Marine Pollution from Land-Based Sources*, *the Paris Convention*)演变而来的,因为成员

国意识到这两项公约未能“充分控制部分污染源”(《奥斯陆-巴黎公约》序言)。虽然《奥斯陆-巴黎公约》是结合了奥斯陆公约和巴黎公约这两个原始公约,但它扩大了公约的适用范围,规定缔约方有义务单独和共同采取措施以及协调政策,保护海洋环境免受污染,规避人类活动对海洋环境的负面影响,以便“保护人类健康,保护海洋生态系统和环境,在切实可行的情况下,恢复受到不利影响的海域”[第2(1)(a)条]。为了向委员会通报需要采取的养护措施,缔约国有义务按照附件四为《公约》(第6条)所涵盖的5个海洋区域逐一分别编写质量状况报告。

《奥斯陆-巴黎公约》地区区域

《赫尔辛基公约》(Aelsinki Convention)适用于缔约国有管辖权的封闭海域(《赫尔辛基公约》,第1条);与之相比,《奥斯陆-巴黎公约》适用于“国际法承认的沿海国管辖范围内的内水和领海,以及公海,包括所有这些水域的海床及其底土……不包括大西洋和北冰洋的部分海域”(第1条)。与《赫尔辛基公约》相同的是,《奥斯陆-巴黎公约》将预防原则[第2(2)(a)条],最佳环境实践和最佳可用技术[第2(3)(b)条]和污染者付费原则[第2(2)(b)条]载入公约。《奥斯陆-巴黎公约》于1998年生效,同年,《奥斯陆-巴黎公约》委员会第一次会议召开,在此期间该公约增加了关于保护、养护海洋生态系统和生物多样性的附件五,而且15个缔约方(英国、比利时、芬兰、法国、爱尔兰、冰岛、挪威、荷兰、葡萄牙、西班牙、丹麦、欧共体、瑞典、卢森堡和瑞士)同意建立海洋保护区网络,并设定了“雄心勃勃的目标”(Heinegg,2002)。 56

十一、加强承诺

2003年,赫尔辛基委员会和《奥斯陆-巴黎公约》委员会建立保护区网络的承诺,在《赫尔辛基不来梅宣言》《赫尔辛基公约》《奥斯陆-巴黎公约》中得到了加强。这些宣言要求各缔约方使用“生态系统方法”,定义“良好状态”,“建立一个生态连通的海洋保护区网络”,并确保“所有政策和计划都考虑到海洋环境”(HELCOM/OSPAR Dedaration)。 57

他们通过了关于海洋保护区的联合工作方案,承诺缔约各方与其他区域海洋倡议、欧盟和其他国际组织共同努力,“确保到2010年,《赫尔辛基公约》和《奥斯陆-巴黎公约》的海洋区域都建立起生态协调、管理良好的海洋保护区网络”。赫尔辛基委员会和《奥斯陆-巴黎公约》《赫尔辛基不来梅宣言》,为波罗的海2003年以来“量身定制的生态系统方法”提供了政治基础(Backer *et al.*,2010)。随着2007年《波罗的海行动计划》的终结,这一点得以实现,该计划承诺制定和采用“基于生态系统方法的、广泛的、跨部门的海洋空间规划原则”,并提高“BSPA网络的保护水平和效率”(HELCOM Baltic Sea Action Plan)。为了提高波罗的海保护区网络的效率,HELCOM将现有的Natura 2000[①]和Emerald[②]地点纳入波罗的海保护区系统,并尽可能为这些区域最终确定和执行管理计划(HELCOM BSAP)。波罗的海保护区数据库列出了海洋区域内146个波罗的海保护区系统,其中124个区位于波罗的海地区,但只有13个制订了管理计划(见http://bspa.helcom.fi/flow/bspa.tammi.sites.search.w.1? nop)。为将上述联合承诺正式确定,《奥斯陆-巴黎公约》委员会通过了关于海洋保护区网络的2003/3号议案,其目标是在2010年前建立生态连通的海洋保护区网络。《奥斯陆-巴黎公约》委员会制定了指导方针,以协助会员国确定合适的地点(2003/17),管理海洋保护区(2003/18),实现网络的生态连通性(2006/3)。然而,虽然2010年《质量状况报告》显示,有记录的海洋保护区共有159个,但其中大部分保护区位于领海内;在国家管辖范围以外海域尚未建立海洋保护区。最终,还是没有建立起生态连通的保护区网络(http://qsr2010.ospar.org/en/ch10_03.html)。为此,委员会重新研究目标,并在2003/3号议案的基础上修订形成了2010/2号议案,目标是到2012年建立生态连通网络,到2016年该网络将得到良好的管理(2003/3号议案,根据2010/2号议案修订)。虽然最初的目标没有实现,但国际水域的6个区域于2010年9月划定为海洋保护区,标志着《奥斯陆-巴黎公约》委员会成功地在国家管辖范围之外海域建立了第一

---

① Natura 2000是由欧盟提出并建立的自然保护区网络,是世界上最大的保护区协调网络,覆盖了欧盟18%以上的陆地面积,8%以上的海洋领土,用于保护稀有、濒危物种以及稀有自然栖息地类型。——译者注

② Emerald网络即“翡翠特别保育地网络”,是由《保护欧洲野生动物与自然栖息地公约》(又称《伯尔尼公约》)在整个欧洲及非洲部分地区建立的特别保护地网络,各缔约方承诺到2020年完成保护网络的建立。——译者注

个海洋保护区网络。考虑到《奥斯陆-巴黎公约》区域的规模，仍需建立更多的保护区才能实现海洋保护区网络的生态连通性（O'leary *et al.*，2012）。

尽管尚未成功实现其海洋保护区目标，但这两项区域公约都是海洋保护领域的先驱——《赫尔辛基公约》是第一个保护整个海域并制定保护区政策的区域公约，而《奥斯陆-巴黎公约》是第一个成功划定公海保护区网络的区域新倡议。 58

十二、国际法的局限性

本章的目的是使读者对在国际层面建立海洋保护区的义务演变以及所涉及的各种法律文件有一个广泛的了解。综上所述，要求各国建立海洋保护区的国际法是相互关联的义务的网络。尽管如此还是必须考虑到公约规定的权利和义务同样适用于特定公约的缔约国。仅仅参与谈判并在所产生的协议上签字并不一定意味着国家受公约的拘束（《维也纳条约法公约》（Vienna Convention on the Law of Treaties），第 7 条至第 18 条）。为使公约具有拘束力，公约必须已生效，国家必须表示同意通过批准、接受、赞同及加入而接受拘束［《维也纳条约法公约》第 2(b)条］。公约生效的方式及日期，依公约的规定或依缔约国的协议确定（《维也纳条约法公约》第 24 条）。尽管公约可能需要数年才能生效，但在此期间，公约签约国有义务保证其行为不违背公约的宗旨（《维也纳条约法公约》第 18 条）。因此，在查看特定国家的特定义务时，必须在公约官网上检查确定公约是否有效以及该国是否为公约缔约国并已批准公约。

参考文献

Al-Abdulrazzak, D. and Trombulak, S.C. (2012). Classifying Levels of Protection in Marine Protected Areas. *Marine Policy* 36: 576–582.

Anonymous. (1989). *The Law of the Sea, Baselines: An Examination of the Relevant Provisions of the United Nations Convention on the Law of the Sea*. United Nations, Office for Ocean Affairs and the Law of the Sea, New York.

Atapattu, S.A. (2007). *International Law and Development: Emerging Principles of International Environmental Law*. Martinus Nijhoff Publishers, Leiden, The Netherlands.

Backer, H., Leppanen, J.M., Brusendorff, A.C., Forsius, F., Stankiewicz, M., Mehtonen, J., Pyhala, M., Laamanen, M., Paulomaki, H., Vlasov, N., and Haaranen, T. (2010). HELCOM

Baltic Sea Action Plan – A Regional Programme of Measures for the Marine Environment Based on the Ecosystem Approach. *Marine Pollution Bulletin* 60(5): 642–649.

Baltic Marine Environment Commission. (2007). *Pearls of the Baltic Sea, Networking for Life: Special Nature in a Special Sea.* Helsinki Commission.

Brundtland, G.H. (1987). Report of the World Commission on Environment and Development: Our Common Future. United Nations.

Churchill, R.R. and Lowe, A.V. (1983). *The Law of the Sea.* Manchester University Press, Manchester.

59 Convention concerning the Protection of World Cultural and Natural Heritage (1972) (*World Heritage Convention*) Vol. 1037,1-15511[1977] UNTS 152.

Convention on the Conservation of Migratory Species of Wild Animals (1979) (*Bonn Convention*) Vol. 1651, 1–28395 [1991] UNTS 356.

Convention on the Conservation of European Wildlife and Natural Habitats (1979) (*Bern Convention*) Vol. 1284,1–21159 [1982] UNTS 210.

Convention for the Protection of the North East Atlantic (1992) (*OSPAR Convention*) Vol. 2354, I–42279 [2006] UNTS 67.

Convention on the Protection of the Marine Environment of the Baltic Sea Area (1992) (*Helsinki Convention*) Vol. 2099, 1-36495 [2002] UNTS 195.

Convention on Biological Diversity (1992) (*CBD*) Vol. 1760, 1-30619[1993] UNTS 79.

Conference of the Parties to the Convention on Biological Diversity, Report of the Sixth Meeting of the Conference of the Parties to the Convention on Biological Diversity, The Hague, 7–19 April 2002, UNEP/CBD/COP/6/20.

Conference of the Parties to the Convention on Biological Diversity Report of the Seventh meeting: 'Decision adopted by the Conference of the Parties to the Convention on Biological Diversity at its seventh meeting 9–20 and 27 February 2004 Kuala Lumpur: Protected areas (Articles 8 (a) to (e))' UNEP/CBD/COP/DEC/VII/28.

Conference of the Parties to the Convention on Biological Diversity 'Decision adopted by the Conference of the Parties to the Convention on Biological Diversity at its seventh meeting 9–20 and 27 February 2004 Kuala Lumpur: Strategic Plan: future evaluation of progress' UNEP/CBD/COP/DEC/VII/30.

Conference of the Parties to the Convention on Biological Diversity, Report of the Eighth Meeting of the Parties to the Convention on Biological Diversity, Curitiba, Brazil, 20–31 March 2006 UNEP/CBD/COP/8/31, DEC/VIII/15.

Conference of the Parties to the Convention on Biological Diversity, Report of the Tenth Meeting of the Parties to the Convention on Biological Diversity, Nagoya, Japan, 18–29 October 2010, UNEP/CBD/COP/10/27.

Convention on the Protection of the Marine Environment of the Baltic Sea Area, 15th Meeting Helsinki, 8–11 March 1994, HELCOM Recommendation 15/5.

Convention on the Protection of the Marine Environment of the Baltic Sea Area, 19th Meeting Helsinki, 23–27 March 1998, Communique of the Ministerial Session on 26 March 1998.

Day, J., Dudley, N., Hockings, M., Holmes, G., Laffoley, D., Stolton, S., and Wells, S. (2012). *Guidelines for Applying the IUCN Protected Area Management Categories to Marine Protected Areas*, IUCN, Gland, Switzerland.

de Klemm, C. (1993). In collaboration with Shine, C. Biological Diversity Conservation and the Law. *IUCN Environmental Policy and Law Paper No. 29.* Gland, Switzerland and Cambridge.

Dudley, N. (Ed.). (2008). *Guidelines for Applying Protected Area Management Categories.* IUCN, Gland, Switzerland.

Gillespie, A. (2007). *Protected Areas and International Environmental Law.* Brill Academic Publishers, Boston.

Heinegg, W.H. (2002). The Development of Environmental Standards in the North East Atlantic including the North Sea. In Ehlers, P., Mann, N., Borgese, E., and Wolfrum, R. (Eds). *Marine Issues: From a Scientific, Political and Legal Perspective*. Brill Academic Publishers, Leiden, The Netherlands.

HELCOM Ministerial Declaration, adopted on 25 June 2003 in Bremen by the HELCOM Ministerial Meeting (HELCOM Bremen Declaration).

HELCOM Ministerial Meeting Krakow, Poland, 15 November 2007, (HELCOM Baltic Sea Action Plan).

IMO Resolution A. 720(17) Adopted on 6 November 1991 Guidelines for the Designation of Special Areas and the Identification of Particularly Sensitive Sea Areas.

IMO Resolution MEPC. 121 (52) Adopted on 15 October 2004 Designation of the Western 60
European Waters as a Particularly Sensitive Sea Area MEPC 52/24/Add.1.

Joint Ministerial Meeting of Helsinki and OSPAR Commissions, (JMM). (2003). Record of the meeting, Annex 8, Declaration of the First Joint Ministerial Meeting of the Helsinki and OSPAR Commissions (HELCOM/OSPAR Declaration).

Jones, P.J.S. (2012). Marine Protected Areas in the UK: Challenges in Combining Top-Down and Bottom-Up Approaches to Governance. *Environmental Conservation* 39(3): 248–258.

Jones, P.J.S. (2014). *Governing Marine Protected Areas: Resilience through Diversity*. Routledge, London and New York.

Kidd, S., Plater, A., and Frid, C. (Eds). (2011). *The Ecosystem Approach to Marine Planning and Management*. Earthscan.

Koh, T.T.B. (1982). *A Constitution for the Oceans*. Remarks by Tommy T.B. Koh of Singapore, President of the Third United Nations Conference of the Law of the Sea. Adapted from the President on 6 and 11 December 1982 at the final session of the Conference at Montego Bay.

Laffoley, D. d'A. (Ed.). (2008). *Towards Networks of Marine Protected Areas: The MPA Plan of Action for IUCN's World Commission on Protected Areas*. IUCN WCPA, Gland, Switzerland.

Lausche, B. (2011). *Guidelines for Protected Areas Legislation*. IUCN, Gland, Switzerland.

O'Leary, B.C., Brown, R.L., Johnson, D.E., von Nordheim, H., Ardron, J., Packeiser, T., and Roberts, C.M. (2012). The First Network of Marine Protected Areas in the High Seas: The Process, the Challenges and Where Next. *Marine Policy* 36: 598–605.

OSPAR Recommendation 2003/3 on a Network of Marine Protected Areas. OSPAR Convention for the Protection of the Marine Environment of the North East Atlantic, Meeting of the OSPAR Commission, Bremen: 23–27 June 2003.

OSPAR Recommendation 2010/2 on amending Recommendation 2003/3 on a network of Marine Protected Areas. OSPAR 10/23/1, Annex 7.

Oude, A.G.E. and Rothwell, D.R. (2004). *Oceans Management in the 21st Century: Institutional Frameworks and Responses*. Brill Academic Publishers, Boston.

Parmentier, R. (2012). Role and impact of International NGOs in Global Ocean Governance. *Ocean Yearbook* 26: 209–229.

Salpin, C. and Germani, V. (2010). Marine Protected Areas beyond Areas of National Jurisdiction: What's Mine Is Mine and What You Think Is Yours Is also Mine. *Review of European Community and International Environmental Law* 19(2): 174.

United Nations Convention on the Law of the Sea. (1982). (UNCLOS) Vol. 1833, 1-31363 [1994] UNTS 397.

United Nations. (1992). Report of the United Nations Conference on the Environment and Development, Rio de Janeiro, 3–14 June, A/CONF.151/26 (Vol. I).

Vienna Convention on the Law of Treaties (1969). Vol. 1155,1-18232 [1980] UNTS 331.

Wallace, R.M.M. and Martin-Ortega, O. (2013). *International Law.* Sweet & Maxwell, London.
Yoshifumi, T. (2009). *Dual Approach to Ocean Governance: The Cases of Zonal and Integrated Management in International Law of the Sea.* Ashgate Publishing, Oxford.
Zacharias, M. (2014). *Marine Policy: An Introduction to Governance and International Law of the Oceans.* Routledge, London and New York.

第五章　海洋空间规划

安妮-米歇尔·斯莱特　乔治娜·里德

一、引言

海洋空间规划是评估和平衡现有和未来用海活动的规划，规划对象包括水体、海床和海岸。许多国家正在出台海洋空间规划的法律，这就需要编制海洋计划。不过，海洋空间规划不仅是一种管理和保护海洋环境的工具，也是一种着眼于海洋管理“全局”的方法(Douvere，2008)。本章属于海洋空间规划的导论，重点结合世界各地的实例综述海洋空间规划的概况，同时介绍生态系统管理和海岸带综合管理的原则及其与海洋空间规划的联系。

二、海洋空间规划的必要性

人类对世界范围内各种海洋资源/活动有着巨大的需求。过去，人们认为，海洋可以免费地提供近乎无限的资源，同时也是庞大的废物处理系统，对海洋的利用基本没有限制。人们越来越认识到海洋对人类活动的贡献，同时海洋的新用途正在不断地被创造出来，进一步增加了引进海洋空间规划的必要性。

主要海上活动包括：

- 渔业捕捞；
- 科学研究；
- 油气勘探开采；

- 矿物采集;
- 可再生能源;
- 倾倒;
- 旅游业;
- 交通运输;
- 遗产区;
- 休闲娱乐活动。

以上所列出的海上活动并不详尽,海洋活动无穷无尽,这里只是按照大类列举了部分主要活动,例如,渔业捕捞可能包括捕捞不同种类的鱼类、贝类或海洋动物。这些用海活动对空间的竞争愈演愈烈,有些活动可能相互冲突,如果任其发展,许多活动可能会损害环境。因此,海洋空间规划旨在整体考量海洋环境所有当下和未来的需求。

62 海洋规划这一概念是通过例如在大堡礁内引入多用途海洋管理体系等活动发展起来的,并以《1975 年大堡礁海洋公园法》(*The Great Barrier Reef Marine Park Act of* 1975)为开端(De Santo,2011)。近年来,各国纷纷提出对海洋空间规划体系的需求,即在允许海洋开发利用活动的同时,仍要确保实现并维护海洋环境的可持续性。海洋规划的目的是寻求"可持续地管理对海洋日益增长且相互冲突的需求"(Gov. scot,2015)。

海洋空间规划是一种适应性方法,是在听取利益相关者意见的同时,确定在海洋环境中用海活动地点的方法。联合国教科文组织将海洋空间规划定义为分析和分配人类活动在海洋区域的时空分布的公共过程,从而实现一般通过政治程序规定的生态、经济和社会目标。海洋空间规划以生态系统为基础,是海洋利用管理的组成部分(Ehler and Douvere,2009)。

最近,海洋空间规划确定了最大限度减少冲突的四项原则,即多种利用、利
63 益相关者参与、适应性管理和管理工具的"匹配"或使用(Hassan *et al.*,2015)。在应用这些原则时,其出发点普遍是基于生态系统的方法,这一点对于海洋尤其重要。

表 5-1　海洋空间规划的条件

海洋空间规划的条件	是否包含以下内容
应用基于生态系统的方法	生态可持续原则 基于生态系统的管理
空间定位	人类活动的空间和时间分布 多种利用 界定的地理区域
整合	空间区域中整合的活动 综合治理安排 利益相关者的综合参与 当地社区参与
多层次政策框架	国际/区域协议 立法 政府政策 行动计划 社会、环境、经济和政策/政治目标 政策周期
规划和分析	实施 协商 监测和评估

资料来源：Vince，2014。

三、基于生态系统的方法

为了实现规划目标，海洋空间规划将基于生态系统的方法（Ecosystem-Based Approach，EBA）作为促进海洋空间规划可持续发展目标实现的关键特征，其中生态系统这个术语是阿尔弗雷德·坦斯利（Alfred Tansley）在 1935 年首次提出的①。相较利益相关者的诉求和其他有影响的论点，这种方法更加注重生态系统可持续发展的要求，以尽量减少环境损害。1992 年《生物多样性公约》（*Convention on Biological Diversity*，CBD）对于生态系统的方法作如下

① 生态系统方法的根源在于生物学概念的生态系统。1935 年坦斯利第一次在他关于"植被概念和术语的应用和滥用"的论文中论述生物学思维时引进了生态系统的概念。——译者注

定义。

生态系统方法是综合管理土地、水和生物资源,公平促进其保护和可持续利用的战略。因此,生态系统方法的应用有助于均衡《生物多样性公约》的三个目标:保护、可持续利用以及公平公正地共享遗传资源利用所产生的惠益。(*Convention on Biological Diversity*,1992,Section A)

海洋空间规划拥有的生态系统方法的特征是确保未来和现在海洋资源利用的关键。

鱼类资源管理是说明采取生态系统方法的极好例子。过度捕捞会导致某些种类的鱼类减少甚至灭绝。为确保鱼类资源获得补充,生态系统方法优先考虑的是可捕量,而非渔民为谋生要求保持或增加渔获量的愿望。

四、海洋空间规划的重要性

在回答这个问题时,不妨先考虑自己对海洋的需求。你是否有过以下经历:使用石油制品、食用鱼类、购买海上运输的产品、沿岸散步、游泳、乘船航行等娱乐活动以及观察野生动物和开展海洋研究等。大多数人至少有过其中一项经历,这就形成我们与海洋环境的某种联系。如果没有海洋空间规划,这些活动都可能会受到扰乱或承受负面影响,认识到这一点就能使我们从某种角度理解海洋空间规划对确保海洋可持续高产的重要性。联合国教科文组织 2009 年的一份出版物明确指出,人类眼下的行为能够改变 20 年后海洋区域的面貌(Ehler and Douvere,2009)。

联合国教科文组织提供的关于确立海洋空间规划有用性的核对表,简要说明了为什么制订海洋空间规划如此重要的问题。

· 你参加过(或希望参加)对周围海洋的重要自然区域产生不利影响的人类活动吗?

· 你参加过(或希望参加)海洋区域中相互冲突的人类活动吗?

64 · 你需要精简影响海洋环境的政策和许可程序吗?

· 你认为什么样的空间最适合于发展可再生能源设施或海上水产养殖等新型用海活动?

· 你心中具有再过10年、20年、30年海洋区域的远景或认为它们应该是什么样子的吗？

(Ehler and Douvere，2009)

对照陆上(土地利用)规划的发展，可以想象不实施海洋空间规划可能带来的严重后果。土地利用规划的起源可追溯至工业革命时期，当时从煤炭利用获益，空间竞争迅速增长(Douvere，2008)，“原有的村庄迅速成长为工业区，吸引了大量人口来到中心区，但实际上生活基础设施严重不足。水资源缺乏或受到污染，过度拥挤成为传播霍乱流行病的重要原因”(Douvere，2008，第1段)。这个比较既是教训，也是推动海洋空间规划实施的驱动力。如果不实施海洋空间规划，那么海洋环境可能会面临与陆地同样的问题，给生态系统以及现有或潜在资源带来不可估量的损失，造成难以想象的严重连锁反应。当今世界经济、科 65
学、能源和食品对海洋环境的依赖，进一步突出了维持高生产力的生态系统的绝对必要性。

海洋空间规划是一个新的规划领域，可以从英国百年的国土规划经验获得诸多借鉴(Kidd and Ellis，2012)。但这也是一个以不同的和整体方式开展规划的机会。一个重要的理念是从地理决定论向空间关联性和社会性的转变。杰伊(Jay，2012)认为，这与海洋世界的关系复杂性有关(Cullingworth *et al.*，2015)，参见图5-1。

五、海洋空间规划的国际背景

本节概述了建立海洋空间规划的国际法律背景，重点是UNCLOS和OSPAR这两份关键的相关法律文书。

1982年的《联合国海洋法公约》允许沿海国家主张海域及海洋资源，为海洋空间规划提供了国际背景(见《联合国海洋法公约》第四章)。这一点很重要，因为制订海洋规划需要明确海上边界。《联合国海洋法公约》允许沿海国家主张从基线起12海里以内的海域(第五条)属于本国的领海(第三条)。国家对“内水”拥有主权，因此从技术上讲可以使用甚至滥用该海域的资源。然而，如果在超过24海里(每个国家的最远距离)的海域范围内有其他国家，则不能按照最高标准

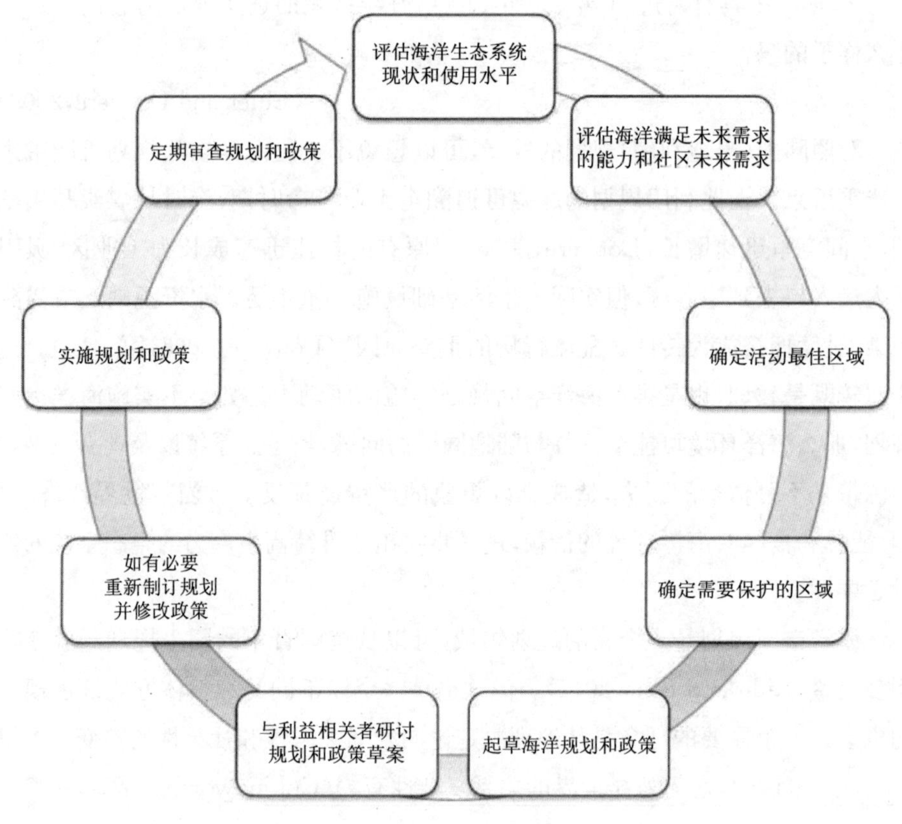

图 5-1 海洋规划过程

改编自原苏格兰规划援助署《海洋规划信息表(草案)》《海洋规划介绍》

资料来源:PAS 公司许可复制。

主张海域,因此必须划定其海洋边界。根据第十五条,除非当事国之间另有协议,划定领海的国家应以中间线为分界线。沿海国家也可以主张专属经济区,范围是从基线量起 200 海里以内(第五十七条),在专属经济区可以行使主权权利。这确实给人的印象是沿海国可以在任何地方行使同样的权利,但必须指出,主权权利与主权是不同的。专属经济区边界的划定应由与争议地区接壤的国家商定,在无法商定的情况下应遵照《联合国海洋法公约》第七十四条解决。

沿海国也能对相应范围的大陆架主张主权权利,《联合国海洋法公约》第七十七条规定同样是 200 海里以内。不同的是,大陆架的主张是基于海床的构成。

如果大陆架与岸线的距离超过 200 海里，那么该国家最多可以主张 350 海里，相关细节和要求参见《联合国海洋法公约》第七十六条规定，划界相关细节参见第八十三条。

沿海国拥有一定比例的海域，但这并不说明在任何情况下各国均可以独自完成海洋空间规划。如果生态系统跨越两个或多个国家的海洋区域，沿海国制订规划时也必须根据《联合国海洋法公约》（即使是没有海岸线的国家也可享有某些权利）、欧盟、国际协定以及多国合作考虑其他国家可享有的权利。 66

世界海洋专属经济区边界主张示意图说明了合作的必要性。在主张海洋边界的问题上，法律规定等距原则，即一个国家的海洋边界应是与相邻国家海岸等距的中间线。由于海洋环境并不是和每个划分区域完全匹配，如果将行动限制在区域边界以内，并不能成功地保护海洋环境。拥有共同生态系统的各国共同合作保护海洋环境，可以节省时间、金钱和资源，也可以减少破坏环境的风险。

在海洋空间规划的国际背景下需要考虑的另一个因素是 1992 年《保护东北大西洋海洋环境公约》（*The 1992 Convention for the Protection of the Marine Environment of the North-East Atlantic*，OSPAR）。该公约于 1998 年生效，整合了 1972 年《奥斯陆公约》（*Oslo Convention*）和 1974 年《巴黎公约》（*Paris Convention*），涵盖了东北大西洋。该公约规定缔约国（15 个缔约国和欧盟）有义务采取措施"保障人类健康和保护海洋生态系统，并在切实可行的情况下，修复受到负面影响的海域"[《保护东北大西洋海洋环境公约》第二条 (1)(a)]，同时适用预防原则、污染者付费原则、最佳可用技术和最佳环境实践。该公约成立了奥斯陆-巴黎委员会（OSPAR），负责管理根据公约开展的项目并接受生态系统方法的指导，核心关注点之一是所有缔约方竭诚合作，完善东北大西洋地区的环境保护措施。然而，该公约并没有涵盖沿海国家的所有管辖海域，只覆盖领海、 67
内水以及公海（不包括大西洋和北冰洋部分）（《奥斯陆-巴黎公约》第一条）。

《奥斯陆-巴黎公约》看起来侧重于污染防治和环境保护而并非规划，之所以认为该公约与海洋空间规划的发展相关，是因为海洋空间规划是实现公约目标的方式之一。此外，缔约国承担的履约义务仍然必须通过推行海洋空间规划制度来实现。

奥斯陆-巴黎委员会已明确表达其在缔约国海洋区域内协助建立和发展海

洋空间规划的决心。在其2010—2020年的战略中,明确提到了海洋空间规划以及在《奥斯陆-巴黎公约》覆盖海域协助和改进海洋空间规划的方法:

4.2. 为实施本战略,奥斯陆-巴黎委员会将……根据第一部分第4节规定的生态系统方法,进一步制定适当的措施,推动建立奥斯陆-巴黎海域的海洋空间规划,其中包括:

1. 就海洋空间规划中出现的跨界问题开展合作;

2. 必要时,建立就海洋空间规划及其产生的问题进行跨国磋商的附加机制;

3. 在应用海洋空间规划以支撑生态系统方法方面采取区域特定、量身定制的做法;

4. 交流海洋空间规划方面的最佳实践和经验;

(《奥斯陆-巴黎委员会2010—2020年保护东北大西洋海洋环境战略之东北大西洋环境战略》(OSPAR协议2010-3),第二部分——专项战略,时间安排和实施)

六、海洋空间规划与欧盟

(一)综合海事政策

2007年,为了帮助开展合作和跨部门协调,实现有效的海洋规划,欧盟通过了一项综合海事政策(Integrated Maritime Policy, IMP)(European Union, 2007)。这对于欧盟提出的"蓝色增长"政策尤为重要,该政策旨在扩大众多部门的海洋利用的经济要素,因此,为了确保各部门纳入计划并加以研究,合作就是其中的关键。例如,增加海洋观光船的决定可能对港口的其他用户具有负面影响,也对海洋动物保护具有影响。综合海事政策所采用的综合方法,会考虑某海域新增用途或增加利用的影响,特别是对其他海洋部门的影响。而且,综合海事政策旨在共享海洋数据和专业信息,以节省时间和经费,促进充分知情的决策。近期对综合海事政策的评估无可辩驳地说明,自2007年出台相关政策以来,经济形势发生了翻天覆地的变化,为了以最低成本的研究和规划去获得最大的成功,合作的重要性远胜从前,"合作使海上作业更具成本效益原则,同时优化了数

据使用。由于新型用海活动日益发展，成员国必须建立有利于长期投资和跨境 68
一致性的稳定规划体系”(European Parliament,2012)。综合海事政策对欧盟内部海洋空间规划的制订非常重要，因为利益相关者的参与、信息共享和跨国合作等因素都会极大地影响海洋空间规划的有效实施。综合海事政策起到了额外的整合作用，利益相关者多方面投入，也能获得更多的信息，从而提高海洋空间规划的有效性。然而，综合海事政策虽是一项政策，但却是欧盟海洋空间规划框架中的重要步骤。下一步将是《海洋战略框架指令》(*The Marine Strategy Framework Directive*, MSFD)。

(二)《海洋战略框架指令》

《海洋战略框架指令》2008/56/EC 指令(OJ L 164,2008. 6. 25)旨在通过海洋空间规划，在 2020 年前实现“良好环境状态”(GES)。《海洋战略框架指令》的制定一开始就展现出对海洋可持续发展的远大抱负，要求欧盟所有成员国到 2020 年应达到良好环境状态目标(第一条第一款)。根据第三条第五款，要求“良好环境状态应在《海洋战略框架指令》第四条所列的海洋区域或次区域层面上确定”。这需要国家之间的合作，因为海洋区域并不符合既定的海洋边界。根据联合自然保护委员会(Joint Nature Conservation Committee, JNCC)官网(http://jncc.defra.gov.uk/page-5193)，这种合作水平“逐步由区域海洋公约实现”。

欧盟委员会概述了达到良好环境状态的过程以及每个阶段完成目标的最后期限。该过程如下。

第五条要求所有成员国制定达到良好环境状态的海洋战略，这样的战略可以通过实施海洋空间规划系统得以实现。2010 年，为了推进《海洋战略框架指令》的实施，欧盟委员会还发布了《2010/477/EU:2010 年 9 月 1 日委员会关于海洋水域良好环境状态的基准和方法标准的决定》(2010/477/*EU*: *Commission Decision of* 1 *September* 2010 *on Criteria and Methodological Standards on Good Environmental Status of Marine Waters*)(OJ L 232,2010. 9. 2)。欧盟最近还补充发布了《海洋空间规划指令》(*Maritime Spatial Planning Directive*)。

(三) 欧盟海洋空间规划指令

第 2014/89/477 号指令把编制海洋空间规划确定为欧盟各沿海成员国必须

执行的任务。各成员国都必须在2016年9月18日之前制定符合要求的法律、法规和行政规定,并尽快制订海洋空间规划,最迟不得晚于2021年3月31日。各成员国必须制订海洋空间规划,其中应分析和组织海洋区域中的人类活动,实现生态、经济和社会目标。同时,海洋空间规划应适合其海洋环境的需要,采取
69 生态系统方法,实现活动共存。

海洋空间规划必须考虑以下事项:

- 所有相关活动;
- 陆海相互作用;
- 环境、经济、社会和安全领域;
- 海洋空间规划与其他程序的一致性;
- 利益相关者的参与(第九条);
- 采用可获取的最科学的数据(第十条);
- 成员国合作(第十一条);
- 第三国合作(第十二条);
- 每10年审议一次规划。

(列表引自第2014/89/477号指令第六条)

在确定上述最低要求时,欧盟希望确保所有沿海成员国至少能制订基本的海洋空间规划,这有助于减少污染对海洋的破坏。《海洋空间规划指令》的关键要素之一是,拥有共同海洋边界的成员国在制订海洋计划时,"应"与其他成员国合作(第十一条),"应尽力"与第三国合作(第十二条)。这项要求是为了促进成员国之间的合作关系,并认识到生态系统和海洋野生动物在各国之间洄游和迁徙,甚至由各国共享的这一事实。因此,合作和联合行动成为确保海洋空间规划成效的关键。

随着2021年最后期限的临近,有必要评估相关成员国对《海洋空间规划指令》的实施情况。例如,英国和比利时都已经制定了相关法律,其中规定了《海洋空间规划指令》的最低要求。然而,一些国家,例如爱尔兰共和国,虽然几年前就开始了协商和制定过程,但目前尚未建立满足该指令要求的体系,还在继续协商中。

七、海洋空间规划实践

（一）英国

英国于 2009 年出台的《海洋和海岸带准入法》（*Marine and Coastal Access Act*，MCA 2009），标志着海洋空间规划进程的正式启动。这项经英国议会审议的法律概述了英国的海洋空间规划方法，划定了 8 个海洋规划区域并规定了各区域负责制订和实施海洋计划的机构，但苏格兰和北爱尔兰近岸海域属于例外，由苏格兰和北爱尔兰自行单独制订海洋规划。

根据 2009 年《海洋和海岸带准入法》，应在认为适当时评估海洋空间规划（2009 年《海洋和海岸带准入法》），但 2011 年发布的《海洋政策声明》（*Marine Policy Statement*，MPS），没有规定实施评估的固定期限。这份政策文件为整个英国海洋水域的海洋空间规划制订了高层次的政策目标，可依据该框架文件制订更详细的海洋空间规划。重要的是，《海洋政策声明》说明了海洋规划不会实行单独的许可制度，但"政府机构必须根据适当的海洋政策文件做出授权或执法决定，除非相关考虑因素里另有说明"（《海洋和海岸带准入法》，2009）。 70

海洋管理组织（Marine Management Organization，MMO）是英格兰的规划、许可和监管机构。沿海水域被划分为 11 个规划区，但只制订了 10 个海洋空间规划，因为英格兰西北部近岸和近海区域要单独制订规划。海洋管理组织的目标是在 2021 年完成所有规划。

（二）苏格兰

苏格兰海洋司是苏格兰政府海洋主管部门，负责苏格兰和苏格兰水域的海洋规划、许可和保护，包括制订苏格兰国家海洋规划和划定苏格兰海洋区域。苏格兰的第一个国家海洋规划于 2015 年 3 月发布，涵盖近岸和近海海域。该规划为苏格兰海域使用提供了广泛的目标和政策，同时也包括了对各个海域区域规划的具体指导。

2015 年 5 月，《2015 年苏格兰海洋区域令》（*the Scottish Marine Regions Order* 2015）生效，划定了 11 个海洋区域。区域规划范围是离岸 12 海里以内的海域。海洋区域图参见 www. gov. scot/Topics/marine/seamanagement/regional/Boundaries/SMRmap。海洋规划伙伴关系负责以上区域的海洋规划。伙伴关系由海洋区域内具有代表性的利益相关者组成,代表群体规模视区域需求和地理情况有所不同。苏格兰内阁部长向伙伴关系授权相应规划制订事宜,但伙伴关系的权力不会延伸到该地区的许可权。目前,设得兰和克莱德的海洋区域已被选为苏格兰区域规划试点,相关工作于 2016 年 2 月开始。

(三) 加拿大

加拿大海洋空间规划的做法也值得研究。加拿大的海岸线长达 20 多万千米。加拿大因其海岸线漫长,主张的海洋区域也很广阔,但联邦政府保留着对省界以外领海、专属经济区的管辖权和大陆架的矿产开采权(Becklumb,2013)。由于海岸带地区“各省对陆域活动和陆域水域拥有监管权……由于各省对(这些区域)拥有管辖权,包括沿海水域在内的海洋综合管理计划也需要包含省级合作”(McCrimmon and Fanning,2010)。

加拿大《海洋法》(1997)(*Canada's Oceans Act*)是海洋领域的主要立法。根据《海洋法》提出了两项要求,协助在空间上管理加拿大的海洋环境。《海洋法》第二部分涉及海洋管理,其中第二十九条规定要制定“……加拿大水域海洋
71 生态系统国家管理战略”。

海洋规划的内容见《海洋法》第 31 条:

部长(渔业和海洋部长)联合……(利益相关者)……应领导并促进制订和实施加拿大或加拿大根据国际法拥有主权权利的河口、海岸带水域和海洋水域的所有活动或措施的综合管理规划(重点强调)。

根据这些框架要求,在第 30 条所规定的可持续发展、综合管理和预防原则的基础上,渔业和海洋部制定了辅助政策文件,即《2002 年加拿大海洋战略》(*Canada's Oceans Strategy* 2002)。

为了制订 1997 年《海洋法》中提到的这些计划,加拿大渔业和海洋部(Department of Fisheries and Oceans,DFO)在《2005 年海洋行动计划》(*Oceans Action Plan* 2005)(Dfo-mpo. ga,2005)中划定了五个“优先区域”,称为“大海洋管理区”(Large Ocean Management Areas, LOMAs)。

五个联邦政府主导的大海洋管理区(处于不同的规划阶段,以太平洋北岸综

合管理区为重点）：

- 波弗特海大海洋管理区；
- 圣劳伦斯湾大海洋管理区；
- 普拉森西亚湾/格兰德浅滩大海洋管理区；
- 斯科舍大陆架、大西洋海岸带和芬迪湾综合管理区（现指区域海洋规划）；

根据2014年加拿大渔业和海洋部和沿海区海洋和海岸带管理部门发布的区域海洋规划，《东斯科舍大陆架综合管理倡议》（*Eastern Scotian Shelf Integrated Management Initiative* ，ESSIM）于2012年实施结束。区域海洋规划继续履行《海洋法》的责任。根据加拿大沿海区的区域海洋规划，苏格兰大陆架、大西洋海岸和芬迪湾“目前的方法超出了加拿大渔业和海洋部综合海洋管理计划早期阶段应用的大海洋管理区（LOMA）的概念，转变为基于国家定义的海洋生物区域的概念”（加拿大渔业和海洋部，沿海区，2014，p. 3）。区域海洋规划被认定是从东斯科舍大陆架综合管理倡议“演变”而来的，从该倡议和其他相关倡议中吸取教训，创造“海洋综合管理的新方法，通过生态系统和风险管理方法确定的优先管理需求和活动，并通过有效管理手段和工具加以解决”（区域海洋规划，2014，p. 6）。下一阶段可能对该区域空间规划的关注有所减少，2014—2017年的实施重点是“采用基于风险的方法实施海洋和海岸带管理”和“环境防备和响应”（加拿大渔业和海洋部，沿海区，2014b，pp. 5-6）。 72

- 太平洋北岸综合管理区；

太平洋北岸综合管理区（Pacific North Coast Integrated Management Area，PNCIMA）位于加拿大西海岸外，不列颠哥伦比亚省和温哥华岛沿岸的海洋区域。据加拿大渔业和海洋部称，PNCIMA规划进程始于2009年。由联邦领导，第一民族[①]和省政府共同管理，部分由戈登和贝蒂·摩尔基金会私人资助。随着2010年由PNCIMA部门代表组成的海洋综合咨询委员会的成立，该进程开始向前推进，为规划提供建议。然而，2011年加拿大渔业和海洋部副部

① 第一民族（First Nations）指的是在现今加拿大境内的北美洲原住民及其子孙，但是不包括因纽特人和梅提斯人。原住民的国家级代议机构是第一民族议会（英语：Assembly of First Nations，法语：Assemblée des premières nations）。——译者注。

长决定退出私人融资协议，因此重新确定了两年前引入的流程。根据提交的关于 PNCIMA 的申请书：

> 渔业、航运和能源等关键问题以及与第一民族和省政府制订的联合工作计划均排除在讨论议程之外，这导致第一民族和不列颠哥伦比亚省政府发起了另一项海洋规划进程，即北太平洋海岸带海洋规划伙伴关系（Marine Planning Partnership，MaPP），实施 PNCIMA 规定的生态管理框架。
>
> （Oag-bvg. ca，2013）

北太平洋海岸带海洋规划伙伴关系成立于 2011 年下半年，是一个省级联合项目，由不列颠哥伦比亚省和 18 个沿海相关的第一民族共同领导。第一民族组织是加拿大原住民社区的代表，在海洋事务和其他问题上代表社区发声，是项目的重要组成部分。这 18 个第一民族代表包括沿海第一民族组织、北岸-斯基纳第一民族管理协会和南瓦科拉斯理事会。第一民族与省政府合作制订的海达瓜伊、北海岸、中央海岸和北温哥华岛四个子区域的海洋规划均已完成。这一规划程序的目的是协助延续在 2011 年中期撤资的 PNCIMA。尽管如前所述，联邦政府主张对加拿大的大部分海洋区域有管辖权，但不列颠哥伦比亚省选择制订这些区域和子区域规划，以便通过这些非约束性规划提供更具体的规划指导。因此，“虽然北太平洋海岸带海洋规划伙伴关系是一项受欢迎的倡议……但受限于省对海洋空间和海域利用的有限管辖权以及联邦政府的参与不足而受到限制”（Oag-bvg. ca，2013）。

不过，这一倡议似乎非常成功，始终一致地实现了规划目标，团结了众多利益相关者，同时提供了具体的、有针对性的基于生态系统的和可持续的建议。

PNCIMA 规划草案于 2013 年 5 月 27 日公布，咨询期已经结束，但至今尚未公布最终规划。2013 年一份针对 PNCIMA 的申请书质疑“加拿大海洋综合
73 管理实施进展”，可见进展非常缓慢。354 号申请书见 www. oag-bvg. gc. ca/internet/English/pet_354_e_39108. html。

目前，加拿大在综合管理规划中实施海洋空间规划的做法混乱且缓慢。现阶段正在/已经制订的大海洋管理区规划意在指导海洋利用决策。然而，必须要问的是，按照这么零碎的制订和实施，这样一个系统能取得多大的成功。尽管 PNCIMA 只是 LOMA 的一部分，但当主要利益相关者和用海活动被从议事日程中删

除时，管理区规划在海洋空间规划中几乎无法实现。尽管以此为依据制订的后续规划能够提供一些指导，但无法呈现整体海洋空间规划方法的所有特征。

(四) 澳大利亚

澳大利亚的海洋保护世界领先，是第一个以大堡礁海洋公园(Great Barrier Reef Marine Park, GBRMP)形式引入海洋保护区的国家。虽然大堡礁海洋公园取得了成功，但澳大利亚的其余海洋空间规划并没有效仿，着实出乎意料。

澳大利亚的海洋空间规划始于 1998 年制定的《澳大利亚海洋政策》(*Australia's Oceans Policy*)，根据该政策设立了区域海洋规划(RMPs)和横跨西南、西北、北部和温带东部海域的海洋生物区域规划。"就海洋空间规划而言，最重要的变化是依据《环境保护和生物多样性保护法(1999)》(*Environment Protection and Biodiversity Conservation Act* 1999)第 176 条第四款规定用海洋生物区域规划取代了区域海洋规划"(Vince,2014)。已经制订了澳大利亚西南部、西北部、北部和东部温带四个海洋生物区域规划，推进澳大利亚《环境保护和生物多样性保护法(1999)》的实施，但目前东南部地区没有海洋生物区域规划，只有《海洋区域概况》,"获取关于保护价值和人类活动的信息……由于该《海洋区域概况》(*Marine Region Profile*)没有根据第 176 条制定……因此在决策中没有法律地位"(environment. gov. au,2015)。

这些规划有助于让人们了解每个生物区域所面临的重要问题及其保护需求，是环境和生物多样性保护委员会(EPBC)决策的宝贵资源，另外可以为开展用海活动的人员提供信息，而且是环境部部长根据《1999 年环境保护和生物多样性保护法》(environment. gov. au,2015)做出有关决策时必须考虑的内容。

正如文斯(Vince)在 2014 年的文章中所述，海洋生物区域规划符合海洋空间规划的特点，取得了不同程度的成功。它们都以生态系统为基础，也以空间为导向。她进一步指出，综合管理必须有所侧重，因为"海洋生物区域规划要做到真正的'综合'管理，决策者不仅仅要'考虑'跨管辖区、部门和学科的问题，更需要建立相关体制，做出有利于该地区的明智和包容性决策"(Vince,2014,p. 12)。就多层次的政策框架而言，文斯(Vince)认为《澳大利亚海洋政策》已经失效，建议利用海洋生物区域规划进程"作为新的政策方向和建立新海洋机构的坚实基础"(Vince,2014)。 74

就海洋空间规划而言，澳大利亚大堡礁海洋公园是一个成功的例子。

空间规划和分区在很大程度上被视为保护大堡礁管理战略的基石，允许各种人类活动，包括渔业和旅游业，同时为特定区域提供高水平的保护。(Douvere and Ehler，2009)

文斯(Vince)等学者仍然对海洋生物区域规划影响海洋空间规划的实际能力持批判态度。

澳大利亚联邦政府(英联邦)海洋领域的海洋活动仍然以部门为基础，根据《环境保护和生物多样性保护法(1999)》(EPBC)建立的海洋生物区域规划(MBPs)提供了一些最低限度的指导……但与区域海洋规划的初衷相比，覆盖范围大大缩小，几乎没有证据表明它们对海洋管理有任何影响。《澳大利亚海洋政策》目前处于搁置状态，尽管海洋生物区域规划已正式实施，但海洋管理的部门方法仍然占据主导地位。(Vince *et al.*，2015)

(五) 美国

2017年1月17日，美国国家海洋委员会负责人通过了《东北地区海洋计划》(*Northeast Ocean Plan*)。该计划是新英格兰地区6州、6个联邦认可部落、9个联邦机构和新英格兰渔业管理委员会之间历史性合作的成果。他们集体成立东北地区规划机构(NE RPB)，并得到了整个地区及以上区域的利益相关者的广泛参与 http://neoceanplanning.org/wp-content/uploads//2017/01/NE-Plan-Adoption-Memo-and-State-Addendum.pdf。

《东北地区海洋计划》规定了数据的使用、机构协调和利益相关者的参与，为联邦、州、部落和新英格兰渔业管理委员会在现有授权下开展活动提供信息和指导。配套建设的东北海洋数据门户网站公布了数千张地图，其中展示了海洋生态系统的组成部分和广泛的人类活动。二者共同促进了健康海洋生态系统建设，使决策更加有效，并确保新英格兰海域用海的兼容性。

《东北地区海洋计划》是根据奥巴马总统的第13547号行政令“海洋、海岸和五大湖管理行政令”(2010年7月19日)制订的。该行政令采纳了白宫环境质量委员会“部门间海洋政策工作组的最终建议”(2010年7月19日)；确立了国家海洋政策；规定在现有的联邦、州、部落、地方和区域决策和规划进程的基础上进行改进并制订区域海洋规划。

规划机构的联邦成员负责管理一系列涉及或影响海洋环境的法规和计划。这些联邦部门和机构根据联邦法律采取行动，涉及整个东北地区海洋规划区的各种管理职责、非监管任务和管理活动。 75

各联邦机构的具体实施方式和机制将取决于该机构的任务、权限和活动。该计划通过后，美国联邦机构预计将(1)确定、制定并公开实施工作指示，如机构内部指导、指令或类似的组织或行政文件，说明各机构如何根据该计划指导在东北地区海洋规划区域的行动和决策；(2)确保各机构根据这类内部行政指令，在东北地区海洋规划区域的行动和决策过程中，使用从数据门户网站获得的数据产品；(3)解释如何结合该计划和数据门户网站，完成涉及或影响东北地区海洋规划区域的决策、活动或规划进程。

八、海岸带综合管理(ICZM)

海岸带综合管理与海洋空间规划之间的关系

第二章中详细介绍了海岸带综合管理。海岸带综合管理是一类考虑了陆域活动与海洋之间联系的规划。例如，海岸线附近工厂产生的废物可能会对海洋环境造成破坏，但这是一种陆域活动，很难在海洋空间规划制度中加以说明。海岸带综合管理与海洋空间规划之间的联系是很重要的，所以在此简要论述。有效的海洋管理系统非常重要，它为世界海洋提供保护，同时也允许开展适当的海域和陆域活动。

海洋空间规划的地理覆盖范围根据区域条件而有所不同。尽管陆域活动可能对海域产生直接影响，但海洋空间规划只管理海岸带水域中的活动。不过，必须强调的是，如果不能实现陆域规划，特别是海岸带规划与海洋规划的整合，那么海洋空间规划从长远来说也难以获得成功。(Schaefer and Barale, 2011)

一些国家已经建立了综合管理系统。1978 年的《保护地中海海洋环境和沿海地区公约》(*Protection of the Marine Environment and the Coastal Region of the Mediterranean*)(即《巴塞罗那公约》(*Barcelona Convention*))要求所有缔约方“致力于促进海岸带的综合管理”(e 部分，第 3 款，第 4 条)。2010 年，“《巴塞罗那公约海岸带综合管理议定书》(*ICZM Protocol to the Barcelona*

Convention）生效，强制要求地中海各沿海成员国开展综合管理”（European Parliament，2012）。《地中海海岸带综合管理议定书》（*Protection of the Marine Environment and the Coastal Region of the Mediterranean*）见 http://eur-lex.europa.eu/legal-content/EN/TXT/?uri=CELEX:22009A0204%2801%29。

九、展望

海洋空间规划在一些地区容易实施（例如本章重点提到的地区），但在如南亚大部分地区和美国的墨西哥湾等地区，海洋空间规划的实施仍旧充满挑战。对于任何羽翼尚未丰满的体系来说，错误总是在所难免，但随着海洋空间规划体
76 系的成熟，这些错误可以逐渐避免。

随着越来越多的国家尝试引入海洋空间规划，最佳实践的分享将开始发挥作用，成功的现有体系将为发展中的体系提供有益的指导。

为了创建和实施合适的海洋空间规划体系，各学科正在开展一系列研究。受该体系影响的有科学家、制图者、GIS 用户、政策制定者、政治家、律师和规划者以及滨海社区和以就业和休闲为目的使用海滩和海岸的用户。海洋空间规划体系是能够确保海洋环境可持续发展的适用管理制度。到目前为止，完美的海洋空间规划体系尚未建立。各地区都在尝试不同的方法。这是一个不断发展的领域。随着海洋空间规划实施的普及，用户和社区也面临着许多棘手的问题。整体管理和监管方法是海洋空间规划的统一要素，也是促进保护和可持续发展的要素，但在人为划定边界来制订空间规划时，海洋生态系统和自然地理区域被人为分割。今后，除了欧盟的 2020 年良好环境状态目标外，鉴于海洋空间规划立法的最后期限已经迫在眉睫以及在 2021 年之前制订规划的要求，海洋空间规划体系会有很大的变化。因此，未来几年海洋空间规划可能会加快进程并加大宣传力度。

致谢

感谢英国阿伯丁大学地理科学学院地理与环境系制图员杰米·鲍威（Jamie Bowie）制作的图 5-2。

参考文献和补充阅读

Cullingworth, B., Nadin, V., Hart, T., Davoudi, S., Pendlebury, J., Vigar, G., Webb, D., and Townsend, T. (2015). *Town and Country Planning in the U.K.* Routledge.

De Santo, E. (2011). Environmental Justice Implications of Maritime Spatial Planning in the European Union. *Marine Policy* 35(1): 34–38.

Douvere, F. (2008). The Importance of Marine Spatial Planning in Advancing Ecosystem-Based Sea Use Management. *Marine Policy* 32(5): 762–771 (p. 766).

Hassan, D., Kuokkanen, T., and Soininen, N. (2015). *Transboundary Marine Spatial Planning and International Law.* Earthscan from Routledge.

Jay, S. (2012). Marine Space: Manoeuvring Towards Relational Understanding. *Journal of Environmental Policy and Planning* 14(1): 67–81.

Kidd, S. and Ellis, G. (2012). From the Land to Sea and Back Again? Using Terrestrial Planning to Understand the Process of Marine Spatial Planning. *Journal of Environmental Policy and Planning* 14(1): 49–66.

Maes, F. (2008). The International Legal Framework for Marine Spatial Planning. *Marine Policy* 32(5): 797–810.

McCrimmon, D. and Fanning, L. (2010). Using Memoranda of Understanding to Facilitate Marine Management in Canada. *Marine Policy* 34(6): 1335–1340. 77

Schaefer, N. and Barale, V. (2011). Maritime Spatial Planning: Opportunities & Challenges in the Framework of the EU Integrated Maritime Policy. *Journal of Coastal Conservation* 15(2): 237–245.

Vince, J. (2014). Oceans Governance and Marine Spatial Planning in Australia. *Australian Journal of Maritime and Ocean Affairs* 6(1): 5–17.

Vince, J., Smith, A., Sainsbury, K., Cresswell, I., Smith, D., and Haward, M. (2015). Australia's Oceans Policy: Past, Present and Future. *Marine Policy* 57: 1–8.

网站/在线资源

Becklumb, P. (2013). 3.1.4 Oceans, Federal and Provincial Jurisdiction to Regulate Environmental Issues, Publication No 2013 – 86 – E, Economics, Resources and International Affairs Division Parliamentary Information and Research Service, Library of Parliament, Ottawa, Canada. Available from www.lop.parl.gc.ca/content/lop/ResearchPublications/2013–86-e.htm?cat=agriculture.

Department of Fisheries and Oceans, Canada, Maritimes Region. (2014a). Regional Oceans Plan, Background and Program Description. Available at www.inter.dfo-mpo.gc.ca/Maritimes/intro/oceans/ocmd/Regional-Oceans-Plan.

Department of Fisheries and Oceans, Canada, Maritimes Region. (2014b). Regional Oceans Plan: Implementation Priorities 2014–2017. Available at www.inter.dfo-mpo.gc.ca/Maritimes/intro/oceans/ocmd/Regional-Oceans-Plan.

Dfo-mpo.ga. (2005). Canada's Oceans Action Plan. Available at: www.dfo-mpo.gc.ca/oceans/publications/oap-pao/index-eng.html.

Douvere, F. and Ehler, C. (2009). Ecosystem-Based Marine Spatial Management: An Evolving Paradigm for the Management of Coastal and Marine Places. Intergovernmental Oceanographic Commission and Man and the Biosphere Programme, UNESCO, Paris, France. *Ocean Yearbook Online* 23(1): 1–26. Available at: www.unesco-ioc-marinesp.be/pi_publications.

Ec.europa.eu. (2016). European Commission website. Available at: http://ec.europa.eu/environment/marine/eu-coast-and-marine-policy/marine-strategy-framework-directive/index_en.htm.

environment.gov.au. (2015). Australian Government Website, Department of the Environment. Available at: www.environment.gov.au/marine/publications/south-east-marine-region-profile.

Gov.scot. (2017). The Scottish Government Website, Marine (Scotland) Act. Available at: www.gov.scot/Topics/marine/seamanagement/marineact.

Oag-bvg.ca. (2013). Summary of petition 354, A Petition to the Auditor General of Canada, Respecting the Lack of Progress on Sustainable Prosperity for Canada's Oceans. Available at: www.oag-bvg.gc.ca/internet/English/pet_354_e_39108.html.

Northeast Regional Planning Body. (2017). Available at: http://neoceanplanning.org/wp-content/uploads//2017/01/NE-Plan-Adoption-Memo-and-State-Addendum.pdf.

欧盟出版物

European Parliament. (2012). Progress of the EU's Integrated Maritime Policy, European Commission, Report from the Commission to the European Parliament, the Council, the European Economic and Social Committee and the Committee of the Regions COM (2012) 491 final.

European Union. (2007). An Integrated Maritime Policy for the European Union, COM (2007) 575 final.

78

英国法律

Marine and Coastal Access Act (2009).

国际公约

Convention on Biological Diversity. (1992). Conference of the Parties (COP) 5 Decision V/6, Section A.

UNESCO 出版物

Ehler, C. and Douvere, F. (2009). Marine Spatial Planning: A step-by-step approach toward ecosystem-based management, Intergovernmental Oceanographic Commission and Man and the Biosphere Programme 2009. IOC manual and guides no. 53, ICAM Dossier no. 6. Paris: UNESCO.

The North-East Atlantic Environment Strategy, Strategy of the OSPAR Commission for the Protection of the Marine Environment of the North-East Atlantic 2010–2020 (OSPAR Agreement 2010–3), PART II – THE THEMATIC STRATEGIES.

79 第六章　海岸工程和管理

奈杰尔·庞蒂

一、引言

海岸工程涉及海岸带的规划、设计和建造措施，以保护资产免受海岸侵蚀和/或洪涝的影响。海岸侵蚀涉及海岸后退或海滩下降，洪涝则涉及因海水淹没或波浪漫滩淹没低洼区域。干预可以采取“硬”结构（如海堤）或软方法，希望给海岸过程造成有益影响，并以此提高防浪结构或海岸保护结构（如海滩补沙）提供的防护水平。本章将讨论这些不同的措施及其在不同环境条件中的适用性。

为了确保措施实施获得满意的结果，而且不会产生附带的不良效应或累积影响，海岸工程建设的前提是充分了解海岸的变化过程，主要包括波浪、水位变化和沉积物移动的原因，以及由此导致的海岸形态地貌的变化。以上了解有助于开展海岸工程措施的设计和评估。

在设计海岸干预措施时，关键是要认识到孤立地实施本地项目可能会导致其他地方出现问题，因此还要采取其他弥补措施，所以最好从大范围的海岸区入手，考虑大范围区域内一系列项目的计划和设计的潜在需求，而不是只考虑本地项目。这是海岸管理规划的关键研究内容。

海岸工程师在构造物设计中必须确保在其设计寿命内适应气候变化和未来海平面上升的影响。考虑到这类预测和场景的不确定性，在设计中增加对未来某种程度的适应性可能更符合成本效益原则。

本章分为若干节：

- 历代海岸工程发展简史；

- 海岸环境的范围及其对风暴和海平面上升的普遍反映；
- 概述导致海岸变化的过程以及有助于海岸工程师了解设计条件和评估措施影响的建模工具范围；
- 长期性海岸战略管理的关键要素； 80
- 主要海岸管理政策和其可能入选的典型情况；
- 实施以上政策的不同方法；
- 工程设计程序的基本因素；
- 适用于海岸工程结构的基本设计原则；
- 延伸阅读的细节。

二、海岸工程发展简史

若干最古老的证据证明，早在公元前 3 500 年，古希腊人和古埃及人建造港口时，就对海岸采取了人为干预措施。希腊人先发明了水硬性水泥（Frost，1963），后来罗马人对此进行了改进（Brandon *et al.*，2008）。罗马人还在河口筑堤围垦滨海沼泽（Allen and Fulford，1986）。

在欧洲，黑暗的中世纪时期，罗马帝国的衰落导致了工程和技术停滞不前。在中世纪，教堂在土地围垦方面发挥了重要作用（Keay，1942）。然而，由于海岸侵蚀，许多当时的沿海定居点消失了（例如英国萨福克郡的敦威治）。工程技术在文艺复兴时期（15～16 世纪）取得了显著的进步，当时在意大利就成立了第一所水力学学院（Rouse and Ince，1963）。

在英国，随着 18 世纪蒸汽机的出现，工业化发展和英国殖民地的扩张，共同促进了港口的发展，重要的是，也促进了滨海休闲旅游区的开发，这导致在开阔的海岸上，通常在海滩的天然高潮线向海一侧，广泛修建海堤，形成步行道。这些维多利亚时代的防浪堤，以及许多在 20 世纪 50 年代之前英国建造的防浪堤，都是在没有真正了解海岸过程和形态演变过程的情况下建起来的。

第二次世界大战期间，为准备盟军在法国北部的海滩登陆，推动了对海滩和波浪特征的了解。瑞维等（Reeve *et al.*，2012）认为这项研究，以及 1950 年在加利福尼亚举行的第一次海岸工程会议以及 1954 年美国陆军工程兵团发布的关于“海岸保护、规划和设计”的技术报告是当代海岸工程的开端。从20世纪50年代到80年代，海岸工程主要关注“硬”构筑物的建造，如海堤。从20世纪80年代开始，在世界许多区域，如美国和欧洲，普遍出现了从“硬”结构向“软”措施或“软硬结合”方法的转变。今天，这门学科范围更加广泛，除了设计坚硬的防浪堤外，海岸工程师很可能参与战略性海岸线管理规划和栖息地恢复计划的设计和建设(Pontee，2007)。

在过去的5～10年里，各种各样的新术语开始用于描述软解决方案，包括“贴近自然的建造”(Building with Nature)、“生活海岸线”(Living Shoreline)、“贴近自然的工程”(Engineering with Nature)、“生态工程”(Ecological Engineering)和“绿色基础设施”(Green Infrastructure)。本章遵循美国陆军工程兵
81 团的提法，将这些方法统称为自然的和以自然为基础的方法(USACE，2015)。这些解决方案模仿自然地形的特征，通过人类的改进或创造，提供波浪能量耗散和减少侵蚀等特定的服务。这些方法涉及海滩、沙丘、盐沼、红树林、水下植被以及珊瑚礁和牡蛎礁。也可以通过软硬兼施的方法，形成混合解决方案(如沼泽-堤坝系统或沙丘-堤坝系统)。具体的方法类型在下文有详细证明。

三、海岸环境

全面了解不同类型的海岸环境是设计海岸工程的先决条件。要设计适宜的工程，就需要了解海岸环境及其形成和发展的过程(见下文)。这适用于硬基础设施，特别是可能涉及新建或增强自然功能的自然的以及基于自然的方法。本节概述了一些常见的海岸环境的主要特征和对气候变化的可能反应。

滨海沙滩的缓坡可以起到消波作用。在这样的海滩上，沉积物的运移主要受波浪控制，同时潮流和风也会起作用。在风暴期间，沉积物可以从海滩上部移动到海滩下部，并有可能形成沙坝。在风平浪清静的时候，沙子又可以返回海滩上部。沙滩有助于保护悬崖、沙丘和低地等后滨地貌，使其免受侵蚀和洪涝。沿岸沙滩的持续存在主要取决于沉积物的供应。沉积物通常来自悬崖面侵蚀、海床侵蚀以及相邻海滩和后退沙丘的侵蚀。为了应对海平面上升，沙滩可以通过向上和向陆地迁移来调整其剖面形状，从而在潮汐范围内保持稳定的相对位置。

然而，这些变化取决于海滩的沉积物供应以及海滩后方的土地标高和成分。

堆积在平均高潮线以上的风沙会形成沙丘。此外，沉积物会被常见植被（如滩草）截留。在波浪作用强烈时，沙丘中储存的一些沉积物可能被侵蚀并向海运移，融入海滩剖面的形成。在波浪作用平缓的时候，沙可能在风的作用下从海滩吹向沙丘。沙丘可以为海滩背后的腹地提供保护屏障（图 6－1），也可以储存沉积物，在风暴期间参与海滩的短期调整。海平面上升和波浪作用的增强可能导致沙丘向海边缘的侵蚀。不过，侵蚀程度取决于前面沙滩的宽度和沉积物的持续供应。如果当地风力条件允许，这种侵蚀可能伴随有沙丘区向陆地迁移的现象，因为沙子被带到了向陆一侧。

图 6－1　英国威尔斯格温内恩郡普尔黑利低洼腹地沙丘前缘

资料来源：Nigel Pontee，CH2M。

砾石海滩和障壁沙消散波浪能量的能力，可作为防止淹没的天然屏障。大粒径沉积物的运移过程主要受波浪作用。这类海滩通常分布在有砾石沉积物来源的开阔海岸上。在风平浪静和中等风浪条件下，沉积物被运移到海滩上，形成滩肩或滩脊。非常狂烈的风暴会导致海滩下部的物质流失。砾石海滩有助于保 82

护悬崖、低地湿地和潟湖等滨后地貌免受侵蚀和/或洪涝侵袭。

极端猛烈的风暴可能会定期也在障壁沙形成缺口。有些缺口是暂时的,会自然封闭,而有些缺口永久存在,并变成穿越障壁沙的潮汐入口。沿岸海滩的持续存在取决于沉积物的供应,沉积物通常来自悬崖面侵蚀、海床侵蚀和相邻海滩的侵蚀。海平面上升和波浪作用的增强会根据沉积物供应量的变化和障壁沙的面积,将这些地貌向陆地推移。

悬崖的变迁取决于其组成材料的性质。由尚未固化的沉积物组成的松软悬崖容易因海洋作用、地表风化作用和/或地下水压力增加而导致悬崖坡脚破坏/侵蚀。这可能会给悬崖顶部带来危险(图 6-2)。在风暴和/或强降雨等“引发”事件发生后,悬崖物质崩裂脱离并沉积在悬崖底部附近的前滨上。碎屑(也称为岩屑)的堆积,在海洋作用把堆积物清理干净之前,堆积物可以在一定程度上为悬崖基础提供保护,使其免受波浪的直接冲刷。因此,松软悬崖是海岸带重要的物质来源。海平面上升和波浪作用增强会导致没有防护的悬崖加速蚀退,这是

图 6-2 美国加利福尼亚州索拉纳松散的侵蚀悬崖

资料来源:Nigel Pontee,CH2M。

坡脚侵蚀加剧的直接结果。冬季降雨量增加也可能导致地下水位升高，从而增加悬崖崩塌的可能性。由弹性较强的岩石组成的悬崖普遍比软悬崖更稳定，但当波浪作用导致底部基础侵蚀时，也容易发生崩塌。至于由不同材料层组成的 83
悬崖，如果其中某些土层（如黏土层）界面，之间黏结度低形成了滑移面，也容易发生崩塌。

泥质滩涂普遍分布在低波能区，如河口内侧（图 6－3），其中细粒径沉积物的搬运受潮流和波浪过程控制。在风暴期间，储存在潮上带的沉积物受到侵蚀并向海运移，融入潮下带剖面，形成更宽、更平坦的滩涂剖面。这类物质可以在低能量期间返回剖面的上部。泥质滩涂可以有效地消散波浪能，因此对于减少低洼腹地的淹没风险非常重要。在不受控制的环境中，海平面上升可能导致泥质滩涂向陆迁移。但是，如果其向陆边界受到地形隆起或人工结构的限制，海平面上升则可能导致泥质滩涂的淹没以及波浪和潮汐作用的增强，其中变化的净影响取决于泥滩的沉积物供应。

盐沼属于感潮区上部的潮间带区域，质滩涂耐盐植被（图 6－3）。这类环境普遍分布在河口内侧的低波能区，且前沿通常分布着沙滩或泥质滩涂。植被的分布有助于拦截沉积物，导致沉积物在沿垂直方向在盐沼地面堆积。这类垂直堆积取决于潮水淹没的频率和时长，但随着盐沼泽地面的上升减少。当沼泽地面拦截的沉积物只够维持其在感潮区的位置时，盐沼地形则达到临界点（一般位于平均大潮高潮位附近）。一旦到达临界点，如果没有海平面上升等外部胁迫作 84
用，盐沼高度则相对稳定。盐沼是波浪和潮汐能的有效消散者，对于降低低洼腹地的淹没风险非常重要。对海平面上升的响应取决于沉积物供给的速率。高供给率可允许持续的垂直增长和横向扩张，而低供给率可能导致更频繁的淹没、侵蚀以及在地势允许的情况下向陆迁移。

红树林分布在热带和亚热带，海岸的潮间带和潮下带等浅水区。红树林可以消散风浪、涌浪和海啸。能量耗散的程度取决于红树林的宽度、植被特性（植被密度、气根的存在）、下伏地形、波浪的高度和周期以及红树林海床水位的深度等。红树林的分布也有助于稳定和拦截沉积物。红树林可以通过向陆地迁移来适应海平面上升。这种向陆地迁移取决于各种红树林植物定居新区的能力、其迁移速度是否与海平面相对上升速度一致、邻近陆地的梯度以及红树林向陆地

图 6-3 荷兰东须耳德水道长茨附近的盐沼和泥滩

资料来源：Nigel Pontee，CH2M。

85 边界迁移遇到的障碍，例如海堤和其他海岸线保护建筑物等。

障壁岛是由离岸沉积物构成的，与海岸线平行的瘦长形地块。障壁岛由浅水海峡、海湾或潟湖与陆地相隔。障壁岛普遍分布有沙滩和沙丘，背风处可能分布着盐沼。它们在美国东海岸和墨西哥湾很常见，在那里它们经常被狭窄的潮位通道分隔，形成链状分布。一些障壁岛可能尚未开发（如弗吉尼亚州东海岸），而另一些障壁岛可能已被高度开发（如纽约的长滩岛）。障壁岛在潮差小（＜4米）、沉积物供应充足、梯度变化小的浅水区和海平面相对稳定的波浪主导海岸最为常见。障壁岛会受到风暴的侵蚀，但如果有足够的沉积物供应，障壁岛可以恢复。就像砾石障壁沙一样，它们可以通过滩面冲刷和向陆地移动来适应海平面上升。然而，在海平面快速上升时，障壁岛有可能被淹没水下。

珊瑚礁和牡蛎礁通过使波浪搁浅和破碎来消散波浪能量。它们在邻近海滩的沉积物供应和拦截方面也很重要。波浪衰减程度取决于礁面上方的水深、礁石特性（垂直于海岸的水深剖面；礁石粗糙度/表面粗糙度）以及波高和周期。珊瑚和牡蛎的生长需要合适的盐度、温度和浊度。大多数珊瑚礁由聚集成群的造礁珊瑚的珊瑚虫分泌碳酸钙，相互黏结构成的。大多数造礁珊瑚分布在热带和亚热带水域，分布深度可达 50 米。牡蛎分布的纬度范围更大，在北纬 64°和南纬 44°之间，浅水潮下带和低潮间带都有分布。值得注意的是，并非所有种类的牡蛎都形成密集的群体（我们通常称之为“牡蛎礁”）。珊瑚和牡蛎一般都可以通过垂直生长来适应海平面的上升。

四、评估海岸过程

设计海岸管理措施需要充分了解管理区的海岸过程，只有这样，采取的措施才能保证承受住各种作用力，也才能保证采取的措施本身对大范围环境的潜在影响获得认识和最小化。因此，需要了解。相关的海岸过程，其中包括波浪、水位变化（例如潮汐、大气涌浪）、海流、沉积物运动及其导致的海岸地貌变化。此外，预测海平面上升和气候变化引起的未来变化也很重要。对于一些包含生物要素（如牡蛎礁、红树林）的自然和基于自然的解决方案，还需要了解这些物种成功定居和生长的生化条件。本章未考虑这些过程，贝克和兰格（Beck and Lange，2016）对此进行了介绍。

简言之，海岸行为取决于驱动力的大小和海岸的响应能力。物理驱动力，如
风、波浪和潮流，负责沙子、砾石和淤泥等沉积物的运移。海岸的响应能力，例如 86
海岸的前进或后退，受到以下制约因素的限制：底层地质、可获得的沉积物供应（类型和数量）以及海堤等人为构筑物的存在。沉积物很少的岩相海岸对驱动过程的变化相对不敏感。然而，由松软的尚未固化的沉积物（如沙子）组成的海岸则响应能力较强。在这样的海岸，沉积物通量是海岸行为的关键控制因素。沉积物净增加，即到达指定区域的沉积物比离开的多，则导致堆积；沉积物净减少

则导致侵蚀。鉴于气象和海洋学条件具有年度或更长时间的变化,沉积物的沿岸和跨岸运输、沉积或侵蚀也可能受到季节性影响。

工程措施可以通过改变运移沉积物的波浪和海流过程来改变海岸行为,其中海流包括潮汐、波浪、风和大气涌浪等导致的海水波动。如果波浪作用或海流作用增强,则可能导致侵蚀。相反,减少波浪作用和海流作用的措施可能导致淤积/堆积。因此,对盛行的海岸行为的充分了解是确保措施按预期执行的根本。

工程措施有可能破坏海岸过程,尤其是采取的措施减少了具体海滩的沉积物输入时,可能导致侵蚀。如:

· 从海滩区开采沙子和砾石;

· 修建丁坝、码头或防波堤,中断沿岸沉积物运输,从而导致上坡区淤积和下坡区侵蚀;

· 建造海岸防浪堤,保护松散沉积物构成的悬崖和沙丘的侵蚀,防止海岸后退,减少沉积物对海岸的输入;

· 在河流上修建水坝,可能减少下坡区的沉积物供应。

海岸工程干预设计的一个重要方面是评估其对海岸形态(通常也称为地貌)的影响。形态变化可以在各种时空尺度上发生,从小尺度的短期变化(例如,海滩水位对秒级时间尺度上的单个波浪的响应)到大尺度的长期变化(例如,粗砾障壁沙对数千年来海平面和沉积物供应变化的响应)。要了解岸段的当前行为,有必要考虑时间和空间尺度范围。例如,为了了解今天某一岸段侵蚀的原因,就需要考虑过去沿着海岸甚至在近海区域可能发生的变化。

工程干预措施可能对海岸地形动态变化造成许多影响,海岸工程师会为此提出许多问题,不过,世界上没有一种单一的方法可以回答所有的问题。主要的
87 困难在于,短期和中期建模的方法不能顺手地应用于长期预测。因为短期模型没有包括控制海岸带区域长期演变的所有反馈机制。尽管短期模型可以用于研究从小到大的一系列空间尺度,但在长期地形行为的认知水平上依然存在重大差距。因此,中短期模型的预测结果存在相当大的不确定性,正确解释需要高水平的专业知识。预测地形响应的置信率可以通过以下方法提高:

· 使用结构化的方法来理解和处理问题;

· 因地制宜地了解工程干预区的情况并获得数据;

- 结合历史认知和监控数据验证模型；
- 交叉采用多种方法；
- 根据专家技术认知，对证据开展综合分析。

英国环境、食品和乡村食物部/环境署(DEFRA/EA，2009)将可用于了解海岸带环境范围的分析工具分为如下四大类，其中一定程度上都包含形态反馈的内容。

(1)海岸变化的行为模型——包括历史趋势分析(参见 www.estuary-guide.net)和未来变化外推、布鲁恩规则(Bruun，1954)和平衡海滩形状模型(参见 Dean，1991)。这些模型只是再现了海岸线的位置，而没有再现导致观察到的变化的物理过程。这类模型简单、快速、可靠，但其前提是根据看到的历史变化推测未来的行为。其中普遍假定海岸的地质是统一体。

(2)基于过程的模型——包括单线模型、海岸剖面模型和海岸区域模型。这些模型基于物理过程的表达，通常包括波浪和/或海流作用；在沉积物运移方面的响应；形态学更新模块：

- 单线模型——这些模型代表海岸线的各个部分，假设等高线是直线且平行的。例如，丹麦水利学会(Danish Hydraulic Institute，DHI)的 LITLINE、荷兰三角洲研究院(Deltares)的 UNIBEST-CL 和美国陆军工程兵团(United States Army Corps of Engineers，USACE)的 GENESIS。这类模型可用于模拟各种干预措施对沿岸输送的影响以及随时间推移(典型时间尺度为 1～10 年)导致的海滩位置变化。
- 海岸剖面模型——这类模型将岸线表示为单独的横断面。预测这些剖面在不同驱动力(包括波浪和潮汐)下的行为(例如丹麦水利学会的 LITPROF，荷兰三角洲研究院的 UNIBEST-TC)(典型的时间尺度为小时到天)。
- 海岸带区域模型——既有二维模型也有三维模型，涵盖平行于和垂直于岸线的区域(包括 DHI 的 MIKE21 和 MIKE 3D、Deltares 的 Delft 3D 和美国陆军工程兵团的 CMS)。这类模型通常用于调查管理干预措施与波浪、潮汐、沉积
物运移以及最终形态的相互作用。二维模型表示深度平均海流，而三维模型表 88
示垂直方向的分层海流。海岸区域模型可以包括潮汐和波浪之间的相互作用，以模拟波浪驱动的海流以及由此产生的沉积物运移和海床水位变化(时间尺度

一般指若干个潮汐周期)。

(3)状态变化模型——包括模拟冲决障壁滩的粗砾坝和沙坝惯性模型(见 Bradbury *et al.*,2005)和入口稳定性工具(如 Escoffier,1977)。行为模型和过程模型假设前提是模拟的地形特征和元素会得到保全,而且在模拟期间不会改变状态。事实上,粗砾坝/砾石坝可能会被冲决,而且缺口可能维持开放状态,结果无中生有地形成新的潮汐通道即新的地貌特征。对长期大规模海岸行为开展任何评估都必须研究这种状态变化的可能性。

(4)基于系统的模型——这类模型属于最近开发的技术,采用行为模型或过程模型描述海岸带的要素及其相互作用。由于这些因素的相互作用,模型也可以应用于预测未来潜在环境变化,如海平面上升增速。由于描述的过程获得简化,模型运行时间加快,因此大量运算可以在相对较短的时间内完成,从而实现长期模拟。模型要素之间的反馈约束了模型整体行为,保证重现了现实存在的长期反馈机制。这组模型包括 SCAPE(Dickson *et al.*,2007)和 ASMITA(Stive *et al.*,1998)等模型。

五、海岸管理政策和规划框架

在世界的许多地方,历史上关于自然过程、洪水和侵蚀风险的认知都不如现在深刻,结果当时的开发活动给现代造成海岸带脆弱性加剧的"遗产"。严重的沿海风暴(如美国的"卡特里娜"飓风和"桑迪"飓风)所造成的破坏,普遍凸显了沿海社区和基础设施的脆弱性。面对气候变化,未来的沿海区域将面临更严重的海平面上升以及很可能更剧烈的风暴。针对我们目前的海岸风险管理方法的可持续性,风暴导致的社会、经济和环境后果及其具有反复影响的特性,已经引发了大量的科学家和公众辩论。实现海岸带成功管理的最佳途径就是拟订长期战略管理计划,其关键要求包括:

· 覆盖大范围沿海区域,其中需要考虑沿岸连通性和区域对沿海过程的影响;

· 考虑长时间周期,其中需要考虑面对人为和自然驱动力导致的海岸线潜在未来变化社区需要采取的适应性措施,其中也许要考虑采取比气候变化更迅速的措施；

· 考虑全方位的海岸恢复力选项，包括：构筑物选项（例如海堤）、基于自然 89
的选项（例如沙丘）和非构筑物选项（例如规划限制、预警系统），并因地制宜地提出允许最合适的选项建议。这类选项可能会随着时间的推移而变化；

· 所有沿海利益相关者参与决策过程，其中包括决策者、主要沿海机构/组织、私营部门和非政府团体以及社区。

世界许多地方已经发展了这类战略管理方法。英国从 20 世纪 80 年代末就开始制订这类计划，称为海岸线管理计划（Shoreline Management Plans，SMPs）。这些计划在高层次上定义了岸段百年管理方法。海岸线管理计划的海岸带边界以沉积物单元为基础。各单元的自然过程相对独立，其中非黏性沉积物具有不同的输入量（来源）、运输量（沉积物运输量）和输出（汇或储存），因此普遍定义为“源—运输途径—汇”模型。海岸线管理计划提出了三个时段（0～20 年、20～50 年和 50～100 年）的管理政策保证滨岸区的管理可以适应不断变化的海岸带风险，其中包括防御设施的使用期限届满或对宝贵资产的侵蚀。公布的政策还给予社区鼓励并为其适应不断变化的风险及修正赢得了时间。庞蒂和帕森斯（Pontee and Parsons，2010）提供了英国方法的更多细节。

在世界其他区域，海岸带管理战略计划通常被称为海岸带总规划。其内容与英国的海岸线管理计划类似，但可能包括更详细的海岸管理方式。这些计划包括阿布扎比的“海事 2030 规划”、罗马尼亚的“减少黑海海岸侵蚀总规划”“2017 年路易斯安那州海岸带总规划”以及美国各州的海岸带管理规划。

从最简单的意义上说，有四类海岸线管理的政策：

（1）守住目前的防线，在英国称为“守住防线”；

（2）把目前的防线进一步向海上移动，在英国称为“推进防线”；

（3）把目前的防线进一步向陆地移动，在英国称为“有管理的调整”或“有管理的退缩”；

（4）停止保护海岸线，在英国称为“不积极干预”或“不作为”。

传统意义上的工程措施仅适用于上述（1）～（3）的政策。第（4）项政策，停止保护海岸线，从定义上来说，基本上即使存在工程干预，也只是微不足道的干预。

守住目前的防线，涉及维持或改变现有防线对内陆地形和产业提供的防护标准。典型的防御构筑物包括丁坝、海堤、护岸、板桩和堤防。典型的自然防御包括障壁滩、粗砾脊、盐沼和沙丘。实施这个政策的区域一般具有大量面临负面
90 经济风险的建成产业,或者拥有国家/国际重要性的重要基础设施/产业。

把目前的防线向海方向移动,涉及在现有防护设施的向海一侧建造新的防护设施,因此,在新的防护设施连线上为内陆地形和产业提供的防护标准得以保持或改变。典型的防护措施包括建设海堤、板桩和护岸。采取这个政策可以为海岸带开发、扩建港口或增加农业用地而大量围垦,也可以通过小规模的向海推进以建设台地式防护设施或新成岬角。

把目前的防线进一步向陆地移动涉及海岸线前后移动,在管理中控制或限制移动范围(例如减缓侵蚀或在原有防护设施向陆一侧建造新的防护设施),因此,在新的防护设施连线上为内陆地形和产业提供的防护标准得以保持或改变。在低洼岩段,这种方法普遍称为有管理的调整,导致形成潮间带区域也可能形成蓄洪区(见 Pontee,2007)。在悬崖岸段,有管理的调整包括通过建造临时构筑物减缓悬崖的蚀退速度。

停止防护指的是不再对海岸防护追加投资,但还可能需要少量应对健康和安全问题的支出,例如拆除不安全的构筑物。这种政策既适用于天然防护结构如砾石、沙丘),也适用于人工防护设施(如海堤、堤防)或作业。该政策促进自然过程的发生。适合实施该政策的区域一般包括:

- 周边区域没有开发或很少开发,如农村区域;
- 对海岸带有利的区域(例如沉积物供应);
- 有硬化、坚固悬崖的区域;
- 自然环境的人为改变可能会由于海岸变化速度而造成危害的区域。

六、海岸防护措施

可以因地制宜地考虑加以采用的工程措施有许多,不同的工程措施具有不同的作用,也具有不同的寿命,因此,在基建费用和维护成本方面差异很大。人们普遍认为,维持构筑物前面海滩的健康可以产生效益,因为海滩可以降低波浪对构筑物的影响,同时具有休闲娱乐和环境效益。海岸防护方案一般包括若干

种不同的工程措施，如海滩补沙、海堤和丁坝等。以下简要说明海岸管理中采用的主要工程构筑物类型，并解释这些构筑物对海岸过程的影响。海岸工程措施大致可分为以下类别。

(1)构筑物/硬的/传统/灰色方法，如堤防、海堤和防波堤等。

(2)基于自然的/软的方法，通过人为设计以及工程和构筑物措施，创造或增强的自然特征，提供降低海岸带风险等特定服务。

其他两类方法虽然并非严格意义上的“干预”，但也是可以考虑加以采用的。 91

(1)自然方法——包括自然海岸地形，如生物礁(珊瑚礁和牡蛎礁)、障壁岛、沙丘、海滩、湿地和海上森林。这些已经在上面的“海岸带环境”一节中讨论过了。

(2)非构筑物方法——包括政策、建筑规范和应急响应，如预警和疏散计划。这类措施包括通过避免或迁移脆弱区内不适当的开发项目来消除风险，或通过改造构筑物来降低其防御洪水的脆弱性。这些方法不在本章中讨论。

人们普遍综合采取自然的或基于自然的、非构筑物的或构筑物措施，减少沿海风险，提高人类和生态系统社区的恢复力。由此形成的解决方案有时称为“混合”解决方案。

海堤是垂直或基本垂直的构筑物，由混凝土、钢或石工技术建造，普遍用于保护土地、基础设施和其他建成资产免受风暴潮和海浪造成的侵蚀、洪涝和淹没。这类构筑物可防止高潮线后退，不过海岸带一旦建设了海堤，当地的沉积物供应则会转到前滨海滩或者坡、下移的海滩上。此外，海堤会增强波浪反射，导致海堤前方滩面的下降。

护岸是斜坡结构，通常由块石护面，混凝土或沥青建造。与海堤一样，护岸用于保护海岸线免受侵蚀或洪涝。它们对海岸带的影响和海堤类似，但波浪反射和冲刷程度可能较轻。护岸可用作因海滩滩面下降而受损的旧海堤的补救措施(图 6-4)。护岸也可以建成抵御波峰的防波墙，从而降低波浪淹没的影响。

沿海防波堤与海岸平行而建，但与高潮线维持一段距离，普遍由块石护面或混凝土护面单元构筑而成。这类构筑物的建造目的是降低背风面的波浪能量，减少向海和沿岸物质运送，促进沉积物堆积。沿岸物质运送减少可能导致下坡海滩的侵蚀。为解决这个问题，普遍同步采用沿海防波堤和海滩补沙同步。

图 6-4　美国加利福尼亚州科罗纳多垂直混凝土防波堤前的块石护岸

资料来源:Nigel Pontee,CH2M。

丁坝普遍是垂直于海岸线的直线结构,沿线设置若干个丁坝,形成丁坝场。布局形状为“之”字形、T 字形、Y 字形。丁坝通常由木材或岩石构成,建筑目的是降低沿岸沉积物运送,保证海滩物质的保留。丁坝的数量、间距和长度都是设计的关键因素。沿着丁坝,上坡物质堆积,下坡物质侵蚀,因此岸线平面量呈“锯齿”状。沿岸运送物质的减少可能导致丁坝场严重侵蚀下移,则普遍称为“末端侵蚀”的现象需要采取额外的局部措施减少侵蚀。

92 与海岸连接的防波堤具有多种形式,其中各种混合构筑物,既难以归类为丁坝,也难以归类为沿海防波堤。这类构筑物结合了多种平行和垂直于海岸的要素,形成人为小海湾,从而起到稳定海滩的作用。这样的布局削减波浪能量和减少沉积物运送,从而保证海滩沉积物保留。与海岸连接的防波堤通常由岩石或混凝土护面单元构成。

岸堤(也称为堤坝或堤防)是用于防止低洼区洪涝的直线土堆,通常位于河口等低波高位置(图 6-5)。这类结构的正面采用岩石、混凝土垫层和土工布垫层等材料加固,抵御波浪侵蚀。另外还有一系列防止自然侵蚀的措施,包括和岸堤合成一体的灌木篱笆/刺篱木。

图 6-5　英国萨默塞特郡帕雷特河口的土堤

资料来源:Nigel Pontee,CH2M。

悬崖稳定工程包括一系列旨在减少或消除悬崖坠落和塌方的措施。因此,悬崖稳定工程往往可以减少海岸带供给的沉积物数量。这类措施通常包括安装地表水或地下水排水系统和/或坡度重整。

泥沙补给是在潮间带区域(通常为海滩或泥滩)额外补充泥沙,以增加其规模和宽度的过程。泥沙补给一般属于“软”工程方法,因为工程施工不涉及硬构筑物泥沙补给后的海滩本身就可以通过耗散能量形成天然缓冲区,防止侵蚀和
洪涝。泥沙补给计划可以补充与海滩原有物质类似的物质,也可以补充更粗的 93
物质(例如砾石)提高抗浪力,或补充更细的物质(例如沙子)提高旅游舒适性。泥沙补给额外给海岸带补充泥沙,也给下坡海滩带来利益。海滩泥沙补给项目可额外增加构筑物,如丁坝或沿海防波堤,促进泥沙集中保留在局部区域。在后

续几年中,为了维持海滩平面,普遍需要定期重复补给泥沙,如果项目设计不正确,严重的风暴可能会迅速破坏补给区,导致泥沙向陆、向海或侧运移。

许多方法都可以看作是基于“自然的”方案,但到底什么才真正是“自然的”方案却始终众说纷纭,国家不同、专业背景不同,看法也就不同。例如,生态学家可能会认为,具有包含自然元素(如盐沼、沼泽、红树林、生物礁)的方案才算是以自然为基础的解决方案。另一方面,在工程师眼中,只要是采用或模拟自然过程的解决方案(例如,依靠海岸过程重新分配沉积物的海滩补给项目)都属于“基于自然的解决方案”。有些方案采用了相对成熟的构筑物,如岩床或近岸防波堤,而其他方案则采用创新元素,例如支持盐沼植被的浮式防波堤。而更具创新性的方案则采用经过数年的监测,证明在不同环境中的方案的成果和绩效已成定局,才属于基于自然的方法。目前,这样的观念主流。

94 “基于自然”的方法的例子包括:

· 在受侵蚀的潮间带向海侧边缘建设构筑物,削减波浪能量,促进沉积过程,从而形成更适合植被发育的环境条件。构筑物包括岩石护岸、石笼或采用更适合于生物降解性的材料,如椰棕人造木、木桩或灌木篱。

· 种植潮间带植被(例如盐沼植被、红树林),因此无论是否有泥沙补给,都可以提高潮间带水位,为植被发育创造适宜的淹没条件。

· 通过在沙丘上人工补沙、种植沙丘植被、建造围栏拦截风沙或铺设木栈道减少行人对沙丘的侵蚀,促进沙丘发育。

· 建造新的人工礁。这通常涉及在潮间带或潮下带区域放置预制结构件(由混凝土或钢制成),以便珊瑚或贝类(如牡蛎)随着定居(图 6 - 6)。

95 · 加固土堤,促进沉积作用和植被生长。土堤材料可能包括石笼、块石护岸、钢丝网、木桩、灌木丛、铰接式混凝土垫层、土钉墙、土工布垫层等。

· 在垂直防波堤前布局植被阶地,促进潮间带植被(例如芦苇、盐沼植被)发育。阶地可采用各种材料形成,包括钢板桩、木桩、混凝土块和石笼。

· 建立蓄洪区,为极端事件下的潮汐水预留额外空间。此类方案最适合河口而非开阔海岸区域。作为荷兰西格玛计划的关键部分,该计划将创建 2 500 公顷以上的新栖息地(Meire *et al.*,2014)。

· 加固传统灰色基础设施,以促进动植物群落的生长发育。例如,在岩石

图 6-6　美国南卡罗来纳州金甲虫岛沼泽恢复项目中采用的小型牡蛎礁

资料来源：Doug Baughman，CH2M。

护岸或垂直防波堤内加入预制岩石池，在墙内或桩周围采用纹理混凝土板，提高附着生物的生存率。

基于自然方法的更多示例可在波克尔-芬克尔等（Perkol-Finkel *et al.*，2006）、伯杰等（Borsje *et al.*，2011）、查普曼和安德伍德（Chapman and Underwood，2011）、内勒等（Naylor *et al.*，2012）、范斯罗宾等（Van Slobbe *et al.*，2013）、美国陆军工程兵团（USACE，2015）、庞蒂等（Pontee *et al.*，2016）的文献中找到。

七、工程设计过程

编制海岸工程解决方案的经验是按照结构层次明确、过程公开透明的程序，遵循编制步骤，编制出最符合逻辑设计的方案，其中要素如下：

（1）明确问题，确定目标；

（2）量化现有和未来条件；

（3）确定并分析备选解决方案（编制长清单）；

（4）选择首选方案（编制短清单）；

（5）开展所选方案的设计，检查施工条件，确定维护需求；

（6）按照选定方案施工；

（7）监控和评估绩效，以便后期改进。

在美国，常用方法是《海岸工程和设计手册》（*the Coastal Engineering and Design Manual*）（USACE，2008）中概述的方法。该手册已为基于自然的方法开发了一种可比较的方法（USACE，2015）。在欧洲，建筑工业研究和情报协会（CIRIA，2007）提供了一种岩石结构设计方法。

八、工程结构的基本设计考虑

本节概述了适用于不同海岸工程措施的若干基本概念。海岸构筑物设计细节参见本章末尾的“延伸阅读”。

96 设计寿命——在不进行重大维修的情况下，预期构筑物按其设计的能力正常运行的时间。构筑物的剩余寿命是指预期防护设施保持可用的年数（前提是不超过设计条件）。构筑物在设计寿命结束时需要重新评估和更新。

设计标准——构筑物设计为能够承受一定程度的事件，包括其提供的保护水平和结构完整性。例如，设计用于防止百年一遇洪水的海堤将在百年一遇的情况下保持其结构完整性。但是，如果发生超过设计标准的事件，海堤可能会失效；失效的可能性和程度随事件的大小而增加。值得注意的是，虽然百年一遇事件在100年工作寿命内发生的概率为63%，但百年一遇事件在短短五年内被超过的概率为5%。此外，特定重现期设计事件可能由相关水动力条件（如水位、波浪条件）的多个不同概率组合组成，且控制组合可能根据所考虑设计的特定方面而有所不同。气候变化有可能导致未来风暴的频率、强度和持续时间增加。值得注意的是，即使没有这种影响，由于海平面上升导致水深增加，近岸波高也可能增加。关于设计使用寿命、重现期和波高超过正常平均值的概率之间的关系，可在《英国标准》(British Standard，2003)以及本章末尾列出的海岸工程教科书中找到进一步的解释。

运行和维护制度——在设计阶段，了解每种防护类型的运行和维护要求以及客户对维护的需求非常重要。有些客户更喜欢初期投入较高、维护需求较低的构筑物；其他人可能更倾向于减少初期基本建设支出，接着提出更严格的维护计划，特别是在未来土地使用或沿海系统变化存在更大不确定性的情况下。理解并商定构筑物的未来管理安排至关重要，因为如果运营商没有资金流进行维护，那么设计维护密集型方案几乎没有意义。维护从所选的资产检查计划方案开始。在构筑物设计寿命期间，维护需求可能会增加，预计气候变化的影响可能会加剧这一需求。

应对气候变化的方法——许多构筑物的设计寿命超过30年，需要预测该构筑物应对气候变化的效果。在世界大部分地区，气候变化情景表明未来海平面上升的速度将加快。采取预防措施，例如，在初始基本建设中考虑到未来水动力条件的变化，使防波堤顶部高度能与海平面上升50年的水平相当。这种方法意味着在构筑物寿命周期内"固定"特定的气候变化影响容差。这将导致最终效果可能存在不同风险，因此应进行敏感性测试，以确保决策正确。

或者，可以采取适应性方法，在构筑物整个生命周期内频繁干预，以减轻气 97
候变化的影响。这需要运营商根据每次新发布的气候变化预测结果调整后续措施。类似例子是设计一个较大地基的海堤，以应对将来波峰高度的增加。在英国，环境署编制了海岸气候变化设计指南(Environment Agency，2016)。

海滩状态——防护设计必须考虑海滩状态。这需要了解历史上和当前的海滩状况，以评估其未来状态。未来状态可能会受到泥沙供应变化和新防护措施本身的影响。例如，垂直海堤具有反射入射波能量的潜力，这可能导致构筑物前方的局部海滩标高降低。海滩设计状态取决于海滩的类型和健康以及是否计划将额外补沙工程纳入方案。大面积海滩后方的建筑物受波浪能量的影响较小。在没有海滩的地方,建筑物承受波浪能影响普遍较大,因此建造成本较高。于是,是否存在海滩会影响防护标准、防护寿命和海滩的侵蚀,在设计条件范围内应考虑当前的淤长/蚀退的在未来变化趋势。

成本投入和维护成本因防护类型、提供的防护标准和所在地的具体条件而异。鉴于材料和劳动力成本的不同,世界各地的成本也可能有所不同。有关英国不同解决方案的相对成本的更多信息,请参阅环境署相关资料(Environment Agency,2015)。

要想达成目标,任何工程干预的详细设计都必须考虑承建国家的相关设计规范。例如,护岸设计取决于所需的越顶和爬升标准,而这又取决于事件环境条件(如波浪和水位)和采用的材料(如岩石、混凝土等)。护岸和海堤的常见考虑因素见表 6-1,其他构筑物也同样适用。

表 6-1 护岸设计必须考虑的典型工程因素

类别	详情
水动力方面	· 波浪爬升 · 漫顶 · 近海波候 · 极端波浪和水位状况
海滩条件	· 海滩宽度 · 海滩平面变化
场地条件	· 聚居区 · 滚动滑坡 · 地震活动 · 水深变化
98 尺寸	· 顶部标高 · 顶部宽度 · 前后斜面 · 堤脚水平

续表

类别	详情
材料方面考虑因素	· 护岸稳定性 · 块石分级 · 冲刷水平 · 堤脚设计 · 使用土工布保留细颗粒芯材
实际考虑	· 材料可用性 · 当地植被可用性 · 施工场地通道 · 施工时间限制

延伸阅读

本章介绍了海岸工程和管理的一些基本要素。许多优秀的出版物曾更详细地论述了海岸工程和海岸过程的各个方面。USACE(2002)提供了一份全面的海岸工程六卷手册,涵盖海岸过程、规划和设计,并免费在线提供。《Eurotop 手册》(van der Meer *et al.*,2007/2016)提供了海防和相关结构的波浪漫顶详细说明。建筑工业研究和情报协会(The Construction Industry Research and Information Association,CIRIA)还编制了若干份关键指南,涵盖有管理的调整设计(CIRIA,2004)、块石结构(CIRIA,2007)、混凝土结构(CIRIA,2010)和海滩管理(CIRIA,2010b)。关于海岸工程的教科书也有很多,但建议把以下文献作为启蒙读物、阅范莱恩(Van Rijn,2005)、狄恩和达利迈普(Dean and Dallymple,2004)、坎菲斯(Kamphuis,2010)和瑞维等(Reeve *et al.*,2012)的文献。

致谢

作者在此感谢艾丽斯・波普乔伊(Elise Pobjoy)、哈克姆・约翰逊(Hakeem Johnson)、安迪・帕森斯(Andy Parsons)、凯文・伯杰斯(Kevin Burgess)、杰克・杨(Jackie Young)、汤姆・亨特(Tom Hunt)、阿蒂拉・拜拉姆(Atilla Bayram) 以及克里斯・福莱明(Chris Fleming)(独立咨询专家),感谢他们对本章的贡献。

参 考 文 献

Allen, J.R.L. and Fulford, M.G. (1986). The Wentlooge Level: A Romano-British Saltmarsh Reclamation in Southeast Wales. *Britannia* 17 (1986): 91–117.

Beck, M.W. and Lange, G.-M. (2016). *Wealth Accounting and the Valuation of Ecosystem Services Partnership (WAVES).* World Bank, Washington, DC, 166pp. Available at: http://documents.worldbank.org/curated/en/995341467995379786/pdf/103340-WP-Technical-Rept-WAVES-Coastal-2-11-16-web-PUBLIC.pdf.

Borsje, B.W., Van Wesenbeeck, B.K., Dekker, F., Paalvast, P., Bouma, T.J., Van Katwijk, M.M., and De Vries, M.B. (2011). How Ecological Engineering Can Serve in Coastal Protection. *Ecological Engineering* 37: 113–122.

99 Bradbury, A.P., Cope, N., and Prouty, D.B. (2005). Predicting the Response of Shingle Barrier Beaches under Extreme Wave and Water Level Conditions in Southern England. *Proceedings of Coastal Dynamics 2005*, ASCE [CD-ROM].

Brandon, C.J., Hohlfelder, R.L., and Oleson, J.P. (2008). The Concrete Construction of the Roman Harbours of Baiae and Portus Iulius, Italy: The ROMACONS 2006 Field Season. *International Journal of Nautical Archaeology* 37: 374–379.

British Standard. (2003). Maritime Structures – Part 1: Code of Practice for General Criteria. BS 6349–1: 2000. Incorporating Amendment No. 1. 24 July 2003. BSI 389 Chiswick High Road, London W4 4AL. 239pp.

Bruun, P. (1954). Coastal Erosion and Development of Beach Profiles. US Army Beach Erosion Board Technical Memorandum No. 44, US Army Corps of Engineers, Waterways Experimental Station, Vicksburg, MS.

Chapman, M.G. and Underwood, A.J. (2011). Evaluation of Ecological Engineering of "Armoured" Shorelines to Improve their Value as Habitat. *Journal of Experimental Marine Biology and Ecology* 400: 302–313.

CIRIA. (2004). Coastal and Estuarine Managed Realignment – Design Issues. Report FR/IP/53 produced by CIRIA 2004.

CIRIA. (2007). *The Rock Manual. The Use of Rock in Hydraulic Engineering.* 2nd Edition. C683. CIRIA, CUR Centre for Civil Engineering, CETMEF, London. 1304pp.

CIRIA. (2010a). *The Use of Concrete in Maritime Engineering a Guide to Good Practice.* C674. CIRIA, London, 364pp.

CIRIA. (2010b). *Beach Management Manual.* 2nd Edition (C685B). CIRIA, London, 860pp.

Dean, R.G. (1991). Equilibrium Beach Profiles: Characteristics and Applications. *Journal of Coastal Research* 7: 53–84.

Dean, R.G. and Dalrymple, R.A. (2004). *Coastal Processes with Engineering Applications.* Cambridge University Press, Cambridge, 488pp.

DEFRA/EA. (2009). Characterisation and Prediction of Large-Scale, Long-Term Change of Coastal Geomorphological Behaviours. Final Science Report. Science Report: SC060074/SR1. 264pp.

Dickson, M.E., Walkden, M.J., and Hall, J.W. (2007). Systemic Impacts of Climate Change on an Eroding Coastal Region over the Twenty-First Century. *Climatic Change* 84(2): 141–166.

Environment Agency. (2015). Cost Estimation for Coastal Protection – Summary of Evidence. Report – SC080039/R7. Report produced as part of the Flood and Erosion Risk Management Research and Development Programme and sponsored by DEFRA, Welsh Government, Natural Reseources Wales, Environment Agency (Hudson, T., Keating, K., Pettit,

A.) March 2015, 37pp. Available at: http://evidence.environment-agency.gov.uk/FCERM/Libraries/FCERM_Project_Documents/SC080039_cost_coastal_protection.sflb.ashx.

Environment Agency. (2016). Adapting to Climate Change: Advice for Flood and Coastal Erosion Risk Management Authorities. First published 1 September 2011. Updated 13 April 2016, 25pp. Available at: www.gov.uk/government/uploads/system/uploads/attachment_data/file/571572/LIT_5707.pdf

Escoffier, F.F. (1977). Hydraulics and Stability of Tidal Inlets. GITI Report. 13. U.S. Army Engineer Waterways Experiment Station, Vicksburg, MS.

Frost, H. (1963). *Under the Mediterranean, Marine Antiquities*. Prentice-Hall, Englewood Cliffs, NJ, 278pp.

Kamphuis, J.W. (2010). *Introduction to Coastal Engineering and Management*. Advanced Series on Ocean Engineering. 2nd Edition. World Scientific Publishing Company, Singapore, 564pp.

Keay, T.B. (1942). Coast Erosion in Great Britain: General Question of Erosion and Prevention of Damage; and the Drainage of Low-Lying Lands. *Shore & Beach* 10(2): 66–68.

Meire, P., Dauwe, W., Maris, T., Peeters, P., Coen, L., Deschamps, M., Rutten, J., Temmerman, S. (2014). Sigma Plan Proves Efficiency. *ECSA Bulletin* 62: 19–23, Winter 2014. Available at: www.vliz.be/imisdocs/publications/256965.pdf

Naylor, L.A., Coombes, M.A., Venn, O., Roast, S.D., and Thompson, R.C. (2012). Facilitating Ecological Enhancement of Coastal Infrastructure: The Role of Policy, People and
100 Planning. *Environmental Science and Policy* 22: 36–46. doi:10.1016/j.envsci.2012.05.002.

Perkol-Finkel, S., Shashar N., and Benayahu, Y. (2006). Can Artificial Reefs Mimic Natural Reef Communities? The Roles of Structural Features and Age. *Marine Environmental Research* 61: 121–135.

Pontee, N.I. (2007). Managed Realignment in Low-Lying Coastal Areas: Experiences from the UK. Proceedings of the Institution of Civil Engineers. *Maritime Engineering Journal* 160(MA4): 155–166.

Pontee N.I. and Parsons, A. (2010). A Review of Coastal Risk Management in the UK. Proceedings of the Institution of Civil Engineers. *Maritime Engineering Journal* 163(Issue MA1): 31–42.

Pontee, N.I., Narayan, S., Beck, M., and Hosking, A.H. (2016). Building with Nature: Lessons From Around the World. *Maritime Engineering Journal* 169(1): 29–36.

Proceedings of First Conference on Coastal Engineering. Long Beach, CA. October 1950. Published by the Council on Wave Research. Available at: http://journals.tdl.org/ICCE/issue/view/94.

Reeve, D.E., Chadwick, A., and Fleming, C. (2012). *Coastal Engineering: Processes, Theory and Design Practice*. 2nd Edition. CRC Press, Boca Raton, 552pp.

Rouse, H. and Ince, S. (1963). *History of Hydraulics*. Dover, New York, 269pp.

Stive, M.J.F., Roelvink, D.J.A., and de Vriend, H.J. (1991). Large-Scale Coastal Evolution Concept. *Proceedings of the 22nd International Conference on Coastal Engineering*, Delft, American Society of Civil Engineers, New York, 1962–1974.

Stive, M.J.F., Wang, Z.B., Cappobianco, M., Ruol, P., and Buijsman, M.C. (1998). Morphodynamics of a Tidal Lagoon and the Adjacent Coast. In: Dronkers, J. and Scheffers, M. (Eds.) *Physics of Estuaries and Coastal Seas*. Rotterdam, Balkema, pp. 397–407.

USACE. (2002). *Coastal Engineering Manual*, EM 1110–2–1100. US Army Corps of Engineers, Washington, DC, US. Volumes 1 to 6, 1 April 2008. Available at: www.publications.usace.army.mil/USACE-Publications/Engineer-Manuals/u43544q/436F617374616C20456E67696E656572696E67204D616E75616C202D2050617274/

USACE (Bridges, T., Wagner, P.W., Burks-Copes, K.A., Bates, M.E., Collier, Z.A., Fischenich, C.J., Gailani, J.Z., Leuck, L.D., Piercy, C.D., Rosati, J.D., Russo, E.J., Shafer, D.J., Suedel, B.C., Vuxton, E.A., and Wamsley, T.V). (2015). *Use of Natural and Nature-Based Features*

(NNBF) for Coastal Resilience. North Atlantic Coast Comprehensive Study: Resilient Adaptation to Increasing Risk. Vicksburg, MS: US Army Corps of Engineers, Engineer Research and Development Center, 445pp.

van der Meer, J.W. Allsop, N.W.H., Bruce, T., De Roucke, J., Kortenhaus, A., Pullen, T., Schüttrumpf, H., Troch, P., and Zanuttigh, B. (2007). *Eurotop Manual on Wave Overtopping of Sea Defences and Related Structures: An Overtopping Manual Largely based on European Research, but for Worldwide Application*. 2nd Edition, Pre-release 2nd edition October 2016. 252pp. Available at: www.overtopping-manual.com/manual.html.

Van Rijn, L. (2005). *Principles of Coastal Morphology*. Aqua Publications, Amsterdam.

Van Slobbe, E., De Vriend, H.J., Aarninkhof, S., Lulofs, K., De Vries, M., and Dircke, P. (2013). Building with Nature: In Search of Resilient Storm Surge Protection Strategies. *Natural Hazards* 66: 1461–1480. www.estuary-guide.net. www.estuaryguide.net/guide/analysis_and_modelling/historical_trend_analysis.asp.

第二部分

测绘、监测及建模

第七章　海岸带数据收集
——将地理空间技术应用于海岸带研究

大卫·R. 格林　杰森·J. 哈根

一、引言

遥感(机载或星载传感器)、地理信息系统(geographical information system, GIS)、全球定位系统(global positioning system, GPS)、移动计算(如便携式电脑、平板电脑和智能手机)、应用程序、数字摄影仪、云数据存储、无人机和互联网等地理空间技术应用日益扩展,在需要进行内外业数据采集并获取空间数据信息的环境监测和制图活动中已获得广泛使用(Green,2005)。

在环境数据和信息的快速收集、制图和地理可视化工作中,移动地理空间技术已成为相对低成本的集数据采集、处理、分析、显示和通信为一体的工具箱。用户通过智能手机等手持设备可轻松下载地图和图像,并配合 GPS 和 GIS 软件开展移动现场数据收集、制图和地图更新任务。在环境监测中,数字航空摄影和从无人机平台获取的视频可作为在野外测绘矢量数据绘制的栅格背景。另外,用户在采集外业数据时还可以利用手持设备进入 GIS 地图和影像服务软件网站,"即时"访问和检索数据。

移动软硬件成本的逐渐降低,以及可用性的提高和功能改善,为广大用户提供一系列便携式工具,这些工具的配合使用可以为地理信息系统构建实用框架。随着 WiFi、云和蓝牙无线技术的发展(Zhang *et al.*,2016)移动通信链路已发生根本性改变,大型数据集在不同地点之间(比如不同设备之间、现场和办公室之间)的传输变得更加容易。由于这些技术已经变得更容易使用、更便宜也更易集成，因此包括海岸带管理者和从业人员在内的终端用户群体，也在不断扩大和多样化。

本章简要探讨了当前和未来实际利用移动地理信息技术的机会，以促进局
部区域范围内收集地理数据，并为一些海岸应用示例提供实地信息访问。参照
这些技术的若干应用实例，本章探讨了在不同应用中地图（矢量）和影像（栅格）
等典型的地理数据源的收集和使用。同时，本章还探讨了可获得的海岸带数据 104
的不同来源、类型和格式，以及在将数据处理成信息的过程中取得的进展，导致
数据模型、本体和空间数据基础设施（Spatial Data Infrastructure，SDI）的技术
发展以及这类数据和信息的一些应用。为了说明这一点，本章重点就不同类型
的数据和信息及其处理和使用提供了相关示例。

二、海岸带地理学和地理空间技术

海岸带地理学或海洋地理学是一个重要的研究领域。地理学家努力把收集的数据转化为信息，增进对客观世界的认识和理解，同时保证以适合数据性质的方式增进成果交流。对海岸带理解的基础是从海岸带收集的数据。这些数据处理成信息，丰富了海岸带整体知识体系。地理学本质上是一门空间学科，“海岸带管理，顾名思义就是空间管理”（Fedra and Feoli，1998）。海岸带是一个由“物体”“特征”（具有地理特征的物体）以及“过程”组成的环境。同时海岸带也是一个“空间环境”，因此海岸带综合管理是在特定环境背景下的空间管理。人类利用给海岸带环境造成的压力和不利影响，对海岸带进行管理。海岸带综合管理（ICZM）的努力目标是实现海岸带可持续发展。因此，了解海岸带的运作方式对于海岸带综合管理（ICZM）至关重要。目前，海洋空间规划（MSP）已成为最大限度降低用户冲突，对海岸带实施可持续管理，从而保障所有利益相关者的未来利益的手段之一。空间数据是保证海洋空间规划系统正常运行的基础。

1998年，法布里（Fabbri，1998）首次明确阐述了在海岸带环境管理中采用地理空间技术的理由。

鉴于海岸带系统的复杂性和可持续发展的多学科要求，通过计算机系统整合和分配海量数据和专家知识势在必行，计算机系统在决策者完成制定最佳或

折中的海岸带管理方案的艰巨任务中也至关重要。

今天，地理空间技术（包括遥感、地理信息系统、全球定位系统、空间数据库、制图和数字地图以及互联网）及其应用在现代等同于地理学家始终积极参与的领域：即一般称为空间数据处理的数据收集、存储、处理、分析、解释以及制图或可视化。与以往的主要差别在于，现在所有地理空间相关技术都在飞速发展，相对低成本的计算机台式机、笔记本电脑和移动微处理器技术已普及，地理空间工具操作便捷化，这些都极大地提高了我们的工作效率。

数据和信息是日常环境规划和决策的重要组成部分。例如，海岸带综合管
105 理(ICZM)需要获得历史及当前数据和信息。鉴于气候变化和海平面上升可能对海流、天气系统、生物、野生动物生境和海岸带社区等产生潜在影响，能够收集多时空尺度或分辨率的数据的需求变得越来越重要，此外，还需要将其转化为信息，以服务于科学家及更多的人，例如受气候变化影响的当地社区和沿海从业人员。

目前地理空间技术已经广泛用于海岸带和海洋环境。较低的成本、更快的微处理器、更小的硬件足印、更快的网络和通信链路，以及更加友好的计算机和软件用户界面，使得曾经非常昂贵的专业技术变为日渐廉价、广泛应用的日常桌面软硬件。

三、数据和信息

在过去的50年里，我们收集不同类型和格式的数据的能力以及通过桌面软件及后来的移动设备整合和提取信息方面的能力显著增强。

数据和信息对于我们了解和理解海岸带环境以及进行相关规划和决策至关重要。如今，海岸带数据的数据源更加多样化，我们以不同的时空分辨率从太空、大气层、水面、水柱以及海床表面上下收集海岸带数据。大部分数据来自不同类型的远程传感器，而有些则是通过安装在浮标上的传感器就地收集。项目组、科学家、商业机构、政府组织、教育机构甚至学生都可以进行数据收集，而且这类数据越来越可以通过互联网共享并上传至云端，随后从各种基于计算机的桌面和移动平台进行访问。目前我们越来越多地谈论到影响日益显著的物联网

和大数据(Rumson,2015)。

日积月累的海量空间数据提供了有关大气、海面(如波浪和海流)、水体(如水层和营养物质)、海床以及沉积物中和地质结构内的大量信息,以及有关海岸地貌、过程、侵蚀和沉积、底栖生境和航行等的信息。现在,人们在不同的时空尺度上更加频繁地开展监测和测绘活动,并将收集到的数据输入到地理信息系统或海岸带及环境模型中。在全球范围,对地震和水下运动的监测催生了海啸预警系统(Tsunami Early Warning System, TEWS)的开发。该系统为海岸带地区提供了重要的预警信息,并为应对潜在的海岸带灾害提供了依据(Green and Dawson,2007)。

以上所有数据对于制定更有信息依据的海岸带管理办法都具有重要意义。今天的海岸带管理包括海洋空间规划(MSP)、石油和天然气行业,而且对近岸和近海海洋可再生能源越来越感兴趣(Green,2016)。在局部区域,除了通过数字相机和视频获取传统图像外,也可以利用无人机或称为UAV(无人空中运载器)的小型机载遥控平台通过激光雷达、高光谱和热传感器等各种传感器从海岸带和海洋环境获取大尺度高分辨率数据。能获取以上同类型数据的水上设备包 106
括能够携带水下测深激光雷达的小型船只等;水下设备包括水下自主式潜水器(Autonomous Underwater Vehicles, AUV)和能够携带声呐、多波束和海底剖面仪等传感设备的遥控潜水器(Remotely Operated Vehicles, ROV)(Green *et al.*,2017)。

将所有这类数据处理成信息,并以此为基础帮助我们更好地了解环境及其运行方式,将环境变化可视化,最终开发环境模型和模拟器,让我们了解过去,预测未来。

四、数据模型和空间数据基础设施(SDI)

多年来,海岸带数据普遍是各种研究项目作为专项加以收集的,仅供内部组织使用。为了让其他人能够使用这些数据,通常需要进行进一步的数据转换、操作和处理,但这么做既不容易,也不符合时间和成本效益。不同软件包之间的数据转移普遍存在困难需要利用软件菜单上的自定义导入和导出选项来实现。例如，在英国，海岸带管理是由众多政府和非政府机构以及海岸线特定区域的自愿论坛或合作伙伴共同承担的，尽管这些组织都收集了与海岸带有关的数据，但这些数据并未以统一标准或可访问的格式收集或存储，不利于数据共享。

随着时间的推移，空间数据集是否可以共享，对于许多负责海岸带管理的个人和组织日益重要。因此，重点转向制定空间数据收集的标准，以便其他人在学术研究、信息系统建设和商业应用中也能使用这些数据。数据模型、元数据和空间数据基础设施(Spatial Data Infrastructure，SDI)的开发为数据收集、数据共享以及数据集的记录的标准化奠定了基础(Longhorn，2004)。例如，在 ESRI 的 ArcGIS 软件使用中，ESRI 海洋数据模型就是一种标准化数据收集和存储的灵活方法(Breman，2002)。空间数据基础设施(SDI)在国家层面上提供了一个关于空间数据收集和使用的标准框架，许多国家已经完成开发并投入使用(Longhorn，2010)，例如美国的联邦地理数据委员会(Federal Geographic Data Committee，FDGC)和欧洲的欧洲空间信息基础设施(Infrastructure for spatial information in Europe，INSPIRE)(www.fgdc.gov/metadata 和 http://inspire.ec.europa.eu)。它们所开发的数据模型和数据基础设施提供了一个关于收集和存储空间数据的途径和方法的标准化框架，便于数据的广泛使用。数据模型还可以根据新的数据类型和不同的应用做出适应性调整。

例如，美国 FGDC 监督制定了《海岸带和海洋生态分类标准》(Coastal and Marine Ecological Classification Standard，CMECS)，为海岸带和海洋及其生物
107 系统的信息的组织提供了国家框架。该标准为开发和综合数据提供了一种结构，可以跨越区域和国家边界，并以标准化的方式确定、表征和绘制生态系统。该标准还支持海岸带和海洋生态状态和趋势监测活动、政策制定、生态恢复规划和渔业管理，该标准与现行的湿地和高地分类系统相辅相成。此外，该标准还定期更新并保证和科学发展同步，同时满足海岸带社区管理需求。目前已经制定了一个动态标准过程框架，以接收标准的研究人员和用户的输入，并据此完成对分类系统的修改。

五、地理空间技术

传统的地理空间或空间信息技术包括遥感、地理信息系统(GIS)、地图绘制和数字制图、全球定位系统(GPS)、硬拷贝和软拷贝摄影测量、信息技术(Information Technology, IT)、空间数据库、决策支持系统(Decision Support System, DSS)和互联网。此外,许多新的技术,包括智能手机和应用程序、WiFi、云存储、无人机等正在迅速发展,扩展了人们在移动地理空间领域的探索能力。

这些技术虽然经常单独用于收集、处理、输出和交流数据和信息,但通过技术整合已成为一套完整的工具和技术,同时完善优化了所谓的数据转化为信息的途径(Couclelis,1998),使我们能够完成以下部分或所有任务:

- 数据收集;
- 数据存储;
- 数据处理;
- 数据分析和解释;
- 地理可视化;
- 建模和模拟;
- 通信和网络;
- 分布式数据服务的提供;
- 远程数据访问。

六、遥感

目前,遥感已经广泛用于收集海岸带和海洋环境相关重要数据,这样的数据是其他任何方法无法轻易获取的。文献记载了许多利用遥感技术监测海岸带的实例,使用的传感器包括具有不同时空分辨率的一系列机载传感器(如激光雷达、CASI、ATM)和卫星传感器(如 Landsat、SPOT、IKONOS 和 Sentinel)。现在人们应用遥感技术通过星载平台和机载平台上的各种主动和被动传感器获取

数字影像数据和摄影图像，并借助影像处理软件（如 Erdas Imagine、ER-Maper
108 和 ENVI）进行处理、分析和解译，最终提取的信息可用于监测、制图和建模。典型的应用场景包括岸线变化检测，珊瑚礁、海草床和红树林沼泽制图，景观和土地利用变化评估以及海藻草甸监测。陆地和测深激光雷达提供了陆海无缝衔接的断面数据和信息，而一系列水下传感器（如声呐和多波束）则提供了海底及海底以下的遥感数据。

无人机和其他建模平台应用的兴起为低成本遥感提供了新的机会。现在无人机越来越先进，成本也越来越低，可以方便用于海岸带地区的大规模遥感（Green *et al*.，2016）。因此，对于小型项目和非专业人员来说，图像采集变得更加实用。他们借助专业软件（如 AgiSoft、Airphoto SE、Pix4D 和许多其他开源软件）对采集的图像进行处理校正，并利用一整套工具实现对从小型平台获取的数据和信息（包括三维地形模型）的收集、处理、分析和可视化。一些示例见图 7－1。

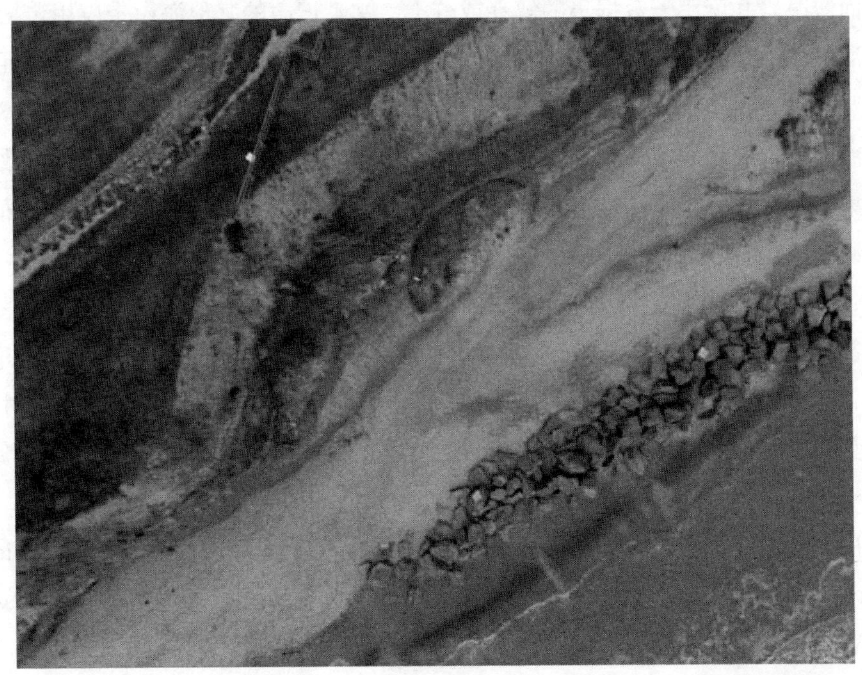

图 7－1　安装在 DJI Phantom Quadcopter 上的 GoPro Hero3Plus 黑色版摄像机拍摄的航拍照片

资料来源：Courtesy of Jason J. Hagon。

利用固定翼飞机模型(Green and Morton,1994;Green *et al.*,1998),直升机模型(http://www. borich-aircams. co. uk),气球(http://modelballoon. com/aerial. html)和风筝(Aber *et al.*,2002)也可以拍摄斜面或几乎垂直的照片。小型机载平台在外业数据采集中有许多实际优势。易于运输的小型空中平台的使用为图 109
像采集提供了相对的自由,不需要预定飞行时间,从而降低了由于拟议飞行日当天天气条件恶劣而取消飞行的风险,而轻型飞机在这种情况下很容易被停飞。此外,飞机模型平台的应用极其灵活,是一天/一年中预定在某个时间或多个特定时间进行特殊类型摄影的理想选择。另一个优点是在较低高度拍摄可以减少大气雾霾的影响,从而提高影像的清晰度。再一个优势是获得影像成本相对较低。由于成本是许多小区域研究需要考虑的特别重要因素,而传统航空摄影非常昂贵,特别是需要进行多时相摄影时,这些小型机载平台为数据收集提供了一个成本效益较高且实用的解决方案。这些图像还可以补充其他数据来源(比如地面实况),并可用于数据集的解释或分类。文献记载的其他海岸带应用包括观察海岸侵蚀和沉积特征、记录港口和码头位置、测量风暴引起的海滩侵蚀/沉积以及记录工程结构和设施(见 Green *et al.*,2016)。

数码相机和数字视频录像机对于海岸带管理者来说也是有价值的现场数据收集工具。数字影像在收集数据、校准和记录数字样条/样方的基础工作方面具有许多潜在的用途。数码相机和录像机可在特定的时间和地点拍摄具有配套拍摄时间和日期的环境快照。大多数现代相机都可以给图像直接贴上地理标签,或者用在线软件给图像贴上地理标签(比如 GeoImgr(http://www. geoimgr. com)。而且,图像信息也可用来描述具体环境是什么样子或者监测环境随时间的变化。今天,大多数智能手机都配备了性能不错(高达 2000 万像素)的录像/拍照相机,足以满足各种使用需求。通过图像处理应用程序,图像可以处理、增强并上传到在线图像存储。此外,使用基本的图像处理软件,例如 IrfanView (http://www. irfanview. com)、Gimp(http://www. gimp. org)、ImageMagik (www. imagemagick. org/script/index. php)可以增强数码照片,使用 Adobe Photoshop(www. adobe. com)可进行图像拼接,利用 Panavue(http://www. panavue. com)可合成 180°或 360°的全景图,使用苹果的 Quicktime(www. apple. com)等浏览软件可在互联网网站上打印或显示 360°旋转图像。在需要用 GPS 位置和存储额外实地摄影信息（如地面实况）并实时提供以供决策时，这些技术具有相当大的应用潜力。

七、地理信息系统

将地理信息系统应用于海岸带和海洋研究并不新鲜（Bartlett，1994），很多地理空间技术已成功用于海岸带和海洋管理（Green and King，2003a，b；Green and King，2009；Green，2010）。地理信息系统是开展海岸带和海洋环境分析和促进海岸带综合管理（ICZM）和海洋空间规划（MSP）发展的理想手段。以计算机为基础的地理信息系统，连同一套协助进行数据可视化和通信的工具，为数据
110 挖掘、分析和问题解决拓展了地理维度或空间元素。正是这种地理维度观点更新增加了巨大可能性，不管是通过探索地理数据、核查空间背景下的数据（如地图上的图案或分布），还是通过利用地理空间数据统计。地理信息系统通常也被称为数据和信息集成器，它使来自多种不同来源的数据（如文本、图像和地图）能够得以组合和集成。地理信息系统还提供了利用地形（如 DEM 或 DTM 或统计表面）处理图像并生成正射照片、等高线地图和三维模型的工具。此外，它还能检测时间变化、实施模型和生成动画，也越来越可以定制成专项信息系统，如海滩管理系统、河口管理系统以及作为决策支持系统（DSS）的依据。

八、移动地理空间技术

基于移动和桌面的地理空间技术提供了一系列相对低成本的数据采集、处理、分析和显示的工具箱，以便快速收集和提取环境数据和信息，进行制图和其他可视化操作。地图和影像都可以从网络上下载到桌面和手持设备上，并与 GPS 和移动 GIS 软件一起完成移动现场制图和更新任务。例如，在海岸带应用中，它们可以用来绘制丁坝等沿海防护构筑物的位置，并记录属性数据（如建筑材料的类型和构筑物的一般维护状况）。其他应用示例可能还涉及绘制河口沉积物、生境单元、游艇码头资产、冲浪学校的位置以及救援服务所负责的区域等的地图（Green *et al.*，2010）。

移动地理空间技术已产生了许多不同的软件包，例如，ESRI 开发了 ArcPad，这是一种移动测绘和地理信息系统技术。类似的产品还有 PocketGIS（www. posres. com）、FastMAP（http://www. korecgroup. com/products/mapping-gis/gis-software/trimble-fastmap-gis-software）。这些软件产品为掌上电脑提供了数据库访问、地图绘制、GIS 和 GPS 集成。经过地理校正的航空摄影在外业测绘时可作为矢量数据的栅格背景。只要有网络连接，将现场收集的数据上传到云端也是比较常见的，还能轻松添加数码照片形式的背景信息。现在，安卓和苹果智能手机上都运行着许多移动应用程序。数据点和轨迹可以通过谷歌地球或谷歌地图背景的追踪应用程序获得，Tracker 就是一个好例子。一个更专门的例子是海洋废弃物追踪器应用程序（http://www. marinedebris. engr. uga.edu）。目前也有相当数量免费或低成本的 GIS 应用程序允许用户收集空间数据（通常是以点的形式，但有些也允许以线和多边形的形式），例如：

(1)Collector(ESRI：www. esri. com/software/arcgis/arcgis-app-for-smartphones-and-tablets 和 http://doc. arcgis. com/en/collector)。

(2)FieldTripGB(Ordnance Survey：http://fieldtripgb. blogs. edina. ac. uk)。

(3)GeoODK Collect(GeoODK：https://play. google. com/store/apps/de- 111
tails? id=com. geoodk. collect. android&hl=en_GB)。

(4)MapIT (Mapit-gis：http://mapit-gis. com/mapit-gps-tracking)。

(5) MapItFast (Agterra：http://www. agterra. com/mapitfast-mobile-cloud-data-logging-for-gis-systems)。

(6)PointGIS (Atlas-Tech：https://play. google. com/store/apps/details? id=com. gis. pointgis)。

(7)SuperSurv 3 (SuperGeo：www. supergeotek. com/productpage_supersurv. aspx)。

(8)ViewRanger (ViewRanger：www. viewranger. com/en-gb)。

激光测距仪等其他低成本的硬件，如 TruPulse(无论是否连接蓝牙)(www. lasertech.com/TruPulse-Laser-Rangefinder. aspx)，可以有效地收集与环境特征相关的距离、高度和深度数据。

互联网地图和影像服务器软件连同手持设备或智能手机，可以在现场从互联网在线 GIS 系统中"即时"访问和检索数据和信息。这些软件虽然不是功能齐全的 GIS 软件，但为人们提供了一种简单而熟悉的方法，可以实时收集局域空间信息并上传到桌面 GIS 系统。

九、互联网

在过去的 10 年中，互联网地图和影像服务器技术有了很大的进步，例如 Mapserver(http://mapserver.org)、Geoserver(http://geoserver.org)、ArcGIS for Server(http://server.arcgis.com/en)。如今，地图服务器软件能通过网络界面提供大量与桌面 GIS 软件包相关的功能(如缩放、平移、测量、识别、搜索、查询、缓冲)。大多数主要的 GIS 供应商现在都将地图服务器产品作为桌面 GIS 的一部分、扩展程序或独立产品一并提供。大多数地图服务器软件都通过网页提供地图服务，要么以栅格图像的形式呈现，要么是通过基于 Java 的浏览器将矢量数据输送到客户端，现场用户可以访问未存储在移动设备上的数据和地图，所以通过这种方式远程访问数据优势明显。互联网独辟蹊径，创建了数据集中存储库或数据库，或者在不同地点和不同计算机上的不同数据间构建数据网，只要有互联网连接和网络浏览器，通过地图服务器软件就可以访问、查看、操作和分析数据和信息，而不需要昂贵的 GIS 软件或专业知识。现在已有了很多基于互联网 GIS 的信息和决策支持系统示例，表 7-1 提供了其中若干示例。

十、海岸带地理空间应用实例

地理空间技术极大地提高了将不同来源的空间数据集和信息整合到一个"窗口"或"环境"中的实际可能性和便利性，此外，还使数据挖掘、分析、建模、可视化和信息交流变得更加简单便捷。以下是一些应用实例。

表 7-1 一些基于互联网 GIS 的信息和决策支持系统的实例链接

链接	介绍
www. coastalatlas. net	美国俄勒冈州在线海岸带地图和工具
applicazioni. regione. emilia-romagna. it/cartografia _sgss/user/viewer. jsp? service=costa	海岸带规划发展信息系统
www. mareano. no/kart/mareano. html? language=en	Mareano
maps. massgis. state. ma. us/map_ol/moris. php	MORIS:CZM 在线制图工具
www. reefbase. org	珊瑚礁数据库
midatlanticocean. org/data-portal	中大西洋海洋数据门户网站
gisapps. dnr. state. md. us/coastalatlas/WAB/index. html	马里兰州沿海地图集
www. africanmarineatlas. org	非洲海岸和海洋地图集
www. ga. gov. au/imf-amsis2	澳大利亚海洋空间信息系统(AMSIS)
marinecoastalgis. net/ims	更多示例(Davey Jones Locker)

(一)苏格兰东北部艾森河口的草甸监测和地图绘制 112

这个实例全面说明了移动地理空间技术在真实世界业务化应用的整合方法。小型(或模型)飞机、全球定位系统(GPS)、桌面扫描技术、数字图像处理(digital image processing, DIP)和地理信息系统(GIS)的结合可以为环境监测、制图、评估和分析提供一套非常强大的移动工具。在英国苏格兰东北部艾森河口地区利用地理空间技术研究河口环境大型藻类水草垫的监测和制图中,这种方法已经为其实际应用基础。该研究借助于小型机载平台收集的 35 毫米彩色航空照片(图 7-2)绘制历年大型藻类水草垫的位置和空间范围。通过在 GIS 系统中处理这些信息并计算水草垫在空间范围的变化来监测其随时间的变化。

(二) 粗砾滩脊的无人机影像 113

使用了一架携带尼康数码相机的大型无人直升机飞越英国苏格兰斯佩河畔金斯敦的一个粗砾滩脊和海滩上空。根据场地长度和民航局对无人机的飞行规定,此次飞行任务分为两个岸段进行。采集到的垂直图像输入 AgiSoft(http://www.agisoft.com)软件中,以创建现场的正射镶嵌图以及粗砾滩脊和海滩的三维视觉模型[图 7-3(a)和图 7-3(b)]。

图 7-2　(a)机载平台模型和(b)用 35 毫米单反相机拍摄的 35 毫米航拍照片

资料来源：David R. Green 提供。

图 7-3　(a)大型无人直升机平台和(b)英国苏格兰贝湾粗砾滩脊岸段的三维模型

资料来源：(a)Courtesy of Matt Borich & Matt Greig；(b)Courtesy of David R. Green and Borich Aircams http://www.borich-aircams.co.uk。

实例中还采用 Align 690 六旋翼直升机和松下 GH4 数码相机拍摄了其他图像和视频，从而记录了目视侦查和研究地点。

(三) 英国诺福克郡黑斯堡海岸的无人机图像和模型

固化不足的冰碛沉积物夹杂着淤泥、黏土和沙子，使得诺福克北部海岸线特别容易受到海岸侵蚀的影响(Thomalla and Vincent, 2003; Poulton *et al.*, 2006)。近年来，侵袭性侵蚀造成脆弱地区的房屋和道路坍塌。

准确量化侵蚀率对各种海岸带管理决策非常重要，包括明确脆弱性指数和海岸线管理规划(Shoreline Management Plan, SMP)。本实例结合环境署(Environment Agency, EA)机载激光雷达数据和无人机数据来确定诺福克海岸线侵蚀多发区。机载激光雷达数据用来确定12千米海岸线遭受高度侵蚀的地区,同时利用无人机影像提供重灾区黑斯堡的最新侵蚀速率和高分辨率的三维模型、数字地表模型(Digital Surface Models, DSM)和正射镶嵌影像。

英国环境署(EA)将收集的1999年、2009年和2013年的机载激光雷达数据在ESRI的ArcGIS中进行处理,得出了1999~2013年的崖趾基线,并使用数字岸线分析系统(Digital Shoreline Analysis System, DSAS)(coast. noaa. gov/digitalcoast/tools/dsas. html)工具计算了12千米海岸线的总侵蚀率和平均侵蚀率,最终得到海岸线上不同位置的侵蚀多发区。

2016年5月,一架大疆精灵飞行器3型(www. dji. com/phantom-3-pro)在
黑斯堡研究地点上空飞行获取航空图像,目的是利用无人机图像结合历史激光
雷达数据检测该地区历年的变化。使用自主飞行计划应用程序Drone Deploy
收集的该地区95张图像可以从无人机上下载并导入软拷贝摄影测量软件包
Pix4D进行处理。最终处理结果包括:三维点云、TIN模型、正射镶嵌图像、数字 114
地表模型(DSM)和反射率图像。除了供在软件中使用的用户导出数据外,
Pix4D还允许用户计算任何感兴趣区域的体积,这是一个特别有用的工具,可以
用来确定沿岸侵蚀或淤积的泥沙体积。

将经校正和地理坐标转换后的正射镶嵌图像导出并进一步分析,再利用数字岸线分析系统工具量化无人机数据覆盖的整个全域侵蚀水平。海岸线变化量化技术的一个普遍问题是难以确定崖顶或崖趾的确切位置,而利用高分辨率的无人机正射镶嵌图像,用户可以放大到非常大的比例尺来识别崖顶或崖趾,从而降低统计误差率,缓解这个问题。通过这种方式收集和处理的无人机数据可以提供每像素精度低于1厘米的正射镶嵌图像和三维模型,这在以往只有非常昂贵的激光雷达系统才能做到。

无人机获取的数据可以以相对较低的成本制作比其他方式更精确的三维模型和正射镶嵌图像。此外,在利益相关者参与的会议中,由于会议听众具有不同的非地理背景,准确的三维模型在解释复杂的环境过程时是非常有用的(Brown *et al*.,2006)。

虽然根据目前民航局(Civil Aviation Authority, CAA)的规定www.caa.co.uk/unmannedaircraft),使用多旋翼无人机测绘大段的海岸线是不现实的,但

使用无人机结合其他数据源对特定区域进行选择性观察可能比传统的测绘和监测技术更有优势(图 7 - 4)。

结论:(1)现成的小型无人机平台可以用来收集高质量的空间信息;(2)软拷贝摄影测量软件如 Pix4D(https://pix4d.com)的影像可以在行业标准的 GIS 程序中进行分析,辅助检测分析海岸带变化,进而根据分析结果制定海岸带管理规划。

十一、技术应用的若干现有局限

很遗憾,许多地理空间技术仍然有一些实际操作限制,这使得实际应用进程相当缓慢,例如,电池电量仍然不足以在野外长时间使用计算机设备;并非世界上所有地区都具有稳定的移动数据和互联网通信或 GPS 接收器覆盖,某些地方接收效果仍然很差,信号断断续续,或者无法观察到提供定位所需数量的卫星;移动数据通信网络的速度可能仍然无法达到移动装置与远程服务器之间的大型数据集的快速通信要求;在野外使用便携式计算机和掌上电脑也可能受到限制,因为并非所有的计算机都符合轻巧坚固的要求,有的计算机的内存和数据存储能力有限,有的计算机的显示屏较小,没有键盘(Krogstie,2003),屏幕亮度低
116 (在日光下),窗口或视口尺寸较小,不适合显示图形、图像和网站。尽管无人机的飞行时间受电池电量的限制保持在 25 分钟左右,而且大多都不防水,但无人机平台操作相对容易,而且迭代非常快,可以提供小型精密的空中 RTF(Ready-To-Fly, 即用即飞)平台,它还可以携带各种低成本的传感器进行数据采集。目前的限制还与民航局的规定有关。

更充分利用地理空间技术的一个关键在于向沿海终端用户群体展示它们在工作场所的潜在用途。过去的证据和经验表明,在某些情况下,人们往往持怀疑态度,不愿在工作场所支持、采用和实施地理空间数据和技术的好处。很显然,虽然在工作场所对这种技术的接受度和使用率有所提高,但由于人们对地理空间技术、作用、局限性不甚了解以及缺乏从技术角度对技术应用好处的理解等原因,推广使用遥感数据、计算机地理信息系统、互联网系统和基于计算机的管理工具的效果有限。资金短缺、计算机资源匮乏、缺乏培训机会和工作场所中的使

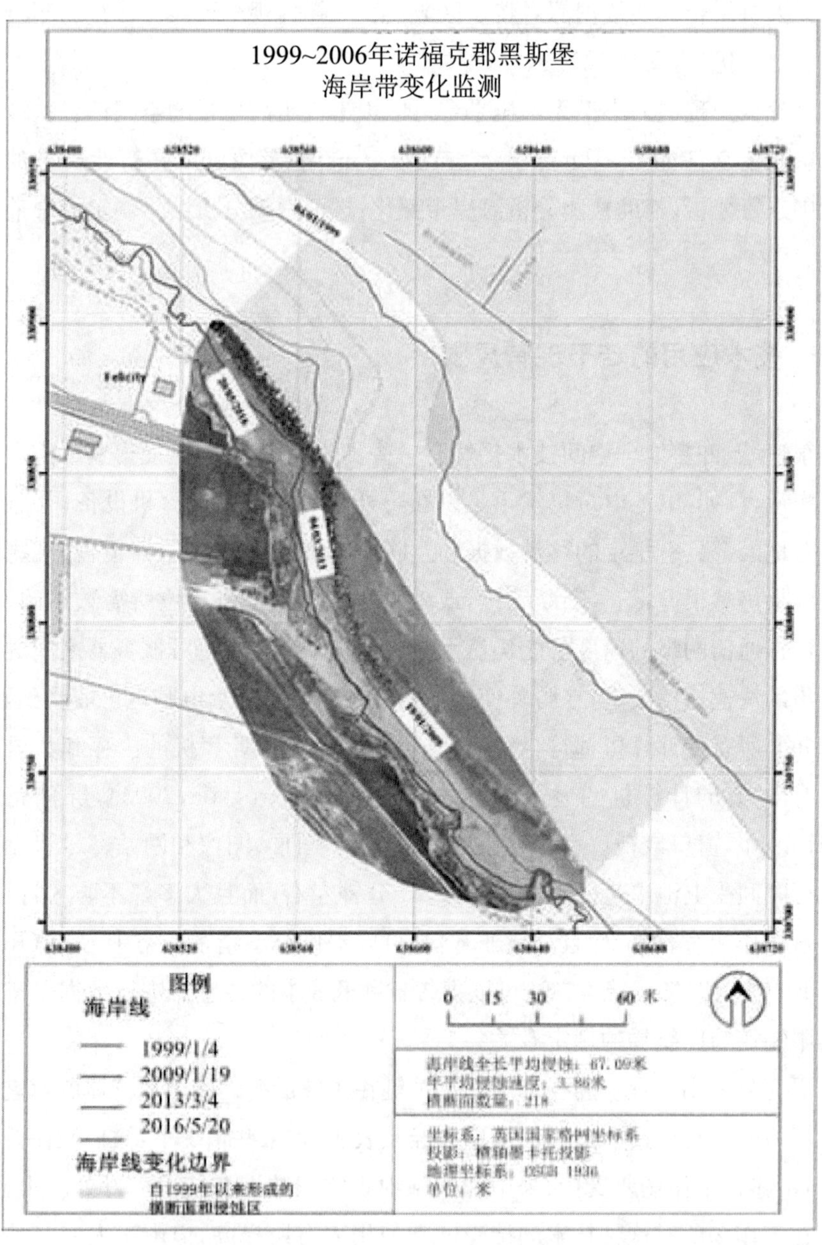

图 7－4　无人机数据可与激光雷达和 1∶1 000 英国国土测量局(OS)地图等其他数据源结合使用,准确量化海岸线随时间的空间变化

资料来源:Jason J. Hagon。

用经验不足等使情况变得更加复杂；另外，机构中缺乏常驻的“领军人物”带头倡导推广使用信息技术（IT）辅助工作，使得人们不愿使用计算机技术进行海岸带综合管理（ICZM）。

开发用户友好界面对鼓励推广使用地理空间技术进行海岸带综合管理起到了很大的帮助。然而，许多终端用户在浏览和使用软硬件菜单以及互联网信息系统方面往往仍有很大的困难，而且这在他们的日常工作环境中可能不容易证实。

硬件和软件开发商、IT专家、地理空间技术支持者和终端用户的认知与潜在终端用户群体的实际需求之间也仍然存在很大差距。技术专家普遍不会与潜在的终端用户群体共同确定终端用户需求并了解终端用户使用地理空间数据、硬件和软件工具的情况，而是在相对隔离的情况下构建和开发技术性太强的强大工具。最不理想的情况是终端用户根本不会采用这些工具，最理想的情况也只能以相对有限的方式使用这些工具。最终，潜在终端用户无法享受这些工具带来的以下好处：更直接、快捷地获取数据和信息；利用数据处理、分析和可视化工具的能力以及能够在工作场所利用强大而复杂的技术来拓展研究问题的维度。因此，有必要开展更多工作来解决此类问题。况且，随着今天手机和平板电脑的普及，安装的应用程序已经成为熟悉的计算机平台，终端用户使用这些应用程序收集空间数据甚至控制无人机，他们对操作简单和直观界面的需求已经大大增加。

遥感数据应用方面已有大量记录充分的应用实例，但遥感数据在海岸带管理的应用普遍还属于研究性质（例如，遥感记录和相关对象之间的因果关系的研
117 究），也尚未成功地转化为日常应用。为了处理数据、提取有用信息，获取遥感数据、硬件、软件和专业知识的成本很高，限制了技术推广。另一个问题是海岸带从业人员有时无法准确判断最适合其需求的数据来源。因此，为了在海岸带管理中更有效利用遥感数据，首先必须将问题与数据的效用相匹配（Green and King，2000），并提供关于如何正确选择数据以及信息提取处理技术的指导（见 Green and King，2000；Phinn *et al.*，2000）。然而，近年来无人机遥感技术的快速发展大大降低了个人获得各种遥感数据的难度和成本，这些数据可以轻松地处理成若干遥感产品，如图像、正射影像和三维数字摄影测量模型。

虽然其中许多技术确实已经投入使用，但也存在一些基本问题。其中最基础的问题是对认知、信息和培训的需求。尽管越来越多的人逐渐开始认可并接受地理信息和地理空间技术在海岸综合管理中的价值，但目前对利用以上技术进行海岸综合管理的复杂性仍缺乏普遍认识和认可。不愿意接受这些技术的原因往往是无知和缺乏信息。地理空间技术“技术性太强”或只需要“技术人员”等说法说明人们并没有完全意识到，了解或熟悉这些技术。事实上，这可能是因为他们没有时间去进一步了解它们的潜力。同样地，也必须重视和理解与这些技术相关的任何缺点，以判断其适用或不适用场景。实际上，这些技术既不是解决所有问题的“万能”方法，也不是“百无一用，聊胜于无”的方法。因此，为了解决这些问题，必须确保潜在的终端用户群体能够充分地了解相关信息，从而评论和评估其适用性。这意味着必须提供适当的信息来提高用户对技术的认知、培训和了解；更具体地说，就是开展技术宣讲，让用户了解其功能、不足、工作原理和操作方法以及如何用技术来解决问题、如何通过资源指示提供帮助。

尽管存在上述局限和问题，但是我们必须认识到地理空间技术仍在快速发展阶段，上述许多局限已经在解决过程中。

十二、总结和结论

本章简要介绍了一些不同的地理空间技术及其在沿海活动中的应用实例。
硬件和软件应用仍在不断发展，每一个新版本的发布都更强大，更易使用，更加
“即插即用”，体积更小，移动性更强，成本更低，功能更强。蓝牙等无线技术也大 118
大改善了智能手机等移动硬件的连接；移动电话技术也发展迅速。

随着人们对收集和（往往是实时）处理地理空间数据能力的认识提高和需求不断增长，几年前还相当昂贵且受当时技术限制的产品，在工作场所越来越普及。移动地理空间技术的发展以及日益完善的数据通信网络使我们能够随时随地收集数据、“即时”处理数据、远程下载和上传数据、比以前任何时候都更快、更有效地更新地图和制作可视化资料。使用便捷的智能手机和应用程序还可以用于收集空间数据并控制无人机平台和传感器，成为当前技术水平

的典型代表。

现在各种可用技术也逐渐变得更加一体化，使得数据的整合和处理更加方便，在技术的帮助下能创造一个更完整的海岸带环境“图景”。移动 GIS 已经成为现实，我们现在正处于“智能技术和智能决策”时代。无论是收集数据以更新地图、为新的规划发展需要开发公共参与接口，还是开发在线虚拟实地考察或虚拟现实（virtual reality, VR）模拟，这种技术对海岸带管理者和从业者来说都是非常宝贵的。尽管目前这些技术还有一些局限性，但仍是辅助我们收集空间数据并将其处理成信息的功能强大的工具和技术，这是一个我们应该接受的令人兴奋的重大突破。

如何有效利用和整合地理空间信息和技术进行海岸带和海洋管理，关键还在于对与决策有关的资源进行投资，提高统一性和便利性。美国国家海洋和大气管理局（National Oceanic and Atmospheric Administration, NOAA）提供的热门互联网资源是数字海岸网站（见 http://www.coast.noaa.gov/digitalcoast）。数字海岸网站可以提供数据以及挖掘数据作用的工具、培训和案例研究。这个概念产生于与管理人员和技术带头人的协商，如今它能够提供大量信息促进海岸带和海洋的有效管理，这些信息包括高程和土地覆盖数据、40 个国家级数据集的链接、50 个决策支持工具、网络制图服务、22 个培训课程和 100 个应用案例。数字海岸举例说明了用户需求如何驱动产品和服务。它的一个独特之处在于，虽然由美国政府运营，但它是由利益相关者的需求驱动的，如沿海国家组织、大自然保护协会和州洪泛区管理者协会。这些合作伙伴帮助确定主要问题和管理人员的决策类型。然后，数字海岸利用现有的最佳数据、科学和技术提出创新解决方案。例如，为了满足对先进规划工具的需求，更好地管理洪水风险，NOAA 开发了《海岸带洪涝灾害风险图》（*Coastal Flood Exposure Mapper*），帮助社区确定各种洪水灾害（如风暴潮、海啸和海平面上升）的受灾人员、基础设施和资源。这个工具能够整合多种风险因素和数据，并提供地图服务，让社区成员参与关于当
119 前和未来相关洪涝风险的对话，这样他们就能减轻其潜在影响。

参考文献

Aber, J.S., Aber, S.W., and Pavri, F. (2002). Unmanned Small-Format Aerial Photography from Kites for Acquiring Large-Scale, High-Resolution, Multiview-Angle Imagery. Pecora 15/Land Satellite Information IV/ISPRS Commission I/FIEOS 2002 Conference Proceedings, 6pp.

Bartlett, D.J. (1994). *GIS and the Coastal Zone: Past, Present and Future.* AGI Notes, Association for Geographic Information, UK, 30pp.

Breman, J. (Ed.). (2002). *Marine Geography: GIS for the Oceans and Seas.* ESRI Press, Redlands. 224pp.

Brown, I., Jude, S., Koukoulas, S., Nicholls, R., Dickson, M., and Walkden, M. (2006). Dynamic Simulation and Visualisation of Coastal Erosion. *Computers, Environments and Urban Systems* 30(6): 840–860.

Couclelis, H. (1998). Worlds of Information: The Geographic Metaphor in the Visualization of Complex Information. *Cartography and Geographic Information Systems* 25(4): 209–220.

Fabbri, K.P. (1998). A Methodology for Supporting Decision Making in Integrated Coastal Zone Management. *Ocean and Coastal Management* 39: 51–62.

Fedra, K. and Feoli, E. (1998). GIS Technology and Spatial Analysis in Coastal Zone Management. *EEZ Technology*, Edition 3, Section 6 August/September 1998. www.iczm.org/journals/eez.03/section.06.shtml.

Green, D.R. (2005). *Going Mobile: Mobile Technologies and GIS.* URISA Quick Study. URISA, USA, 61pp.

Green, D.R. (Ed.). (2010). *Marine and Coastal GeoSpatial Technologies.* Coastal Systems and Continental Margins Book Series. Springer, The Netherlands, 451pp.

Green, D.R. (2016). Geospatial Technologies for Siting Coastal and Marine Renewable Infrastructures. Chapter 12. In: Bartlett, D. and Celliers, L. (Eds.). *Geoinformatics for Marine and Coastal Management.* Taylor & Francis Group, Boca Raton, FL. pp. 269–298.

Green, D.R. and Dawson, A. (2007). The Role of Geography, Geospatial Technologies, and Tsunami Early Warning Systems (TEWS) in Monitoring, Mapping and Modelling Tsunami. Chapter 39. In: Kannen, A., Ramanathan, A.L., Glavovic, B.C., Green, D.R., Krishnamurthy, R.R., Tinti, S., Agardy, T., and Han, Z. (Eds.). *Integrated Coastal Zone Management – The Present Global Scenario.* Research Publishing, Singapore, 800pp. pp. 725–744.

Green, D.R. and King, S.D. (2000). Practical Use of Remotely Sensed Data and Imagery for Biological and Ecological Habitat Monitoring in the Coastal Zone. Report for JNCC. 54pp.

Green, D.R. and King, S.D. (Eds.). (2003a). *Coastal and Marine Geo-Information Systems: Applying the Technology to the Environment.* Coastal Systems and Continental Margins. Vol. 4. Kluwer, The Netherlands. 580pp.

Green, D.R. and King, S.D. (2003b). Progress in Geographical Information Systems and Coastal Modeling: An Overview. In: Lakhan, V.C. (Ed.). *Advances in Coastal Modeling.* Elsevier, The Netherlands, pp. 553–580.

Green, D.R. and King, S.D. (2004). Applying the Geospatial Technologies to Estuary Environments. Chapter 18. In: Bartlett, D. and Smith, J. (Eds.). *GIS for Coastal Management.* CRC Press, Boca Raton, FL, pp. 239–255.

Green, D.R. and Morton, D.C. (1994). Acquiring Environmental Remotely Sensed Data from Model Aircraft for Input to Geographic Information Systems. In: *Proceedings AGI'94 Conference.* November 15th–17th 1994, 15.3.1–15.3.28.

Green, D.R., Carlisle, M., and Ortiz, J. (2010). Developing a Practical Method to Estimate Water-Carrying Capacity for Surf Schools in North Cornwall, Southwest England. Chapter 11. In: Green, D.R. (Ed.). *Coastal Zone Management*. Thomas Telford, London, pp. 251–261.

Green, D.R., Hagon, J.J., and Gomez, C. (2017). Using Low-Cost UAVs for Environmental Monitoring, Mapping and Modelling of the Coastal Zone. Chapter. In: Krishnamurthy, R.R., Jonathan, M.P., Srinivasalu, S.M., and Glaeser, B. (Eds). *Coastal Management: Global Challenges and Innovations*, Academic Press, Elsevier, ISBN: 978-0-12-810473-6.

Green, D.R., King, S.D., and Morton, D.C. (1998). Small-Scale Airborne Data Acquisition
120 Systems to Monitor and Map the Coastal Environment. D.C. Morton and S.D. King. *Pro-
ceedings of the Marine and Coastal Environments Conference*, San Diego, USA 1: 439–449.

Krogstie, J. (2003). Applications and Service Platforms for the Mobile User – Introduction. *ERCIM News*, No. 54, July 2003, pp. 8–9.

Longhorn, R.A. (2004). Coastal Spatial Data Infrastructure. Chapter 1. In: Bartlett, D. and Smith, J. (Eds.). *GIS for Coastal Zone Management*. CRC Press, Boca Raton, FL, 344pp. pp. 1–15.

Longhorn, R.A. (2010). Coastal and Marine Spatial Data Infrastructures. Chapter 9. In: Green, D.R. (Ed.). *Coastal Zone Management*. Thomas Telford, London, pp. 206–225.

Phinn, S.R., Menges, C., and Hill, G.R.E. (2000). Optimizing Remotely Sensed Solutions for Monitoring, Modeling, and Managing Coastal Environments. *Remote Sensing of the Environment* 73: 117–132.

Poulton, C.V.L., Lee, J.R., Hobbs, P.R.N., Jones, L., and Hall, M. (2006). Preliminary Investigation into Monitoring Coastal Erosion Using Terrestrial Laser Scanning: Case Study at Happisburgh, Norfolk. *Bulletin for Royal Geological Society* 56: 45–64.

Rumson, A. (2015). Big Data Transforming Coastal Management. www.oceanologyinternational.com/__novadocuments/230205?v=635950429540400000.

Thomalla, F. and Vincent, E.E. (2003). Beach Response to Shore-Parallel Breakwaters at Sea Palling, Norfolk, UK. *Estuarine, Coastal and Shelf Science* 56(2): 203–212.

Zhang, D., O'Connor, N.E., and Regan, F. (2016). Current and Future Information and Communication Technology (ICT) Trends in Coastal and Marine Management. Chapter 5. In: Bartlett, D. and Celliers, L. (Eds.). *Geoinformatics for Marine and Coastal Management*. CRC Press, Boca Raton, FL, pp. 99–131.

第八章　海洋科学中的基本预报方法

托马兹·涅齐尔斯基

一、引言

本章重点介绍海洋环境各种特征的建模和预报。为了精准计算预警值，必须采用以数据或物理为基础的预报技术，而且普遍结合采用地理信息系统(GIS)等地理空间工具，二者的结合一般可以通过编程实现。特别是，有些编程语言允许用户将计算预报所需的高级数学建模包与分析提取海洋和海岸带空间特征的GIS软件结合起来。在建模和预报技术中，我们重点综述几种经验时间序列方法(如数值转换、调和多项式模型、自回归过程、预报方程)和若干种物理方法(本章仅限于大气环流模型和海气耦合模型)，同时补充以海洋研究涉及领域的若干实例。此外，本章还将说明地理空间方法可视化模型、预报性能空间建模的工具，从而强化预测工作。本章也讨论用于评估模型和模型预报的最常见统计方法。

二、海洋科学中常见的预报变量

海洋科学中可加以预报的变量很难详尽列出。不过，有几种变量是常用的预报变量，其中包括物理、化学、生物和地质现象。

在科学研究和业务化预报中，最常用的海洋物理变量是：海面高度(sea surface height, SSH)、表层温度(sea surface temperature, SST)和表层盐度(sea surface salinity, SSS)，不过，表层盐度也常被列为化学性质的变量。水温和盐度的变化决定其密度变化，会通过温度和盐度的空间效应影响海平面的变化。海面高度的预报是至关重要的，决定着对水下锋面位置的预测（Barron *et al.*，2004）和各种大尺度的大气-海洋振荡的推断，例如，对厄尔尼诺-南方涛动（El Niño/Southern Oscillation，ENSO）、太平洋十年涛动（Pacific Decadal Oscillation，PDO）和北太平洋环流振荡（North Pacific Gyre Oscillation，NPGO）以及在不同时间尺度上驱动海平面变化的过程的推断（Niedzielski and Kosek，
122 2009）。同样，表层温度的预报也是非常重要的，既是业务化预报（Rhodes *et al.*，2002），也是大气-海洋振荡的推断的关键指标（Sarachik and Cane，2010）。目前通过从太空监测到的表层盐度、海面高度和表层温度的变化，为科学界提供网格化数据，提高了海洋预报能力（Brassington and Divakaran，2009）。例如，表层温度的变化导致海洋热量发生改变（例如 Niedzielski，2014），由此可以提高厄尔尼诺-南方涛动预报的准确度。此外，表层盐度的观测影响着温盐环流（Thermohaline Circulation，THC）预报的准确度（Schmittner *et al.*，2005）。基于对海洋相关物理变量的实时和近实时预报的需求推动了若干个海洋预报体系的建立。例如，美国国家海洋与大气管理局（NOAA）通过海洋预报中心发布了根据全球海洋模型预测的最新海流和表层水温预报（Barron *et al.*，2004）。欧盟委员会在全球环境与安全监测（Global Monitoring for Environment and Security，GMES）计划中，开展了一项名为 MyOcean 的项目（目前由“哥白尼海洋环境监测中心”继续实施），其旨在全面提供海洋观测、建模结果以及海洋物理变量预报服务（例如 Sotillo *et al.*，2015）。由参与美国全球海洋数据同化实验（Global Ocean Data Assimilation Experiment，GODAE）的各机构所组成的 HYCOM 联盟，定期发布海表盐度预报图和物理变量预报。同样重要的是，应用最广泛的有关海洋物理方面的预报应该是潮汐预报。在许多国家潮汐预报由相关机构以《潮汐表》的形式出版公布，预报沿海地区的规律性潮汐变化。在海洋化学领域可预报的变量也很多，其中包括二氧化碳、pH 值等（例如，Caldeira and Wickett，2005）。在海洋生物学领域，许多研究也需要预报方法，特别是对鱼类或水下生物的行为和分布进行预测和判断，相关的预报技术种类繁多。对在海洋生境如何反映海洋理化特征变化的统计模拟中通过结合 GIS 研究能够得到更好的效果。例如，可以综合利用 GIS、统计分析和实验性拖网捕捞相结合来估

计鱼类的丰度(如 Priede *et al.*,2011),也可以利用统计模型来预报鱼类的生物量(如 Løland *et al.*,2011;Priede *et al.*,2013)。总而言之,这种预报研究更适合海洋生物地理学研究,其理论基础和海洋生物地理区划参见其他文献(Golikov *et al.*,1990;Spalding *et al.*,2007)。

海洋地质学领域也有若干变量,对其进行预报具有实践和科学的意义。而由于板块构造和沉积作用导致海底发生变化,进而导致地质时期海平面变化、火山爆发、地震和海啸等。海底受扩张(岩石圈的产生)和俯冲(岩石圈的破坏)的控制。这些过程改变了整个大洋盆地,从而改变其体积,这些均可以在 GIS 环境中进行建模(Jurecka *et al.*,2016)研究。这影响了地质时期的海平面变化,从而使我们能够预报未来长期的海平面变化(Müller *et al.*,2008)。有人曾尝试预报地震和火山爆发,但这些过程是很难预测的。有人曾成功地预报地震震级,但对地震发生时间的预报经常是不准确的。即使现在可以通过事后的短期预报来估计海啸到达沿海地区的时间,但由于海啸的预报依赖地震预报,所以长期海啸预报往往不够精确,仅限于减灾研究、重现期研究以及洪侵理论或波高分析
(Mooers,1999;Satako,2007)。 123

三、关于空间分布时间序列预报概述

在任何科学领域,预报都是一个复杂的科学研究问题,因为预报误差通常会远超可观察变量的测量误差。与预报问题有内在联系,与时间长度对应的一个概念是提前期。提前期对预报的准确性有很大的影响,一般提前期越长,预报准确性就越差。值得注意的是,目前尚没有通用的万能预报方法。为实现特定的科学目的所推荐使用的预报工具是不一样的,而且这些工具均是利用特定现象的特异性构建的。这是因为不同物理、化学、生物或地质变化驱动着特定的海洋现象,没有哪一种预报技术是可以通用的。此外,海洋问题不仅涉及时间领域,还涉及空间领域,而且并非罕见的是预报工作通常还应包括地理维度。

无论采用哪种具体的预报算法,总是存在被普遍认可的策略来形成各种预测,其中的基础是在某一特定提前期开展渐进建模和预报。图 8 - 1 提供了渐进

建模和预报的例子。我们假设观察的是从第 1 个时间步长[①]到第 93 个时间步长的变量[图 8-1 (a)]，如果要计算特定提前期的预报(在本研究模型中，提前期等于 5)，需要一个基于历史观测数据建立的模型。无论模型的数学结构如何，有两种内在方法可以将历史数据视为模型输入。首先，考虑所有可用的观测值，如图 8-1(a)中所示，对应着第 1 至第 93 个时间步长(模型 A)。其次，假设初始测量时的变化不影响预报(模型 B)，那么便可以利用最近的观测数据进行模型拟合，对应本研究模型中第 44 至第 93 个时间步长。但存在着一些包含某种特定用途的技术上的限制，例如，如果谐波振荡的振幅在时间上并非恒定的，则建议利用最近的观测值进行模型拟合。从本质上讲，模型 A 和模型 B 将产生不同的预报结果。无论选择哪一个，在第 93 个时间步长计算的 5 天预报值即为第 94 至第 98 个时间步长的预报值 [图 8-1(a)]。现在假设已经得到第 94 个时间步长的观测结果，那么在海洋环境中，可能意味着已经测量出连续一天的海平面[图 8-1(b)]，然后必须将模型更新，并对第 1 至第 94 个时间步长(模型 A)或第 45 至第 94 个时间步长(模型 B)的数据再次进行拟合，从而对第 95 至第 99 个时间步长进行新的五步预报[图 8-1(b)]。随后，随着时间的推移，得到第 95 个时间步长的观察结果后，重复上述步骤[图 8-1(c)]。因此，模型 A 依据的是第 1 至第 95 个时间步长收集的数据，而模型 B 则是基于第 46 至第 95 个时间步长的测量结果。由此产生的 5 天预报即可预报第 96 至第 100 个时间步长的变
124 化[图 8-1(c)]。假设随着时间的推移，已经测得第 100 个时间步长及之前的数据。现在可以将三个 5 步预报叠加到第 1 至第 100 个时间步长的时间序列上[图 8-1(d)]。因此，我们现在可以用图形来评估预报的准确程度。更重要的是，如果采用绝对误差或均方根误差(见“验证模型和预报”一节)的统计方法，将预报和数据进行叠加可以作为验证预报与数据、比较不同模型预报的工具。这种方法是循序渐进的，因此在评估实际应用的预报方法之前，自然需完成数十次、数百次、数千次或更多 k 步长预报值。

125 图 8-1 所示的例子是关于单变量时间序列的，因此它不包括海洋时间序列的地理空间特征。然而，单变量和空间数据的预报原理非常相似。尽管地理空

① 时间步长是时间轴上的一个点，与观测的时间间隔有关，如某年、某月、某日。

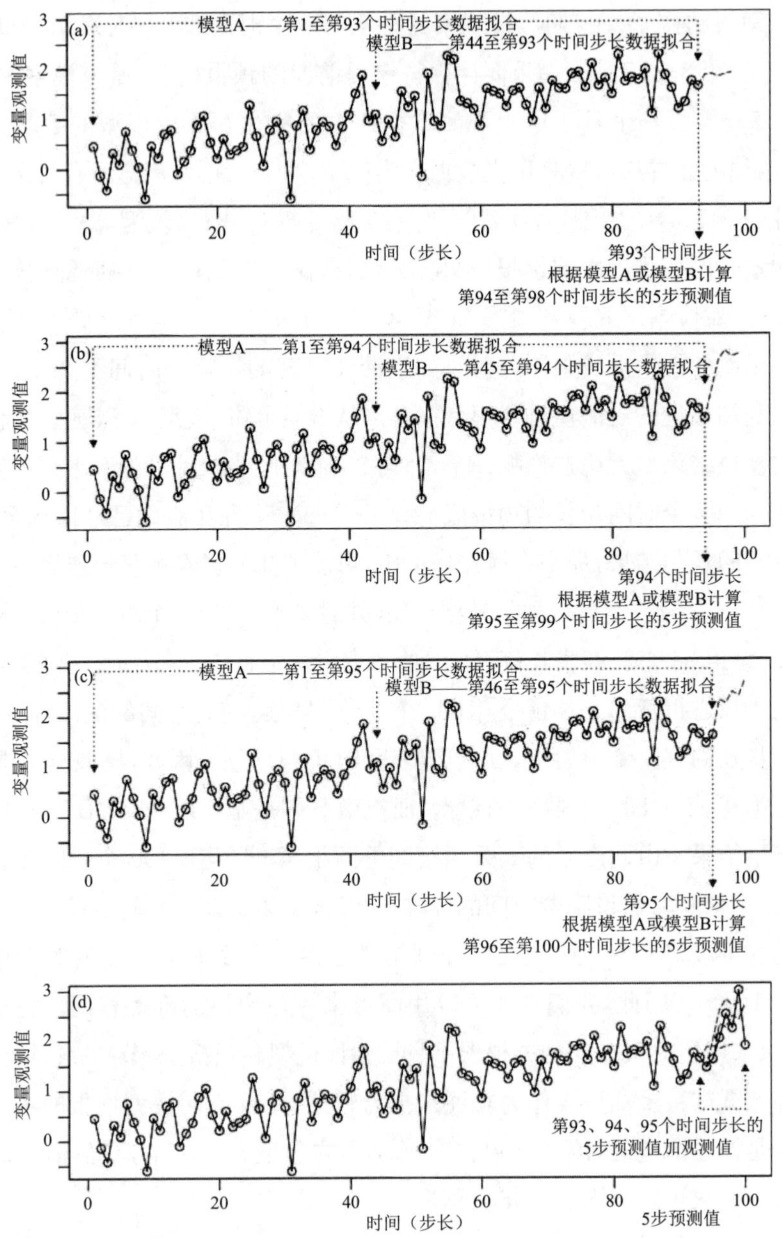

图 8-1　全数据集拟合的模型(模型 A)和采用一组最新观测数据构建的模型(模型 B)的预报概念框架图。图中分别显示了渐进式建模和预报程序[图(a)、图(b)、图(c)]和观察数据与预报值对比[图(d)]

间的扩展考虑了各种多元相关性，并采用了更复杂的模型，但预报方法与图 8－1很相似，即在预报与观测数据进行比较的概念框架方面具有相似性。

四、预报的数学和计算基本原理

为了进行预报，必须构建一个研究现象的模型。绝大多数的海洋过程都存在时间和空间变化。建模的目的是描述这类海洋过程的时间和空间动态变化的关键属性。如前所述，模型主要按照其概念基础分类。经验模型，也称为数据模型，是完全基于数学的方法，不涉及物理规律，目的是对一个给定的时间序列（如时间变化）中和/或若干个时间序列（如空间-时间变化）之间的关联进行数学描述。相比之下，使用物理规律描述现象的模型，被称为物理模型或基于物理的模型。物理模型通常可以为多种问题提供分析解决的方案，从而使我们避免数值近似。如果物理模型的结果不是由精确的解析方程给出的，那么我们通常会采用计算机辅助技术来计算。本章后半部分主要讨论上述两种模型。下文讨论的时间序列预报方法是通用的，不仅适用于海洋研究，还可以应用于不同科学领域的时间序列建模。相反，后面介绍的物理建模，侧重于大气环流模型描述的海洋过程。

五、基于数据的时间序列预报方法

我们将长度为 n 的单变量时间序列表示为 $x=(x_1,\cdots x_n)$，其中 $x_1,\cdots,x_n$ 表示时间步长 $1,\cdots,n$ 的观测值。同样，长度为 n 的多变量时间序列表示为 $x=(x_1,\cdots x_n)$，其中 $x_1,\cdots,x_n$ 表示时间步长 $1,\cdots,n$ 的观测向量。对于给定时间步长 t，$1\leqslant t\leqslant n$，一个向量 x_t 包括 m 个变量的观测值。

经验建模的一个关键目标是了解数据变化的结构，包括时间上的变化（在 x
126 内或在 x 的每个 m 分量内）和/或 x 的 m 分量之间的变化。如果这些分量与在不同位置观测的变量相对应，则说明适合时空建模。经验模型有两种变化模式：确定性变化和随机性变化。确定性变化是有规律的，可以用简单的函数来描述，如多项式函数和调和函数。反之，随机性变化是不规则的，需要用随机过程建模，其结构不定，既可以是简单的随机模型，也可以是复杂的模型。重要的是，这两种模型通常是相互叠加的，对某些特定的时间序列具有不同的意义（图 8－2）。一般来说，可以将一个时间序列 x 分解为确定性分量 $d(x)$ 和随机性分量 $s(x)$（也称为残差），即：

$$x=d(x)+s(x)$$

确定性分量和随机性分量具有不同的建模方法和预报方法。因此，必须正确区分 $d(x)$ 和 $s(x)$，这也是时间序列转换的目的。可以采用以下两种转换技术：

- 根据 x 拟合一个函数，以描述 $d(x)$，并获得残差，即 $s(x)=x-d(x)$；
- 将差分算子应用于 x，直接得到 $s(x)$。 127

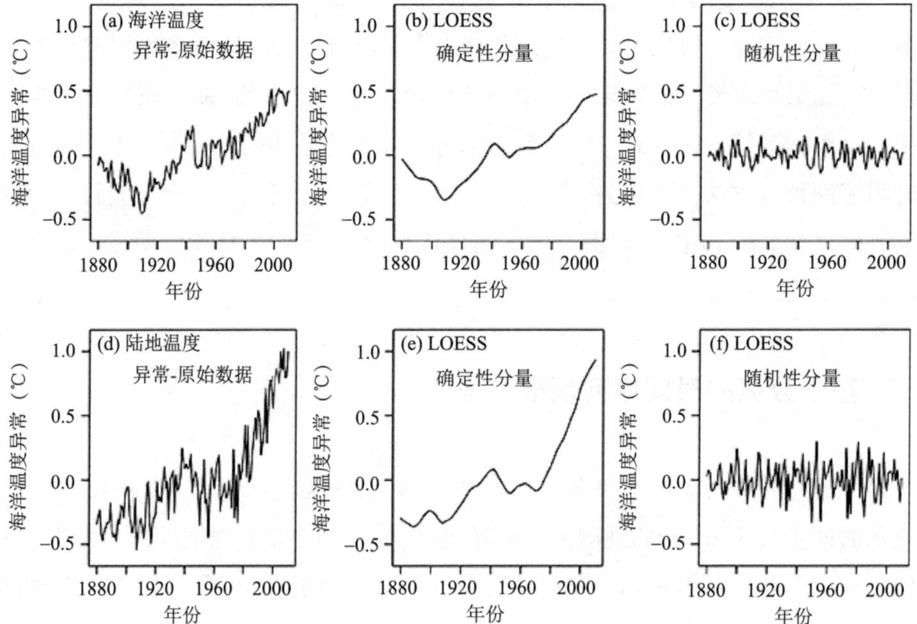

图 8－2 海洋和陆地温度异常[图(a)、图(d)]及其使用局部加权回归散点平滑法(locally weighted scatterplot smoothing，LOESS)分解计算的确定性和随机性分量[图(b)、图(c)、图(e)、图(f)]。原始数据对应于年度全球海洋温度异常值(℃)和年度全球陆地温度异常值(℃)

资料来源：数据来自 www. ncdc. noaa. gov/cmb-faq/anomalies. php，由美国国家海洋与大气管理局(NOAA)国家气候数据中心提供。

图 8-3 说明了这两种方法对数据建模的影响。

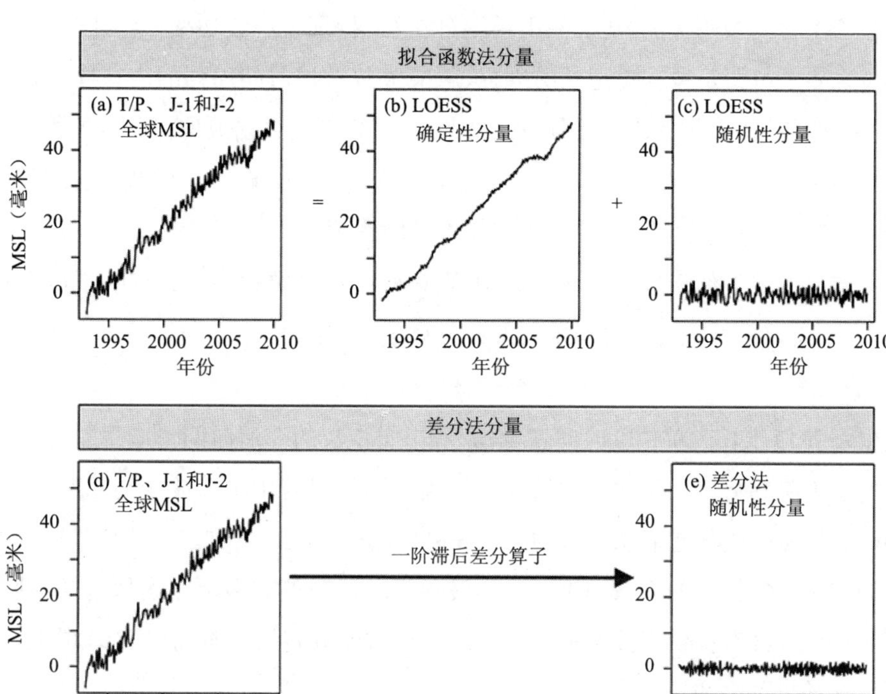

图 8-3　用于获得残差的两种标准方法：拟合函数[图(a)、图(b)、图(c)]和差分[图(d)、图(e)]。原始数据对应由测高卫星 TOPEX/Poseidon(T/P)、Jason-1(J-1)和 Jason-2(J-2)测量的全球平均海平面数据(MSL)

资料来源：数据来自 http://www.aviso.oceanobs.com，由 AVISO 提供。

第一种方法以明确的方式检测趋势和周期性条件。这些分量是由公式给出的，布罗克韦尔和戴维斯(Brockwell and Davis，1996)给出了针对趋势和周期性条件拟合函数的综合清单。一般来说，x 的确定性调和多项式分量可近似表示为

$$d(x)_t=\sum_{i=1}^{e}a_i\sin(\omega_i t+\phi_i)+\sum_{j=0}^{f}b_j t^j$$

式中，$d(x)_t=d(x)$；t 是以步长为单位的时间变量(如小时、天、月)；a_i 是谐波振荡的振幅；ω_i 是谐波振荡的角频率；ϕ_i 是谐波振荡的相位，$1\leqslant i\leqslant e$；b_j 是多项

式的系数，$1 \leqslant j \leqslant f$；$e$ 和 f 为整数。应该包括的谐波振荡次数和角频率很难估计。为了检测振荡极值，建议使用小波分析法，特别是小波功率谱。通常，研究人员只要了解给定数据集记录的进程，就能大致掌握时间序列的内在周期性条件，例如，年度、半年度或年际分量。由此，可以任意定义谐波项，其中，过程的物 128
理特性决定了振荡次数及其角频率。根据图 8－3，通过 $d(x)_t$ 的数学公式得到残差 $s(x)$，或者通过外推法计算出确定性的预报值。

差分过程类似于滤波。输入的时间序列 x 直接转化为 $s(x)$，既不需要估计，也不需要模型拟合。普遍采用的差分算子公式如下：

$$\nabla_h x = x_t - x_{t-h}$$

式中，t 是以步长为单位的时间变量；h 是相同步长的滞后时间。应用差分算子有助于消除趋势以及不太成功的周期性信号。如果若干个谐波振荡相互叠加，则很难用差分法将它们从输入的时间序列中滤除，相反，这种多振荡信号可以通过调和多项式拟合的方法利用上述的转换提取。与调和多项式模型转换不同，差分方法并没有提供直接预报的工具。而通过差分转换的时间序列 x 预报，主要包括随机预报和反差分。

很难明确说明这两种方式各自的适用场景。然而，无论是在捕捉和消除规律性趋势和振荡方面，还是在通过外推预报方面，调和多项式拟合转换的使用似乎更加灵活。一般来说，规律性强的数据可以使用调和多项式拟合，能够更准确地进行转换，即相对于随机分量 $s(x)$，振幅更大的确定性信号 $d(x)$ 能够更准确地转换。但如果时间序列 x 非常不规律，即随机性分量 $s(x)$ 振幅比确定性分量 $d(x)$ 更大，建议采用差分算子方法。

对转换结果的验证应该特别予以强调。无论采用何种技术来计算随机性分量 $s(x)$（调和多项式拟合或差分算子），残差时间序列中均不应包括规律性的确定性信号。不过，建模实践清楚地表明，这并不是一项容易的任务。在海洋科学中，各种地球物理、化学或生物过程都会导致失真，模糊确定性变化的规律性。有多种方法可供选择，通过这些方法来验证残差是由特定的随机过程控制的以及 $s(x)$ 是否推导正确（Brockwell and Davis，1996）。用下式给出的样本自相关函数（ACF）可以进行最简单的判断：

$$\rho(k)=\frac{\sum_{t=1}^{n-k}(x_t-\bar{x})(x_{t+k}-\bar{x})}{\sum_{t=1}^{n}(x_t-\bar{x})^2}$$

式中，$x=(x_1,\cdots x_n)$；k 是滞后期；$\bar{x}$ 是样本均值。

如果对残差计算的样本自相关函数值仍然显著大于由置信区间定义的阈
129 值，并且没有迅速衰减，那么很可能在残差中存在重要的确定性信号(图 8 - 4)。为了进一步提高准确性，建议重新转换时间序列 x。

假设分量 $d(x)$和 $s(x)$是通过调和多项式拟合计算的。请注意，为了拟合上述的调和多项式函数，需要对模型参数进行估计，最常见的方法是最小二乘法估计。估计完成后，确定性信号 $d(x)$的一步预报 $P[d\ (x)_{t+1}]$可以按照以下公式从时间步长 t 最后可用的数据点)外推到时间步长 $t+1$(未观察到的未知值)计算出来。

130

$$P[d\ (x)_{t+1}]=\sum_{i=1}^{e}\hat{a}_i\sin[\omega_i(t+1)+\hat{\phi}_i]+\sum_{j=0}^{f}\hat{b}_j\ (t+1)^j$$

式中，$\hat{a}_i$ 是谐波振荡的估计幅值；ω_i 是谐波振荡的角频率；$\hat{\phi}_i$ 是谐波振荡的估计相位，$1\leqslant i\leqslant e$；$\hat{b}_j$ 是多项式的系数，$1\leqslant j\leqslant f$；e 和 f 是整数。较长提前期的预报也可以用同样的方式计算。值得注意的是，时间序列 x 的一步预报 $P[x_{t+1}]$应通过 $P[x_{t+1}]=P[d\ (x)_{t+1}]+P[s\ (x)_{t+1}]$计算，其中 $P[d\ (x)_{t+1}]$和 $P[s\ (x)_{t+1}]$分别是确定性和随机性条件的预报(随机预报见本小节)。一般来说，k 步预报表示为 P_k。

假设使用差分算子来计算随机分量 $s(x)$(例如，在本例中使用了$\nabla_1 x$)，省略了 $d(x)$的函数描述。在这种情况下，预报残差之后，就可以预报出一个确定性的信号。回想一下，$P[s\ (x)_{t+1}]$是从时间步长 t 计算到时间步长 $t+1$ 的 $s(x)$的一步预报(关于随机预报见后文)。把 $P[s\ (x)_{t+1}]$附加到$\nabla_1 x$ 来构建新的时间序列：

$$\{x_2-x_1,x_3-x_2,\cdots,x_t-x_{t-1},P[s\ (x)_{t+1}]\}$$

式中的符号与已经定义的符号含义一致(注意本例依据的是 lag－1 差分)。为了预报一个未转换的时间序列 x，需要应用返回离散积分的反差算子。因此，对于前述 lag－1 的例子，重建的时间序列是：

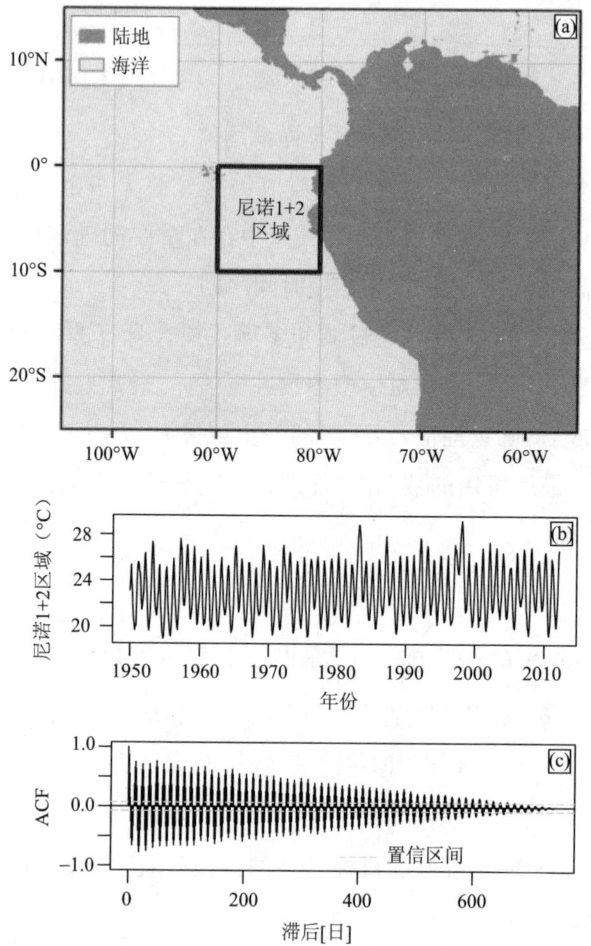

图 8-4　尼诺 1+2 指数及其由自相关函数(ACF)检测出的规律确定性分量:东太平洋尼诺 1+2 区域的位置(0°—10°S,80°—90°W)[图(a)],尼诺 1+2 指数时间序列跨越 1950 年 1 月至 2012 年 3 月[图(b)],尼诺 1+2 时间序列明显滞后的自相关函数[图(c)]。数据对应尼诺 1+2 地区测量的平均表层温度(SST)

资料来源:数据来自 http://www.esrl.noaa.gov,由美国国家海洋与大气管理局国家气候数据中心提供。

$$\{x_1, x_1+(x_2-x_1), x_1+(x_2-x_1)+(x_3-x_2), \cdots, x_1+(x_2-x_1) + \cdots + (x_t - x_{t-1}) + P[s\ (x)_{t+1}]\}$$

这相当于时间序列:

$$\{x_1, x_2, x_3, \cdots x_t + P[s\ (x)_{t+1}]\}$$

因此,在 lag－1 差分的具体实例中,时间序列 x 从时间步长 t 到 $t+1$ 的一步预报 $P[x_{t+1}]$应确定为 $P[x_{t+1}]=x_t+P[s\ (x)_{t+1}]$。

根据前文所述,无论采用哪种转换方法,都应该推导出 $P[s\ (x)_{t+1}]$,以便计算出 $P[x_{t+1}]$。因此,需要简单介绍一下随机模型。随机模型的目的是验证导致 $s(x)$的残差变化的重要随机规律。随机过程类型有许多,包括线性和非线性以及单变量和多变量,其中若干随机过程在时间序列建模中广泛使用(Brockwell and Davis,1996)。基础模型主要指包括自回归等依赖结构的模型,例如自回归移动平均模型(Autoregressive and Moving Average Models, ARMA)、门限自回归模型(Threshold Autoregressive Models, TAR)、自回归条件异方差模型(Autoregressive Conditional Heteroscedastic Models, ARCH)和多变量自回
131 归模型(Multivariate Autoregressive Models, MAR)。

自回归是建立在针对同一时间序列在时间上发生偏移而回归的模型基础上。因此,它们捕捉由非决定性过程控制的历史变化。本小节不具体介绍各种随机模型,只通过一个简单的自回归例子让读者大致了解其工作原理。

为了验证时间序列 $s(x)$是否可以用自回归过程建模,可以使用样本自相关函数 ACF。函数的快速衰减通常是自回归结构的标志,但必须通过分析样本偏自相关函数(Partial Autocorrelation Function, PACF)进行确认。

一个 p 阶的零均值自回归过程 Y_t(用大写字母描述一个用小写字母表示可能有许多实现的随机过程),通常被称为 AR(p),这是固定表示,公式如下:

$$Y_t=\alpha_i Y_{t-1}+\cdots+\alpha_p Y_{t-p}+Z_t$$

式中,α_i 是自回归系数,$1 \leqslant i \leqslant p$;$Z_t$ 是均值为 0、方差为 σ^2 的白噪声。AR(p)过程的当前实现取决于过去的值,而 p 控制着许多需要考虑的显著向后的时间步长。为了拟合时间序列的 AR 模型,需要估计 p、α_i 和σ^2(Brockwell and Davis, 1996)。假设 $s(x)$是 Y_t 的实现,则 AR 模型一步预报 $P[s\ (x)_{t+1}]$的计算方法为:

$$P[s\ (x)_{t+1}]=\hat{\alpha}_i s\ (x)_t+\cdots+\hat{\alpha}_p s\ (x)_{t-\hat{p}+1}$$

式中,$\hat{\alpha}_i$ 是估计的自回归系数,$1 \leqslant i \leqslant \hat{p}$;$\hat{p}$ 是估计的阶数。例如,涅齐尔斯基和科塞克(Niedzielski and Kosek, 2009)用这种方法来预报通过测高卫星

TOPEX/Poseidon 和 Jason-1 测量的海平面异常值。

除了上述的统计方法外，还有其他数据方法可用于预报海洋时间序列，即基于人工智能和数据挖掘技术的方法。

人工神经网络属于人工智能方法，旨在模仿人脑的生物学过程。人工神经网络是通过公式展现的数学对象，其中借鉴了神经细胞的优势性能，将输入数据与输出时间序列联系起来，不涉及描述控制数据波动的过程，是一种纯粹经验性的方法。神经细胞或神经元是数据处理器，负责利用不同权重处理从其他神经元来的输入，并进行输出。随后，输出成为其他神经细胞的输入。第 i 个神经元 $y_i(i=1,\cdots,n)$受到 j 个输入信号的刺激，表示为 $x_j(j=1,\cdots,m)$。每个刺激 $j\rightarrow i$ 在一个给定的问题中具有独特的重要性，因此应该用相应的权重 w_{ij} 来衡量。对于每种情况，如第 i 个神经细胞，设一个阈值，表示为 w_{i0}。阈值用于评估整合信号是否大到足以在不同神经元之间切换。换句话说，如果刺激的强度足以激活第 i 个神经细胞，就会进行验证。 132

在数学公式上，利用已知的符号表示为

$$z_i=w_{i1}x_1+\cdots+w_{im}x_m+w_{i0}$$

注意，z_i 允许在加权输入信号 $w_{i1}x_1+\cdots+w_{im}x_m$ 与阈值 w_{i0} 之间进行比较。假设来自 j 个不同神经元的加权输入总和超过 w_{i0}，第 i 个神经细胞就会被激活。相反，若总和小于或等于 w_{i0}，第 i 个神经元就不会被激活。这是最简单的神经细胞模型，可以写成：

$$f(z)=\begin{cases}1, & z>0\\0, & z\leqslant 0\end{cases}$$

上述模型是流行的麦克洛克-皮茨（McCulloch-Pitts）模型（McCulloch and Pitts，1943），简单地说，当 $y_i=f(z_i)\leqslant 0$时，第 i 个神经元存在响应；如果 $y_i=f(z_i)\leqslant 0$，则没有响应。不过请注意，还有更复杂、更先进的神经网络结构（例如 Priddy and Keller，2005）。与此相联系的是一个输入数据 x_i 和输出 y_i 的结构。由于两者都是随时间变化的，因此给定的响应取决于固定时间 t 内神经细胞的状态。很显然，神经网络虽然提供了数据建模的框架，但是为了描述数据的变化，首先要选择权重。权重选择的过程称为学习过程，可以通过许多方法来实现，其中很多已被视为标准方法，建议读者研究相关文献进行深入了解（Priddy and Keller,2005)。基于神经网络的预报利用了拟合的神经模型,能够在时域中进行外推。在海洋研究中,人工神经网络可应用于很多主题,例如,潮汐预报(Lee and Jeng,2002)、风浪预报(Makarynskyy,2004)或沿海藻华预报(Lee *et al.*,2003)。

数据挖掘也值得加以介绍,这是一种介于统计学和人工智能之间的跨学科方法,旨在发现存储在数据库中的大型数据集的隐藏特征。数据挖掘通过运用统计方法与现代信息技术中典型的数据处理工具相结合的方式完成。虽然数据挖掘技术不属于本章的研究范围,但应该提及一下数据库中的知识发现(Knowledge Discovery in Databases, KDD)的概念。事实上,KDD本身不仅包括数据挖掘,还包括初步数据处理程序和后处理活动。在许多应用中,数据挖掘凭借其对大型数据集的处理优势也常被用作预报方法。海洋科学家经常利用数据挖掘技术来计算预报值,而这涉及海洋生物学(Palialexis *et al.*,2011)以及物理海洋学和应用海洋学(Corchado and Lees,2001)。

还有各种基于统计、神经网络、数据挖掘等的数据模型,用于捕捉非时间依赖性变量之间的因果关系。例如常见的统计模型中的线性模型(Linear Models, LM)、通用线性模型(Generalised Linear Models, GLM)和广义加性模型(General Additive Models, GAM)。相关的教科书有很多,本文不详细讨论
133 这些方法(例如Zuur *et al.*,2009)。

不过,这些模型经常用于海洋科学,特别是在空间环境中,并且与GIS结合使用。本章"预报的地理方面"一节会提到这类模型。

六、物理预报方法

物理预报模型涉及的是完全不同的概念。经验时间序列预报属于通用的方法,可应用于海洋科学以外的各种问题,而物理方法则是专门针对某一特定主题的。尽管这样的模型描述了过程背后的物理特性,但建模者发现其计算效率较低。事实上,当其解析解不存在时,用于描述物理规律的微分方程必须用数值方法求解。这种数值方法往往很耗时,需要强大的计算能力,对研究领域的提前期和规模都有很大限制。本节不再讲述海洋科学中采用的各类物理模型,重点讨

论在海洋研究中大洋环流模型(Oceanic General Circulation Models, OGCMs)及其常见的扩展应用。

OGCM以物理背景为基础,旨在参照空间分辨率、时间视角和各种水深上预报各种海洋参数,例如温度、盐度或海平面。因此,OGCM可以对海洋环流的空间和时间动态变化进行数值模拟,至少涵盖了中尺度运动。这类模型除了具有进行中短期模拟操控性能,还可用于模拟海洋的长期场景,包括预报全球变暖效应的各种海洋参数。OGCM的早期发展可以追溯到20世纪六七十年代,但事实上,关于该模型的建立和分析最早始于大气环流模型(Atmospheric General Circulation Models, AGCM)。在海洋建模方面,布莱恩(Bryan,1969)发表过一篇具有开创性意义的论文,提出了关键的范式并讨论了OGCM中采用的算法问题。根据麦克威廉姆斯(McWilliams,1996)对OGCM的概述。OGCM的基本原理是基于海水的地球自转的纳维-斯托克斯(Navier-Stokes)方程。为模拟大洋环流,需要大量的近似和简化,他们在上述论文边界值问题部分进行了详细介绍。OGCM的关键问题是:参数化、初始化和边界条件的确定、海底地形知识、时间以及二维空间的分辨率。通常来说,一般采用有限差分法求解方程,许多论文表明,如果加以适当约束,OGCM具备模拟全球海洋环流关键要素的能力。

自20世纪初以来,科学家们发现海洋和大气之间存在密切联系,这种发现与厄尔尼诺现象研究有关(详见下文)。两者之间的关联可以用大气-海洋全球环流耦合模型(Atmosphere-Ocean Global Circulation Models, AOGCM)来模拟。所谓的耦合依据的是特定的反馈,即海洋驱动大气和大气驱动海洋。大气和海洋都稳定地进行着动量、热量以及其他物理量和化学量的交换。AOGCM
包括几十个模型,详情见兰德尔等(Randall *et al.*,2007)的研究。 134

海洋-大气耦合也是海洋和大气最大年际振荡的原因,即厄尔尼诺—南方涛动(ENSO)。自20世纪30年代初以来,研究人员一直在研究关于赤道太平洋和印度洋在海洋-大气耦合的假说。到了1969年,皮耶克尼斯(Bjerknes,1969)提出了驱动海气正反馈的概念性机制,解释了上述的耦合。尽管皮耶克尼斯(Bjerknes)准确理解了这种反馈,但没有解释为什么厄尔尼诺和拉尼娜现象会停止,而且为什么热带太平洋总是或早或晚地转入正常状态后可能再次发生厄尔尼诺或拉尼娜现象。根据克拉克(Clarke,2008)以及萨拉奇克和凯恩(Sarachik and Cane,2010)关于ENSO的最新著作,我们认识到这种转变是由赤道的洋流风控制的,即开尔文(Kelvin)波(东向)和罗斯贝(Rossby)波(西向)。随着对这种转变理解的深入,20世纪80年代,人们首次模拟了赤道太平洋的大气和海洋之间的耦合。最早是凯恩等(Cane *et al.*,1986)尝试将独立的大气和海洋数值模型结合起来。20世纪80年代中期,出现了两种建模方法,即延迟振子理论和充电—放电振子理论。后者的原理是金(Jin,1997a,b)提出的,主要是基于海面温度异常导致热带太平洋西部和中部空气的异常升温和降温,这种异常升降温是经向海洋运动的结果。苏亚雷斯和绍普夫(Suarez and Schopf,1988)利用赤道洋流经过太平洋时发生的延迟,首次建立了延迟振子理论模型。事实上,当西向罗斯贝波从西太平洋边界反射,反射产生的开尔文冷波在迁移上有延迟。这类迭代会重复和延迟,导致了ENSO冷暖阶段的转换。

七、预报的地理方面

数据预报法和物理预报法在不同的空间尺度上发挥作用。OGCM和AOGCM都利用了坐标网格,因此物理模型本质上是包含地理位置的。对于数据建模来说,可能发生以下几种情况。最简单的情况是用单变量时间序列处理数据和预测未来,单变量时间序列对应于在某一位置观察到的或取空间平均值的特定变量。如果采用多变量时间序列(通常被称为空间-时间序列),记录一个或多个变量在不同位置的观察结果,情况会更加复杂。这种情况虽然也能对未来进行预报,但对于给定提前期的预报来说,在空间上也会有差异。最后,如果时间是恒定的,只发生空间变化,那么就可以利用插值法和建模来估计没有测量数据的位置的数值。

根据上述介绍,网格数据建模最直接的方法是先验假设,即假设有时间依赖性,不同网格的时间序列,甚至相邻的网格,在空间上都是独立的。这种假设使网格分析相对简单,但忽略了空间分布的时间序列之间可能存在的相互关系,可能会降低预报的准确度。图8－5展示了网格测高卫星时间序列海平面变化预报结果,该结果可以通过专用近实时系统Prognocean(Niedzielski and Miziński,

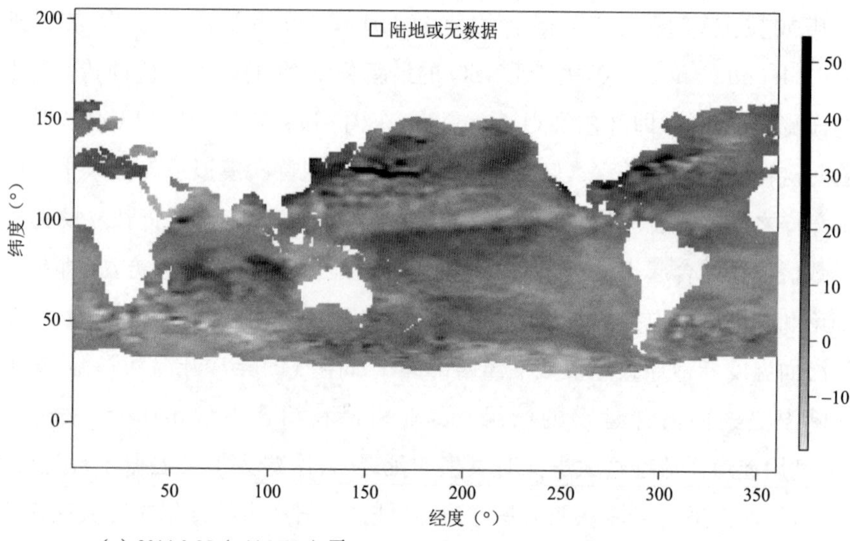

（a）2014-9-25（mjd 56925）至2014-10-09（mjd 56939）SLA预测（单位：厘米）

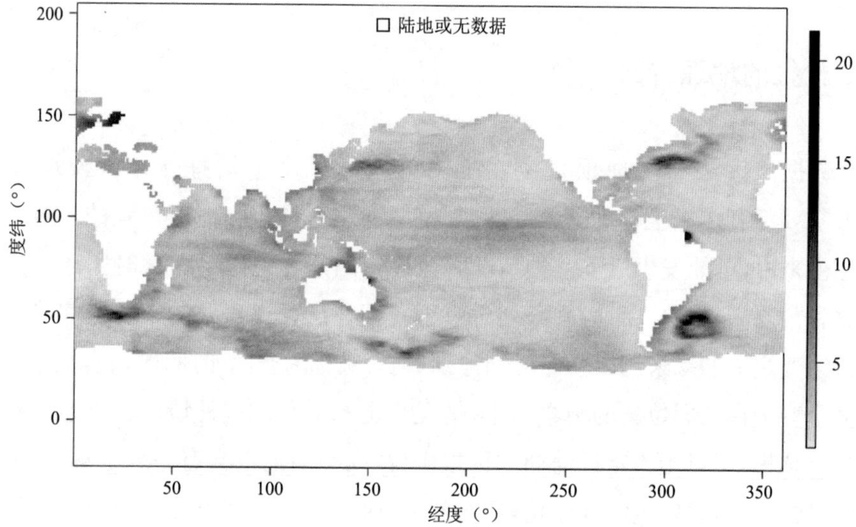

（b）截至2014-09-25（mjd 56925）14天SLA预测的RMSE，样本量：825个

图 8-5　2014 年 9 月 25 日至 2014 年 10 月 9 日 Prognocean 计算的海平面异常(sea level anomalies，SLA)的 14 天预报图［图(a)］和使用 858 个预报值计算的 2014 年 9 月 25 日前海平面异常预报的均方根误差(Root Mean Squared Error，RMSE)图［图(b)］。以上预报值系结合确定性信号的外推与随机残差的自回归预报计算所得

资料来源:SLA 数据由 AVISO+(法国)提供,预测值由弗罗茨瓦夫大学(波兰)计算。

2013)计算得出,该系统是由波兰弗罗茨瓦夫大学地理信息学和地图学系开发的。 135

根据涅齐尔斯基和科塞克(Niedzielski and Kosek,2009)的论文,该系统在长达 14 天的提前期内,各种时间序列模型的概念性预报每天都在不断产生并以接近实时的方式发布。Prognocean 系统的扩展,即 Prognocean Plus,已经发布了(Świerczyńska *et al.*,2016),它可以计算和预报高空间分辨率的海平面变化,预报已在专业网络地图服务网站 https://prognocean.plgrid.pl 中发布。图 8-5 (a)是提前期为 14 天的海平面异常预报图,图 8-5(b)是系统在运行过程中确定的 14 天预报误差图。后文专门的一节我们将介绍验证预报误差的标准方法。图 8-5 的预报依据是调和多项式模型的网格外推(即信号 $d(x)$的确定性分量)与网格自回归模型(即信号 $s(x)$的随机性分量)。

136 当我们需要将时间变量与空间变量或变量间的动态变化相结合时,应采用多变量时间序列法。这不仅需要自相关分析,还需要互相关和空间相关的分析。给定位置的预报可以通过多变量模型得出,该模型在空间相邻与时间序列互相关性方面还具有统计学意义。如果数据是统计样本的轨迹,用这样一种空间方式不仅可以预报时间序列,我们认为除了时间还有其他变量可以作为关键参数插入拟合模型得出预报结果。如上所述,标准的统计模型可以很好量化这种非时间性变化,如 LM、GLM 或 GAM。利用一组预报因子进行线性建模的最常见方法是普通最小二乘法(Ordinary Least Squares, OLS),在空间统计中,通常当以栅格地图表示解释性空间变量时,就可以使用最小二乘法来拟合模型。普通最小二乘法框架中的回归分析是在空间内整体完成的,并未对模型进行局部修
137 改。整体拟合也可以使用 LM 以外的模型来完成。为了解释这一点,我们表明 GAM 模型可以通过与 GIS 数据处理相结合,从而在空间上获得广泛应用。海洋生物的生物量变化主要由深度决定,底栖鱼类也是如此,鉴于已知水深对圆吻突吻鳕的生物量的影响①,因此可采用网格化方式预报生物量,并绘制出相关生物量的空间分布(图 8-6)。值得注意的是,制作图 8-6 的 GAM 方法是实际模

① 戈德博尔德等人(Godbold *et al.*,2013)的论文中介绍了计算豪猪湾圆吻突吻鳕生物量空间分布的统计 GAM 模型。

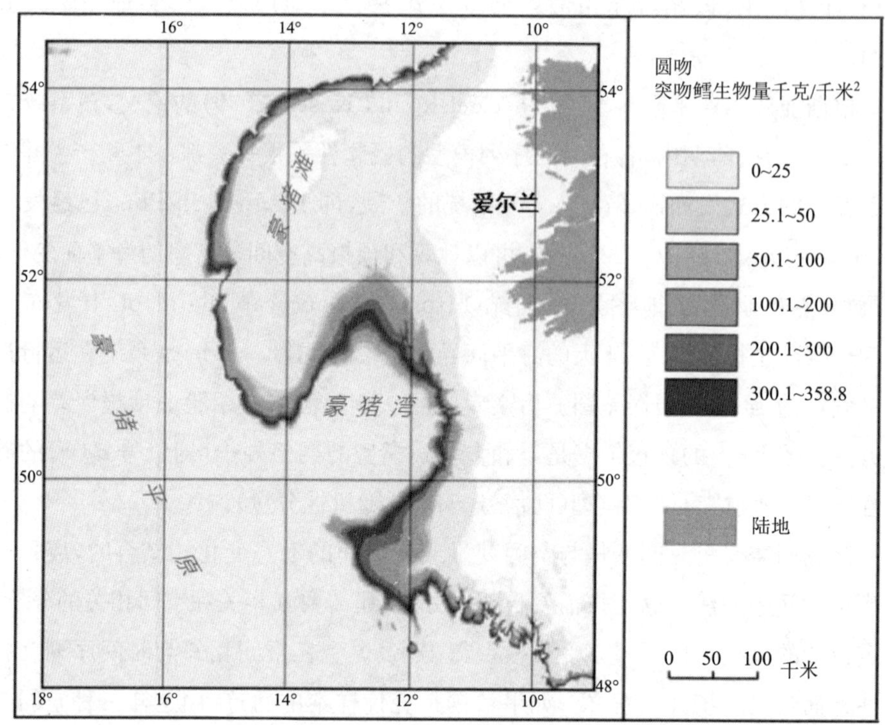

图 8-6 根据深度的广义加性模型(GAM)和 GIS 处理相结合的预报，计算出豪猪湾圆吻突吻鳕生物量的空间分布

资料来源:数据由英国阿伯丁大学海洋实验室提供。该地图是根据图 8-5(a)改绘,由瓦尔德马尔·施帕勒克(Waldemar Spallek)博士制作,由戈德博尔德等(Godbold *et al.*,2013)在《生物地球科学》(Biogeosciences)杂志上按照开源协议 3.0 许可发表。

型的简化(Godbold *et al.*,2013),因此本章使用 GAM 只是为了说明。经过统计建模和 GIS 地理处理,模型有可能超出海底采样点的范围,并对底栖鱼类的空间分布进行预报。

与普通最小二乘法相反,地理加权回归(Geographically Weighted Regression, GWR)是一种以局部拟合为基础的空间线性回归方法。建议读者研读弗泽林哈姆等(Fotheringham *et al.*,2002)专门讨论 GWR 的书籍。这意味着,地理加权回归针对不同的地点分别进行模型拟合。OLS 和 GWR 考虑了空间依赖性,但都没有考虑时间变化。

这里应该提及插值法，可以使用离散点或沿离散折线测量的空间数据，计算没有观测数据位置的特定变量的预报值。这种方法假设变量处于静止状态，即空间数据不随时间变化。在众多空间插值方法中，最常用的方法包括线性插值法、反距离插值法和克里金法。许多教科书中都有详细描述（见 Fortin and Dale，2005）。克里金法是在方差图的基础上，利用统计依赖性和地点位置（实际上是距离）建立空间连续场的方法。

八、模型和预报的验证

无论模型和预报依据的是数据模型还是物理模型，都应该经过验证，以便为用户提供准确的信息。

正确选择并经过校准的模型能够和数据完全拟合。拟合度通常采用模型残差来检验，但一些模型有自身的评估标准，如赤池信息准则（Akaike Information Criterion，AIC）、贝叶斯信息准则（Bayesian Information Criterion，BIC）、最终预报误差准则（Final Prediction Error，FPE）（Brockwell and Davis，1996）。模型拟合后，即，将确定性模型拟合到非转换数据，或将随机性模型拟合到不规律残差后，就可以计算出模型残差，作为观测数据和模型预报之间的差异（相同的空间和/或时间序列已经用于建模），模型残差 r_t 代表模型的准确度，通常使用均方根误差（Root Mean Squared Error，RMSE）或平均绝对误差（Mean Absolute Error，MAE）检验拟合度。统计数据公式如下所示：

$$\mathrm{RMSE}_m=\sqrt{\frac{1}{n}\sum_{i=1}^{n}r_t^2}$$

$$\mathrm{MAE}_m=\frac{1}{n}\sum_{i=1}^{n}|r_t|$$

138 式中，RMSE_m 和MAE_m 分别为针对模型残差 r_t（在有观测值和模型值的情况下）计算的 RMSE 和 MAE 统计数据；n 为样本量。评价模型性能的统计数据有许多（Krause *et al.*，2005），但为了简单起见，本文只介绍 RMSE 和 MAE 方法。尽管 RMSE 或 MAE 分析指出了准确性，但由于这种方法仅验证有观测数据的顶点（点），虽然模型运行后得出的是拟合的结论，但其可靠性可能受到质疑。为了加强推论,建议加以交叉验证,从而在有观测数据但模型不拟合的点对建模过程进行验证。交叉验证常用方法是留一法,它的概念是在没有单一观测的条件下进行模型拟合,不过,这种观测在建模中被省略了,同时被存储起来以便测试模型的预报性能。为了将这种验证与统计框架整合,需要重复迭代进行以上的验证过程,为此在建模中省略不同的观测值,并假定其适用于在每次迭代中对所拟合的模型进行验证。因此,在没有给定观测值的情况下,交叉验证后会得到一组真实观测值与数据模型预报值之间的差,这样的元素称为交叉验证残差。可以用 RMSE 和 MAE 等其他统计量进行评估,RMSE 或 MAE 的值能有效证明给定建模方法的性能。

接下来,重点介绍特定模型对应的拟合度,评估拟合度仅限于模型拟合的时间域和/或空间域。这个域是数据本身自带的,也就是说,我们研究的是观测存在的时间和/或地点,换言之,我们并没有超出建模所对应的时间和空间范围。在实际应用中,我们需要用外推和内插法对任意时间和/或地点进行预报,而不仅仅限于已经拟合模型的时间和/或地点。对前述的这种预报也应加以评估,但就可行性而言,时间序列(单变量和多变量)和静态栅格数据集是有所不同的。

事实上,当目的是预报未来时,我们称之为外推,真实数据是未知的,因此不可能在计算的时候验证预报的准确性。这需要等到观测发生,并且在保存了对该时间点相应预报结果之后,才能验证给定模型的预报准确性。在这种情况下,观察值和其 k 步预报值之间的一组偏差在时间上会有延迟,从而导致了另一种残差(下文称预报残差)。在预报未来的情况下,使用 RMSE 和 MAE 特定模型进行预报的定量评价,可以用以下公式计算:

$$\mathrm{RMSE}_p(t,k)=\sqrt{\frac{1}{m}\sum_{i=1}^{m}\{x_{t-1}-P_k[x_{t-i-k}]\}^2}$$

$$\mathrm{MAE}_p(t,k)=\frac{1}{m}\sum_{i=1}^{m}|x_{t-1}-P_k[x_{t-i-k}]|$$

式中,RMSE_p 和MAE_p 分别为 RMSE 和 MAE 统计数据,分别代表数据和预报值之间的偏差;t 是以步长为单位的离散时间;m 是计算的 k 步预报值;x_{t-i} 是时间步长$(t-i)$的观测值;$P_k[x_{t-i-k}]$是 x_{t-i} 从时间步长$(t-i-k)$到时间步长

139 $(t-i)$的 k 步预报值。

最后，当研究问题仅限于空间数据而不涉及时间变化的数据时，便可以在空间上进行预报，即对没有观测数据的位置进行预报，这种方法称为空间插值，在中间位置产生一个给定变量的估计值，使得空间信息变得更全面、空间间隔更小。为了评估给定插值法的性能，需定义两个数据集，即作为插值输入的研究样本和用于验证准确度的测试样本（如留一法）。交叉验证通常用于评估插值法，而上文提到的统计方法也适用于这个目的。

致谢

本文中近实时预报海平面变化的相关系统和服务是利用欧洲区域发展基金和创新经济计划创立的波兰科学基金会的（Homing Plus）补助金，由弗罗茨瓦夫大学（波兰）开发的，合同号为 Homing Plus_2011-3/8。上述系统是在玛嘉烈特・赫维尔（Małgorzata Hewelt）和玛嘉烈特・斯威兹兰斯卡（Małgorzata Świerczyńska）的支持下，由托马兹・涅齐尔斯基（Tomasz Niedzielski）和巴塞洛缪・米奇斯基（Bartłomiej Miziński）研发。作者感谢蕾娜塔・德莫斯卡（Renata Dmowska）博士对地震和海啸建模提供的宝贵意见，感谢伊芒斯・皮里德（Imants Priede）教授、玛嘉烈特・维佐利克（Małgorzata Wieczorek）博士、瓦尔德曼・斯波尔格（Waldemar Spallek）博士、贾斯明・戈德波尔（Jasmin Godbold）博士（与我合作）参与对生物地理学和统计建模的讨论。最后同样感谢瓦尔德曼・斯波尔格（Waldemar Spallek）博士和玛嘉烈特・维佐利克（Małgorzata Wieczorek）博士制作了介绍圆吻突吻鳕生物量的图表并对图表内容进行了查证。衷心感谢以下单位提供数据：NOAA 国家气候数据中心（美国）、NOAA 地球系统研究实验室（美国）、AVISO＋（法国）、阿伯丁大学海洋实验室（英国）和弗罗茨瓦夫大学（波兰）。

参考文献

Barron, C.N., Kara, A.B., Hurlburt, H.E., Rowley, C., and Smedstad, L.F. (2004). Sea Surface Height Predictions from the Global Navy Coastal Ocean Model (NCOM) During 1998–2001. *Journal of Atmospheric and Oceanic Technology* 21(12): 1876–1189.

Bjerknes, J. (1969). Atmospheric Teleconnections from the Equatorial Pacific. *Monthly Weather Review* 97: 163–172.

Brassington, G.B. and Divakaran, P. (2009). The Theoretical Impact of Remotely Sensed Sea Surface Salinity Observations in a Multi-Variate Assimilation System. *Ocean Modelling* 27(1–2): 70–81.

Brockwell, P.J. and Davis, R.A. (1996). *Introduction to Time Series and Forecasting.* Springer, New York. 140

Bryan, K. (1969). A Numerical Method for the Study of the Circulation of the World Ocean. *Journal of Computational Physics* 4: 347–376.

Caldeira, K. and Wickett, M.E. (2005). Ocean Model Predictions of Chemistry Changes from Carbon Dioxide Emissions to the Atmosphere and Ocean. *Journal of Geophysical Research* 110: C09S04. doi:10.1029/2004JC002671.

Cane, M.A., Zebiak, S.E., and Dolan, S.C. (1986). Experimental Forecast of El Niño. *Nature* 321: 827–832.

Clarke, A.J. (2008). *An Introduction to the Dynamics of El Niño and the Southern Oscillation.* Academic Press, Elsevier, New York.

Corchado, J.M. and Lees, B. (2001). A Hybrid Case-Based Model for Forecasting. *Applied Artificial Intelligence: An International Journal* 15(2): 105–127.

Fortin, M.J. and Dale, M. (2005). *Spatial Analysis: A Guide for Ecologists.* Cambridge University Press, Cambridge.

Fotheringham, A.S., Brunsdon, C., and Charlton, M. (2002). *Geographically Weighted Regression: The Analysis of Spatially Varying Relationships.* Wiley, Chichester.

Godbold, J.A., Bailey, D.M., Collins, M.A., Gordon, J.D.M., Spallek, W.A., and Priede, I.G. (2013). Putative Fishery-Induced Changes in Biomass and Population Size Structures of Demersal Deep-Sea Fishes in ICES Sub-Area VII, North East Atlantic Ocean. *Biogeosciences* 10: 529–539.

Golikov, A.N., Dolgolenko, M.A., Maximovich, N.V., and Scarlato, O.A. (1990). Theoretical Approaches to Marine Biogeography. *Marine Ecology Progress Series* 63: 289–301.

Jin, F.F. (1997a). An Equatorial Ocean Recharge Paradigm for ENSO. Part I: Conceptual Model. *Journal of the Atmospheric Sciences* 54: 811–829.

Jin, F.F. (1997b). An Equatorial Ocean Recharge Paradigm for ENSO. Part II: A Stripped-Down Coupled Model. *Journal of the Atmospheric Sciences* 54: 830–847.

Jurecka, M., Niedzielski. T., and Migoń. P. (2016). A Novel GIS-based Tool for Estimating Present-day Ocean Reference Depth Using Automatically Processed Gridded Bathymetry Data. *Geomorphology* 260: 91–98.

Krause, P., Boyle. D.P., and Bäse, F. (2005). Comparison of Different Efficiency Criteria for Hydrological Model Assessment. *Advances in Geosciences* 5: 89–97.

Lee, J.H.W., Huang, Y., Dickman, M., and Jayawardena, A.W. (2003). Neural Network Modelling of Coastal Algal Blooms. *Ecological Modelling* 159(2–3): 179–201.

Lee, T.L. and Jeng, D.S. (2002). Application of Artificial Neural Networks in Tide-Forecasting. *Ocean Engineering* 29(9): 1003–1022.

Løland, A., Aldrin, M., Steinbakk, G.H., Huseby, R.B., and Grøttum, J.A. (2011). Prediction of Biomass in Norwegian Fish Farms. *Canadian Journal of Fisheries and Aquatic Sciences* 68: 1420–1434.

Makarynskyy, O. (2004). Improving Wave Predictions with Artificial Neural Networks. *Ocean Engineering* 31(5–6): 709–724.

McCulloch, W.S. and Pitts, W.H. (1943). A Logical Calculus of Ideas Imminent in Nervous Activity. *Bulletin of Mathematical Biophysics* 5: 115–119.

McWilliams, J.C. (1996). Modeling the Oceanic General Circulation. *Annual Review of Fluid Mechanics* 28: 215–248.

Mooers, C.N.K. (Ed). (1999). *Coastal Ocean Prediction*. American Geophysical Union, Washington, DC.

Müller, R.D., Sdrolias, M., Gaina, C., Steinberger, B., and Heine, C. (2008). Long-Term Sea-Level Fluctuations Driven by Ocean Basin Dynamics. *Science* 319(5868): 1357–1362.

Niedzielski, T. and Kosek, W. (2009). Forecasting Sea Level Anomalies from TOPEX/Poseidon and Jason-1 Satellite Altimetry. *Journal of Geodesy* 83(5): 469–476.

Niedzielski, T. and Miziński, B. (2013). Automated System for Near-Real Time Modelling and Prediction of Altimeter-Derived Sea Level Anomalies. *Computers & Geosciences* 58: 29–39.

Niedzielski, T. (2014). El Niño/Southern Oscillation and selected environmental consequences.
141 *Advances in Geophysics* 55: 77–122.

Palialexis, A., Georgakarakos, S., Karakassis, I., Lika, K., and Valavanis, V.D. (2011). Prediction of Marine Species Distribution from Presence–Absence Acoustic Data: Comparing the Fitting Efficiency and the Predictive Capacity of Conventional and Novel Distribution Models. *Hydrobiologia* 670(1): 241–266.

Priddy, K.L. and Keller, P.E. (2005). *Artificial Neural Networks: An Introduction*. SPIE – The International Society for Optical Engineering. Bellingham, Washington.

Priede, I.G., Godbold, J.A., Niedzielski, T., Collins, M.A., Bailey, D.M., Gordon, J.D.M., and Zuur, A.F. (2011). A Review of the Spatial Extent of Fishery Effects and Species Vulnerability of the Deep-Sea Demersal Fish Assemblage of the Porcupine Seabight, Northeast Atlantic Ocean (ICES Subarea VII). *ICES Journal of Marine Science* 68(2): 281–289.

Priede, I.G., Bergstad, O.A., Miller, P.I., Vecchione, M., Gebruk, A., Falkenhaug, T., Billett, D.S.M., Craig, J., Dale, A.C., Shields, M.A., Tilstone, G.H., Sutton, T.T., Gooday, A.J., Inall, M.E., Jones, D.O.B., Martinez-Vicente, V., Menezes, G.M., Niedzielski, T., Sigurðsson, Þ., Rothe, N., Rogacheva, A., Alt, C.H.S., Brand, T., Abell, R., Brierley, A.S., Cousins, N.J., Crockard, D., Hoelzel, A.R., Høines, Å., Letessier, T.B., Read, J.F., Shimmield, T., Cox, M.J., Galbraith, J.K., Gordon, J.D.M., Horton, T., Neat, F., and Lorance, P. (2013). Does Presence of a Mid Ocean Ridge Enhance Biomass and Biodiversity? *PLoS ONE* 8(5):e61550. doi:10.1371/journal.pone.0061550.

Randall, D.A., Wood, R.A., Bony, S., Colman, R., Fichefet, T., Fyfe, J., Kattsov, V., Pitman, A., Shukla, J., Srinivasan, J., Stouffer, R.J., Sumi, A., and Taylor, K.E. (2007). Climate Models and Their Evaluation. In: Solomon, S., Qin, D., Manning, M., Chen, Z., Marquis, M., Averyt, K.B., Tignor, M., and Miller, H.L. (Eds.). *Climate Change 2007: The Physical Science Basis. Contribution of Working Group I to the Fourth Assessment Report of the Intergovernmental Panel on Climate Change*. Cambridge University Press, Cambridge.

Rhodes, R.C., Hurlburt, H.E., Wallcraft, A.J., Barron, C.N., Martin, P.J., Metzger, E.J., Shriver, J.F., Ko, D.S., Smedstad, O.M., Cross, S.L., and Kara, A.B. (2002). Navy Real-time Global Modeling Systems. *Oceanography* 15(1): 29–43.

Sarachik, E.S. and Cane, M.A. (2010). *The El Niño-Southern Oscillation Phenomenon*. Cambridge University Press, Cambridge.

Satako, K. (2007). Section 4.17 – Tsunamis. In: Schubert, G. (Ed.). *Treatise on Geophysics*. Elsevier, Amsterdam, pp. 483–511.

Schmittner, A., Latif, M., and Schneider, B. (2005). Model Projections of the North Atlantic Thermohaline Circulation for the 21st Century Assessed by Observations. *Geophysical Research Letters* 32: L23710. doi:10.1029/2005GL024368.

Sotillo, M.G., Cailleau, S., Lorente, P., Levier, B., Aznar, R., Reffray, G., Amo-Baladrón, A., Chanut, J., Benkiran, M., and Alvarez-Fanjul, E. (2015). The MyOcean IBI Ocean Forecast and Reanalysis Systems: Operational Products and Roadmap to the Future Copernicus Service. *Journal of Operational Oceanography* 8(1): 63–79.

Spalding, M.D., Fox, H.E., Allen, G.R., Davidson, N., Ferdaña, Z.A. Finlayson, M., Halpern, B.S., Jorge, M.A., Lombana, A., Lourie, S.A., Martin, K.D., Mcmanus, E., Molnar, J., Recchia, C.A., and Robertson, J. (2007). Marine Ecoregions of the World: A Bioregionalization of Coastal and Shelf Areas. *BioScience* 57(7): 573–583.

Suarez, M.J. and Schopf, P.S. (1988). A Delayed Action Oscillator for ENSO. *Journal of the Atmospheric Sciences* 45: 3283–3287.

Świerczyńska, M., Miziński, B., and Niedzielski, T. (2016). Comparison of Predictive Skills Offered by Prognocean, Prognocean Plus and MyOcean Real-Time Sea Level Forecasting Systems. *Ocean Engineering* 113: 44–56.

Zuur, A.F., Ieno, E.N., Walker, N., Saveliev, A.A., and Smith, G.M. (2009). *Mixed Effects Models and Extensions in Ecology With R*. Springer, New York.

第九章　海岸带和海洋电子地图集

大卫·R. 格林

一、引言

本章探讨了互联网或网络海岸带和海洋地图集、在线制图和 WebGIS 的起源与演变。本章以 20 世纪 90 年代首次推出现已被广泛采用的早期海洋地图集作为电子地图集最早例子，探讨近几年的多种不同网络海洋地图集。

电子地图集的发展和计算机微处理器技术快速发展同步，这为近几年日益普遍的网络地图集提供了平台。计算机硬件和软件的广泛应用，移动电话和平板计算机等使用 WiFi 功能的移动平台的普及，以及人们对构建基于网络的应用程序所需工具和技能的日益精通，为网络地图集和在线地图信息系统的兴起和发展提供了基础。本章还强调网络地图集作者起初面临的若干问题，如阻碍网络地图集开发和维护的数据和信息的获取以及版权问题等。

二、从模拟到数字——自然进化过程

地图集在定义上是地图和关联信息或事实信息的组合。电子地图集实际上是传统纸质地图集的自然演变，现在最常见的是互联网上的 WebGIS 地图集。纸质地图集在八百年前就已经问世，例如人们在家或在学校图书馆作为参考的《泰晤士地图集》(*Times Atlas*)。随着计算机技术的发展，纸质地图集很快就迁移到了软盘、CD、DVD 以及硬盘等当时的各类媒介上。尽管纸质地图集的电子化具有某些明显的优势，但受到当时计算机技术和显示硬件的限制，相比之下，许多电子地图集产品在图形上不够美观,并不吸引人。实际上,纸质地图集仍然与电子地图集共存,依然受到许多人的青睐,这主要是因为纸质地图集的美观和质感,与其他基础电子地图集相比,纸质地图集往往在图形和艺术性上更具吸引力。当然,随着计算机技术的发展,人们能够开发更精细更先进的图形产品,同时电子介质具有能够集成多媒体信息的优势,目前已经出现了一些非常吸引人并具备实用性的电子地图集产品。 143

现在,有许多关于海洋和海岸带环境的电子地图集的例子。在计算机硬件、软件、存储、处理与显示技术能力良好发展,达到可以使用计算机辅助或计算机辅助制图(computer-assisted cartography, CAC)设计、创建和显示地图与海图的阶段时,电子地图集应运而生。高分辨率彩色显示器的问世,极大地提高了人们在计算机屏幕上更美观地显示高质量地图的可能性。此后,台式计算机、小型移动地图平台(如平板计算机和移动电话)以及地理信息系统(GIS)硬件和软件发展极其迅速,使得人们现在甚至可以在最小的移动平台和船载电子海图显示器上显示超高分辨率的彩色地图和海图。再加上现代通信技术,如手机连接、WiFi 和云,因此人们已经可以通过互联网和应用程序几乎在任何地方访问电子显示器。

计算机设备的存储和内存容量以及处理器速度有了很大的提高,特别是在最近几年,台式计算机和移动终端可以快速处理大量地理数据,同时计算机软件功能也在不断改进。不需要地理信息系统或制图方面的专业知识,也不需要参加培训,人们就可以使用软件提供的工具去设计、创建和显示复杂的可视化地图和海图。虽然大多数人缺乏对于有效沟通至关重要的地图设计指导,但是软件变得更加人性化,赋予了更多人借助设计、布局和发布工具等必要的制图软件,自行创建电子地图的能力(Green,2011)。

随着互联网和一系列网站开发软件工具以及地理信息系统、在线地理信息系统和网络制图软件的发展,使得通过电子地图集获取、查看和共享海岸带和海洋信息的方法的潜力得到了进一步的增强(Green,1994c,1995)。最终,出现了各种基于网络的海岸带和海洋地图集,既有简单的静态地图,也有交互式地图,以及存储于本地服务器或互联网上其他地图和图像信息检索的图层服务。格林和金(Green and King,1998)利用 ESRI 的 ArcIMS 开发了首个网络版的 GIS 海岸带信息系统，即 UK Coastal Map Creator，为英国海岸带社区提供了海岸带地图和数据交付的解决方案。最新案例可访问国际海岸带地图集网(International Coastal Atlas Network，ICAN)获取，官网：http://ican.science.oregonstate.edu/atlases(见本章后文)。ICAN 倡议(http://ican.science.oregonstate.edu/ican)通过协调共享国际知识和专门技能，记录全球海岸带网络地图集(Coastal Web Atlases，CWA)开发的最佳实践(O'dea *et al.*，2011)。这是互联网电子地图集未来发展的重要一步，最终可能对未来电子地图集依赖的海岸带空间数据模型和空间数据基础设施(Spatial Data Infrastructures，SDI)的发展产生重大影响(Lavoi *et al.*，2011；Seip and Bill，2016)。

各种手机应用程序也为更多潜在的终端用户提供了在户外访问和使用空间或 GIS 数据与信息的能力，以及允许终端用户进行信息交互，在系统中添加收
144 集的数据的若干范例。虽然多数都是基本功能，但已足以用于采集数据并在背景下显示数据(见本书第七章的示例清单)。

三、早期电子地图集示例

本章探讨一些早期开发的电子地图集示例作为有用的背景知识。

英国一些著名的海洋和海岸带数字产品(BODC，1991；Lowry *et al.*，1992)，包括地图集，是 20 世纪 90 年代由位于比兹顿的英国海洋数据中心(BODC，1992)最早开发的，例如英国数字海洋地图集项目(The United Kingdom Digital Marine Atlas Project，UKDMAP)和通用大洋水深图(General Bathymetric Chart of the Oceans，GEBCO)。这些地图集集成了最先进的软件、数据库和可视化组件包，最初以一张或多张 3.5 英寸软盘分销，随后改为 CD(光盘)。这是最早的一批电子海洋和海岸带地图集，与大约同一时期在北美出现的其他地图集非常相似，如海岸带海洋管理、规划和评估系统(Coastal Ocean Management，Planning and Assessment System，COMPAS)和 ATLAST。COMPAS(Alexander and Tolson，1990)是由 NOAA 使用 Hypercard 软件为 Apple Macintosh 开发的，并随同提供了用户指南。ATLAST 是由莱恩斯(Rhines)在 1992 年编写的，是一个基于个人计算机的海洋地图集，用于跟踪船

舶轨迹和水文剖面。ATLAST 在 MS-DOS 操作系统下运行,由键盘输入控制,可以提供海洋数据的可视化,包括深度剖面图和等高线图,还附带配有一个详细的“帮助”文件。这些早期实例反映了数字数据、制图和可视化软件以及当时最先进的计算机技术的不断增长的可用性。虽然 ATLAST 在很大程度上是一个科学数据探索工具,但受到 PC(个人计算机)能力的限制,在微软推出 MS-Windows 之前,COMPAS 利用了苹果计算机的先进视窗操作系统和软件。

四、英国数字海洋地图集项目(UK Digital Marine Atlas Project, UKDMAP)

UKDMAP(http://www.bodc.ac.uk/products/bodc_products/ukdmap)可能是早期最著名且最广泛使用的海岸带和海洋地图集(BODC,1992;Barne *et al.*,1994;Green,1994a,b)。这个地图集以数字地图或海图形式为终端用户提供各种海岸带和海洋数据(源于现有 BODC 数据库)。它最初是为运行 MS-DOS 操作系统(后被 MS-Windows 版本取代)的台式机(desktop machines, PC)和彩色显示器开发的,提供了与英国陆地、海岸带和海洋数据集进行交互和制图的可能(图 9-1)。地图集很快就成为了参与研究、自然保护、工程、渔业、交通、休闲、教育、娱乐和规划等领域人员有用的信息和教育资源(Green,
1994b)。电子格式的一个优点是更新数据更方便。使用选定的数据集创建的 145
地图也可以进行定制,而且有一些类似 GIS 的有限功能(Green,1994b),还可以将选定的地图组合成幻灯片,以检查随时间的变化和趋势,用户还可以从数据中探索选择的特定主题(Green,1994b)。这证明它可以作为一种不错的信息资源和教育工具,特别是它易于安装,用户界面也直观易用。尽管不如当时的纸质地图集美观有吸引力,但这种为早期个人计算机推出的计算机地图集免费、简单、易操作,证明了海岸带从业者以电子格式获取海岸带和海洋空间信息方式是有发展潜力的。

图 9-1　UKDMAP 界面

资料来源：该图片引自 UKDMAP CDROM 宣传册：www.bodc.ac.uk/resources/products/data/bodc_products/ukdmap/documents/broch.pdf。

五、GEBCO 数字图集(GEBCO Digital Atlas, GDA)

1994 年英国海洋学数据中心(BODC)首次以 3.5 英寸软盘(软件)和 CD(数据)形式发布了 GEBCO(http://www.gebco.net/data_and_products/gebco_digital_atlas)(Jones *et al.*, 1994)。GEBCO 数字图集(GDA)配备了完整的 70 页印刷版的支持 GEBCO 数据地图集的图件和附件，内容包括数字化等深线和海岸线、数字化航迹控制、政府间海洋学委员会(IOC)区域海洋测绘项目的现有数字化等深线图、国际海道测量局(International Hydrographic Bureau, IHB)维护的电子化海底地物地名录副本、标准海岸线(美国国防部国家测绘局的世界矢量海岸线）以及数字测深数据的轨迹清单（Jones *et al.*，1994）。终端用户的界面和功能与 UKDMAP 非常相似。该软件在 MS-DOS 操作系统下运行，界面 146
包括下拉菜单，可使用叠加方式在地图上将数据可视化，并具备提取和保存数据以及打印输出和生成幻灯片等功能。

六、万维网（WWW）

20 世纪 90 年代中后期，随着万维网（World Wide Web，WWW）或互联网、早期网络浏览器（如 Mosaic 和 Netscape）以及配套软件的出现，人们开始关注利用万维网在构建在线地图、信息系统和电子地图集方面的可能性，并通过网络和通信软件为更多的终端用户提供空间数据和信息，很快地开发出了许多早期的基于网络的地图集，证明了可以通过互联网从多种不同格式和来源获取广泛的海岸带和海洋信息。

随着空间数据可用性的提高和网络技术的发展以及利用地图服务器来开发机构和国家在线信息系统的愿望，世界上越来越多的组织开始以某种形式将海洋和海岸带数据信息上传到网络。虽然有些机构只是提供数据目录和检索工具（通常是基于地图的搜索工具），但有机构则提供在线地图系统，并配有定制的用户界面、元数据、教程、手册、帮助文件和数据下载工具等。

互联网地图和图像服务器软件的发展以及网络地图服务（Web Map Service，WMS）的理念（开放地理空间协会通过互联网从 GIS 数据库提供地图服务的标准）极大地推动了网络 GIS 的发展。ESRI 的 ArcIMS（互联网地图服务器）是早期在这方面最著名的商业软件，当时许多在线 GIS 和地图系统都以其为基础。随着时间的推移，几乎所有的商业 GIS 软件包都开始提供自己的网络地图服务器软件包，作为其自身的一部分或附加组件。除了 ArcIMS 这样的商业软件产品，还出现了一些开源软件，如 GeoServer（http://geoserver.org）和 MapServer（http://mapserver.org）。现在谷歌地球（http://earth.google.co.uk）、NASA 的 World Wind（http://worldwind.arc.nasa.gov）和微软的 Virtual Earth（http://www.microsoft.com/maps）也都已经支持网络地图服务（WMS）。这些软件结合数据叠加和三维地形可视化等地理信息系统部分功能，让几乎任何人都可以轻松免费访问世界范围的空间数据。谷歌地球后来又增加了谷歌海洋。

147 以下面这些网络地图集为例,具体说明现在可用的产品和资源。

1. 海底物种和栖息地数据档案(Data Archive for Seabed Species and Habitats, DASSH)

海洋物种和栖息地数据档案(DASSH,http://www.dassh.ac.uk)是一个数据及信息资源、长期存储服务的档案中心,提供数字海底数据、图像和视频以及数据和元数据的在线目录。它可以链接到 SeaBed Mapper。在英国环境、食品和农村事务部(Department of Environment, Food and Rural Affairs, DEFRA)的资助下,DASSH 联合海洋生物协会(Marine Biological Association, MBA)、海洋生物信息网(Marine Life Information Network, MarLIN)和国家海洋生物图书馆(National Marine Biological Library, NMBL)、海洋环境数字信息网(Marine Environmental Digital Information Network, MEDIN)以及海洋数据档案中心(Marine Data Archive Centres, MDAC)在制定数据标准方面开展合作。SeaBED(SEArchable BEnthic Data)主要是检索界面,并设有简单的地图界面检索窗口。它是交互式的,用户可以在地图上围绕一个区域绘制边界框,并将坐标信息反馈给搜索工具,可获得返回的数据集列表。然后,再以逗号分隔值(Comma Separated Value, CSV)文件格式下载数据,方便在电子表格中使用,并导入到如 ESRI 的 ArcGIS 等地理信息系统中。如果数据非 DASSH 持有,则提供跳转至其他组织的链接。用户注册后也可以继续访问从数据库检索到的任何数据集。

2. 海洋环境数据和信息网(Marine Environment Data and Information Network, MEDIN)

海洋环境数据和信息网(MEDIN,http://www.oceannet.org/)由 BODC 主办,合作伙伴包括英国各相关机构,旨在改善获取海洋数据的便利性。MEDIN 的 Web 界面或数据发现门户提供了访问 DASSH、英国地质调查局(British Geological Survey, BGS)和英国水文局(United Kingdom Hydrographic Office, UKHO)等其他组织持有的海洋数据的链接。它也提供了访问数据发现门户、按主题进行的数据检索以及英国海洋数据标准的相关超链接,检索后会返回XML(可扩展标记语言)格式的详细元数据文件链接。

3. ICES FishMap

国际海洋考察理事会鱼类地图集(ICES Fishmap, www. ices. dk/marine-data/maps/Pages/ICES-FishMap. aspx)是由在欧盟委员会第6框架计划部分资助的项目,由荷兰渔业研究所(Institute of Fisheries Research, The Netherlands, RIVO)、英国环境、渔业和水产养殖科学中心(Centre for Environment, Fisheries and Aquaculture Science, UK, CEFAS)和设立于丹麦的国际海洋考察理事会(International Council for the Exploration of the Sea, Denmark, ICES),根据1983~2004年期间北海拖网调查数据,创建的北海15个鱼种的在线地图集。Fishmap建立了一个在线门户网站,发布相关背景信息,支持PDF文件下载,内容包括来自大洋通用水深图(GEBCO)的数据。Fishmap分为基础和高级两种模式。基础模式配备有简单的基本上是静态的界面,为终端用户显示北海鱼种的图例。选定鱼种后会相应地改变地图并提供每个物种的背景信息。这是一个非常基础的用户界面,功能仅限于改变鱼种和选择基础或高级模式。相比之下,高级模式界面互动性更强,包括缩放、测量、重新居中、区域选择和多边形选择功能。此外,还设有为终端用户提供重置、导出、选择、查询、清除和帮助功能的子窗口。图例子窗口提供数据访问功能,可以选择和显示数据层。这 148
是一个具有基础功能的简单网络地图集,运行需要借助交互式空间资源管理器和管理员(interactive Spatial Explorer and Administrator, iSEA)、英国环境、渔业和水产养殖科学中心(CEFAS)的空间数据资源管理器和英国数据WebGIS接口(www. cefas. co. uk/isea)。

4. WaveNet

WaveNet(www. cefas. co. uk/wavenetmapping)是CEFAS开发的另一个Web界面,提供对DEFRA发布的波浪浮标位置和波高数据的访问。这是一个非常简单的地图界面,鼠标点击图标可以看到相应浮标的数据,包括风和温度信息。与ICES Fishmap一样,CEFAS的Web界面包括基础和高级制图功能。高级制图功能提供类似地图的访问权限,但拥有更多功能和数据层,包括风场、浮标、测波浮球等多数据层，支持数据层开关、选择、取消选择和重置。点击图标就会把用户带到一个单独的具有细化选项进一步显示数据功能的网页，还提供了与卫星、文本数据以及谷歌地球 KML 文件的链接。

5. MESH webGIS

欧洲海底栖息地制图项目(MESH WebGIS)海洋制图和元数据门户网站是 MESH(Mapping European Seabed Habitat，欧洲海底栖息地制图项目)的一项成果(http://www.searchmesh.net)。在 Interreg ⅢB 西北欧计划的资助下，从 2004 年开始到 2008 年历时 3 年建成 MESH。它涉及由联合自然保护委员会(Joint Nature Conservation Committee，JNCC)领导的 12 个欧洲合作伙伴。伴随 WebGIS 制图界面的是一个功能非常全面的网站，为科学家和非科研工作者提供有关海底栖息地测绘和制图程序的信息以及数据模型、元数据的详细内容和一系列案例研究。MESH WebGIS 是使用开源 GIS 软件 MapServer 开发的，
149 该软件可以免费下载并用于开发在线绘图系统(图 9-2)。

图 9-2　MESH(欧洲海底栖息地制图)WebGIS 界面

资料来源：MESH 网站(地图门户)截图(http://www.emodnet-seabedhabitats.eu)由欧洲海洋观测和数据网络提供。

6. UKSeaMap

UKSeaMap WebGIS(http://jncc.defra.gov.uk/page-2117)是一个提供有

关海底景观和季节性水体特征信息的地图门户(地图数据交付服务),其中还包括地质、水深、潮汐应力和盐度等背景信息层。资助方包括威尔士乡村委员会(Countryside Council for Wales, CCW)、英国环境食品和农村事务部(Department for Environment Food and Rural Affairs, DEFRA)、英国贸易和工业部(Department of Trade and Industry, DTI)、英格兰自然署(Natural England, NE)、皇家鸟类保护协会(Royal Society for the Protection of Birds, RSPB)、苏格兰行政院(The Scottish Executive, SE)、英国皇家财产局(The Crown Estate, CE)、联合自然保护委员会(The Joint Nature Conservation Committee, JNCC)和世界自然基金会(World Wide Fund for Nature, WWF),它是作为MESH的一部分开发的(见上文)。该WebGIS使用从下拉菜单列表中选择的初始层(例如基本底图)启动,Web地图界面最初是由JNCC和exeGesIS SDM有限公司结合MapServer(http://mapserver.org)与JavaScript开发的,包括地图窗口上相当典型的Web地图视图、概览图、图例和若干基本的导航工具,并配有位置、图例、信息、图层和帮助等选项卡,选中后,在视图的右侧窗口中显示相应信息,还支持图层打开或关闭功能。地图门户网页上有多处WebGIS启动入口,水体数据和海底景观数据也可以以压缩数据文件的形式下载。经过2010年的更新,UKSeaMap目前是基于海底测绘的主要预测方法。界面已改为利用微软BING地图的查看器,提供基本的导航工具、欢迎词、图层和关键标签,还可以查询图层。

7. MAGIC

多机构乡村地理信息(Multi-Agency Geographic Information for the Countryside, MAGIC)(http://www.magic.gov.uk)是2002年首次开发的网站,2005年增加了交互式地图服务和海岸带及海洋地图集,为公众提供有关环境和指定区的地理信息。网站和地图服务于2012年进行更新,2013年重新启动。它被推广为海洋规划和应急响应工具,最初资助方包括海事及海岸警卫队(Maritime and Coastguard Agency, MCA)、英国环境、食品和农村事务部(Department of Environment, Food and Rural Affairs, DEFRA)、苏格兰行政院(Scottish Executive, SE)、苏格兰自然遗产署(Scottish Natural Heritage, SNH)、能源研究所(Energy Institute, EI)、联合自然保护委员会(Joint Nature

Conservation Committee，JNCC）、英国环境署（Environment Agency，EA）、英国自然署（English Nature，EN）、英国贸易和工业部（Department of Trade and Industry，DTI）、汉普郡议会（Hampshire County Council，HCC）、埃塞克斯郡议会（Essex County Council，ECC）、肯特郡议会（Kent County Council，KCC）以及英国地质调查局（British Geological Survey，BGS）。大部分原始数据来自英国地形测量局（www.ordnancesurvey.gov.uk）以及 SeaZone（www.seazone.com）。目前，该网站和服务由英格兰自然署（Natural England，NE）管理，指导小组包括英国环境、食品和农村事务部（Department for Environment，Food and Rural Affairs，DEFRA）、英格兰遗产委员会（English Heritage，EH）、英格兰自然署（Natural England，NE）、英国环境署（Environment Agency，EA）、林业委员会（Forestry Commission，FC）和海洋管理组织（Marine Management Organisation，MMO）。

MAGIC 地图界面包含基本的 GIS 功能，包括多种导航功能，如缩放、平移和添加 OS（Ordnance Survey，英国地形测量局）背景地图、网格坐标以及识别、
150 测量距离和面积、打印、保存（GIF 格式）、重新投影和书签功能。视图窗口包括地图窗口、比例尺、图例窗口和概览图。在任何时候都可以显示多达 15 个主题图层。点击选项卡可以访问地图工具和其他主题资源。除了在线地图信息，网站还包括地图教程、数据集信息、若干静态地图、培训手册、工作进展信息以及关于使用地图的有用的参考文件，为终端用户提供了基本地图信息。该网站还提供数据集列表，可以向 MAGIC 添加数据集。

8. 海峡海岸带观测台（Channel Coastal Observatory，CCO）

海峡海岸带观测台（CCO）（http://www.channelcoast.org）包括在线地图查看器和数据检索工具。通过 Web 界面可以看到英国部分地区的海洋和海岸带数据目录，主要集中在南部海岸和英吉利海峡。Web 视图为终端用户提供地图窗口（包括地图工具功能的概述摘要）、概览图和地图层列表（以可点击文件夹形式选择切换图层）。数据方面，包括遥感数据（正射校正和未校正的航空摄影、彩色红外航空摄影和激光雷达数据）、地形和地形模型数据、水文和水文模型数据、摄影测量数据、沉积物分布数据、海滩剖面变化数据、实时波浪浮标和验潮仪数据以及 OS 网格、管理单位、海岸带区域和 GPS 点等其他数据。Web 地图界

面为终端用户提供了一个交互式地理检索工具。在初始区域搜索之后,可以选择一系列数据格式,例如航空图像增强压缩小波(Enhanced Compression Wavelet, ECW)和PDF(Portable Document File,便携式文档文件)等推荐格式,来优化对区域可用数据集的搜索。选定的数据集会被添加至“文件篮”,进而可以下载不超过300Mb的数据。Web界面还含有帮助文件和反馈表单。

该网站界面美观且具备导航功能,使用地图服务器识别和显示数据位置和覆盖范围。不足之处在于,为了尽量减少数据的存储需求,无法实际上显示数据集,只提供下载功能。然而,从逻辑上讲,用户是期望通过电子地图集显示和查询数据,例如图像数据,若能提供一个电子图集则将有利于用户。

9. FEMA GeoPlatform (http://fema.maps.arcgis.com/home/index.html)

这是一个支持性的网站,提供了访问不同应急信息来源的链接。其中包括最佳可用洪水灾害数据,是公众获取数据和信息的范例。这种Web地图应用程序的启动页面是新泽西州和纽约州地区的海岸线基础底图。近年来,该地区因飓风、风暴潮和海平面上升问题而被世界密切关注,而所有这些将使得大部分海岸线易受到气候变化的潜在影响。用户可以从不同的来源选择底图,也可以通 151
过互联网搜索或从文件中检索地图图层,并添加到底图上,可用图层包括矢量和栅格图层。网站支持保存、共享或打印地图功能,也可以添加书签,还提供测量工具。添加到视图中的图层支持打开和关闭、上下移动、透明化、隐藏、在不同尺度可见,并且可以访问图层的信息。这是一个全面的数据源,以易于使用和导航的方式向公众提供访问权限。

10. 海岸恢复力(http://coastalresilienceorg)

海岸恢复力网站是一个基于Web地图的决策支持系统(Decision Support System, DSS),为适应气候变化提供的工具箱。该网站虽然不是本章下文所讨论的海岸带和海洋地图集,但除了制图工具外,它还提供了与美国适应气候变化和海岸带灾害有关的信息。该界面经过2013年8月重新设计,提供了与资源、地理位置(海岸带部分)和科学背景的链接。Web制图界面采用了熟悉的Web-GIS视图连同额外的情景生成功能(图9-3)。

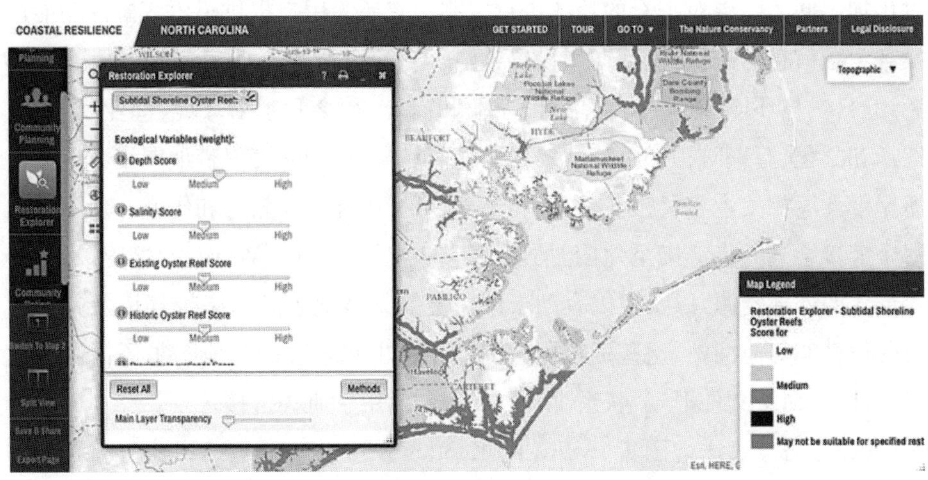

图 9-3　海岸带恢复力 WebGIS 界面

资料来源：由 http://coastalresilience.org/地图门户提供。

七、国际海岸带地图集网(ICAN)

本章前文提到的海岸带和海洋地图集的一个重要发展节点是 ICAN 倡议。国际海岸带地图集网(International Coastal Atlas Network, ICAN)成立于2010 年，旨在分享全球海岸带 Web 地图集创建开发经验和最佳实践。ICAN 为定期更新和维护的海岸带地图集网站或社区提供了基础。虽然所列举的例子还是明确地涉及电子地图集并侧重于互操作性(Navas *et al.*，2016)，但它对全球空间数据基础设施、海洋空间规划和相关项目具有潜在的影响(ICAN 网站)。

152 本书没有总结可从 ICAN 网站上获得的所有地图集，只是引导读者认识以下两个地图集，不过读者可以自行访问网站了解相关情况。更多细节和信息请参考莱特等提供的内容(Wright *et al.*，2011)。

选取的 ICAN 海岸带地图集如下。

(1)比利时海岸带地图集(De Kust，http://www.kustatlas.be/nl)。这本地图集最初是按纸质图书出版的，2011 年才转换为电子地图集。作为一个基本的电子图集源，该地图集为用户提供了具有 GIS 功能的交互式地图，用户可以通过添加不同的图层对查看的地图进行定制。它还为用户提供了语言翻译功能以及各主题信息的链接,包括通用设置、政策与管理、教育与研究、空间结构、海洋利用、自然与环境、旅游休闲、体育、产业和商业、社会和生活环境、渔业和农业、遗产和文化、海岸防护和可持续发展。显而易见,比利时海岸带地图集重点关注海岸带环境相关内容,特别是自然和环境、可持续性以及教育和研究。地图集的每个链接会进一步链接至地图、插图、幻灯片、电子表格、Word 文档、PDF 文件等形式的外部资源,以及可以有助于用户更加整体地了解海岸带环境及其功能有关信息的其他网站,这些资料也是围绕相关主题整理的。地图集还提供检索工具,以及网站文件下载、联系、帮助、反馈和使用手册等链接。

(2)苏格兰海洋地图集(www. scotland. gov. uk/Topics/marine/science/atlas),尽管尚未采用 WebGIS 制图的格式,但目前已纳入以下交互内容:①国家海洋计划互动(National Marine Plan interactive , NMPi)(www. scotland. gov. uk/Topics/marine/seamanagement/nmpihome);②苏格兰海洋互动(Marine Scotland interactive, MSi)(www. scotland. gov. uk/Topics/marine/science/MSInteractive),前者是正在开发的交互式地图项目,目前正在将地图集成为地图集;后者包括一系列苏格兰海岸带和海洋环境的 GIS 和谷歌地球数据集,特别是关于海洋近岸和近海可再生能源、监测、保护和海洋空间规划的相关数据(图 9-4)。

苏格兰海洋地图集以 PDF 文件的形式全面涵盖了苏格兰海岸带和海洋环境,是苏格兰海洋、苏格兰自然遗产署(Scottish Natural Heritage, SNH)、联合自然保护委员会(Joint Nature Conservation Committee, JNCC)、苏格兰环境保护局(Scottish Environment Protection Agency, SEPA)和苏格兰海洋科学技术联盟(Marine Alliance for Science and Technology for Scotland, MASTS)合作的成果。虽然它还不是真正意义上的 WebGIS 电子地图集,但是一个可搜索的电子文档和地图集,其中包括了自然环境、渔业、野生生物栖息地、自然保护、遗产、旅游、经济、石油和天然气、可再生能源、教育和气候变化的信息。实质上,它也为英国苏格兰海洋空间规划(MSP)的制定奠定了基础。

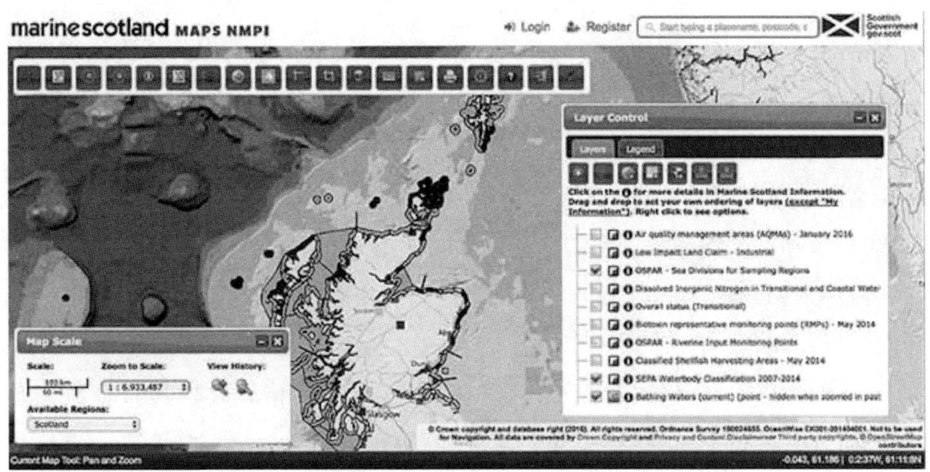

图 9－4 国家海洋计划互动(NMPi)交互界面

资料来源:截图由马丁·考克斯(Martyn Cox)提供——苏格兰海洋。

八、"谷歌地球"和本地信息系统

随着"谷歌地球"(Google Earth, GE)和一系列免费的低成本软件工具的出现,可以考虑选择它们作为访问和共享海岸带和海洋社区数据与信息的另一种方式。"谷歌地球"以其基本形式提供了对世界上任何地方的地理空间信息的访问,允许将附加的数据和信息(矢量和栅格)以及通过移动式现场数据收集系统采集的数据,添加到栅格和矢量信息基础层中。本章探讨以"谷歌地球"为基础附加要素建立本地信息系统(Local Information System, LIS)的可能性。在Shape2Earth、MapWindow GIS和一些谷歌博客(如OgleEarth)等软件工具的帮助下,终端用户有可能在谷歌地球视图上添加更多信息,并加以存储和调用,也可以作为KMZ(KML-Zip文件)文件共享,由任何可以访问"谷歌地球"的人打开。因此,"谷歌地球"和现在可用的软件工具给人们提供了一个强大的工具箱,可以为特定地点创建一个简单的在线GIS系统。事实上,这正是"生物北海项目"(Living North Sea, LNS)(见本章前文)在其他例子中所开展的活动。

随着"谷歌地球"最新版本的发布,"谷歌海洋"已经将陆地信息资源扩展到

海岸带和海洋地区,使得可以添加水深数据和信息。这种结合可以用来为小范
围海岸带区域开发本地地理信息系统;在教育和培训方面,可以作为虚拟实地考
察的基础或作为地面实况资源,例如用于遥感图像的分类。虽然“谷歌地球”作 154
为地理信息系统(GIS)在功能上有一些局限性,但仍然具有相当大的潜力,不需
要在桌面上或地图服务器应用程序上安装 GIS 软件,就能以相对简单的方式来
收集、显示和分享空间数据和信息。例如,在“谷歌地球”中显示空间信息,可以
在图像背景、其他图层和 DEM 的基础上进行分层,并提供一系列的功能来进行
导航(平移和缩放)、三维透视和信息共享。

“谷歌地球”数据格式的普及,从现在愿意以 KMZ 格式共享其 GIS 数据层的数据提供者的数量可见一斑;例如,英国的苏格兰自然遗产署(Scottish Natural Heritage, SNH)(www. snh. org)、苏格兰海军陆战队(http://scotgov. publishingthefuture. info/publication/marine-atlas)和英国海事海岸警卫队(Maritime Coastguard Agency, MCA)(www. mca. gov. uk)。这意味着任何人都可以在“谷歌地球”中显示他们的数据,而且数据格式的通用性使得能够将多个数据源添加到视图中。现在有许多 GIS 软件包允许将 GIS 中的数据导出为 KML 格式,也体现出了 KMZ 格式的受欢迎程度。“谷歌地球”基础版本的主要局限性可能是可处理文件大小的限制以及在英国受版权保护的数据源在共享时可能会出现一些问题。

下面这个例子,即设得兰群岛海洋空间规划,可以说明谷歌地球如何用于创建本地基于网络的信息系统。

九、设得兰海洋空间规划

苏格兰可持续海洋环境倡议(Scottish Sustainable Marine Environmental Initiative, SSMEI)和设得兰群岛海洋空间规划(Shetland Islands Marine Spatial Plan, SIMSP)(www.nafc.uhi.ac.uk/research/msp/simsp/marine-atlas-data-downloads)的 GIS 数据集均以“谷歌地球”为基础,充分证明了其优势。

设得兰海洋空间规划的制定已经证明空间数据是制定过程必不可少的,可以访问 www. nafc. ac. uk/SMSP. aspx 了解该项目的详细信息。本章介绍了在

GIS中采集本地数据，并以“谷歌地球”的格式提供数据集，如果以一种格式提供：(1)不需要终端用户拥有昂贵的地理信息系统软件；(2)不需要终端用户具备地理信息系统的专业知识，不需要学习或培训地理信息系统软件；(3)可以将数据和信息直接插入像“谷歌地球”这种直观的、熟悉使用学习曲线最小的软件中，那么这些空间数据将对更多的人越来越有用。

十、问题与发展：过去、现在和未来

多年前，格林(Green，1994b)提出了一些常见问题，即广大群体在获取海岸
155 带和海洋数据及信息方面存在的困难以及需要克服这种有限的访问权限。此后，如上所述。通过软件、硬件和通信技术的发展，这方面显然已经取得了进展。

(1)海岸带和海洋环境数据与信息的获取得益于门户网站的发展，这些网站使得终端用户和群体能够寻找、定位和挖掘数据，以交互式地图的形式可视化数据库资产(有些具有简单的GIS功能)，在某些情况下还可以下载数字数据集台式或移动GIS上应用。截至2016年，世界各地(包括英国)越来越多的海洋和空间数据集均已可以免费获取。

(2)信息系统的界面显然也有了发展，虽然最终的结果、功能和可用性相当不同，但是Web(和一些Web地图软件)通过更加美观、易浏览和易使用的界面，对改善数据和信息的获取产生了巨大的影响(Green and McEwen，1992)。许多软件(尽管不是全部)，现在对终端用户来说更有美感，可以说更直观，也更有特色，同时符合标准和用户需求，并在软件模板的指引下，为终端用户提供一个熟悉的工作环境。这一点现在也被扩展到了笔记本计算机和台式计算机以外的平台，如平板计算机、iPad和手机，其中一些平台采用了不同的操作系统，如MS-Windows、Android和Apple iOS等操作系统。

(3)在线门户还提供了相当多的背景资料(和早期以磁盘/光盘分发的地图集相同)，这些背景资料主要针对潜在的终端用户群体，通常包括带有额外信息、教程、链接、手册和帮助文件的网页。实际上，这就是网络地理信息系统或在线地图系统与地图集之间的区别。根据定义，地图集所包含的内容不仅仅是一个地图界面，实际上是一种综合资源，其覆盖范围和内容可以是地方、区域、全国或

全球。

(4)现在，人们也更加重视数据模型的开发，例如 ESRI ArcGIS 海洋数据模型和用于记录空间数据集的元数据标准。在欧洲，欧洲空间信息基础设施(Infrastructure for Spatial Information in Europe, INSPIRE)指令(http://inspire.ec.europa.eu)已经与欧洲，当然也与英国数据集的未来相关。

(5)另一个帮助数据用户在数字环境中获得更有效体验的演变是用系统的方法设计门户网站和网络平台，更全面地响应管理解决方案与决策的驱动问题和需求。数据和数据访问很重要，但仅有数据是不够的，如前几章所述，海岸带管理问题是复杂的，往往需要跨学科的方法和解决方案。从利益相关者的最初参与到确定管理解决方案的选择，通过整合数据和使用地理信息系统、地图、模型、工具、培训、可视化和案例研究，可以制定策略来协助决策。 156

十一、总结和结论

计算机硬件和软件的快速发展，为在相对较短的时间内获取和共享有关海洋和海岸带环境的地理空间数据与信息提供了相当多的机会。虽然早期的海洋和海岸带地图集为更多的人提供了探索和利用这类数据与信息的机会，并使人们意识到这种访问和应用的潜在好处，但最大的进步是互联网和相关软件提供了以地图和图像服务的形式访问海岸带和海洋数据与信息。尽管还不是完全即插即用的解决方案，但基于互联网的地图服务器软件已经更加普及，现在几乎任何人都可以更容易地进行配置，特别是在各种手册、教程、书籍和博客的帮助下，例如通过国际海岸带地图集网(ICAN)的努力获得，这意味着更多的人可以建立自己的门户网站并创建电子地图集。文献中记载了人们对海洋和海岸带地图集的持续不断增长的兴趣，如吉奥里斯·克鲁泽维亚等(Georis-Creuseveau *et al.*, 2015)的调查、应用(Barale *et al.*, 2015)以及研究其在海岸带管理中的潜在作用；例如，海洋空间规划(MSP)(Meiner, 2010; Cox, 2016)、海岸带政策(McLean, 2015)和可再生能源(Crowther, 2016)。

随着 GeoServer(http://geoserver.org)、MapServer(http://mapserver.org)以及最近的"谷歌地球"(http://www.google.co.uk/earth)和"谷歌海洋"

(www.google.co.uk/earth/explore/showcase/ocean.html)等开源产品的开发和应用，现在有更多的空间可以在网络上共享地理空间数据集。当然，在创建一些 Web 地图集的过程中，是否有相关数据来填充内容是关键所在。

这项技术演变的历史回顾，揭示了硬件和软件、网络和通信技术、互联网的发展以及个人上传和共享其地理数据的日益自由。在有些国家，对该技术的接受和实施比其他地方更快、更容易。而另一些国家，则进展比较缓慢，在所有关于数据可获得性、数据模型、空间数据基础设置的持续讨论中，似乎都在一定程度上丧失了大部分的潜力和意愿，而且普遍缺乏对互联网作为信息资源的价值认识以及那些缺乏远见、资金不足、缺乏承诺的人，在某种程度上，他们都陷入了语言而非行动的困境。这也许在一定程度上解释了“谷歌地球”和“谷歌海洋”以及开源解决方案的成功。当然，在世界其他地区，获取数字地图和海图数据方面的限制似乎要少得多，这毫无疑问促进了一些非常全面和非常有吸引力的在线电子地图集的开发，并向终端用户群体提供了所需的资源。

最后，电子产品与传统的装订本相比，表现如何？尽管所有这些空间和电子技术在提供访问和共享数字海岸带和海洋数据与信息方面具有优势，但世界各地仍有许多纸质版地图集（尽管电子数据通常提供在随附的 CD/DVD 上，供 GIS 软件使用）。

157 例如，《苏格兰海洋地图集》(*Marine Scotland Atlas*)(www.gov.scot/Topics/marine/science/atlas)及其 PDF 等效图集以及威尼斯电子地图集(Atlante della laguna: Venezia tra terra e mare. 2006. Edited by Stefano Guerzoni and Davide Tagliapietra. pp. 242 plus CD.)及其纸质版(例如：http://dusk.geo.orst.edu/ICAN_EEA/ICAN4/6-Mulazzani_Atlas_of_Lagoon_Venice.pdf)。

虽然纸质版和电子版各自具有明显的优缺点，且电子格式具有一定的吸引力和实用性，但以装订成册的纸质形式呈现的信息的外观和感觉，以及纸质版地图集在“咖啡桌”上的审美吸引力是很难超越的。

参 考 文 献

Alexander, C. and Tolson, J.P. (1990). COMPAS - NOAA's Coastal Ocean Management, Planning, and Assessment System National Ocean Service, National Oceanic and Atmospheric Administration. Unpublished Document. Galveston Bay Information Center. (http://gbic.tamug.edu/) 2p., pp. 213–214.

Barale, V., Assouline, M., Dusart, J., and Gaffuri, J. (2015). The European Atlas of the Seas: Relating Natural and Socio-Economic Elements of Coastal and Marine Environments in the European Union. *Marine Geodesy* 38(1): 79–88.

Barne, J., Davidson, N.C., Hill, T.O., and Jones, M. (1994). Coastal and Marine UKDMAP Datasets: A User Manual. JNCC Report No. 209. Joint Nature Conservation Committee, Coastal Conservation Branch, 37pp.

BODC. (1991). Inventory of Moored Current Meter Data. Manual. British Oceanographic Data Centre. 10pp.

BODC. (1992). United Kingdom Digital Marine Atlas. Version 2.0. User Guide. British Oceanographic Data Centre. Natural Environment Research Council. 18pp. + Appendices A-E.

Cox, M. (2016). How Marine Scotland Uses Its National Marine Plan interactive (NMPi). Presentation to: Ocean Wise Marine & Maritime GIS Workshop 21st April 2016. 19 slides. www.oceanwise.eu/content/events/ScotWorkshop2016/NMPi-Martyn-Cox.pdf

Crowther, C. (2016). Towards a More Robust Irish Marine Atlas: An Analysis of Data Gaps in Relation to a Proposed Offshore Wind Farm. *Unpublished Master of Resource Management: Coastal and Marine Management Thesis*. University of Akureyri. Faculty of Business and Science. University Centre of the Westfjords, May 2016. 96pp. http://skemman.is/stream/get/1946/25489/57493/1/Conor_Crowther_Thesis_Printed.pdf

Georis-Creuseveau, J., Longhorn, R., and Crompvoets, J. (2015). Survey of National Coastal and Marine Geoportals: European Developments. *Proceedings of the INSPIRE-Geospatial World Forum*, 25–29 May 2015, Lisbon, Portugal, 12pp. http://geospatialworldforum.org/speaker/SpeakersImages/fullpaper/Longhorn.pdf

Green, D.R. (1994a). The United Kingdom Digital Marine Atlas: A Review. GeoCal. June 1994. pp. 280–300.

Green, D.R. (1994b). Geographic and Marine Information Systems: Some Recent Developments and Progress in the United Kingdom. Hydro '94. The Ninth Biennial International Symposium of the Hydrographic Society. UK Branch. 13–15 September 1994. Aberdeen Exhibition and Conference Centre. Special Publication No. 33. 27pp.

Green, D.R. (1994c). Using GIS to Construct and Update an Estuary Information System. Management Techniques in the Coastal Zone. *Proceedings of the Conference organised by the University of Portsmouth*, 24–25 October 1994, pp. 129–162.

Green, D.R. (1995). Internet, the WWW and Browsers: The Basis for a Network-Based Geographic Information System (GIS) for Coastal Zone Management. *Proceedings of AGI'95 Conference. Expanding Your World*. 21–23 November 1995, pp. 5.1.1–5.1.12. 158

Green, D.R. (2011). Coastal Web Atlas Case Studies around the World – United Kingdom. Chapter 13. In: Wright, D.J., Dwyer, N., and Cummins, V. (Eds.). *Handbook of Coastal Informatics: Web Altas Design and Implementation*. Information Science Reference. IGI Global Hershey, PA, pp. 192–213.

Green, D.R. and King, S.D. (1998). The UK Coastal Map Creator: ArcIMS Provides a Solution to Coastal Map and Data Delivery for the United Kingdom's Coastal Community. ESRI

User Conference, San Diego.

Green, D.R. and McEwen, L.J. (1992). Turning Data into Information: Assessing GIS User Interfaces. *Proceedings of the Fourth National Conference and Exhibition, AGI'92*. Birmingham, pp. 1.27.1–1.27.10.

Jones, M.T., Tabor, A.R., and Weatherall, P. (1994). Supporting Volume to the GEBCO Digital Atlas. British Oceanographic Data Centre (BODC). Natural Environment Research Council (NERC). March 1994. 70pp. + Annexes.

LaVoi, T., Murphy, J., Sataloff, G., Longhorn, R., Meiner, A., Uhel, R., Wright, D.J., and Dwyer, E. (2011). Coastal Atlases in the Context of Spatial Data Infrastructures. Chapter 16. In: Wright, D.J., Dwyer, N., and Cummins, V. (Eds.). *Handbook of Coastal Informatics: Web Altas Design and Implementation*. Information Science Reference. IGI Global Hershey, PA, pp. 239–255.

Lowry, R.K., Cramer, R.N., and Rickards, L.J. (1992). *North Sea Project CD-ROM User's Guide*. British Oceanographic Data Centre. Natural Environment Research Council, 168pp.

McLean, S. (2015). A Study of the Use of Data Provided by Coastal Atlases in Coastal Policy and Decision-Making. Graduate Project. Dalhousie University. https://dalspace.library.dal.ca/handle/10222/56205.

Meiner, A. (2010). Integrated Maritime Policy for the European Union – Consolidating Coastal and Marine Information to Support Maritime Spatial Planning. *Journal of Coastal Conservation* 14: 1–11.

Navas, F., Guisado-Pintado, E., and Malvárez, G. (2016). Interoperability as Supporting Tool for Future Forecasting on Coastal and Marine Areas. *Journal of Coastal Research*: Special Issue 75 – Proceedings of the 14th International Coastal Symposium, Sydney, 6–11 March 2016: 957–961.

O'Dea, E. K., Dwyer, E., Cummins, V., and Wright, D. J. (2011). Potentials and Limitations of Coastal Web Atlases. *Journal of Coastal Conservation* 15(1): 607–627.

Seip, C. and Bill, R. (2016). A Framework for the Evaluation of Marine Spatial Data Infrastructures – Accompanied by International Case-Studies. *GeoScience Engineering* 62(2): 27–43.

Wright, D.J., Dwyer, N., and Cummins, V. (Eds.). (2011). *Handbook of Coastal Informatics: Web Altas Design and Implementation*. Information Science Reference. IGI Global Hershey, PA, USA, 344pp.

第十章　海道测量

维克多・艾博特

一、引言

海水的不透明性、水面的多变性以及对天气的响应造成了一个与陆地截然不同的环境。由于航行中隐蔽的危险、不同的航行深度以及对安全港的需求等因素,促成了海道测量局的建立,它专注于运营海军部队务和海上贸易的能力。"海上生命安全"(Safety of Life at Sea, SOLAS)仍然是水文地理学关注的一个主要问题。该词设定了最广泛的使用语境,并将其与涵盖水的特性、分布和使用的水文学区分开来。尽管如此,美国将其地表水绘制成国家水文地理数据集(USGS,2017),而欧洲流域和河流网络系统(European Catchments and Rivers Network System, ECRINS)(Ecrins,2017)是一个由流域、河流、湖泊、监测站和水坝组成的定点连接系统。海洋学家有时用"hydrographic"一词来指水质参数。有个国际案例(Go-Ship,2017)介绍了重复海道测量方法,其中详细介绍了水样和分析、电导率/温度/深度(Conductivity/Temperature/Depth, CTD)的测量方法,案例结尾也提到了本章中讨论的常规解释。

国际海道测量组织(International Hydrographic Organisation, IHO)以其最新定义强调了海道测量的关注点。

……应用科学的一个分支,主要内容是测量和描述海洋、沿海地区、湖泊和河流的物理特征,预测其随时间的变化,主要目的是确保航行安全和支持所有其他海洋活动,包括经济发展、安全和防卫、科学研究以及环境保护。

(IHO,2017)

本章的重点不是安全航行的基础，而是编纂资源数据的框架。为此，使用到了用于资源勘探的国际水文地理教育和技能的理论和实践。

本章所讨论的主题包括：

• 全球导航卫星系统（Global Navigation Satellite System，GNSS）为每个人提供即时、可靠、全球范围内的 24 小时定位，但它的最佳使用必须与对地球的
160 形状和建模方式的正确认识。地图和海图使用了其中一种地球模型，并将其投影到一个平面上，最终图像看起来是一个弯曲的面。

• 水本身及其特性构成了与陆地完全不同的工作和测量环境，不仅水文参数（例如水面高度、波浪和潮流）不同，而且水体的成分（例如水温和盐度）也不同。

• 声学，构成了水下定位和传感的最重要的可观测变量。对变量的深入了解有助于获得更准确的答案。声传播路线受到反射和折射的影响，测量人员必须对结果进行仔细评估。

• 质量控制，如果对变量进行了分类，并保存了数据证明文件（校准、记录），那么国家存档可以实现一次测量、多次使用的目标。

下面主要介绍地球的各种模型；一、二、三、四维参考面；海洋的性质；卫星和声学定位；声学传感；在结尾部分回到国际海道测量组织（和其他组织）。介绍标准和义务。

二、地球的形状

地球的形状是不规则的，在任何可管理的物理“地球”上以球体进行建模，由于极轴比赤道短 21 千米，因此在数学上以椭球体表示会更好。目前最有名的地球形状往往被称为“1984 年世界大地测量系统”（World Geodetic System 1984，WGS84），或 GRS80 更为恰当，是与美国全球卫星定位系统（GPS）相联系的。GPS 的长期可用性意味着大部分数据是以 GRS80 为参考的，或者可以从 GRS80 转换到本地制图系统。

地球的固体表面从海拔 8 000 多米（珠穆朗玛峰）到海平面以下 11 千米（马里亚纳海沟），但这很少作为参考面。更常见的参考面是平均海平面，或其近似

值——大地水准面。大地水准面是一个理论上的重力等位面,静止状态下的平均海平面与之一致。然而,地球周围的引力是不同的,导致大地水准面(和平均海平面)在与地球拟合的椭球体上下 100 米内波动。

椭球体的地球模型大小不一,通常以其极轴和赤道轴或两者之间的关系来描述。4 个常用术语包括:

- 半长轴 a,从椭球体中心到赤道;
- 半短轴 b,从中心到极点;
- 第一偏心率平方 e^2;
- 扁率的倒数 $1/f$,或扁率 f。

1924 年国际椭球体是在卫星定位出现之前得出的一个地球拟合模型的例子,一直沿用至今。无论哪种模型,都要选择与地球表面拟合程度最高之处。这可以通过调整与地球名义中心的偏移量,以相同的 a 和 b 值来实现。国家系统通常将模型表面与大地水准面(或平均海平面)表面的偏移降到最低。在英国, 161
全球 GRS80 的大地水准面/椭球间距大约是 60 米,而国家艾里(Airy)模型则小于 5 米。最小化偏移能最大限度地减少对精确测量的水平距离的修正。同样,如果参照海平面,并且海平面与椭球体重合,则高度无须大幅调整。不过在任何情况下,均可直接修正,而有时基于目标的合适性做出的决定情况下可以忽略不计。

表 10-1 两个本地和两个地球拟合椭球体

模型名称	a	b	e^2	$1/f$
1830 艾里椭球体	6 377 563.396	6 356 256.910	0.006 670 539 761 6	299.324 964 6
1866 克拉克椭球体	6 378 206.4	6 356 583.800	0.006 768 657 997 3	294.978 698 213 9
1924 国际椭球体	6 378 388.000	6 356 911.946	0.006 722 700 623 2	297
GRS80	6 378 137.000	6 356 752.3141	0.006 694 380 035 5	298.257 222 101

纬线始于赤道(0°),数值向两极(北纬 90°或南纬 90°)增加。过去经线始于伦敦的格林尼治天文台,可以向正西和正东(在 180°重合),也可以 360°环绕整个地球。因此,爱尔兰的科克可以是西经 8°或东经 352°。其他欧洲国家的本初子午线(0°经度)穿过其首都或主要天文台。

任何一组特定的经纬线都是基于一个特定的地球模型，无论是参考特定时期的天文坐标还是参考卫星系统的具体相位，如 GRS80。将根据一个椭球体得出的经纬度值绘制在以一不同椭球体为基准的海图上，可能会导致几十米的偏差，虽然在公海上并不明显，但在河岸或海岸线上可能产生很大偏差。参见英国地形测量局（Ordnance Survey，2016）。

纬度和经度的数值表示可以是度和十进制度格式（d. ddd）；度、分和十进制分格式（dm. mmm）——是海图导航时常用的；或者度、分、秒和十进制秒格式（dms. sss）。转换不难，但很容易出错。一个简单的检查方法是判断"小数"值的范围是否高于 0.59。如果没有，则数值可能指的是弧秒或弧分。

相比以米或英尺为单位的坐标参考系，角度值转换更复杂。国家测绘组织和美国各州已经采用椭球体曲面在平面上的投影，大大简化了制图和计算过程。国家平面坐标系、英国国家网格参考系统和许多其他坐标系在 GNSS 接收机上进行经纬度的转换，然后以正值和小数形式形成网格坐标系。还有一个国际坐标系是 UTM（通用横轴墨卡托投影），有一公制网格，在赤道南北复制并从一个 6°区到另一个 6°区反复出现。不同坐标系（例如 UTM 与佛罗里达州平面）的东距和北距值基本不会混淆，但必须注意正确表示数值。虽然有一种普遍的惯例是纬度在前经度在后，但东距和北距不是这种情况。表 10－2 列出了一个点的
162 4 种坐标。

表 10－2　四个系统中同一个点（英国普利茅斯湾外防波堤西端的灯塔）

英国国家格网	246 468	东（米）	50 521	北（米）
UTM 北 30 带	417 537	东（米）	5 576 470	北（米）
艾里椭球体	50°20.038 0′	北	4°09.454 6′	西
WGS84	50°20.072 6′	北	4°09.522 9′	西

使用网格坐标系时，参考方向是网格北，这只适用于当前使用的特定网格。正北和网格北之间的偏移量可以从网格坐标系的控制器中获得，或者通过计算获得。通过以下公式可以计算近似值：

$$\text{收敛度}, c \approx \Delta\lambda * \cos\theta$$

式中，$\Delta\lambda$ 是当前使用的格网坐标系中央子午线上点的偏移；θ 是该点的纬度。

计算余弦值之前,纬度应以度和十进制度格式表示。计算结果单位与经度相同,即度。

国际石油和天然气生产商协会 2017 年报告,即 IOGP(2017),对大地测量参数和近乎全面的支持体系做了详细介绍。

三、表面定位

在可预见的未来,全球导航卫星系统(GNSS)将成为主要的定位系统。随着电子产品逐渐小型化,相比早期的地面系统,GNSS(包括 GPS, Glonass, Galileo 和北斗)的便携性、可获得性和稳定性更好。它不考虑局部大地测量的变化。

早期共有 21 颗卫星和 3 颗备用卫星,由于 GPS 卫星使用寿命较长,如今工作卫星总数已超过 30 颗。因为接收器需要同时看到 4 颗或 5 颗卫星,所以定位几乎没有问题。此外,海上地平线通常是清晰的,即使沿海作业可能被悬崖阻挡,但定位很少受到阻碍。GPS 卫星与其他系统的卫星共同形成了一个多卫星、多系统的解决方案,提供了冗余度(即测量结果超过了定位所需的最小测量值)和一定程度的质量控制。

对于 GPS,参考坐标系是一个以地球为中心,固定在地球上的三维公制笛卡儿坐标系。以地球估计的质心为原点,轴线通过:

- 赤道,在靠近英国格林尼治天文台的子午线(一条南北经线)上,为 x 轴;
- 与 x 轴成 90°,为 y 轴; 163
- 沿地球南北自旋轴衍生方向为 z 轴。

系统中的卫星也是相互协调的,可以计算从看得到的任何卫星到接收器的距离。不过与早期地面系统不同的是,测距不是通过从一个已知点发射脉冲信号并测量其往返时间确定的,而是通过脉冲单向传播时间确定。卫星大约按照 GPS 时间发射,接收器的位置是未知的(x、y 和 z,即 3 个未知数),而接收器的时间标准和 GPS 时间(Δt)之间的偏移是第四个未知数。这可以用四个联立方程求解。

四个测距或作为最佳估计值的伪距,可以用于计算坐标。很少直接用 xyz

表示计算结果，一般参照 GRS80 转换为经度、纬度和高度。纬度和经度值可能与国家制图系统上的数值相差几百米或更多，高度也可能有类似的偏移，但内部数值是一致的（即方位和距离是可重复的），并且可以利用现成的转换方法，将计算结果与国家制图系联系起来。

如果使用单个接收器，位置的精确度可能在±8 米（数值随统计的可重复性水平而变化）。使用相对法可以改进精度，即使用两个接收器，其中一个是已知点（基站），另一个是移动站。结合基站确定的伪距误差与漫游器的观测结果，可以提高定位的精度。根据数据链路的频率和更新率的不同，定位准确性可提高到±5 米至±1 米不等。

基站不是必不可少的，许多机构都提供校正服务，从国家制图组织，到支持导航的组织，再到商业公司，都可以通过移动电话网络、互联网、地面广播和卫星链接提供校正服务。校正是实时的，或稍有延迟即可使用，有的基站支持数据存档。

GPS 广播频率和校正服务频率的传播特性有一定吸引力。在大约 1.575 吉赫的频率上，GPS 信号属于电磁波频谱的微波部分。GPS 信号从卫星发出，穿过空间真空，然后在大气层上部减速，这第一部分，即电离层根据信号频率按比例使其减速。这样，根据两个频率（即 GPS 信号约为 1.227 吉赫），可以确定差分延迟，并计算出任何一个频率的绝对延迟。因此，双频接收器比单频接收器的结果更准确。然而，大气层下层的信号延迟与频率无关，而且很难建模。

最好是使用仰角较高的卫星。通常需要设置一个最小的“掩蔽”角度，即高于当地地平线的仰角，低于该角度，接收器不接收卫星数据。

此外，还有免费和商业的星基增强系统（Satellite Based Augmentation Systems，SBAS），使用对地静止的通信卫星来传递差分校正，评估卫星定位的可靠
164 性（增强），覆盖海洋区域，包括北美广域增强系统（Wide Area Augmentation System，WAAS）、欧洲 EGNOS、印度 GAGAN、日本 MSAS。

英国灯塔管理局以及其他 40 多个国家提供的本地化服务，使用大约 300 千赫的广播频率，覆盖向海 180～350 千米的海域。为当地调查而设置的短距离校正（例如在英国 450 兆赫左右的免许可频段使用不到 0.5 瓦的发射功率）可能只覆盖 12 千米，但可以达到厘米级 RTK GNSS 精度水平。

国家制图系统参考连续运行参考站系统（Continuously Operating Reference System，CORS），一小时及以上的后处理静态观测的水平精度为±3 厘米，垂直精度为±5 厘米。如英国国家测绘局的 OS Net（Ordnance Survey，2016），默认将 GRS80 坐标值转换为 ETRS89 坐标值。

如在基站使用同样高质量的位置数据，实时动态定位（RTK）GNSS 可以达到与基站相似的精度等级。

全球导航卫星系统可实时为船只导航。在海上，船舶无法精确地以当地物体作参照；即使走与第一天航线平行的第二条航线也会出现问题。因此，航线制导需要实时的精确位置和一套能够覆盖海底线路的工作计划。采用这个理念，单波束回声探测线的设计是为了在与等高线正交的情况下覆盖海底；相反，侧扫声呐和条带测深通常与等高线平行。对水质、潮流的调查或遥控潜水器海底作业可能只需要点定位。

多数情况下，在沿海水域，水平定位的差分 GNSS 精度水平在±1～3 米， 165
RTK GNSS 精度水平在±0.03 米。在陆地上建立验潮仪等较高设施，这时后处理单点定位或 RTK GNSS 精度会达到±0.05 米或更好（Lekkerkerk，2008）。实际上，需要利用水准仪人工将三维 GNSS 衍生的点连接到测量仪或验潮杆上（Johnson，2014）。

有必要使用专用软件来规划航线，连接到测量传感器并实时记录数据。其中一个输出是实时航迹制导，使船长能够按照预定的测量线进行测量。同样的软件可以用来处理和存档数据。最终的航行图可以以海图的形式或以数字地形模型的形式打印出来或输出到其他软件，如地理信息系统（图 10－1）。

四、海洋

海道测量地点可以是淡水或海水，或是以前的开挖区、湖泊、水库、河流和大海。水本身很有趣：电磁能（光、无线电波）传输性能差，但声能（声音和超声波）传输性能很好；溶液和悬浮物中含有化学元素、化合物和颗粒；凝固时膨胀而不是收缩。水可以沉淀分层，改变声音传播的途径，然而发生风暴时，分层可以重新混合。水面随着天气、潮汐和船只的移动而变化，很少保持静止状态。水在很

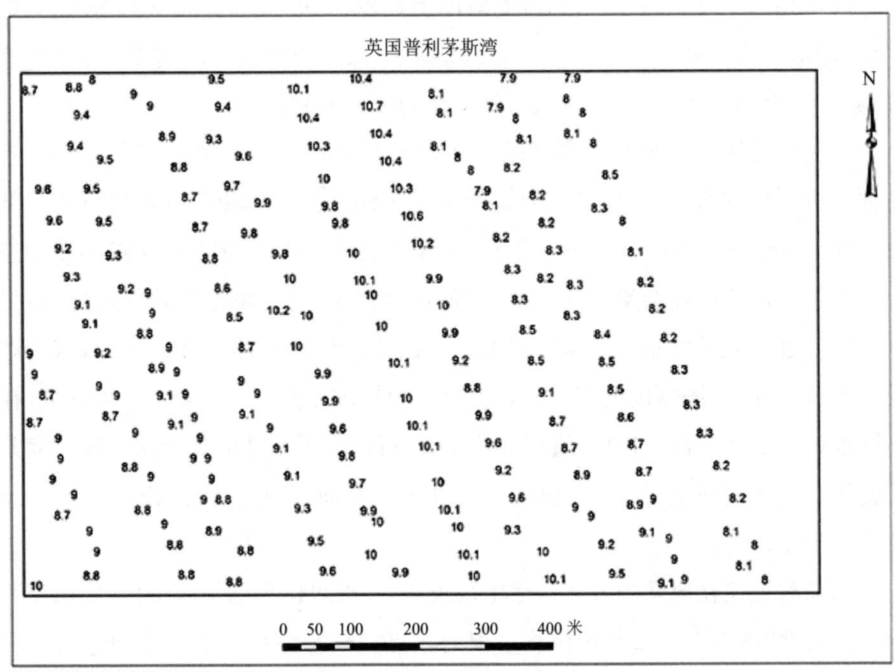

图 10－1　使用 GIS 作为绘图工具，单波束回声测深仪输出的图表示例

大程度上是不透明的，这意味着湖底或海底是隐而不见的。

海洋对风的反应影响到安全和数据收集的质量。野外工作时，对于是否可以开船以及应该何时从海上返回，应该听从专家的建议。船长应是主要责任人。

风速可以用“米/秒”来衡量，但天气预报的常用测量单位是节或蒲福风级强度。我们应该了解这样的术语（MetOffice，2017）。最后，风吹过的距离（风区）将极大地改变海况，海岸线背风处可能有避风区；岬角附近可能有危险。

五、潮汐和基准面

深度的测定需要一个可靠和可重复的垂直参考面。与地表不同，水的深度变化受到蒸发、陆地径流、降雨、刮风的影响，但最大影响因素却是潮汐。大多数陆地基准面（用于表示陆地的高度）是根据潮汐测量值推算出来的，最常见的表示是从某一特定时期到另一个特定时期的平均海平面推算值。相比之下，航海水位通常相当于某个低水位值，因此海图上显示的深度（基准面下水深）是最低水位，即最不适合航行的水深。因此，如果同一点分别以平均海平面、陆地基准面为参考，能够显示与低水位、航海基准面的深度差异。

国际海道测量组织对海图基准面（Chart Datum，CD）的定义是通用的，指潮面极少下降的水平面，但各国的解释不尽相同。许多国家将其数值设为最低天文潮位（Lowest Astronomical Tide，LAT）或其近似值，但历史上的海图和现在一些例外情况可能会给出替代 LAT 的深度值偏移值，例如平均低水位、最低低水位或近似最低低水位。从加拿大到美国的航程涉及参考面的变化，从而涉 166
及相关、相邻的海图深度的变化，但是，(1)这种变化很小；(2)实际上很常见，在本国水域内更是如此。LAT 值与潮差有关，所以海图基准面的变化反映了潮差的变化。当逆流而上时，LAT 值也会上升。从海面到航行极点，海图基准面通常是逐步变化的。

如果测量仪在风暴中或航运途中被损坏，一般可以用陆地参考值（如国家测绘局的高度“基准”）来重新定位测量仪的零点。陆基系统的参考面通常是平均海平面而不是 LAT，所以必须采用适当的偏移。偏移量常参考国家潮汐表。海图基准面以上的水位高度通常是由自记验潮仪测量的，在测量前应检查该验潮仪上记录的高度和时间，确保其有效性。高度可以从现有、当地的测量仪上获得，但现有数据也应该经过检查。如果验潮仪和测量地点的潮差在 0.3 米以内，那么“当地验潮仪”就是有价值。曲线应呈相似形状，并且允许任何时间上的偏移（高水位和低水位次数），否则应在现场或附近重新安装验潮仪。验潮仪可以随时租用。雷达验潮仪设在水面上，所以更容易安装，相关详细信息见联合国教科文组织（UNESCO，2016）的出版物。

目前，根据 GNSS 测量值建立地方基准的技术正处于开发阶段。三维 RTK 定位是一项有用技术，不过所得数值需要从 GPS 基准面（GRS80 椭球体）调整到导航参考面（海图基准）。该系统的工作范围仅限离 RTK 基站 10 千米内。见国际测量师联合会的出版物（FIG，2006）。

最后，对于一个国家的官方海图来说，代表垂直基准面（CD）的零米等深线是《联合国海洋法公约》（UN，1982；Guy，2000）所指定的“基线”。从该参考线开始测量领海（一般为 12 海里）和其他边界。

六、潮汐

潮汐(Pugh，2008)是由太阳、月亮、地球和地球上的水体之间的引力产生的，受海洋对引潮力的共振影响，局部受海底地形和陆地地物形状的影响。虽然太阳质量很大，但月球距地球较近，所以月球的影响比太阳更大(比例为 11∶5)，因此许多潮汐按太阴日(不到 25 小时)而不是太阳日循环往复。大西洋周围连续的高水位往往高度相似；太平洋周围的高水位的高度可能会明显不同(昼夜不等)。

太阳和月亮会吸引地球最近处的水流向它们。然而，对于地球远处的海水来说，太阳和月球对地球本身的吸引力更大，通过一个差动过程，会促使高潮向靠近或远离天体位置移动，因此，往往在一个太阴日中会出现两个高潮和两个低潮。在深水中，潮汐变化对安全航行或研究没有什么影响，但无论在哪种情况
167 下，都很难确定潮位。在可以进行调整的情况下，都是按照估计的平均海平面进行调整。沿岸水域不仅会形成潮汐，而且潮汐测量也更加容易。

随着潮汐高度测量周期的延长，就有可能将昼夜不等、短期天气影响、农历月内变化的影响以及季节性变化平均化。因此，通常根据 3 个月、1 年、5 年或 19 年的测量值确定更准确的潮汐参考值。通过分析潮汐记录，可以确定当地引潮力，比如：

- 月亮的半日引潮力，M_2；
- 太阳的半日引潮力，S_2；
- 月亮的全日引潮力，K_1；
- 太阳的全日引潮力，O_1。

事实上，上面这四种引力通常是潮汐高度的重要影响因素，尽管 256 个分力很容易被分离出来。一旦取得相关数据即可向前预测，从而得出一个可靠的本地参考面，也可以在不考虑未来天气引起的变化的情况下进行预测。在预测水平面上下变化的涌浪可能是由天气影响造成的。持续的南风可能会提高朝南海岸的海平面；静态低压系统也会使海平面上升。因此，当地实时潮高测量值要比预测值或远处观潮仪所得数值更加可靠。

潮汐高度会影响在海图上输入的“缩减”值。大多数潮汐高度高于海图基准面,应从回声测深仪上给出的“原始探测值”中减去潮汐高度值。然而,有时水面会下降到海图基准面以下,原始探测值应加上海图基准面到水面的差值。如果海图基准面是平均海平面(例如在建造桥梁时,就在过河的地方使用陆测基准面),那么半个潮汐周期就需要加上而不是减去偏移量(实际上是减去一个负值)。

七、潮流

潮流主要是水体的水平运动,其原因是垂直高度变化。水平运动通常不强,但在狭窄处和岬角周围会给航行带来困难。英式英语常用的“tidal stream”指由天文因素引起的水的周期性运动,“tidal current”指由河水流动或季节性变化引起的运动。广义来讲,“流”一词包括所有运动。

潮流可能会影响航行以及后来依海图航行的船只。测深作业过程中很难控制航迹(岬角附近被淹没的浅滩也可能成为危险源)。

过去,收集潮流数据需要长时间船舶作业,所以成本非常高。如今,声学多普勒海流剖面仪(Acoustic Doppler Current Profiler, ADCP)完成了很多有意义的工作,产生了大量数据,加深了人们对海洋环境的了解。 168

八、水参数

在海道测量中,确定海水温度和盐度值是十分重要的,因为它们随时间和地点的变化而变化,而且会影响用声学测量的水深和距离,所以是水文测量中的重要参数。每当温度和盐度数值变化引起水深或距离发生重大变化时,必须根据需要反复测量。这在河口地区可能有些麻烦,但只有多次测量才能确定发生重大变化的地点和时间。

主变量(温度、盐度和压力,压力常用水深来代替)可以独立确定并将数值放到一个公式中。水文学会(Hydrographic Society,1995)介绍了检查方法。更为方便的是,测速仪可测量受以上变量综合影响的实际声速,并直接给出读数。视情况适时使用计算结果或直接测量结果:作为水柱的平均值(对于单波束回声测深仪),或作为层内速度的输入值,模拟斜向射入海底和返回时声道的变化方向(对于多波束回声测深仪)。

九、声学定位

声学定位是水下精确定位的最好方法。当传感器在水面上(激光雷达)或安装在水面平台上(从水面船只上进行条带探测)时,传感器平台可以通过 GNSS 进行定位,确定平台的方向,并通过适当的水柱传播模型,得出数据点在海床上的位置。

然而,水下传感器或测量平台借助水下其他已知点的距离,或距离和方位,定位更精确。通过海底上的四个应答器,无人遥控潜水器(Remotely Operated Vehicle, ROV)可以向每个应答器单独发送代码,接收独特的返回信号,并根据传播时间确定距离。再加上每个应答器的三维位置,可以快速、重复确定 ROV 的位置。

应答器的间隔可以是几十米或几百米。间隔越大,覆盖范围越大,但使用频率必须更低(衰减更少),脉冲长度必须更长(包含更大的功率)。其分辨率将低于具有更高频率和更短脉冲长度应答器的分辨率。

装置靠近海底意味着可以在那些水深处确定装置的温度、盐度和深度。如果 ROV 在海底附近工作,应答器所在平面上的测量值可以形成一个坚密的结果网络。数据可以向上传输到水面船只,但信息流不需要在严格控制的时间范围内,微小延迟是无关紧要的。ROV 产生的数据可以沿其脐带缆传输。自主式潜水器(AUV)将其数据储存在船上,便于船只检索下载。

当必须通过垂直水柱确定距离时,温度和盐度的变化对确保测量的准确性至关重要。至于条带测深,水柱参数可以根据温度/盐度确定。同样(与单波束
169 测深不同),利用不断变化的参数确定射线路径。根据最有可能路径以及对传播速度的最佳估算值可以用来确定 ROV 在水柱中的位置(或船舶在水面的位置)。

将联网的四个或以上的 LBL 应答器投放到预确的位置上,但应答器经过水

柱到达海底将导致实际位置与预定位置有一些偏差。船只必须依次围绕每个应答器航行,用 GNSS 定位,并对海底单元进行测距,从而“包围”至少两个应答器。通过数学计算得出的最佳估计值作为每个应答器的可用坐标,以经度/纬度(和/或东经/北纬)定位应答器,并给出两个单元之间的方向。至此,每个海底应答器都可以相互测距,从而建立多条基线,确定一个严密网络进行高质量的相对定位。这种技术称为长基线定位或 LBL 定位。

通过倒置系统,在船上设置共用一个外壳的三个传感器,超短基线(Ultra Short Baseline, USBL)定位提供了更大的机动性。通过 USBL 可对数百千米的管道进行高效测量,不需要在海底布置多个应答器。ROV 仍然必须配备一个应答器,但返回信号既要测量 ROV 绝对行程时间(距离),又要测量其到外壳内三个传感器的差分传播时间,从而计算出相对于水面船只的瞬时航向的方位。

该系统也可用于确定拖在船只后方传感器的位置,但传感器与螺旋桨并排,且接近船只的尾流,所以可能处于一个非常嘈杂的环境。

十、声学传感

(一) 单波束测深仪

无论是不是主要工具,所有测量设备中最常用的就是单波束回声测深仪。它的功能是发射一个声脉冲,并对其穿过水柱中和返回的时间进行计时。根据水中声速数值,就可以推算出水深。其中两个主变量是换能器的吃水深度和脉冲的传播速度。

换能器的吃水深度最好是通过杆尺校正(应与船体上安装的换能器配套)或船侧安装的预先标记的换能器支撑杆上的直接读数来确定。预先做好标记后,测量员可以从船侧直接读数,所以吃水深度不难确定……船舶应保持平衡状态。如果是安装在船体中心线上的换能器,杆尺校正会更困难。杆尺长度必须与船舶的宽度相当,鉴于船舶的吨位和相应杆尺的重量,这个方法对船舶而言很不方便。现在常以每天的吃水变化(基于物资和燃料的使用以及水的产生或流失)为输入,确定船舶入港时在水中的整体调整情况。使用该方法时应小心谨慎,特别是开始阶段。一天中小船的吃水深度可能在不断变化,需要每天测量两次,精度最好达到分米以上。

170 脉冲的传播速度涉及三个要素:海水的温度和盐度以及测量时的水深(或与其相似的压力)。综合校正可以通过杆尺校正(对于杆上安装的换能器,可以通过盘式校正)来确定。这两种方法都可以将已知杆/盘深度与回声测深仪的读数进行直接比较。深度较浅时(通常是 2 米),需要对换能器的任何偏移进行调整。深度较深时(10 米或 12 米),需要对声速进行校正。测量这些要素的极值,必须按照这个顺序并最好重复校准。中间深度(8 米、6 米、4 米)的任何观测值都可以用于了解水柱的变化,但一般不用于校准。深度超过 10 米或 12 米时,需要使用测速仪。图 10－2 简要介绍了测量过程。

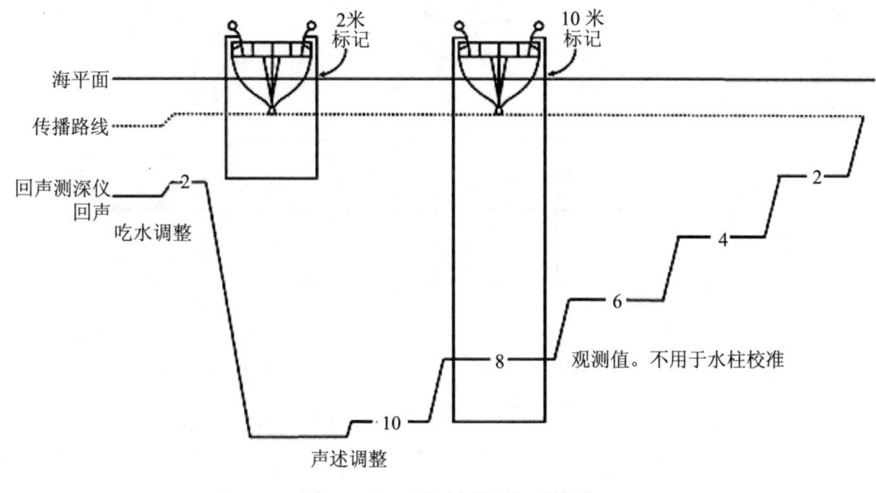

图 10－2　通过杆尺校正校准

资料来源:Redrawn by Pierre Le Gal from the author's sketches。

声速的数值可以用测速仪来确定。使用一个精确已知的厘米级基线,通过多次测量其本身换能器和反射器之间的短距离,确定穿过水柱过程中各点的传播速度。对于单波束回声测深仪,必须确定平均速度,同时必须确保测速仪输出和制造商提供的回声测深仪输入值相匹配。

回声测深仪还涉及一些其他变量。短而尖脉冲的清晰度更高,计时精度更好。对于相同数量的振荡(构成脉冲的正弦波),频率越高,脉冲长度越短。不过脉冲越短,能量较长脉冲更少。这更容易导致在水体内衰减,如果海底是软的,信号可能更容易被海底吸收。水体中的悬浮沉积物本身可能不会使声脉冲延迟,但可能会吸收信号。海底特性会将改变声脉冲的反射方式。

必须确定定位系统和传感器之间的偏移。GNSS 接收器可以侧装传感器杆顶部,否则就会出现与航向有关的误差(图 10－3)。通常在船只离开水面时,使 171
用陆地测量仪器(Uren and Price,2010)或地面激光扫描仪(Vosselman and Maas,2010)进行的测量可用于评估这些偏移。

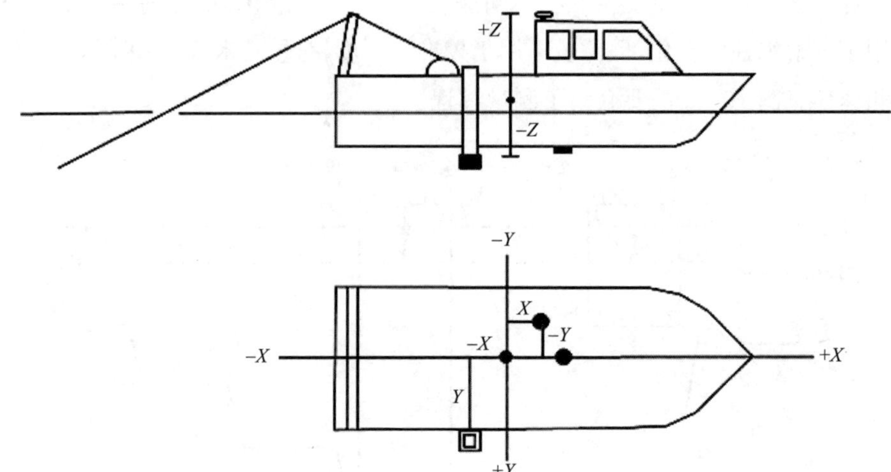

图 10－3 传感器和偏移,X(前/后)、Y(左/右)和 Z(上/下)指(本例中)船舶后甲板上的共同参考点

资料来源:Redrawn by Pierre Le Gal from the author's sketches。

(二) 侧扫声呐

侧扫声呐通常是拖曳式装置,其为细长的圆柱体,每侧有一个长而薄的换能器。薄薄的扇形声波与行进方向正交,扇形波束前后较窄可以辨别物体,侧扫两侧(从水平向下倾斜)束宽较宽,可达几十米。虽然主波束不能射入鱼正下方的海底,但有足够的补充辐射(旁瓣)充分覆盖中心航线。然而,无法获得鱼下方的返回信息,只有现代处理方法才能作出解释。

返回的数据不仅仅是传播时间(如上文单波束回声测深仪),还有信号强度。岩石通常发生强烈的镜面反射,返回信号较强,但平坦的泥质海底返回信号较弱

（因为部分信号被吸收，大部分信号趋向于继续传播，远离侧扫范围）。沉船可以得到很好的图像，几乎可以媲美摄影。利用更高频率的声波可以获得更高分辨率的图像，但距离上会受到限制；100 千赫的声波可能达到 200 米以上。

为了达到航线任何一侧的特定距离（例如 150 米），侧扫声呐应在海底上方10%的这一高度（本例中为 15 米）航行。这种低入射角增强了对海底形态和海
172 底上物体的识别能力。与具有侧扫声呐能力的船载条带测深相比，这种常规的航行高度是一种优势。

（三）条带测深

条带测深技术包括一个多段式换能器，采用波束形成技术，从海底不离散元素（多波束），或从在间隔很短的不同时间点接收返回扇形波束的多波束接收器（干涉测量）接收返回信号。

单波束回声测深仪发射的脉冲垂直向下，以直角穿过任何海水层（温度和盐度的变化），而条带测深仪以扇形的形式向两侧和向下至海底发射能量。特定声能脉冲的射线路径受到与温度或盐度变化层相交的角度的影响。根据斯涅尔定律（Snell's Law），入射角等于折射角，整个射线路径就可以确定。因此，以适当的间隔（时间和空间）获取水柱的声速剖面图是非常重要的。根据垂直剖面图可以确定在每个传输/接收角度从换能器表面到海底的射线路径。通过射线追踪，可以更确定地测量标称角度，了解勘测的海底剖面。对于平坦的换能器表面，测量传输深度的参数也很关键。

这两种条带扫描方法都会产生只有现代计算技术才能成功处理的大量数据。用户可利用各种程序清除数据中的假值，制作镶嵌图和地形模型，还可以完成飞行模拟。多波束探测数据密度支持开展统计模拟，让用户对确定的水深有信心；干涉测量数据量支持进行精细化尺度的物体探测。大量数据增加了人们对海底形态的认识，并详细地展示了大面积的地质形态。例如，在海峡海岸观测站（Channel Coast Observatory，CCO，2017）的英国南海岸外的海底情况。

虽然校准方法包括确定传感器的吃水深度和声速，但这两个方法还需要仔细确定传感器的安装方向，实时测量船舶的运动。船舶运动有 6 个自由度（纵摇、横摇、艏摇、垂荡、横荡、纵荡）。通过各种传感器垂荡传感器、航向传感器和运动传感器可以确定其中部分或全部数据。较为昂贵的传感器可以整合多个输

入值，输出更可靠的数字。“补丁测试”之前应仔细测量所有传感器（包括换能器和 GNSS 天线）之间的关系，确定或确认方向、传感器偏移和对船舶纵摇和横摇对准的敏感性。如果应用了任何校准值，鉴于只能在设备或软件中输入一次数值，所以应再次进行补丁测试，保证数值与符号正确对应。

应预先制订航线计划，确保全覆盖和最佳的航线方向。将海岸线以栅格或矢量图像形式导入标准测量软件后可以实现该功能。设置航线间距可以设定为对一个非重要安全区域的概述，也可以设定为接近完整覆盖海底的条带的宽度。173
如果测量比例尺为 1∶2 500，25 米，单波束回声测深的测深间距设为 1 厘米，在测得的剖面之间留下了大的空白，可以由侧扫声呐填补。随着水深的变化，现代测深仪声穿透海底的路径宽度不一，但可以确保海底的全面覆盖。相邻探测点之间的距离（左/右舷和船头/船尾）也不一样。

测得的所有水深数据必须经过潮汐校正。验潮仪位置必须适当，不能太远，不能在低潮时被淹没在堤坝后面，应在测量地区潮汐范围所在的海图基准面上。利用 GRS80 椭球体高度与海图基准面的关系进行的高质量 GNSS 校正，只能在覆盖范围内使用。

（四）浅地层剖面仪

低频回声探测仪的信号可以穿透松软海底。从模仿单波束测深仪（声波发射器）的那里到更接近近海地震勘探（轰鸣器和电火花震源）的那里等一系列的信号源和接收器，发射宽频声波，拖曳式水听器阵列捕捉穿透岩石层的低频声波。频率越低，能量越大，穿透更深，但通常是以降低分辨率为代价。即使是 3 千赫的声波发射器也是相当大的设备，需要起重设备来安放和回收。线性调频脉冲系统在传输过程中扫描带宽，以较高的分辨率探测物体或相邻层。

参数探测仪为穿透海底提供了一个不同的解决方案，并提高了较高分辨率。采用双频声波和水的非线性传播特性，使中心波束保持较窄，限制旁瓣范围，提高水平分辨率。另一个频率是两个传输频率的差值。相比直接传输低频声波，较高传输频率具有脉冲长度更短，从而提高垂直分辨率。

（五）其他系统

声学地面识别系统通过对海底返回的脉冲信号进行处理，对海底的硬度和粗糙度进行评估。海底特征是从一个值与另一个值的图中对比得出的。这些技术通常与海底的侧扫声呐图像和直接采样结合使用。

密度计克服了在柔软、流动性较高的海底确定可航行深度的困难。传统的测深仪依靠密度的变化来反射声学脉冲，而在比如有大量流动水的河口地区，密度逐渐增加，可能会产生不确定的结果。在密度较高的情况下，泥浆会影响到可操作性，因此垂直密度探针或拖曳式密度计，在泥水中起伏，可以从压力传感器获得深度。

174 磁强计是寻找含铁物质的搜索工具，可以找到海洋环境中沉船等的文化遗产。小型人工制品会产生非常小的信号，磁强计需要靠近海底，缓慢移动，并且不受其他磁力异常源的干扰，例如测量船的船体或发动机的干扰。利用两个或三个磁强计形成固定的阵列，即梯度仪，有助于识别较小的地物。

机载激光雷达的出现提高了透明水体中数据收集的效率和安全性。沿海地区缺乏为测量提供资金的经济驱动因素，而且水较浅，对航行构成单独的危险，危险性较高。并非所有浅水区的清澈度都能达到激光雷达的运行要求，激光能量很快就会被悬浮的沉积物所衰减，但在爱尔兰可以看到惊人的效果（INFOMAR，2017）。有的地区已经对浅水区和潮间带进行了测量和再测量，例如参见海峡沿海观测网（CCO，2017）。

十一、标准

有许多关于设备操作（见 RICS，2010）和现场技术（见 IHO，2008，2010；IMCA，2015）的指南。提供数据的专业人员有义务实现"最佳实践"，而不超出其权限。虽然在向非特定群体提出一般性主张时，可能不需要对错误负责（Neill，1986），但在履行特定合同时，通过合同条款规定或假设报酬意味着公平交换质量可靠的工作，责任或随之而来的责任可能是明确的。水文学会介绍了其他海道测量的实例（Hydrographic Society，1986）。

测量合同的许多细节往往是笼统的。个人专业标准是为英式专业机构（见海洋工程、科学和技术研究所、特许土木工程测量师协会或皇家特许测量师协会）的特许成员制定的。相比之下，国际海道测量组织制定了教学大纲标准，根据教学大纲和毕业生的预期责任水平划分“A”类或“B”类课程(IHO,2016)。

自行收集数据或利用相关数据集承包商的好处是可以知道方法和定义。因此,可以预先确定海底分类,并符合国家定义,或与以前的定义保持一致(MEDIN,2017)。当然,技术和方法会随着时间的推移而改变。目前使用的术语“海底全覆盖”是在2米×2米海底通过1～9个声学回波获得的深度。样本数量和分辨率只与SoLaS有关,而与资源管理无关。也许一个更贴切的例子是,一个在100千赫下采集的声呐扫描图像的分辨率低于在500千赫下采集的图像。后者的图像质量好多了,但扫描宽度较小,因此船上测量时间较长,才能覆盖具体水域。

有很多能干且技术高超的测量师,他们应该能够解决上述所有问题。海上工作气温低、湿度高、危险性高,所以人们应该避免“一直待在海上”,详见专栏10-1。 175

专栏10-1 海上生活的案例研究

船上生活与陆地生活是不同的。海上生活永远没有安静的时候。因为船舶发动机不停运转,为船上一切活动提供动力,所以总能听到不间断的背景嗡嗡声。有时,勘测活动也会产生噪声:声波发射器或数字地震气枪的响声,而且作业可能一天24小时持续不断,无论你是在上班还是躺在船舱的铺位上。

船上活动较集中,强度较高,包括以下情况:

- 空间上(船舱;餐厅;同班之人;不同班次的人经过时打招呼);
- 时间上(协调时间,立刻同时开展所有工作的紧张);
- 导航软件可能会“崩溃”,设备出现故障,船舶偏航,……恶劣天气反反复复。

定位主要依赖GNSS,借助数个接收器。Glonass、伽利略和北斗与GPS一样可靠。GPS的PDOP一直很好(<2.5),并能同时提供6～11颗卫星的视野。差分链路很少掉线,而且有其他供应商的备份链路。陀螺仪/航向检查可以使用RTK GNSS,或者直接从码头上测得偏移量,并对照海图进行校准。

多波束测深结果可靠一致,且有机会收集冗余数据(即确保收集大量数据便于检查)。航速倾角测量时应配合船舶吃水深度检查,吃水深度可以通

176 过计算使用燃料时每日吃水深度变化得出。传感器的偏移都经过仔细测量(可以在干船坞利用全站仪或激光扫描进行)。侧扫声呐、声波发射器、轰鸣器和火花发生器等其他设备根据工作需要带上船。声波发射器可以安装在船体上,或者像轰鸣器一样,用绞盘和吊艇或起重机来安放或回收。

同潮图或具有同等功能的电子图(英国 VORF)是推导潮汐偏移的一种常用方法。

船上工作人员可能包括地质学家和地球物理学家、数字地震处理人员和多波束处理人员。虽然办公室拥有质量控制的最终审查权,但通常是准实时"第一眼"处理。处理人员和加工的"第一眼"受船上人员的经验以及他们使用的所有软件和培训所限。沉积物采样结果由专门工作人员负责处理。

测量活动由团队完成(包括部署传感器的水下工程师、地球物理学家和测量员)。测量员需要在线监测位置和软件,限制在后甲板上的活动,除非部署测速仪或吊放侧扫声呐。

测量员的专业特点仍然是对大地测量的理解。如存在多条定位线,位置分辨率由测量员操作计算机控制。一些基本的数学技能(算术和三角函数)是有用的,例如在确定核心位置偏移等情况方面。要求具备一定的计算知识(DOS,UNIX,C),对计算系统(服务器、文件、注册表),对通信(连接器、波特率、奇偶校验)也有要求。如果具备电气和电子知识,还能帮助共事的其他技术同事则更好。

关于其他标准问题还应了解:

- 海洋(大洋、潮汐、海流、天气);
- 导航(限制和实用性、航行规则、灯光和信号);
- 潮汐理论和实际情况下的多样性/反常现象;
- 电磁波传播;
- 声学传播;
- 测量系统、校准、实用性;
- 关于传感器互相关和陀螺仪校准的测量活动。

参考文献

CCO (2017). www.channelcoast.org/.

Ecrins (2017). www.eea.europa.eu/data-and-maps/data/european-catchments-and-rivers-network.

FIG (2006). FIG Guide on the Development of a Vertical Reference Surface for Hydrography. Publication No. 37. FIG Commission 4 Working Group 4.2. www.fig.net/pub/figpub/pub37/figpub37.htm.

Go-Ship (2017). GO-SHIP Repeat Hydrography Manual: A Collection of Expert Reports and Guidelines. IOCCP Report 14. www.go-ship.org/HydroMan.html.

Guy, N.R. (2000). The Relevance of Non-Legal Technical and Scientific Concepts in the Interpretation and Application of the Law of the Sea. International Hydrographic Organization, Reprint No 20, Monaco.

Hydrographic Society (1986). *The Proceedings of the Biennial Conference of the Hydrographic Society.* Papers 5–8. The Hydrographic Society, Plymouth.

Hydrographic Society (1995). *A Comparison between Algorithms for the Computation of the Speed of Sound in Seawater.* SP34. The Hydrographic Society, Plymouth.

IHO (2008). S44. *IHO Standards for Hydrographic Surveys.* 5th edition. http://iho.int/iho_pubs/standard/S-44_5E.pdf.

IHO (2010). C13 (M13). Manual on Hydrography. http://iho.int/iho_pubs/CB/C13_Index.htm.

IHO (2016). S5A. Standards of Competence for Category 'A' Hydrographic Surveyors. http://
iho.int/iho_pubs/standard/S-5/S-5A_Ed1.0.0.pdf. 177

IHO (2017). The International Hydrographic Organisation. http://iho.int/srv1/index.php?option=com_content&view=article&id=613&Itemid=852&lang=en

IMCA (2015). Guidelines for the Use Of Multibeam Echosounders for Offshore Survey. www.imca-int.com/news/2015/8/21/imca-revises-percentE2percent80percent98guidelines-for-the-use-of-multibeam-echosounders-for-offshore-surveypercentE2percent80percent99.aspx.

INFOMAR (2017). www.infomar.ie/surveying/Bays/Achill_Clew.php.

IOGP (2017). International Association of Oil and Gas Producers. www.iogp.org/Geomatics.

Johnson, A. (2014). *Plane and Geodetic Surveying.* E&F Spon, London.

Lekkerkerk, H.-J. (2008). *GPS Handbook for Professional GPS Users.* Pilot Survey Services, Galjoen 01–34, 8243 MJ Lelystad, The Netherlands.

MEDIN (2017). www.oceannet.org/marine_data_standards/medin_approved_standards/.

MetOffice (2017). www.metoffice.gov.uk/media/pdf/b/7/Fact_sheet_No._6.pdf.

Neill, R.M. (1986). The Hydrographic Surveyor as an Expert. *The Proceedings of the 5th Biennial Conference of the Hydrographic Society.* The Hydrographic Society, Plymouth.

Ordnance Survey (2016). A Guide to Coordinate Systems in Great Britain. Ordnance Survey. Southampton. www.ordnancesurvey.co.uk/docs/support/guide-coordinate-systems-great-britain.pdf.

Pugh, D. (2008). *Changing Sea Levels: Effects of Tides, Weather and Climate.* Cambridge University Press, Cambridge.

RICS (2010). *Guidelines for the Use of GNSS in Land Surveying and Mapping.* 2nd Edition. www.rics.org/site/scripts/downloads.aspx?categoryID=452.

UN (1982). *United Nations Convention on the Law of the Sea (UNCLOS III)*. www.un.org/Depts/los/convention_agreements/texts/unclos/closindx.htm.

UNESCO (2016). Manual on Sea Level: Measurement and Interpretation, Volume V, Radar Gauges. http://unesdoc.unesco.org/images/0024/002469/246981E.pdf.

Uren, J. and Price, W.F. (2010). *Surveying for Engineers*. 5th Edition. Palgrave Macmillan, Basingstoke.

USGS (2017). http://nationalmap.gov/hydro.html.

Vosselman, G. and Maas, H.-G. (2010). *Airborne and Terrestrial Laser Scanning*. Whittles Publishing, Dunbeath.

178

179

180 第三部分

当前和新出现的部门及问题

181

第十一章　海岸带生态、保护、可持续性和管理

J. 帕特里克· 杜迪

一、引言

变化是海岸带系统自然演变的基础，而变化的时间尺度取决于两个主要特征：

(1)海岸带的恢复力及其固有的稳定性即海岸带的地理条件；

(2)作用于海岸带上的各种营力，既包括短时间尺度的风暴(可能在几分钟内发生变化)以及周而复始的潮涨潮落，也涵盖长时间尺度的风化过程、气候变化和植被发育等的营力。

物种、栖息地和生态系统普遍在时间尺度应对这些变化。人类活动力图限制自然变化导致的海岸带运动，并保护在滨海区购置的不动产。这些不动产包括农田(普遍改造自盐沼等海岸带栖息地)、建成区(港口和港湾、住宅区和工业厂房)以及海岸防护构筑物等。由于海平面上升，有时是由于环境条件的迅速变化，海洋和陆地两侧的海岸带栖息地都受到“挤压”，变得越来越小，恢复力也越来越弱。加上土地利用的变化，海岸带生态系统提供的服务价值受到损害。然而，维护和/或恢复海岸带生态服务价值需要人为干预。本章主要从欧洲视角探讨生态过程及其在海岸带保护和管理中的作用。

二、海岸带地貌分类

海岸带地貌有许多不同的分类方法(参见第六章)。在有些分类方法中,差异主要在于是由非海洋过程还是由现代海洋过程导致的地貌。在本章的海岸带地貌分类中,“原生海岸”可能包括沉溺河谷(沉降海岸)、沉溺冰川谷(峡湾海岸)和“硬”岩悬崖海岸。其中,陆源沉积物形成的海岸地貌(例如三角洲、沙丘和“软”岩)以及火山海岸属于这一分类。“次生海岸”包括由波浪作用形成的前积区(例如沙坝海岸、尖头前陆和泥滩)以及由于植物和动物(包括人类)相互作用形成的区域,例如珊瑚礁、沼泽和人工构筑物等。所有分类方法都有部分缺限。芬克尔(Finkl,2004)提供了一种系统分类法,试图提供“统一”而又“开放式”的分类法,这种分类法虽然有效但却较为复杂。本章把海岸带地貌的三大类,即“硬”岩悬崖海岸、“软”岩悬崖海岸和沉积海岸,并对于其固有恢复力和动态质量 182
逐一开展讨论,从而为评估其自然保护价值和管理需求奠定了基础。

三、悬崖海岸

悬崖海岸的固有恢复力(硬度)取决于下伏岩石的性质。最具恢复力的是由变质岩(如片岩和板岩)或火成岩(如玄武岩和花岗岩)构成的悬崖海岸。通常,沉积岩或较年轻的岩石,包括石灰岩和白垩岩抗蚀性普遍较差。其中抗蚀能力最差的是英国第四纪晚期(冰期)沉积形成的泥砾层,且与盎格鲁和德文斯期冰川作用有关。

(一)“硬”岩悬崖海岸

“硬”岩悬崖和海岸线能够抵抗侵蚀,并为植被发育提供稳定的平台。期间,这些变化的进程通常是缓慢的。这些悬崖的基底可能是岩相海岸和波切台、沙滩或漂砾海岸,具体取决于风浪暴露程度和沉积物的供应。其中,有两类主要的“硬”岩悬崖。一类是风浪暴露程度较低、抗侵蚀性较强的岩石,它们的侵蚀过程较为缓慢,主要沿节理和断层裂缝侵蚀。形态上接近垂直,其中包括岩石孔穴、平台和层积岩等。另一类是风浪暴露的抗蚀岩,抗侵蚀性较低,因此形成凹口和檐突(图 11-1)。侵蚀力包括地下风化作用(渗水、地下或岩石节理间水的反复冻融)、化学风化作用(包括盐雾的作用)和波浪冲击。

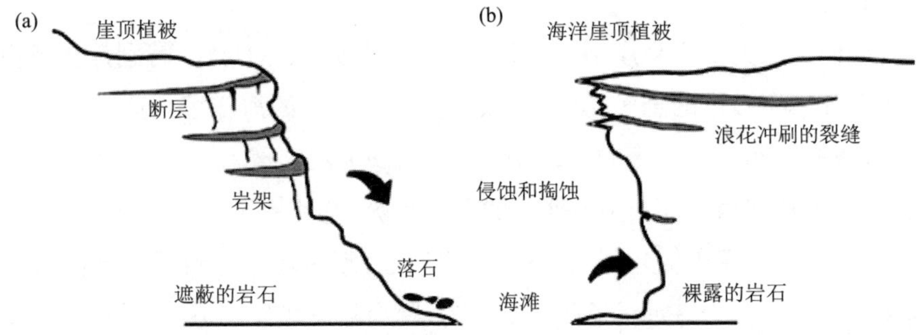

图 11-1　"硬"岩悬崖(a)节理和断层侵蚀;(b)掏蚀(Caster,1988)。植被的类型取决于其风浪暴露程度及波浪破碎波的影响范围和风生盐雾悬崖上的沉积

1. 自然保护价值

在"硬"岩悬崖海岸上,植被属于一系列过渡性栖息地存在。这些栖息地的形成取决于岩石的类型(石灰岩或酸性岩)、悬崖底部海水(潮汐)淹没程度或在风暴期间裸露于极高水位以上盐雾的程度。而且,它们的朝向和所处的纬度也
183 很重要。在欧洲,裸露的山坡上通常铺满一簇簇耐盐植被,常见的有海茴香(*Crithmum maritimum*)和红景天(*Sedum rosea*)。在最极端情况下,类似于盐沼的植被,如大量的海石竹(*Armeria maritima*)可能会分布在悬崖顶部(Doody,2001)。由于其物理结构,这些悬崖通常人迹罕至,并且可能几乎不受人为干扰。因而,远离这些极端的海洋条件,海岸悬崖可以支持低生长率的准海洋性石楠在酸性岩石大片分布,或者为石灰岩上形成草地提供条件。

在欧洲,有三个主要地理区域的植被发生了明显变化(European Commission,2013)。例如,仅在英国,"大西洋和波罗的海沿岸的植被覆盖型海崖"内就有 12 个海洋悬崖群落(Rodwell,2000)。其中,植物的地理范围涵盖了北方物种,如北极常见的无茎绳子草(*Silene acaulis*)和仙女木(*Dryas octopetala*),它们在一些沿海地区向南延伸分布。这些植被分布在石楠或草地等基质中,通常在内陆分布更广泛。气候改善使南方喜温植物不断向北延伸繁衍,远超其正常耐受性可以承受的范围。在西南部的石灰岩地区,人迹罕至的陡坡为许多内陆

钙质草地物种提供了重要的庇护所,这些草地大多因为农业集约化的发展而逐渐消失。因而,在某些地区,悬崖就成为了最壮观的天然岩石花园和当地特有物种的栖息地。

与面向西的大西洋悬崖不同,那些地处南部和东部的悬崖,特别是在潮差小的地中海和黑海沿岸的悬崖,都较少裸露在外。这里的海洋植被通常局限于悬崖底部,普遍分布着海茴香(*Crithmum maritimum*)。然而,位于克罗地亚、阿尔巴尼亚、土耳其西南部和黑海西岸的巨型悬崖,尤其是保加利亚的基利亚克拉角的巨型悬崖,则属于例外。例如,在克罗地亚,飓风风暴导致露出水面岩石上的钙化藻群落转化为海水浸透的高盐群落,因为飓风风暴可迫使盐雾喷射 90 米之高。其中,那些物种包括地中海群节藜属(*Arthrocnemum glaucum*)、八角滨藜(*Atriplex portulacoides*)等比较典型的盐沼植物,它们附着在高度从 460～1200 米不等的裸露风蚀悬崖外部。同时,也零散分布在较隐蔽的林地和灌木丛中(Lovric,1993)。然而,在其他地方,地中海沿岸的植被海蚀崖为当地特有的补血草(*Limonium* spp.)种群提供了繁衍的场所。

海鸟在海岸垂直或接近垂直的"硬"海岸悬崖上筑巢,因为那里环境相对稳定、不易接近且不会成为猎捕的对象。靠近北大西洋和北海富饶海域的这类悬崖则为大量的海雀、海鸥和塘鹅等习惯于在悬崖筑巢的海鸟提供了栖息场所。

另外,海蚀崖还有其他自然保护价值,主要包括以下这些方面:

· 埃莉氏隼(*Falco eleonorae*)具有特殊意义,它们主要聚集在地中海,在陡峭的海岸岩石悬崖和岛屿上群居繁殖;

· 在英国西部,具有欧洲意义的海洋聚集地成为无脊椎动物的重要栖息地,例如螺类、象鼻虫类和飞蛾类中的稀有物种;

· 悬崖顶部的草本植被对包括红嘴山鸦(Pyrrhocorax pyrrhocorax)等在内的珍稀物种至关重要;

· 地质结构和参照区。

由于潮汐影响,岩相海岸和漂砾海滩只有少量或几乎没有细颗粒沉积物,但也具有过渡带植被类型。在北部一些地区,包括"滩头"或"湾头"盐沼普遍分布着和较大型河口同样的各种群落,只不过是分布非常狭窄而已(Doody 2008)。184
尽管本章没有涉及,但在岩相海岸上的波切台和其他潮间带区域,也存在一系列海洋过渡带植被和动物群落。因而,悬崖区往往与岛屿相连,能够为海雀和海燕提供重要的筑巢场所(如洞穴和岩石裂缝)。

2. 栖息地变化

由“硬”岩组成的垂直或接近垂直的海蚀崖基本不会改变,且不受任何人为干扰,北欧和西欧尤为如此。在裸露程度最严重的地块,土壤蠕变能力和暴露程度决定着,从盐碱群落到海洋草原和荒地的转变取决于土壤蠕变和裸露的程度。这些因素有助于使植被远离灌木丛和林地,从而使丰富的动植物得以繁衍生息。其中,人类行为的负面影响可能仅限于攀岩者偶尔干扰植被、沿海采石场或倾倒生活垃圾:如家庭垃圾、汽车、家具等其他废弃物。

相对平缓的海蚀崖和容易到达的高原可能有兔子和其他食草动物间歇性采食的历史。在某些地区,驯化的种群有助于维持物种丰富的海洋和准海洋草原和荒地(历史上这可能与林地和灌木丛砍伐及燃烧有关)。然而,随着悬崖斜坡开始恢复为灌木丛和次生林地,这些用途的减少使开阔的草地和荒地栖息地及与之相关的稀有动植物群逐渐消失。因而,这种变化在一定程度上导致了欧洲大陆许多沿海聚集地的红嘴山鸦消失和英国大蓝蝶(*Phengaris arion*)的灭绝。

悬崖顶部更直接地受到人类活动的影响。比如住房和旅游开发、道路和其他基础设施修建,包括工业开发等,都会不可避免地破坏悬崖顶部的植被。在其他地区,重新播种的集约放牧草地[图 11 - 2(a)]或可耕地[图 11 - 2(b)]可能会延伸到悬崖边缘,从而将自然保护价值限制在更陡峭的未开垦斜坡上。

在其他问题中,外来入侵物种,特别是莫邪菊(*Carpobrotus edulis*)对海岸悬崖的自然保护价值产生了重大影响。这在地中海的岩相海岸和岛屿上尤为普遍(Suehs *et al*.,2001),而且会扼杀现有的原生植被。

3. 保护和管理

至少在不列颠群岛,控制灌木丛、引入或重新引入家畜放牧是植被管理和恢复最常见的方法。植被的高度对于某些蝴蝶的生存尤为重要。因而,将大蓝蝶重新成功引入英国依赖于调查研究,通过调研确定了它与一种蚂蚁之间存在一种特殊关联,这种蚂蚁需要存活在高度低于 3 厘米的短茬草地上。在英格兰东北部分布着北方棕腹蝶(*Aricia artaxerxes*)的一个亚种,即称作“达勒姆”(Dur-

图 11-2 “改良”的滨海草地

(a) 在北爱尔兰安特里姆的考斯韦海岸重新播种用于放牧;(b) 位于英国西南部、康沃尔北部的海岸被开垦为可耕地,用来种植作物。请注意,以前用来放牧的向海斜坡已经长满了野草

资料来源:版权 JP Doody。

ham)或“伊甸城堡”(*Castle Eden*)的灰蝶(*Aricia artaxerxes salmacis*),这种蝴蝶在沿海的镁质石灰岩草地上繁衍生息,但需要栖息在高度 6~10 厘米之间的草皮上,草皮是为了保证一种与其有关联的蚂蚁的生存。因此,在试图保护单 185
个物种时,放牧动物(牛或羊)的类型、繁殖和放牧制度可能至关重要(Doody,

2001)。

此外,放牧对于重建适合红嘴山鸦生存的密植草地也很重要。由于驯化种群的引入,不列颠群岛的若干段滨海种群已经恢复或者增加(Rylands *et al*.,2012)。

因旅游活动(包括踩踏)而退化的崖顶草地和荒地是有可能恢复的。例如,通过去除破坏致因可以促进植被的自然再生,这一点可以借助工程方法加以增强(Sawtschuk *et al*.,2012)。然而,把半天然栖息地恢复成耕地却更加困难。如果不采取某种形式的干预,土壤中埋藏的种子通常不足以阻止更具侵略性的
186 “杂草”物种建立种群。即使 10 年后,白垩岩草地也需要引进本土种子。因而,采用割草和/或放牧的方式进行后续处理有助于建立更自然的植被(Hutchings and Booth,1996)。

物理清除莫邪菌(*Carpobrotus* spp.)至少在地中海的悬崖海岸可以获得成功。从长远来看,这可能需要反复用手拔除再生植物(Andreu *et al*.,2010)。

然而,基础设施建设或骨料开采对海岸悬崖带来的损失是不可逆转的。对于这些活动,通常会采取一些控制措施来预防进一步的损害。

有关内陆和海岸悬崖生态学的一般评估,请参阅剑桥生态学研究(Larson *et al*.,2000)和海岸悬崖(Doody,2001)。

(二)“软”岩悬崖海岸

不稳定是“软”岩悬崖的主要生态特征,其变化速率可能很快。因而,地下风化作用(渗水)引起地质层之间的润滑,可能导致坍塌和滑动产。同样,沿溪流和沟壑的雨水侵蚀具有类似的效果。沉积在悬崖底部的物质被沿岸漂流、波浪和潮汐及风暴带走,导致进一步的侵蚀循环。松散的黏土(包括冰川泥砾层)侵蚀得非常快。这样的悬崖几乎没有任何植被覆盖(Lee *et al*.,2001)。斜坡 C 和垂直悬崖 D(图 11－3)都可能出现。前者可能包括泉水、水池和渗流区中具有短生植被的半稳定区域,也包括具有林地的更稳定的平台。后者包括侵蚀速度最快的土崖,通常出现在冰川泥砾层悬崖中,尤其是那些与北海南部接壤的地方,那里有一些抗蚀性最弱的岩石(May and Hansom,2003)。

187 **1. 自然保护价值**

根据移动的周期性,半移动悬崖为各种开放栖息地的动植物繁衍提供了充

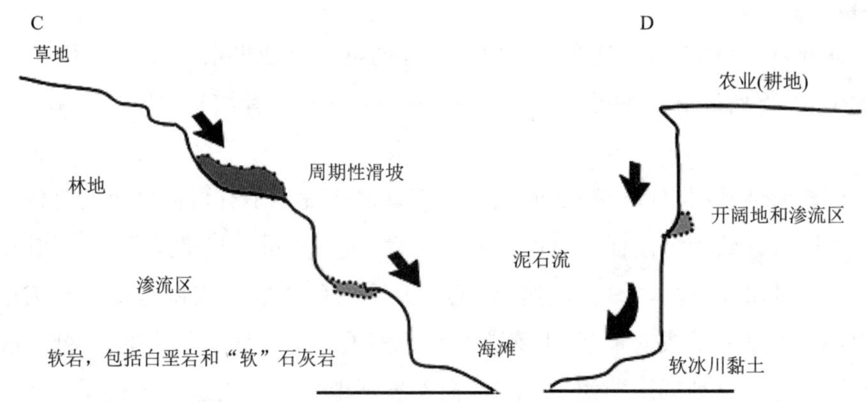

图 11-3 抗蚀性较弱且“软”的岩石悬崖

C—旋转滑坡;D—由于风化和海蚀而迅速被侵蚀

资料来源:After Cater (1988)。

足的条件,这些动植物涵盖了从短生植被到专食性无脊椎动物。就其中的植物而言,一些地区可能分布着各种兰花,尤其是在石灰质基质上。其他物种包括款冬花(*Tussilago farfara*)和百脉根(*Lotus corniculatus*)以及那些扎根于裸露地面的野花,它们为蜜蜂和黄蜂提供了花蜜。因而,结合开阔、温暖和松散的土壤等微生境,英国至少有 100 种无脊椎动物完全或部分依赖于与斜坡的间歇性运动相关的环境条件(Howe,2015)。其中,至少有 29 种是仅在英国海岸软悬崖上发现的稀有物种,包括独居的蜜蜂和黄蜂,它们会在裸露松软的悬崖表面挖洞筑巢。同时,最近的裸露地面为一些掠食性的甲虫提供了理想的狩猎场,例如悬崖黄缘步甲(*Nebria livida*)等。淡水渗流可以支撑小池塘和芦苇丛,它们为生命周期中处于水生阶段的动物提供了家园,如水甲虫、水虹和鹤蝇等。同时,它们还为一些蜜蜂和黄蜂提供筑巢的泥浆(Howe,2015)。

在发生过重大山体滑坡后,会形成周期性稳定区域,其中会发育成草地、灌木和林地。这些可能是在其他方面实施集中管理的农业景观中最天然的区域。一个著名的例子是 1839 年平安夜发生在多塞特郡宾顿的历史性滑坡。该滑坡发生在阿克茅斯至莱姆瑞吉斯的悬崖下,那里的岩石形成于三叠纪、侏罗纪和白垩纪。这是欧洲自然稳定的“软”岩悬崖海岸中最好的例子之一,那里为原生灌木和欧洲白蜡(*Fraxinus excelsior*)林地的生长和繁衍提供了绝佳的条件。在这片空地上，有各种植物和动物，包括稀有的悬崖虎甲（*Cincindela germanica*）。

2. 栖息地变化

“软”海蚀崖经常承受来自人类的各种压力。海岸保护结构（防波堤、海堤和护岸）、排水系统和斜坡的稳定结构可以延缓或预防悬崖蒙受侵蚀，并保护不动产。然而，这样一来，开阔栖息地的保护利益就会丧失。而且，沿岸其他地方的运动及沉积过程所需的沉积物质也减少了（Brown *et al.*，2011）。

3. 保护和管理

侵蚀和崩塌的自然过程可以形成维持开放和植被繁茂的栖息地的镶嵌结构，因此需要有限的干预。但是，如果已经进行了保护和/或实现了悬崖稳定，并且如果斜坡已经变得过度稳定，则需要加以管理和调整。虽然扭转这一局面在理论上很简单，但在实践中却很困难，尤其是因为已经有了保护计划来拯救不动产和其他重大资产（Lee *et al.*，2001）。然而，丁坝和防波堤退化的情况如果持续被忽视，则侵蚀将再次发生［图 11－4(a)］和［图 11－4(b)］。新的栖息地形
188 成，且随着被侵蚀的物质到达海滩，则可以再次参与沿岸运输过程。

（三）沉积海岸

沉积海岸低地包括若干生态独特的栖息地。与悬崖栖息地不同的是，这些栖息地具有由于沉积物运移和沉积导致的连续特征。在潮汐、海浪、风和雨的影响下，沉积物积累形成一系列相互关联的、具有一定复杂性的栖息地（生态系统）。在沉积物供应量大的高能海岸，这样的栖息地可能包括近海沙洲和障壁岛、沙丘、粗砾（砾石）滩和构筑物；在较为屏蔽的区域（例如河口），还会出现泥滩和盐沼（图 11－5）。

189 驱动海岸带沉积过程的能量、沉积物的供应量和类型以及底层内凝聚力之间的平衡均有助于确定形成的栖息地类型。在条件允许的情况下，适应性强的植物在温带地区沉积物的堆积中发挥着关键作用。海洋植物种类可以起到缓冲波浪的作用，有助于稳定近海海洋沉积物。在地中海区域，大洋波喜荡草（*Posidonia oceanica*）是一种优势物种，通常生长在狭长的海岸带，分布深度在 5～40 米或 5～50 米之间，具体取决于水的透明度。然而，更北部的大叶藻属

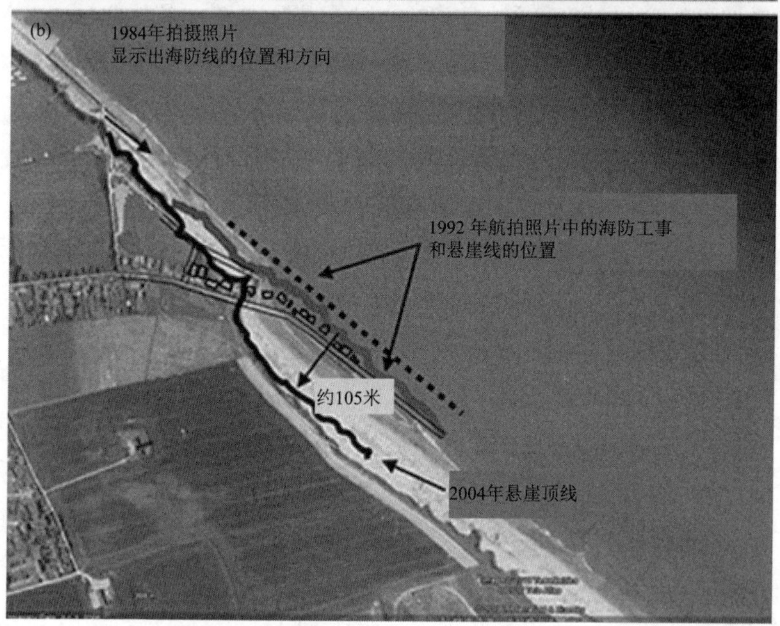

图 11－4　1984 年哈比斯堡的海岸防护

(a) 在中间(箭头所示)的建筑物已因侵蚀而消失,版权归 JP Doody 所有。(b)在 1992～2004 年期间,海岸已经退缩了大约 105 米,一条道路和一些房屋也一并消失。谷歌地图显示了 2006 年的道路位置

资料来源:www. bgs. ac. uk/landslides/happisburgh. html (2017 年 1 月查阅)。

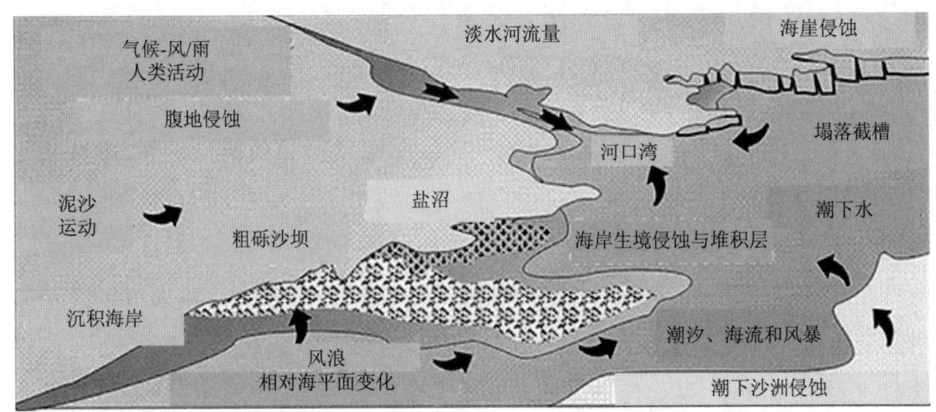

图 11-5　展示了海岸带沉积物移动与海岸栖息地发展和促使变化的因素有关的组成部分。箭头表示沉积物的运动方向。风力和风向、潮差和裸露情况都影响系统内沉积物的侵蚀和运输程度

资料来源：Doody(2008)重新绘制。

(*Zostera*)海藻的分布高度从潮下带浅水到潮上带，普遍靠近先锋盐沼区。在离岸屏障后面的遮蔽区域或河口，潮水会带来悬浮沉积物，有助于在沉积过程中形成潮汐沙滩或泥滩，其沉积速率取决于潮汐运动或波浪作用力。

在平均小潮高潮面(Mean High Water of Neap Tides，MHWN)以上，耐盐物种开始在滩涂上扎根繁衍，形成先锋盐沼，这有助于捕获沉积物并提高潮间地的水位。随着海拔的升高以及到达植被的潮汐减少，沉积物沉积减少，演替便开始发生，耐盐性较差的物种得以在此定居(Ranwell，1972；Adam，1990；Packham and Willis，1997；Doody，2008)。然而，预测的长期速率与实际的长期速率比较显示，从 10 年生盐沼的每年 17 毫米到 500 年生盐沼的每年 0.02 毫米，接近植被演替的最高值(Pethick，1981)。如果任其发展，这种演替可能会引起盐沼的蔓延并向非潮汐植被过渡，其中包括林地。

在高能环境中，沙丘也呈现出演替特征。在这种情况下，波浪和/或沿岸漂流将沙子带到岸边。然后在风力驱动下，通过表面蠕变、跳跃，沙粒以较高速度
190 悬浮穿过空气，越过暴露的海岸线(Pye and Tsoar，1990)。早期定居植物能够耐受盐雾、飞沙的研磨和掩埋，因而，北欧主要的沙丘植物喜砂草属

(*Ammophila* spp.)如马兰草(Ammophila arenaria)在一年内可以承受1米以上的沙粒堆积速率。

在西欧,随着稳定性的提高,马兰草(*Ammophila arenaria*)逐渐从草地上消失。部分原因在于远离海岸线的沉积物供应量减少导致的。此外,还涉及土壤病原体,植物生长的抑制可能是由于内寄生线虫与土壤群落中的其他成分之间的一系列复杂关系(Brinkman *et al.*,2005)。

在裸露的海岸上,沙丘的高度普遍可达100米以上,例如法国西海岸波尔多附近的比拉大沙丘。这些快速增长的系统通常被称为"黄色沙丘",其中至少包含20%的裸露沙子,从而使栖息地在这个发育阶段呈现出"黄色"外观。另一个耐埋葬物种是窄颖赖草(*Leymus arenarius*),它往往分布在欧洲较北部的地方,冰岛沙丘、内陆以及由冰川融水输送大量沉积物形成的海岸是它的主要栖息地。同时,类似的物种在美国东部海岸线上占据着相同的生态位,在那里,美洲沙茅草(*Ammophila breviligulata*)取代了无处不在的欧洲马兰草(*Ammophila arenaria*)。在流动沙丘后面,有一系列半稳定和稳定的群落,其中地表水含量对形成的植被类型具有显著的影响。在1米以下,地下水位的影响很小,因此根长小于1米的植物主要依赖于降水。因此,在地表或靠近地表的地方有水的情况下,就会形成沙丘间空隙。

沉积物堆积形成的另一个栖息地包括粗砾(砾石)滩和障壁沙坝等。前者在高能、动态的环境中形成,其中波浪沿着海滩移动卵石和漂砾,它们可以作为其他更稳定形态(粗砾结构)的前身,例如,在高水位之上,除了最剧烈的风暴之外,其他风暴都无法到达。在相对于海平面上升的陆地上,可以形成一系列"凸起"的海滩。在最裸露的地点,大量沉积物形成了实体结构,包括尖头前陆、障壁岛、沙嘴和河口沙坝(Packham and Willis,1997;Packham *et al.*,2001)。

有些栖息地因人类活动而改变,但保留上述"天然"栖息地的一些特征。其中包括沿海放牧沼泽(Doody,2001)和盐滩(Sadoul *et al.*,1998)。在此,本章不做讨论。

1. 自然保护价值

沉积栖息地可以组合形成复杂的生态系统。潮间带区域通常生产力很高,并为各种各样特有植物和动物的生长提供支持。同样,感潮水域和滩涂地区,即使在有重大围填海工程的河口,也支撑着丰富和稀有的无脊椎动物和鱼类的繁衍,并为重要的鱼类提供繁殖区。它们的生产力有助于供养具有国际重要性的大量越冬和/或迁徙水禽种群。在温带地区,这些包括在北纬地区繁殖的物种。其中,涉水禽的数量数以万计,例如瓦登海的感潮湿地,在那里,哺乳动物可能也
191 很丰富,同时,该地区还栖息着数量超过 3 万只海豹的大型种群。

沿着欧洲西北部的潮滩边缘,盐沼植被,如盐生植物"盐角草(*Salicornia*)和其他一年生植物"在泥沙中扎根繁衍,以及互花"米草属草甸"(*Spartinion* maritemae)分级分布,汇聚成"大西洋盐生草甸"(*Glauco-Puccinellietalia* maritimae)。南部和东部地区则分布着"地中海和热大西洋盐沼和盐草甸",主要包括灯心草属植物(*Juncus maritima*)和灌木丛,如碱蓬(*Suaeda vera*)的生长(European Commission,2013)。在属于温带的西北地区,自然保护的准确利益往往与放牧的压力息息相关。从历史上看,盐沼为羊(和牛)提供饲料,然而,今天在某些地区,饲料的种群密度与内陆草地相似,因而形成了结构多样性有限的草林植株茂盛的草地,为大量鸭和鹅等禽类提供了摄食场所。例如,在英国西北部的里布尔河口,2003 年有 20 000 只粉脚雁(*Anser brachyrhynchus*)和 85 000 只赤颈鸭(*Anas penelope*)在盐沼摄食。在没有驯养牲畜放牧的情况下,或者在历史上本土动物放牧水平较低的情况下,其形成的结构和植物的多样性更大,包含的动物物种范围更广,包括筑巢水禽(如红脚鹬 *Tringa totanus*)和雀形目、无脊椎动物和小型哺乳动物(Doody,2008)。

沙丘是与感潮海湾有关的河口和其他生态系统复合体的一部分。此外,还有较大的沙丘地貌,如丹麦、荷兰、波兰的海岸以及法国、葡萄牙、西班牙西南和土耳其的大西洋海岸上的那些沙丘(Doody,2009)。在海滨线和前滨沙丘背后,自然保护价值取决于沙子的化学成分。受放牧环境影响,超过 3%的贝壳碎片令土壤 pH 值升至 7 或以上,而温带地区会逐渐形成石灰质沙土草地。其中包括类似于内陆石灰岩土壤上的草地植物,并以"带有草本植被的固定海岸沙丘(灰色沙丘)"的形式出现。经过一段时间的土壤表面淋滤后,pH 值可能会降至 4,并随之变为"岩高兰(Empetrum nigrum)脱钙固定沙丘"和"大西洋脱钙固定沙丘(Calluno-Ulicetea)",所有以上三类沙丘均属于欧盟栖息地指令规定的重点栖息地。当原始沙子的二氧化硅含量高,而对应的贝壳碎片含量低(在 1%~

2%之间)时,这种效应会更快发生(图 11-6)。

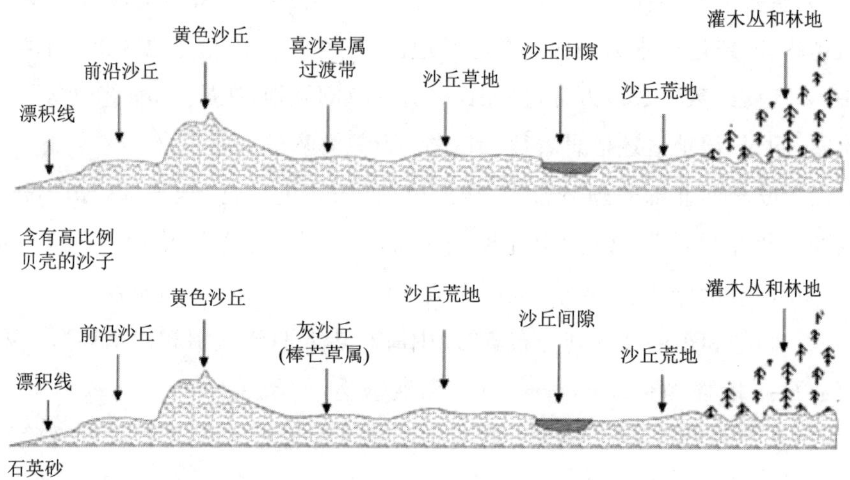

图 11-6 与沉积物累积、沉积物类型、年龄和地下水位相关的理想化沙丘演替过程——欧洲西北部温带地区的一个例子

注:二氧化硅含量高的沙子往往会在更早的阶段形成沙丘和荒地

资料来源:版权 JP Doody。

"湿润的沙丘间隙"中的物种特别丰富,并以多种方式发展,分布在地下水位或接近地表的地方。这些地方包括由雨水滋养的空洞和地下水位处或附近的季节性洪水区域。其中,沙丘体中的"吹蚀沙丘",把沙嘴堆积成的围堤海滩或平行的沙丘脊进一步扩大了这类栖息地的范围。然而,放牧对沙丘植被的结构和物种组成有显著影响,尤其是在欧洲西北部区域。它可以促进草的生长,并有助于维持物种丰富的沙丘草地和荒地(Ranwell, 1972; Packham and Willis, 1997; Maun, 2009)。

"沿岸砂质低地"是一种特殊形式的沙丘,在大西洋外赫布里底群岛海岸边缘的分布最为广泛,也分布在苏格兰和爱尔兰西海岸的其他地方。它是位于流动沙丘(存在这些沙丘)背后的砂质平原,具有广阔低洼和平坦肥沃的特点。它的特殊利益在于与苏格兰的传统耕作放牧以及与爱尔兰放牧之间的关系。由于没有大规模集约利用,从而使得包括"古代"农业和"杂草"在内的丰富多样的植物群落得以生存。再加上众多水禽和其他鸟类[如长脚秧鸡(*Crex crex*)]的繁 192

殖栖息，使其变成具有相当大的自然保护价值的稀有栖息地，特别是在外赫布里底群岛(Doody，2013a)。

粗砾(砾石)滩在高能海岸上很常见，然而，较大型的粗砾结构(砾石堆积)却很少见。因而，这里植被的建立依赖于植物克服栖息地固有不稳定性的能力。如那些每个月都会在大潮期间受到干扰的海滩，普遍没有植被覆盖。一年生物种［例如猪殃殃(*Galium aparine*)和滨藜属(*Atriplex* spp.)］生长于春季和秋季之间环境稳定的海滩上；寿命短的多年生植物［例如苔景天(*Sedum acre*)、海洋沙硬禾属(*Desmazeria marina*)］会在 3～4 年内稳定生长，而寿命较长的多年生植物［例如海甘蓝(*Crambe maritima*)、碱蓬属(*Suaeda vera*)、海滨蝇子草(*Silene vulgaris* ssp. *maritima*)］会生长在稳定期超过 5～20 年的海滩上。那些在很长一段时间内保持稳定且风暴潮无法触及的海滩，可能有石楠或草石楠植被，其中包括燕麦草(*Arrhenatherum elatius*)、紫羊茅(*Festuca rubra*)、欧洲黑莓(*Rubus fruticosus*)、金雀花(Cytisus scoparius)、黑刺李(Prunus spinosa)和彩萼石楠(*Calluna vulgaris*)等。无脊椎动物是一些粗砾滩区域的重要物种(Shardlow，2001)，同时，它们还为燕鸥繁殖提供了栖息地，尤其是白额燕鸥(Sterna albifrons)。

2. 栖息地变化

海岸沉积系统是动态变化的，变化具有不同的时间尺度。例如，淤泥在沉降形成滩涂之前，悬浮在水体中随每天两次的潮涨潮落穿越潮滩。欧洲和美洲东北部温带盐沼的植物垂直生长速率为每年 2～10 毫米(Ranwell，1972)。在特殊情况下，其生长速率可能高达每年 200 毫米，尤其是发生在大米草(*Spartina*
193 *anglica*)入侵的情况下。高生长速率可以转化为横向广泛扩张。位于迪河河口岸边的帕克盖特，横跨英国和威尔士的边界，盐沼在 70 年内从海岸起扩展了 1.2 千米(Doody，2008)。

在风力作用下，沙粒能够在几秒钟内穿越没有遮蔽的海岸线。然而，海滨线会随着季节发生起伏变化，在夏季的几个月份前进，而在冬季的风暴中消退。目前，有记录的前滨沙丘沉积速率每年从 8～120 厘米不等，其中，墨西哥湾达到最高值(Maun，2009)。在英国的一个没有遮蔽的地点，在盛行风和主导向岸风的影响下，前滨沙丘每年向内陆移动多达 6 米(Ranwell，1972)。粗砾滩上的破碎波一次就可以将较小的卵石移动几厘米。然而,一次风暴可能会将较大的漂砾运送到高水位之上,从而形成一个稳定的结构,这种结构可能会生存数十年到数百年,甚至数千年。

了解这些事件的时间尺度对于管理非常重要。沿岸漂流在偶发的风暴的帮助下可以造成重大变化。例如,在英国东海岸的萨福克郡的凯辛兰,仅用了 20 年,一个风暴海滩就沿着海岸移动了超过 1 千米。植被类型序列仍然存在,尽管已经移位了,但海岸防护结构被废弃。

海岸栖息地,特别是在发育的早期阶段,会表现出自然演替特征。在没有驯化牲畜放牧的情况下,盐沼提高了生物学多样性。一旦形成栖息地的过程停止运作,灌木丛和林地就会在稳定的沙丘或粗砾滩上开始发育。不过,在世界许多地方,这些栖息地并不是天然存在的。例如,在北海南部,从罗马时代起就建造了堤坝,以阻止海水灌入,并延长盐沼和其他海岸土地可用于放牧、生产盐和干草的时间。在过去 1000 年左右的时间里,栖息地进一步转换,包括盐沼围堤和排水系统等,有助于开垦大面积的耕地。在这方面,瓦登海(荷兰和德国)和瓦士湾(英国东南部)的重要地区是最早的例子之一。瓦登海区域伴随有保留下来的栖息地的自然多样性下降的情况(Reise,2005)。

除了农业用地之外,港口和相关开发项目也破坏了大面积的天然沉积栖息地,加重了沿海低地的累积损失。在比利时,近 50%的沙丘景观已被建筑物、花园和道路所破坏,沙丘面积从 20 世纪初的约 7000 公顷减少到 20 世纪 80 年代后期的 3800 公顷(Provoost and van Landuyt,2001)。从 20 世纪 60 年代起,旅游和城市化对西班牙、法国和意大利地中海沿岸的沙丘栖息地产生了重大影响。不难发现,在这些地区,采砂和土地流失共同导致了海滩的枯竭,并且需要增强海岸防御。

这样的损失今天仍在继续。2012 年,位于苏格兰阿伯丁郡海岸梅尼的特朗普国际高尔夫球场,破坏了受官方保护的具有特殊科学价值的沙丘遗址的主要部分。这让栖息地消失的过程持续进行下去,在全世界创建了“连锁”高尔夫球场(Doody,2013a,第十章)。英国东南部肯特郡近 20%的邓杰内斯粗砾岬因砾石开采而消失。同时,由于附近核电站、军事基础设施、道路和机场的建设,该区域已经失去了大量生物种类丰富的地表植被(Doody,2001,第九章)。这些人类 194

活动共同破坏了大面积的天然和半天然栖息地，使剩余区域成为从自然保护角度看最珍贵的区域。

另外，沙丘对许多非本土物种的入侵特别敏感。入侵植物除了沙棘（*Hippophaë rhamnoides*）外，还包括紫羊茅属（*Festuca rubra* spp.）和金和欢属（*Acacia* spp.），它们会破坏当地植被，尤其是在地中海地区。

3. 保护和管理

尽管保护剩余的沉积海岸生态系统免受进一步破坏是首要问题，但传统的管理方式仍然非常重要。在过去的几十年里，停止放牧已成为自然保护区的主要保护管理手段之一。在以前的放牧盐沼上，过度放牧导致了粗草的生长，紫羊茅（*Festuca rubra*）可以在很短的时间内变成难以穿透的草坪，导致其失去放牧鸭和鹅的价值。尽管结构多样性有所改善，但并没有引起生物多样性的相应增加。轻度放牧或历史上从未放牧的地区往往具有层次多的结构和生物多样性。因此，管理层必须考虑这些不同的利益，并在是否放牧以及在何种制度下放牧进行权衡（Doody，2008，第八章）。

放牧对于沙丘同样起着重要的作用，放牧会造成草地上形成缺口，并引发不稳定性。历史上，许多沙丘在欧洲被用作兔子窝。兰威尔（Ranwell，1972）认为，这些沙丘群落的结构“在发生黏液瘤病变之前实际上是兔子密集放牧的产物”。沙丘上放牧的减少或损失会导致稳定、灌木入侵［包括入侵性沙棘（*Hippophaë rhamnoides*）］和生物多样性的丧失。这对沙丘植物和与裸沙相关的特有无脊椎动物都有不利影响。因此，清除灌木丛以及外来入侵物种，重新引入放牧动物是很多沙丘的当务之急。这在稳定的粗砾上就不那么重要了，这种粗砾的放牧历史有限，主要是棕色欧洲野兔（*Lepus europaeus*）等本土动物放牧。

虽然放牧管理对盐沼和沙丘的保护、管理和恢复很重要，但对底层海岸过程也很重要。这里的关键在于沉积物的供应量和栖息地形成过程的空间。这有助于在沉积海岸系统中创造“恢复力”。海岸“恢复力”被定义为“海岸适应海平面上升、极端事件和偶尔的人类影响引起的变化，同时保持海岸系统长期发挥功能的固有能力”。从对全球气候变化的预测来看，恢复力的概念尤为重要（Eurosion，2004）。

(四) 气候变化

气候变化以多种方式影响海岸栖息地。风暴活动的增加可能会迫使含盐空
气进一步向内陆延伸,从而将海洋植被扩展到裸露的硬岩悬崖上。在“软”岩悬
崖底部的波浪侵袭,特别是发生风暴时,会加剧其不稳定性,基底侵蚀和坍塌也
更频繁,更快。风和浪会移动低洼、软质海岸沉积栖息地的沉积物,尤其是在海
湾内。随着沉积物的堆积,可能导致沿岸沙丘向内陆移动,淹没较稳定的内陆结 195
构。其他栖息地,特别是盐沼可能会完全消失,因为海平面上升和海浪侵袭联合
挤压栖息地,加重对静态海岸防护体系的冲击(Doody,2004,2013b)。

沙丘植被可能对气候变化表现出更微妙的反应。温暖潮湿的气候可能会通过刺激植物生长来提高沙丘的稳定性。这对沙丘发展的影响可能是积极的,也可能是消极的。从积极方面来说,可能有助于促进新的沿岸沙丘发育。若如上所述它增加内陆植被的稳定性,加剧灌木丛开发相关问题,并丧失自然保护价值,则为消极影响。导致干旱的较极端温度变化可能会造成植被质量的变化。1976 年英国干旱的证据表明,沙丘间空隙特别脆弱。水分流失加速了几年前已经发生的逐渐风干的过程。这导致了典型的沙丘间空隙植物的丧失,并对稀有的欧洲红耳蟾(*Epidalea calamita*)产生了不利影响,该蟾蜍依靠沙丘间空隙和其他潮湿的栖息地进行繁殖。在干旱时期,火灾也是一个持续的威胁。1976 年,火灾影响了 16 个自然保护区,其中大约一半涉及燃烧马兰草(*Ammophila arenaria*)和固定沙丘草地的损失(Hearn and Gilbert,1977)。

准确预测气候变化导致的植物和动物群落的整体变化是很困难的。处于其地理范围限制内并依赖于开阔干燥砂质基质的物种,例如无脊椎动物,可能表现出最迅速的反应。即便在这方面,温度和降水的增加可能通过植被生长而导致裸沙流失,但放牧的减少或停止可能有同样的结果。这突出了在确定管理方案时将气候变化的影响与人为影响区分开来的普遍问题。保护最珍贵和最有活力的海岸栖息地可能需要激发生态系统内在更巨大的灵活性。

(五) 结论——移动性案例

土地围整的后果之一,尤其是在海平面上升的地方,是它造成了“海岸挤压”(Doody,2004,2013b)。由此产生的区域变窄限制了动态过程可以发生的区域。

这可能会加剧侵蚀趋势并迫使沉积栖息地向陆地移动。这反过来又增加了对其余地区的压力，也增加了为保护自然保护价值而进行干预的必要性。

在岩石稳定的区域，可持续性问题主要涉及阻止基础设施发展，或者在崖顶草地发展集约化农业。对于那些留下来的区域，适当的放牧管理形式将确保动植物群落的保护。在低洼的沉积海岸，问题更加复杂，尤其是在潮滩、盐沼、沙丘和粗砾同时存在的地方。在世界许多地方，灵活多变的海岸带有坚固的海堤或其他将陆地与海洋分隔开的人工防护结构。

了解这些设施对海岸保护和管理的重要性，从长远的角度来看是很有价值的。在末次冰期之后，大约 7 000 年前，世界大部分地区的海平面开始趋于稳定，形成了一条接近现在位置的海岸线。

196 在东英吉利亚，英国东南部的均衡沉降区意味着相对海平面持续上升，直到大约 4000 年前。此时，感潮盆地（沼泽地带）的分布范围最大，包括从感潮沙滩和泥滩、盐沼过渡区到感潮木本沼泽和沼泽群落的一系列栖息地。在接下来的2 000年里，由于沉积有利于沼泽泥炭的积累，而盐沼却被破坏了，因此陆地向海移动，将海岸边缘移回了 5 000 年前的位置（图 11－7）。内陆“沼泽群落”的排水，包括大乌斯河的开渠，清除了大部分木本沼泽，并带走了大量的野生动物，这些野生动物维持了以野禽狩猎和水产品捕捞为基础的农村经济。大约 700 年前的盐沼围堤，将陆地/海洋边界推向现在的位置，因为一系列海堤包围了潮间地（图 11－8）。今天，内陆泥炭土和外层淤泥土适合种植蔬菜、花卉和农作物。在过去的几千年里，随着海平面的变化，这里不再是广阔的海岸带上游，而是一条狭长的侵蚀盐沼区，其后是静态海防设施。海平面的持续上升和潮间带的缩小威胁着这些类似的人工堤防区，因为天然海防和人工海
197 防的效果越来越差。

无论人类在全球升温中扮演什么角色，海平面上升将继续影响那些由于均衡变化而导致陆地下沉的地区。目前全球海平面上升意味着海岸侵蚀将持续发生。对于软岩海岸悬崖，模型表明，到 2050 年衰退可能会增加 22%～133%，这取决于海平面的变化速率和场地的固有稳定性（Bray and Hooke，1997）。虽然这将释放更多的沉积物促进海岸栖息地的发育，但它会加快这些保留在原地的半天然崖顶草地的消失。对到 2025 年沿海沙滩可能出现的情况进行的预测表

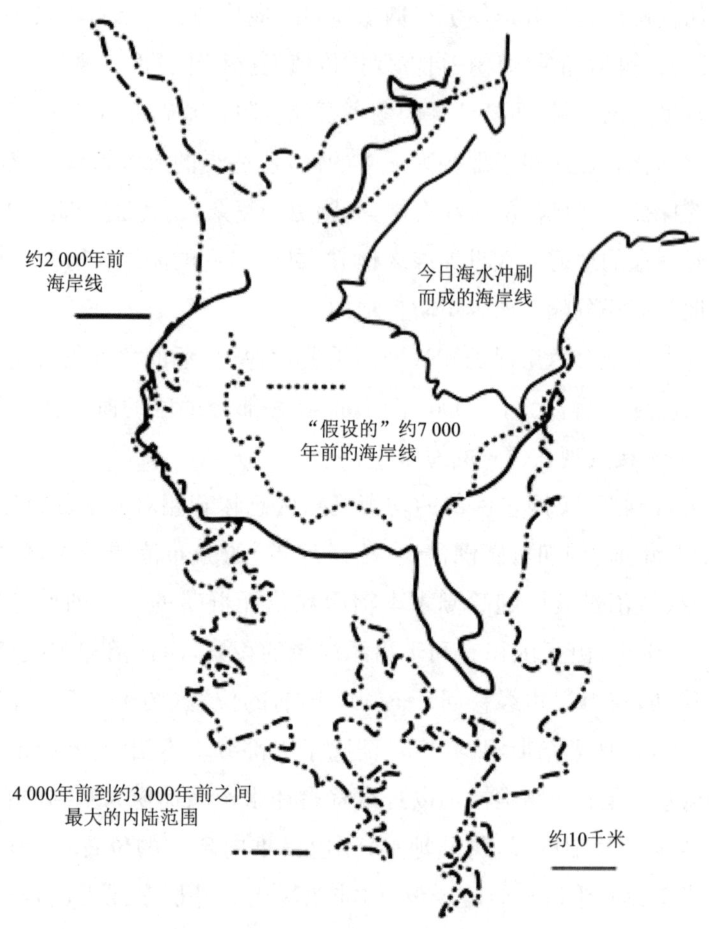

图 11－7　东英吉利亚沼泽地带盆地对海平面变化的响应演变(after Brew *et al*., 2000)。注:演变的时间尺度运行了数千年。将此与影响盐沼边缘的人类活动的时间尺度进行比较(图 11－8)

明,海平面上升和风暴的增加将加剧侵蚀趋势(Brown and McLachlan,2002)。沙地和泥滩、盐沼和粗砾滩也可能出现类似的趋势。

滨海区提供了重要的生态系统服务,其中旅游和休闲(文化)和海岸防护(监 198
管)具有最大的经济价值(2011 年英国国家生态系统评估)。全球盐沼和沙丘属于具有重要生态系统服务价值的栖息地(Barbier *et al*.,2011)。为了应对与保护剩余价值和/或扭转所造成损失相关的挑战,我们需要制定更为长期的应对策

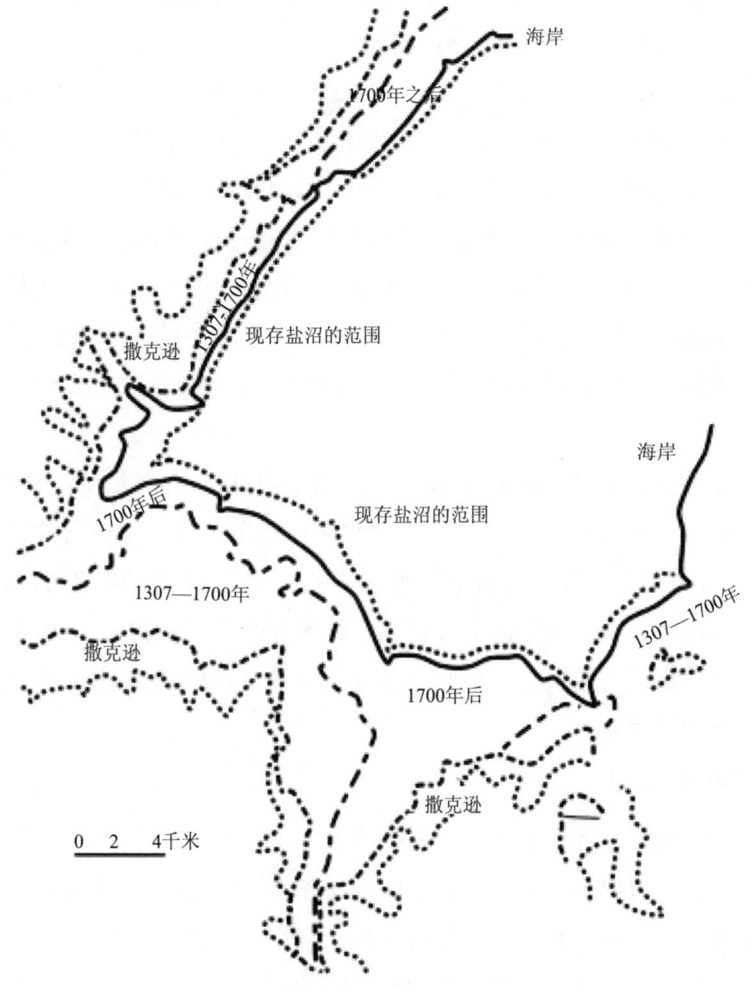

图 11－8　来自撒克逊时代的盐沼围堤转化为沼泽地带的农用地（从各种来源重新绘制）

资料来源：版权 JP Doody。

略。在沼泽地带，滨海宽度不足以应对长期的海平面变化。剩余的海岸栖息地（在这种情况下主要指潮滩和盐沼）越来越容易受到海浪的侵袭，尤其是在风暴期间。在北海南部，随着盐沼的侵蚀，其自然价值和海防功能下降。保护海岸带低地和恢复其海防功能的关键之一是拓宽潮间带区域。实现这个目标的一种方法是通过重新调整，让潮汐返回历史的感潮盐沼，改变盐沼围垦成农田的现状

(Wolters *et al.*,2005)。实际上，这使得潮滩和盐沼向陆地发展和重建。这反过来又有助于提高海岸系统抵抗侵蚀的能力，从而有助于海防。

受战时活动的干扰，欧洲许多沙丘改变成流动沙丘。在一些地区，植被表面发生了彻底的破坏。20 世纪 50 年代，控制侵蚀是主要关注点。然而，仅仅 30 年后，人们发现过度稳定对许多地点的生物多样性构成了威胁。发挥能动性及随之而来的海岸动力使地貌改变和生态演变过程能重新创造更天然的栖息地。在沙丘中产生了流动的沙丘，这是沙丘间隙发展的前身，它支持稀有物种的繁衍，如欧洲红耳蟾(*Epidalea calamita*)和英国罗氏羊耳蒜(*Liparis loeselii*)。它还提供开阔的砂质基质，形成各种特有爬行动物和无脊椎动物的理想栖息地。

野生动物自然遗产被住宅区、道路或其他基础设施包围，并因农业或林业而遭受相互截断。在这些地区，累积损失不仅来自海岸挤压，还因为不断增加的压力，对娱乐和其他活动需要精细化管理。同时仍然需要传统的管理方法，例如控制灌木丛和放牧。不过海平面上升和风暴的增加会带来大量沉积物移动，可以为栖息地恢复提供关键机会。重要的是抵制这种移动的诱惑，并允许甚至帮助更具发展活力的系统。

(六) 河口

河口为各种研究提供了机会。这些研究涉及的范围从全河口尺度评议到具体的研究，例如与地貌学、生态学和管理学等有关的研究。一项简单的实地考察活动用来评估盐沼范围和植被类型的变化。利用航飞影像和以前的调查工作，应该可以识别历史演变。实地调查(确定潮汐的状态；最好是小潮)可以评估植被的现状，将显示它是在退化、稳定或是扩张。为了确定这是否为长期过程的一部分，有必要考虑河口的起源以及人类活动改变自然过程的方式。

例如，在迪河河口种植的大米草(*Spartina anglica*)，再加上潮汐通道的围 199
护和导流，会产生加速填充并堵塞进入帕克盖特港的通道这样无法预料的后果。

参考文献

Adam, P. (1990). *Saltmarsh Ecology*. Cambridge University Press, Cambridge.

Andreu, J., Manzano-Piedras, E., Bartomeus, I., Dana, E.D., and Vilà, M. (2010). Vegetation Response after Removal of the Invasive Carpobrotus Hybrid Complex in Andalucía, Spain. *Ecological Restoration* 28(4): 440–448.

Barbier, E.B., Hacker, S.D., Kennedy, C., Koch, E.W., Stier, A.C., and Silliman, B.R. (2011). The Value of Estuarine and Coastal Ecosystem Services. *Ecological Monographs* 81: 169–193. http://onlinelibrary.wiley.com/doi/10.1890/10–1510.1/full (accessed January 2017).

Bray, M.J. and Hooke, J.M. (1997). Prediction of Soft-Cliff Retreat with Accelerating Sea-Level Rise. *Journal of Coastal Research* 13(2): 453–467.

Brew, D.S., Holt, T., Pye, K., and Newsham, R. (2000). Holocene Sedimentary Evolution and Palaeocoastlines of the Fenland Embayment, Eastern England. In: Shennan, I. and Andrews, J.E. (Eds.). *Holocene Land-Ocean Interaction and Environmental Change around the North Sea*. Geological Society of London, Special Publication, No. 166, pp. 253–273.

Brinkman, E.P., Troelstra Sep, R., and van der Putten, W.H. (2005). Soil Feedback Effects to the Foredune Grass *Ammophila Arenaria* by Endoparasitic Root-Feeding Nematodes and Whole Soil Communities. *Soil Biology & Biochemistry* 37(11): 2077–2087.

Brown, A.C. and McLachlan, A. (2002). Sandy Shore Ecosystems and the Threats Facing Them: Some Predictions for the Year 2025. *Environmental Conservation* 29: 62–77.

Brown, S., Barton, M., and Nicholls, R.J. (2011). Coastal Retreat and/or Advance Adjacent to Defences in England and Wales. *Journal of Coastal Conservation* 15: 659–670.

Carter, R.W.G. (1988). *Coastal Environments. An Introduction to the Physical, Ecological and Cultural Systems of Coastlines*. Academic Press, London, 617p.

Clayton, K. and Shamoon, N. (1998). A New Approach to the Relief of Great Britain: II. A Classification of Rocks Based on Relative Resistance to Denudation. *Geomorphology* 25(3–4): 155–171.

Doody, J.P. (2001). *Coastal Conservation and Management: An Ecological Perspective*. Conservation Biology Series, 13. Kluwer, Academic Publishers, Boston, 306p.

Doody, J.P. (2004). 'Coastal Squeeze' – An Historical Perspective. *Journal of Coastal Conservation* 10(1–2): 129–138.

Doody, J.P. (2008). *Saltmarsh Conservation, Management and Restoration*. Coastal Systems and Continental Margins, 12, Springer, 217p.

Doody, J.P. (Ed.). (2009). *Sand Dune Inventory of Europe*. 2nd Edition. National Coastal Consultants, Liverpool Hope University and EUCC, The Coastal Union – in Association with the Coastal Commission of the International Geographical Union. CD ROM, Liverpool Hope University. Individual chapters are available on the Coastal Wiki. www.coastalwiki.org/wiki/Category:Sand_dunes

Doody, J.P. (2013a). *Sand Dune Conservation, Management and Restoration*. Coastal Research Library, Vol. 4. Springer, 303p.

Doody, J.P. (2013b). Coastal Squeeze and Managed Realignment in Southeast England, Does it Tell Us Anything About the Future? *Ocean and Coastal Management* 79: 34–41.

European Commission (2013). Interpretation Manual of European Habitats, Natura 2000.

European Commission, DG Environment, Nature and Biodiversity, Brussels. http://ec.europa.eu/environment/nature/legislation/habitatsdirective/docs/Int_Manual_EU28.pdf (accessed 25 December 2016).

Eurosion (2004). Living with Coastal Erosion in Europe: Sediment and Space for Sustainability. Part IV – A Guide to Coastal Management Practices in Europe: Lessons Learnt. Source: 200
www.eurosion.org/reports-online/part4.pdf (accessed January 2016).

Finkl, C.W. (2004). Coastal Classification: Systematic Approaches to Consider in the Development of a Comprehensive Scheme. *Journal of Coastal Research* 20(1): 166–213.

Hearn, K.A. and Gilbert, M.G. (1977). *The Effects of the 1976 Drought on Sites of Nature Conservation Interest in England and Wales.* Nature Conservancy Council, Internal Report.

Howe, M.A. 2015. Coastal Soft Cliff Invertebrates are Reliant upon Dynamic Coastal Processes. *Journal of Coastal Conservation* 19: 809–820.

Hutchings, M.J. and Booth, K.D. (1996). Studies of the Feasibility of Re-creating Chalk Grassland Vegetation on Ex-Arable Land. II. Germination and Early Survivorship of Seedlings under Different Management Regimes. *Journal of Applied Ecology* 33(5): 1182–1190.

Larson, D.W., Matthes, U., and Kelly, P.E. (2000). *Cliff Ecology, Pattern and Process in Cliff Ecosystems.* Cambridge Studies in Ecology, Cambridge University Press, Cambridge, 340pp.

Lee, E.M., Brunsden, D., Roberts, H., Jewell, S., and McInnes, R. (2001). Restoring Biodiversity to Soft Cliffs. *English Nature Research Report 398.* Publications.naturalengland.org.uk/file/111046 (accessed January 2017).

Lovric, A.Z. (1993). Dry Coastal Ecosystems of Croatia and Yugoslavia. In: van der Maarel, E. (Ed.). *Ecosystems of the World 2A. Dry Coastal Ecosystems – Polar Regions and Europe.* Elsevier, The Netherlands, pp. 391–420.

Maun, M.A. (2009). *The Biology of Coastal Sand Dunes.* Oxford University Press, 265pp.

May, V.J. and Hansom, J.D. (2003). *Coastal Geomorphology of Great Britain.* Geological Conservation Review Series, Vol. 28. Joint Nature Conservation Committee, Peterborough, 754pp.

Packham, J.R., Randall, R.E., Barnes, R.S.K., and Neal, A. (Eds.). (2001). *Ecology and Geomorphology of Coastal Shingle.* Westbury Academic & Scientific Publishing, Otley, West Yorkshire, 459p.

Packham, J.R. and Willis, A.J. (1997). *Ecology of Dunes, Salt Marsh and Shingle.* Chapman and Hall, London, 334p.

Pethick, J.S. (1981). Long-Term Accretion Rates of Tidal Salt Marshes. *Journal of Sedimentary Petrology*, 51(2): 571–577.

Provoost, S. and van Landuyt, W. (2001). The Flora of Flemish Coastal Dunes (Belgium) in a Changing Landscape. In: Houston, J.A., Edmondson, S.E., and Rooney, P.J. (Eds.). *Coastal Dune Management, Shared Experience of European Conservation Practice.* Liverpool University Press, pp. 381–401.

Pye, K. and Tsoar, H. (1990). *Aeolian Sand and Sand Dunes.* Unwin Hyman, London. 396p.

Ranwell, D.S. (1972). *Ecology of Salt Marshes and Sand Dunes.* Chapman and Hall, London, 258p.

Reise, K. (2005). Coast of Change: Habitat Loss and Transformations in the Wadden Sea. *Helgoland Marine Research* 59(1): 9–21.

Rodwell, J.S. (Ed.). (2000) *British Plant Communities.* Volume 5, Maritime Communities and Vegetation of Open Habitats. Cambridge University Press, Cambridge, 512p.

Rylands, K., Mucklow, C., and Lock, L. (2012). *Management for Choughs and Coastal Biodiversity in Cornwall: The Need for Grazing.* Royal Society for the Protection of Birds Report. www.rspb.org.uk/our-work/conservation/conservation-projects/details/223656-cornwall-chough-project#downloads (accessed January 2017).

Sadoul, N., Walmsley, J.G., and Charpentier, B. (1998). *Salinas and Nature Conservation. Conservation of Mediterranean Wetlands*, Vol. 9. Tour du Valat, Arles (France).

Sawtschuk, J., Gallet, S., and Bioret, F. (2012). Evaluation of the Most Common Engineering Methods for Maritime Cliff-Top Vegetation Restoration. *Ecological Engineering*, 45: 45–54.

Shardlow, M.E.A. (2001). A Review of the Conservation Importance of Shingle Habitats for Invertebrates in the United Kingdom (UK). In: Packham, J.R., Randall, R.E., Barnes, R.S.K., and Neal, A. (Eds.). *Ecology & Geomorphology of Coastal Shingle*. Westbury Academic and Scientific Publishing. pp. 355–376.

Suehs, C.M., Médail, F., and Affre, L. (2001). Ecological and Genetic Features of the Invasion
201 by the Alien Carpobrotus Plants in Mediterranean Island Habitats. In: Brundu, G.,
Brock, J., Camarda, I., Child, L., and Wade, M. (Eds.). *Plant Invasions: Species Ecology and Ecosystem Management*. Backhuys Publishers, Leiden, pp. 145–158.

UK National Ecosystem Assessment. (2011). *The UK National Ecosystem Assessment: Synthesis of the Key Findings*. UNEP-WCMC, Cambridge. http://uknea.unep-wcmc.org/Resources/tabid/82/Default.aspx (accessed January 2017).

Wolters, M., Garbutt, A., and Bakker, J.P. (2005). Salt-Marsh Restoration: Evaluating the Success of De-Embankments in North-West Europe. *Biological Conservation* 123: 249–268.

第十二章　海洋生态系统管理 202

罗杰·J. H. 赫伯特　杰斯丁·桑德斯

一、引言

世界渔业资源和海洋栖息地正面临着全球性衰退，并成为不断创新海洋资源管理方式的驱动力。促使管理重心从原先仅关注具有重要经济价值鱼类的单个种群规模，逐渐转变到对种群变化具有重要影响的栖息地质量和渔获物资源量上，从而形成了完整的"海洋生态系统"管理方法（Rogers *et al.*，2007）。对海底栖息地及生物、海洋中上层鱼类、哺乳动物和鸟类的管理往往需要国际合作。为了更全面、更积极地管理影响海洋环境的各类人类活动，欧盟制定了新版的《海洋战略框架指令》（*Marine Strategy Framework Directive*）等重要相关政策，并改进了《共同渔业政策》（*the Common Fisheries Policy*）。

然而，通过海洋资源环境调查确定海洋栖息地分布和状态以及可开发渔业资源量，成本高，技术难，并且存在一定的危险性，这严重限制了海洋资源管理的有效实施。本章将主要探讨海洋资源环境调查和管理面临的困难。提供有关主要温带地区不同沿岸海洋栖息地和现行资源环境管理方法的证据。通过对太平洋牡蛎的案例研究，强调海洋生态系统管理的新挑战。

二、海洋资源环境调查

尽管全球尚有广阔的海洋仍待探索和测量，但在过去几十年里，人们利用各种遥控设备和潜水器不断探索海洋，并取得了许多重要进展，对深海环境进行考察和记录也成为了可能。2010 年发布的第一份全球《海洋生物普查报告》(*Census of Marine Life*)(http://www.coml.org),是最近取得的一项重要成果。这项调查由来自全球 80 多个国家的科学家和其他研究人员合作开展,经过 10 年的努力,它成功地向人们描述并解释了海洋环境中的生物多样性。调查对象涵盖了关于过去和现在的化能合成细菌、无脊椎动物、鱼类、哺乳动物以及它们的分布。利用无人遥控潜水器(ROV)、自主式潜水器(AUV)、无人潜水器、水下取样(图 12-1)、鱼类标记和斯库巴潜水等的集中测量工作,产生了大量新数据。此外,行业团体与法定保护自然资源机构进行了合作研究,也获取了大量
203 相关证据和极佳范例。

图 12-1 利用海岸带调查船上安装的 Van-Veen 抓斗获取松软沉积物样本

资料来源:Roger Herbert 摄影。

海洋生态和资源环境调查数据普遍十分繁杂，尽管如此，经过过去 150 年的探索，全球性模式仍然得以建立，并努力描述和解释海洋群落变化。最近，斯伯丁等（Spalding *et al.*，2007）开发了一个分辨率比以往更高，并且更适合海岸带和大陆架区域海洋资源管理的"海洋生态区"系统，对欧洲海岸带区域的海洋生物群落进行了调查和绘图，列出了海洋物种和资源清单，为评价和保护海洋资源环境提供了依据。英国和爱尔兰的海洋栖息地和分类系统就是一个基于识别"群落栖息地"的工具，可以与欧洲自然信息系统（European Nature Information System，EUNIS）（EUNIS，2005）相互参考。对群落栖息地的描述既包含栖息其中的生物组合（即海藻和动物）信息，也包含栖息地物理特征，如沉积物类型和波浪能等信息。目前潮间带和潮下带栖息地分类系统仍在不断完善中，英国正在应用该分类系统设计海洋保护区网络，以确保提高在整个网络中充分复制大尺度海洋栖息地类型的水平。现在已经能够利用海洋地理信息系统（GIS）和相关的水深数据方便地绘制海洋群落栖息地有关图件（图 12－2）。 204

除此之外，美国联邦地理数据委员会 2012 年批准了《海岸带和海洋生态分类标准》（*the Coastal and Marine Ecological Classification Standard*，CMECS）。CMECS 是一个为生态单元提供分类方法的术语目录，使用的是既简单易懂又标准规范的通用术语。CMECS 使用的术语"生态单元"是指在层次体系中任意层次上提及并定义标准中的生态空间实体，"单元"包括了海草床、沙滩、潟湖和水团等。CMECS 提供了一种组织和解释海洋环境数据的方法以及分享相互关联数据的公用平台。CMECS 建立在已经公布的国家、区域和局地栖息地分类程序基础上，提供了海岸带和海洋生态分类系统发展和演变的国家框架。调查人员可以借助 CMECS 确定待收集的数据类型，其结构可容纳多学科数据，其使用也不限于特定工具类型和不同空间或时间分辨率的观测数据。CMECS 的最终目标是促进对生物组合、捕捞和保护物种、关键栖息地和重要的生态系统组成部分的评价、监测、保护、修复和管理。因此，CMECS 可以增强科学认识，推进基于生态系统和基于划区管理的资源管理，保护海岸带地区。

调查地图是调查或取样期间海洋栖息地情况的"快照"，但为比较季节性和长期变化提供了有价值的基线。我们正在开始接受的一个重要问题就是基线是"基线深移"（Pauly，1995）。几十年来，我们进行了多次调查，每次调查结果都可

图 12－2　在英国多塞特郡金美里奇的岩石海岸上识别和调查群落栖息地，并使用差分 GPS(dGPS)绘制不同群落栖息地的边界

资料来源：Roger Herbert 摄影。

以被视为新的基线“常态”，后续调查可与之进行比较。然而，现实情况是，随着海洋生态环境面临的压力不断增大，每次调查结果均显示生态环境处于持续衰竭和退化状态。通过恢复历史状态，我们现在才能够认识到人类对海洋生态系统的影响程度，并认识到几百年前存在的那个基线才是自然的基线。

205　为了满足人们对海岸带海洋生态系统信息日益增长的需求，各种在线工具被开发了出来，这为研究人员和管理人员提供了方便利用的海洋生物信息。在英国，《生物特征信息目录》(*Biological Traits Information Catalogue*，BIOTIC)(BIOTIC，2016)提供了海洋生物区域分布及其已知的生物特征详细信息，如繁殖季节、生长和栖息地偏好等。敏感性评估(MarESA，2016)的证据提供了有关海洋生物对各种潜在影响或干扰因素的已知脆弱性和可恢复性的信息，如水质变化和栖息地丧失等。

三、海洋资源环境管理

生物调查结果和生物群落图的制作为管理者提供了海洋资产和自然资源资产清单。在英国,一项为海洋生态环境监测、评估和数据收集提供更加协调和系统的重要政策已经被建立起来。《海洋监测和评估战略》(*The Marine Monitoring and Assessment Strategy*,UKMMAS),涉及众多科学家、监管机构、咨询机构和研究机构,由他们负责撰写英国海洋状况报告。报告涵盖了海洋过程、生物特征、海洋化学和社会经济价值等诸多方面,旨在评估英国对实现清洁、健康、安全、高效生产力并具有海洋生物多样性的愿景。

这些自然资产有的具有重要的内在美学和文化价值,而有的则可能具有可观的更实际和直接的经济利益,如旅游业和渔业。人们逐渐意识到,同时考虑有益的生态系统过程(这些是给人们带来实惠的过程,如初级生产)以及海洋和海岸带提供的生态系统服务(这些是生态过程的产物)是保护与管理的一个越来越重要的基本原理和框架,直接影响人类福祉。因此,对海洋资源的过度开发,如食物供应服务功能,可能给人类福祉带来恶化的风险。

对海洋生态系统和生态系统服务产生有害影响的外部干扰类型多种多样,且是多变的,这些干扰包括渔业捕捞活动、污染物、外来入侵物种、海洋垃圾、噪声、电磁辐射、微生物病原体和构筑物安装等。

对外部干扰的管理通常采取基于风险评估的方法,这种方法综合考虑潜在环境变化的时空尺度、可能遭受影响地形特征的敏感度以及各种影响的重复性。随着活动强度加大以及其潜在影响变化显著,对物种和栖息地的管理措施可以从自愿实施行业规则开始,一直发展到强制执行法定措施。

然而,在海洋环境中开展工作面临很多特殊困难,对这些自愿行业规则和强制法定措施的执行效果进行准确评价往往存在一定难度。这主要是因为海洋环境不是一成不变的,海洋固有的可变性使得人们仍然难以有效区分海洋环境的变化究竟是由自然背景扰动还是由人为因素干扰造成的,要搞清楚二者分别对
海洋环境变化的干扰程度是非常困难的。此外,海洋环境在空间和时间维度上 206
都是异质的,栖息地往往是分布不均的,其边界也难以界定。在一项关于捕捞活

动对底栖动物的全球性影响的重要研究中(Jennings and Kaiser,1998)得出了重要结论:捕捞活动的直接影响因采用的渔具和作业区而异。渔具对海底冲刷、刮擦,使沉积物重新悬浮的程度,主要取决于自然因素干扰的水平,在自然因素干扰强的地方,诸如拖网和耙网等移动式渔具的影响可能是无法检测到的。

鉴于对采取管理措施的影响和效果知之甚少,所以一般都采用"适应性"管理方法,即"边做边学"的方法,目的是利用最佳的现有知识和实践,一边监测、一边摸索学习能大规模推广的经验。

四、空间和技术管理措施

空间管理措施是指为了规范或禁止在海洋水体、海床和底土开展人类活动所采取的相应措施。例如,渔业管理可以在不同空间规模上实施,从执行地方法规并由近岸管理机构实施监管的某一相对较小区域,到国际海洋勘探理事会(the International Council for the Exploration of the Seas,ICES)所制作海图上的较大矩形区域。

按照定义,"海洋保护区"(Marine Protected Area,MPA)是依法或通过其他有效方式建立的,并对其中部分或全部环境进行封闭式保护的潮间带或潮下带地域,包括其上覆水和相关的动物、植物及历史文化属性。海洋保护区类型多样、名称各异,并且分成了一系列的保护等级,包括海洋自然保护区或其他封闭式保护区域,如禁渔区等。然而,不同海洋保护区的保护等级不是由其名称决定的,而是由商定的单个或组合措施的适用和执行情况决定的。自愿性海洋保护区具有重要的宣传解释功能,可以向公众倡导"滨海行为守则",提高游客对海洋保护问题的认识。禁止捕鱼和其他采捕活动的受严格保护的海洋保护区,比如禁渔区,已经证明能够有效增加海洋生物的产量、物种多样性和种群规模。然而,划定禁渔区往往会引起某些群体的反对,特别是与资源开采有关的群体,在该区域的执法活动也可能遇到阻碍,尤其是那些面积较大且离岸较远的保护区。在海岸带地区,受严格保护的小型海洋保护区网络可以容纳很多物种和栖息地,可能比大型的单一保护区更实用、更有效(Gaines *et al.*,2010)。由多个利益相关者共同组成的海岸带论坛在这些区域管理和化解利益冲突方面发挥着越来越重要的作用。

渔业技术管理措施通常是指对特定类型渔具和捕捞强度的限制。移动式渔具拖曳在船只后面，用于捕捞底层底栖和中上层鱼类。底层渔具与中上层渔具不同，后者通常不与海床接触。移动式底层渔具包括网板拖网、木行拖网、围网、扇贝捕集器、贻贝和牡蛎捕集器，对捕捉穴居或生活在海床的底栖无脊椎动物非常有效，如海螯虾（Nephrops）和扇贝以及鳕鱼等底栖鱼类。中上层鱼类，如鲱 207
鱼和沙丁鱼，则使用中层拖网和围网捕获。对于具体类型的渔具，也实施永久性、季节性或临时性的限制，其中也包括对特定渔具进行必要的限制，如网目尺寸等。对于木行拖网，正在尝试使用电子脉冲等技术手段，以取代“扰鱼链”，同时也能减轻对海床的损害。在拖网中使用隔板和格栅会使一些非目标渔获物逃脱（Kennelly，2007）。技术管理措施也可以应用在鱼笼、鱼篓等静态渔具中，包括规定具体尺寸的逃生孔，可以使龙虾幼体能够逃生。

对于一些渔场，可以采用季节性休渔或全面禁渔的措施，这意味着某一特定种类的物种被禁止捕捞。禁渔可以使特定物种的资源量得到恢复，如果目标物种是底栖物种，禁止使用移动式渔具的作业有助于恢复其海底栖息地。设置禁渔期同样也可以使兼捕物种得以恢复。1994 年，英国在部分沿海地区设置了禁渔区，长期全年保护欧洲海鲈鱼（*Dicentrarchus labrax*）仔幼鱼。

总许可渔获量（total allowable catch，TAC）是管理渔业和保护特定物种资源量的一项基本措施，其要求应当确定捕捞上岸和运到市场的鱼类数量和类型（图 12-3）。可以通过规定渔网大小和数量、网目尺寸或船只吨位和类型以及可捕获的个体数量或重量，控制总体捕捞量和渔获量。

这对非目标渔获物种及其栖息地也可能造成影响，具体的管理措施应当因地制宜。例如，法国在布雷斯特湾实施的当地渔业限制措施，规定每艘船只能安装一套扇贝捕集器。

而英国则不同，规定每艘船两侧可以安装 2～22 套（Beukers-Stewart and 208
Beukers-Stewart，2009）。此外，还可以对休闲海钓者的日捕捞量进行限制。

为了保护和恢复资源量，对很多种类的有鳍鱼类和贝类规定了允许捕捞上岸的最小尺寸。目前，出于对欧洲海鲈鱼资源量的担忧，经协商确定了欧洲海鲈鱼最小捕捞尺寸为 42 厘米，确保其在被捕获前至少产过一次卵。

图 12－3　意大利威尼斯的鱼市

资料来源：Roger Herbert 摄影。

使用移动式渔具造成的另一个问题是大量非作业对象和无脊椎动物的兼捕，被带到甲板而死亡，对兼捕物的生存情况尚待进一步研究。然而，一些种类的鲨鱼和鳐鱼被捕捞后如果能及时放归大海，它们确定是可以存活下来的。英国最近对波鳐（*Raja undulata*）采取了相应管理措施，禁止将它们捕捞上船，并坚持捕捞后必须立即放归大海。颁发捕捞执照和许可证也是一种有助于控制捕捞能力的有效管理方式，执照的发放数量可以根据物种资源量的压力情况进行动态调整。例如，自 2011 年 1 月起，在英国捕获欧鳗和幼鳗（*Anguilla anguilla*）需要取得执照。

五、管理措施产生影响的证据

由于获取海洋科学数据面临诸多困难，因此对采取的管理措施进行全面有效的评价并不常见。在本节，我们提出一些证据，已应用于渔业和其他人类活动的管理措施，对温带大范围海底栖息地产生了影响。本节首先对栖息地特征进行简要描述，然后介绍参考示例和案例研究，其中包括所采取的管理措施产生怎样影响的证据。

（一）潮间带岩石区

1. 栖息地描述

在潮差大的地区，如欧洲的大西洋海岸，那里的岩相海岸没有受到波浪作用的显著影响，是人类最易到达的一种海洋栖息地，对此类栖息地的相关研究历史相对较长。这里的群落结构在很大程度上取决于受波浪作用的程度，波浪屏蔽区普遍以海藻占优势，藤壶、贻贝和软体动物组成的动物群落则在波浪作用加大的地区占据优势。在高潮线和低潮线之间，物种分布一般按对非生物梯度空气暴露的耐受性分区，对于海藻来讲，则与光照强度及光谱结构有关。种间竞争、啃食海藻和捕食作用也对沿岸生物的分布有重要影响。

2. 保护和管理

方便进出的海岸为我们提供了重要的休闲娱乐场所，也为各种正式或非正式的科研教学提供了室外课堂。但是在一些热门地点，践踏作用在局部中影响显著，那里叉状藻类和草食帽贝［欧洲帽贝属（*Patella* spp.）］可能会被短生藻
类物种取代。自愿的行动守则往往在有管理员或野生动物保护人员在场的情况 209
下才能真正得到有效遵守。然而，在大多数地方，踩踏的影响可能无法与自然因素的干扰区分开来。

在欧洲的岩相海岸，手工采捕贻贝（*Mytilus edulis*）和厚壳玉黍螺（*Littorina littorea*）等软体动物和甲壳类动物，这为人们带来显著的经济效益，而南欧地区因为过度采捕经济价值高的鹅颈藤壶（*Pollicipes pollicipes*）而设置了禁渔区（Borja *et al.*，2006）。设置禁渔区和禁渔期、发放有限数量的许可证、规定采捕袋大小和数量以及规定可采捕藤壶尺寸等具体的管理措施，确保了葡萄牙贝伦加斯自然保护区内的鹅颈藤壶采捕业的可持续发展（Jacinto *et al.*，2010）。

在亚速尔群岛，为了恢复被过度捕捞的帽贝（*Patella ulyssiponensis*）种群，建立了一个帽贝保护区（Limpet Protection Zone，LPZ）。然而，迄今为止，非法偷猎已经成为保护区全面保护和种群有效增长的重要阻碍（Martins *et al.*，

2011)。智利中部的拉斯克鲁斯海洋保护区，设置的禁渔区保护被过度捕捞的智利鲍鱼(*Concholepas concholepas*)，保护区周边安装有围栏并由武装警卫看守，因此禁渔区内鲍鱼数量和卵囊的尺寸均有所增加(Manriquez and Castilla, 2001)，群落结构也发生了变化，贻贝数量减少，藤壶和珊瑚藻则有所增加。

(二) 潮间带沉积物

1. 栖息地描述

潮间带沉积物海岸的生物群落主要由基质粒度组成决定。屏蔽海湾或河口上游的滩涂主要由有机物含量高的黏土和淤泥组成，蠕虫、软体动物和甲壳类动物是常见物种，这里的底质通常不同于海港出入口或开阔海岸附近存在的砂质或混合沉积物。在河口地区，盐度降低给生物多样性带来生理压力，这里的生物群落多样性较低，然而生物密度却比较高，因此吸引迁徙湿地鸟类以及鸭和鹅前来觅食。潮涨潮落使潮间带底质不断地暴露与淹没，这种变化会影响这些海岸上的物种分布，由于附着基质有限，因此藻类群丛类型并不多，但河口的泥滩区域常能见到绿藻，如石莼属藻类，特别是在营养物质丰富的地方。盐沼可以在有遮蔽的小河口上层海岸上存在，并为鸟类提供重要的栖息地和繁殖区。在欧洲，潮间带泥滩上也会生长有海草(两种大叶藻 *Zostera noltii* 和 *Z. marina*)，与沉积物共同为鱼类和无脊椎动物提供庇护。因此，这里与周围沉积物流动性更强
210 的区域相比，栖息地环境会更多样化。

2. 保护和管理

港湾和屏蔽海岸往往是人类活动频繁而多样的区域。沉积物海岸提供的生态系统服务包括饵料生物和供人类消费的鱼类等渔业作为，休闲娱乐方面的用途会对沉积海岸造成显著干扰，周边城市建设发展往往会影响周围水质。

在大量人类容易到达的地方，对饵料生物捕捞和手工采捕贝类的管理面临诸多问题，这种栖息地的背景干扰水平可能很高，足以掩盖踩踏和捕捞的影响。对人类捕捞过的区域，进行自愿且相对简单回填的措施，通常能更快地使生物群落移居于此。

退潮和涨潮时人们都可以在潮间带滩涂进行捕捞，除了手工采集和挖掘外，还可以由车辆和船只牵引着机械挖掘装置，使用各种设备采捕鱼类和贝类。挖

掘装置的生态影响取决于沉积物底质类型以及采捕的频率和强度。实验表明，人类活动停止后，根据人类施加的干扰程度，栖息地可在60～200天之内完全恢复（Dernie *et al.*，2003）。使用拖拉机拖拽的挖掘装置采收鸟蛤（*Cerastoderma edule*），对生活在沙滩或泥滩底内动物群落的影响，说明对两种栖息地的优势物种都有显著影响，尽管在人类活动停止后，沙滩群落恢复得更快（Ferns *et al.*，2000）。

尽管使用三丁基锡（tributyltin，TBT）防污漆对蛤类和牡蛎以及许多其他近岸海洋生物确实会产生破坏性影响，但关于休闲划船活动对潮间带底栖生物群落生态影响的研究仍然不足。英国从1986年起，在船长小于25米的船只上使 211
用三丁基锡防污漆属于非法行为，但时至今日，使用该防污漆的情况仍然十分普遍。

船只活动对潮间带沉积物海岸的干扰可能造成多方面影响。退潮时停泊在泥滩或沙滩的船只可能会搁浅，甚至船底完全暴露，从而占据本可能成为鸟类觅食地的栖息地空间。此外，单点系泊船只及其沉重的锚链会随着风浪和潮汐的变化而摆动，不断刮擦海滩。如果港湾或锚地停泊的单点系泊船只密度过高，造成的影响会变得非常大。作为缓解梅迪纳河口港口开发对怀特岛造成影响计划的一部分，部分停泊在潮间带的单点系泊设施被清除，监测结果表明，18个月后底栖生物群落就得到了恢复（Herbert *et al.*，2009）。恢复和创建新的栖息地的工作极具挑战性，其在减轻损失或修复退化区域的成功率是不确定的，需要长期监测（图12-4）。

（三）潮下带岩石区

1. 栖息地描述

潮下带岩石区可分为远岸区和远岸浅海底区，前者有较好的透光性，藻类群落常见；后者透光性差，以底栖动物群落为主，如海鞘、海绵类、水螅类和苔藓类等（图12-5）。藻类受光线限制的水深差异很大，不过在英国南部，经常在水深10～20米之间，这些区域通常对海鸟、海豹以及鲸类也很重要。

2. 保护和管理 212

环礁栖息地受到休闲斯库巴潜水者和垂钓者的广泛欢迎，在部分地点

图 12-4　在葡萄牙阿尔沃河口的盐碱地恢复项目中调查植被的学生

资料来源：Roger Herbert 摄影。

图 12-5　潮下带苔藓虫 *Pentapora fascialis* 集群，直径可达 40 厘米，栖息地通常是被海流冲刷的远岸浅海底区

资料来源：Fugro EMU Ltd. 摄影。

因抛锚行为可能会造成局部破坏,但这些影响在自然背景干扰下往往难以辨别。由于环礁栖息地的地形通常不平坦,在这样的栖息地使用移动式渔具的情况较少,但在比较平坦的地区或存在混合底质的区域,扇贝挖泥机的使用较为普遍。这些栖息地可开发的资源主要是包括螃蟹和龙虾在内的贝类甲壳动物。

这些主要使用鱼笼和鱼篓等静态渔具进行捕捞,与移动式渔具相比,这种方式对底栖生物群落的影响相对较低。不过许多沿海地区已经实施了各种技术管理措施,如规定最小捕捞尺寸和雌性带卵,有时在放生个体的尾部做标记(V形缺口)以避免将来被捕获而上市出售。规定最小捕捞尺寸是使个体在达到可捕捞尺寸之前至少能繁殖一次。实施这一系列技术管理措施的目的是保证未来再生产。地中海地区对捕捞刺龙虾(*Palinurus elephas*)采取了多种措施进行监管,包括禁渔期(2~9月)、最小上岸尺寸20厘米(总长度)、每艘船的最大网数和最小网目尺寸(Quetglas *et al.*,2004)。澳大利亚南部规定岩石龙虾(*Jasus edwardsii*)最小捕捞尺寸限制取决于区域性差异。设置"逃生"间隙,即规定鱼笼两端矩形缺口的尺寸,可将小型龙虾捕获量减少60%,非目标物种的副捕获量减少50%以上(Linnane *et al.*,2011)。

在需要恢复资源量的部分地区,可以划定全面禁渔区(No-Take-Zones,NTZ),禁止在该地区捕捞作业。这一措施对地中海的欧洲刺龙虾(*Parinuris elephas*)非常有效,经过4年禁渔,禁渔区内的生物量比区外提高了7.5倍(Follesa *et al.*,2008)。

同样,对英国兰迪岛设置禁渔区影响的研究表明(Hoskin *et al.*, 213
2011),4年禁渔使得禁渔区内的龙虾(*Hommarus gammarus*)丰度明显增加,这种效果甚至还"溢出"到禁渔区边界之外。尽管禁渔区内经济价值较高的面包蟹丰度有所增加(图12-6),但天鹅绒梭子蟹(*Necora puber*)的丰度反而下降了,这可能是其他物种的捕食造成的。物种间的相互作用和摄食关系可能需要几十年的时间才能影响食物网的方方面面,因此,真实的结果有很大的不确定性。

图 12-6　经济价值较高的面包蟹(*Cancer pagurus*)，
可见于潮下岩石和粗砾沉积物栖息地
资料来源：Fugro EMU Ltd. 摄影。

(四)潮下带沉积物

1. 栖息地描述

潮下带沉积物群落是最常见的近岸和近海栖息地类型之一，但沉积物粒度组成差异很大，从几乎是纯泥质、沙砾到二者之间的各种混合物。这种栖息地常见于河口、海岸带和深海地区。除了含氧最稀少的沉积物外，所有栖息地都可见底栖动物和穴居动物，主要包括环节蠕虫、软体动物、甲壳动物和棘皮动物等，但群落的组成会因沉积物粒径大小、水体流动性和水深变化大不相同。藻类群落由于高浑浊度和缺乏附着基而受到限制，尽管在流动性较差的地区，有的藻类会附着在砾石和鹅卵石上。在近岸海域的海草群落，如大叶藻(*Zostera*)和波喜荡藻(*Posidonia*)，会移居到潮下带沉积物定居并形成物种丰富且独特的群落。

2. 保护和管理

潮下带沉积物栖息地为各种物种——如鳕鱼、黑线鳕和鲽鱼——提供重要的饵料资源，松软底质不限制挖泥器和木行拖网等移动式渔具作业(图 12-7)。

在潮下带沙、泥和混合沉积物上，移动式渔具如扇贝捕集器和木行拖网会对底栖生物群落造成强烈干扰，造成物种丰度、多样性、生物量的减少(见 Jennings *et al.*,2001)以及生态系统功能的下降(Thrush and Dayton,2002)。实际的影响程度由捕捞强度、底质类型和自然干扰程度决定，稳定的砾石群落通常比固结度较低的底质更容易受到长期的持续底层捕捞的影响。在木行拖网捕捞停止后，缓慢生长的海绵和软珊瑚泥沙群落可能需要 8 年的时间才能恢复(Kaiser *et al.*,2006)。在西北大西洋圣乔治滩的某区域，木行拖网和网板拖网捕捞活动停止 5 年后，观察到底栖生物群落组成发生了重大变化。生物量和底栖动物覆盖增加 4 倍，产量增加 18 倍(Collie *et al.*,2009)。在近岸海域，为恢复日益减少的渔业资源，正考虑设置禁止使用移动式渔具的禁渔区。对爱尔兰海大扇贝(*Pecten maximus*)禁渔区进行的为期 14 年的比较研究结果显示，与邻近的捕 214
捞区相比，禁渔区扇贝丰度、生物量和性腺生物量都有显著增加(Beukers-Stewart *et al.*,2005)。

图 12-7 在英国南安普敦近岸潮下带沉积物区域作业的牡蛎和蛤蜊挖掘船

资料来源:Roger Herbert 摄影。

海洋骨料开采属于采掘业，虽不及渔业普遍，但对当地底栖生物群落有重大影响。在英国，该行业受到严格监管，发放许可证前必须对拟开采区进行深入调查并绘制详细的栖息地图，完成环境影响评价。现在挖掘船的导航和定位技术十分先进，可以实现高精度导航定位，能够避开敏感的生态区和考古区。海洋骨料开采可能对潮下带沉积物造成多种危害，如物种被清除、底栖生物遭到机械性损害以及筛分杂质和料斗溢出产生的物质覆盖栖息地。实际影响程度在很大程度上取决于底质类型及其流动性。开采活动停止后，砂质底质上的底栖生物群落通常需要 2～4 年的时间才能恢复（Newell *et al.*，2004），而在更稳定底质区域的底栖生物则可能需要 5～10 年的时间才能完全恢复（Foden *et al.*，2009）。

（五）海草床

1. 栖息地描述

海草床是由生长在潮间带和潮下带泥沙中的有根被子植物形成的，常见于不受重大波浪影响的潟湖和海湾。这种栖息地中，植物根部使底层更加稳定，且
215 草甸具有高度复杂性，为高密度、高丰度的无脊椎动物和幼鱼物种提供庇护。在欧洲，海草床也是越冬野禽如布伦特鹅（*Branta bernicula*）的重要食物来源。

2. 保护和管理

海草极易受到海底物理干扰的影响，如拖网捕捞作业等，泥沙悬浮造成的高浑浊度也会影响生产力。地中海地区，为阻止海底拖网和挖掘，在波喜荡草（*Posidonia oceanica*）草甸海床上设置的反拖网礁（Anti-Trawl-Reef，ATR）已经有效保护了海草草甸。

船舶活动频繁的避风海湾，是各种船舶的热门停泊地，那里也是海草床栖息地分布较多的区域，但在海草床内抛锚是一种有争议的行为。毫无疑问，单点系泊即用锚链将船舶长时间系留海草床上，会对水下草甸造成侵蚀。然而，与自然干扰相比，证明抛锚活动对整个海草床有显著影响的证据并不充分，而且不同证据往往相互矛盾。在这种情况下，区域特征以及抛锚的强度和频率似乎成了关键因素。英国在数个敏感地区设立了自愿无锚区（Voluntary No-Anchor-Zone，VNAZ），现阶段正考虑使用不需要锚链的永久性生态系泊装置，并通过移植幼株、重新播种以及升级污水处理，改善水质和透明度等措施，目前海草床也得以

成功恢复。

(六) 生物礁

1. 栖息地描述

生物礁是由生物体本身形成的一种结构,在欧洲海域主要有牡蛎礁、贻贝床和蜂窝状蠕虫礁(帚毛虫属)。生物体之间常常存在空隙,淤泥和有机物堆积其中,常有穴居生物和以沉积物为食的物种定居。生物礁形成于潮间带和潮下带区域中,具体视物种而定。在深海,冷水珊瑚礁是重要的生物多样性热点区(Duncan and Roberts,2001),在苏格兰西北部达尔文丘附近的造礁冷水珊瑚(*Lophelia pertusa*)中,发现了 17 个科的 23 种的鱼类,明显高于周围的海床区域(Sweeting and Polunin,2005)。

2. 保护和管理

苏格兰索尔韦湾实施的适应性管理计划的一部分措施,即总许可渔获量
(TAC)等一系列措施,以减少人工采集贻贝对重要水鸟种群的影响,总许可渔
获量(TAC)设为体长大于 45 毫米的贻贝总生物量的 33%。TAC 或限制日渔
获量能确保对少量长期从事捕捞的人员产生有限的影响。智利根据 TAC 向渔 216
民分配"底栖资源管理与开采区"内的贻贝配额(Gelcich *et al.*,2008),在瓦登海
可供人类捕捞的贻贝是那些为鸟类预留 60%后剩余的贻贝(Keus,1997)。

在美国,据估计,在过去 100 年里,造礁的原生牡蛎栖息地面积减少了 64%,牡蛎生物量下降了 88%(zu Ermgassen *et al.*,2012),这还不包括租赁管理区。在英国,原生牡蛎(*Ostrea edulis*)礁越来越少,为保护该物种已实施了一系列技术限制,包括最小上岸尺寸、许可渔获量和临时性禁渔。在英国索伦特渔场,上季度进行的疏浚调查经验信息已成功应用估算可捕捞种群量(Jensen,2000)。维持和增加亲鱼资源量的新举措,对于支持恢复原生造礁牡蛎床是必要的。

目前,人类正在深海海底开展多种多样的作业,包括对具有药用价值物种进行的勘探活动以及石油、天然气和各类矿物的勘探开发等,但海洋捕捞活动空间范围仍然是最大的(Benn *et al.*,2010)。随着渔具技术不断进步,近岸鱼类和深海鱼类的数量都在持续下降,底栖生物群落受到的影响也越来越严重。

渔具的使用会对脆弱的栖息地环境和物种产生重大影响，比如冷水珊瑚礁。通过水下摄影和声学调查，在冷水珊瑚礁分布的海床上发现了拖网标记和痕迹，冷水珊瑚可能成为捕捞大西洋胸鳍鲷、鲑鱼和长尾鳕的兼捕物（Durán Muñoz *et al.*，2009）。自 2002 年以来，加拿大在扇贝捕捞区域已经设立了深海冷水珊瑚保护区，以保护其脆弱敏感的栖息地。2004 年，在整个地中海地区，对 1000 米以深禁止海底拖网和流刺网作业禁令开始生效，地中海成为世界上最大的深海海底保护区（Ramirez-Llodra *et al.*，2010）。2006 年，联合国大会呼吁各成员国保护海山、海底热液喷出口和冷水珊瑚礁等脆弱的深海栖息地，并在发现相关栖息地的海域设立禁渔区，使其免受底拖网的影响。鉴于 20 世纪 70—80 年代的破坏性捕捞行为，美国于 2007 年将 13 个海山设为禁渔区。

由于以上深海栖息地中的拖网捕捞活动是最近才开始的，加上人们对许多物种分布和生态系统的了解仍然很少，相关的监测方法和手段也比较缺乏，目前还无法有效评估设置禁渔区等措施的效果。

六、适应海洋资源管理新的挑战和压力

尽管海洋科学家已经认识到，但海洋生态系统随时间变化的现象极其严重，这给预测种群数量、生产水平以及敏感地区或保护区状况的海洋资源管理者带
217 来了相当大的困难。尽管我们对部分大尺度周期性现象已经有了较深的认识，如厄尔尼诺南方涛动（ENSO）和米兰科维奇周期，但对海洋生态系统变化的理解和预测能力仍处于起步阶段。

特别令人担忧的是，温室气体排放不断增加引发的全球性气候变化和海平面上升带来的影响，这是发达国家人口增长和快速工业化的结果。气候变化对海洋生态系统及海洋生态系统服务的长期影响有很大的不确定性。有大量证据表明，由于欧洲大西洋的海面温度持续上升，原先分布在南部的无脊椎动物、藻类和鱼类等物种，正向北扩展其分布范围（Hawkins *et al.*，2016），在英吉利海峡和北海生活的北方鱼类，如鳕鱼和黑线鳕，将来很可能被其他的暖温带鱼类取代，如鲈鱼和鲷鱼。这类渔业资源已经遭到相当严重的过度捕捞，许多原本生活在北方且对水温敏感的种群数量越来越少，为了对它们加以保护，人们争议的焦

点集中到是否对捕捞活动不太敏感且数量不断增长的南方物种实施可持续管理(Hawkins,2012)。建立海洋保护区网络等空间保护措施将在为难以迅速应对环境变化的物种提供庇护所方面发挥越来越重要的作用。其中包括许多底栖物种,它们极易受到局部或区域干扰以及大尺度气候变化的累积影响。在这种情况下,最重要的是最大限度地降低干扰,并确保对海洋保护区以外的区域实施可持续管理,使物种能够对变化做出反应,从而改善整个海洋的种群连通性。

全球贸易以及人员、货物跨洋流动的增加,导致从其他生物地理区域引入的非原生物种增加。在当地水域没有捕食者和疾病的情况下,这些物种可能成为入侵物种,并造成生态破坏和经济损失。水温的上升使温带海洋的海岸带地区特别容易受到非原生物种入侵的干扰。在过去的几十年里,入侵欧洲沿海地区的海洋物种包括太平洋的褐藻纯马尾藻(*Sargassum muticum*)和对温带地区的感潮河岸造成侵蚀的中华绒螯蟹(*Eriocheir sinensis*)。为了应对日趋严重的生物安全风险,必须保持警惕,成立一支由专家调查员和分类学家组成的快速响应小组,他们能够准确识别来自全球各地的入侵物种,且拥有根除入侵物种的必要资源。这种做法在处理加利福尼亚州的一种强入侵性绿藻杉叶蕨藻(*Caulerpa taxifolia*)的案例中非常成功,该种绿藻在定居的早期阶段就已经被监测到。

全球水产养殖业被认为是世界人口粮食安全的一个主要供应来源。其快速增长是对因资源量减少而导致海洋捕捞量下降的应对。然而,贝类和其他活体海洋生物的运输已导致大量非原生物种进入沿海海域,其中一些物种在“逃离”养殖后已成为归化物种,如菲律宾蛤仔(*Ruditapes philippinarum*)、裙带菜、褐海带(*Undaria pinnatifida*)和长牡蛎(*Crassostrea gigas*)。附着生物和那些与活的养殖物种包装在一起的生物,也可能成为稳定种群或入侵物种。纯马尾藻(*Sargassum muticum*)和大西洋履螺(*Crepidula fornicata*)就可能是混在进口
牡蛎中被无意引入欧洲海域的。水产养殖也可能引入“新”污染物,如消毒剂和 218
抗生素。因此,考虑养殖新物种时,必须采取预防方法。非原生物种的其他重要载体是休闲船和商船。就大型船舶而言,如果太靠近海岸,压舱水中的许多生物就有可能在排出后定居下来。国际海事组织(IMO)负责实施立法,根据《船舶压载水和沉积物控制与管理国际公约》(*the Convention for the Control and Management of Ships Ballast Water and Sediments*)制定了相关法规,该公约

于 2017 年 9 月生效。

技术发展日新月异，海洋管理者必须根据新污染物的开发和引入，及时对它们的风险进行评估，并与时俱进地制定相应政策。

作为世界人口中的一员，我们越来越关注各类海洋开发活动，特别是能源生产。风力涡轮机、其他结构体以及平台为海洋生物提供了可附着的水下和潮间带表面。其他规模较大的开发活动，如大型海上风电场，如果禁止在其附近开展捕捞作业和其他采掘活动，可以建成重要的保护区。然而，令人担忧的是，这些活动的移位可能会导致其他地方出现更强烈和具有潜在破坏性的失衡。确定这类构筑物对海洋生态系统的影响，特别是移动构筑物和水下噪声对鸟类、鱼类和海洋哺乳动物的干扰，仍需进行广泛开展研究。

海岸带必须要加强对风暴潮和海平面快速上升的预防，尤其是发达城市和港口的周边，为此，越来越多的研究发现沿海栖息地（如盐沼）对海岸防灾减灾、碳封存的价值和重要性。虽然大面积未开发的海岸暴露于更高的波浪能之下，可能会因侵蚀而后退，许多地区仍有必要建造新的坚固海防设施。新构筑物结合防灾减灾设施的设计特点，通过加入设计坑、裂隙、人工池和较粗糙表面以供物种附着，加速海洋生物的“定居”（Firth *et al.*，2016）。对人工鱼礁的研究有助于打开这些领域的新思维。

七、太平洋牡蛎案例研究

在英格兰东南部的河口和屏蔽溪流中，自 20 世纪初开始引入非本地的长牡蛎（*Crassostrea gigas*），试图弥补由于过度捕捞、疾病和冬季降温导致的本地牡蛎（*Ostrea edulis*）资源量的下降。20 世纪 60～70 年代，三丁基锡（TBT）防污漆的污染造成许多进口太平洋牡蛎种群死亡，严重干扰该物种的繁殖。不过，在 1986 年，英国禁止在小型船只（船长小于 25 米）上喷涂含有三丁基锡的油漆，此外，20 世纪 90 年代异常温暖的夏季以及水温的普遍上升，提高了长牡蛎产卵频率，导致长牡蛎最终在该水域稳定生长。在一些河口，野生牡蛎集聚在潮间带泥
219 滩上形成了大面积的牡蛎礁，其中部分地区被划定为迁徙水禽保护区，如冬季在泥滩上觅食的杓鹬和红嘴鸥。牡蛎礁对多种水鸟而言是无法穿透的，而且人们

担心鸟类栖息地会被牡蛎礁所取代。此外，这种入侵物种的大面积集聚可能会对其他包括岩石海岸和帚毛虫（*Sabellaria*）礁等在内的受保护潮间带栖息地造成区域性影响。尽管有人认为长牡蛎（*Crassostrea gigas*）可以很好地取代衰退的原生牡蛎，提供有益的生态系统过程和服务，但这是以牺牲形成潮下带原生牡蛎集落的各种潮间带栖息地为代价的。这些栖息地被大范围取代，存在导致沿海潮间带栖息地"同质化"的风险。在开放海洋中，除非在较早阶段就被捕获，否则入侵的非原生物种不可能被根除。渔民和环境机构正在合作开展试验项目，尝试用物理方法清除和遏制长牡蛎，以防止其对特别敏感区域的损害（Herbert *et al.*，2016）和促进原生牡蛎床的恢复。随着气候变化和非原生物种的传播，在海洋资源管理方面，越来越有必要适应新的挑战。

八、结论

迄今为止，海洋环境压力主要来源为资源过度使用、海岸开发利用、有机物富集和污染物质污染。实施上述管理措施后，在过去的 10 年间，英国鱼类种群的可持续性和水质都有所改善（UKMMAS，2010）。人口压力使土地资源变得越来越稀缺，人类越来越指望将海洋作为居住地，以及获取原材料（沙子、矿物和食物）和可再生能源的来源地。来自各种开发活动的多重压力，如可再生能源开发、水产养殖、航运和围垦，需要区域层面甚至往往是全球层面的管理，并对累积影响开展评估。为此，还需要协调和集中整理关于海洋环境的性质和人为压力的数据。许多新新人类活动尚未在海洋环境中经过测试（如天然气储存和可再生能源），其潜在影响有很大的不确定性，所以必须采取基于风险的适应性管理方法，如新技术的调查、部署和监测（Survey，Deploy and Monitor，SDM）策略。对水下噪声等压力的影响仍然知之甚少，在了解人为噪声的影响之前，需要建立声基线或声景。海洋垃圾和气候变化等全球性压力是一场持久战，可能会影响到原始压力源之外的地方，即距离较远的管辖海域或国家管辖范围以外的海域。这些将需要未来 10 年开展特别的全球合作，以确保在主要相关区域中统一精准
实施管理措施，并按照污染者付费原则为管理提供资金。 220

参考文献

Benn, A.R., Weaver, P.P., Billet, D.S.M., Van Den Hove, S., Murdock, A.P., Doneghan, G.B., and Le Bas, T. (2010). Human Activities on the Deep Seafloor in the North East Atlantic: An Assessment of Spatial Extent. *PLoS ONE* 5: E12730 doi:10.1371/Journal. Pone.0012730.

Beukers-Stewart, B.D., *et al.* (2005). Benefits for Closed Area Production for a Population of Scallops. *Marine Ecology Progress Series* 298: 189–204.

Beukers-Stewart, B.D. and Beukers-Stewart, J.S. (2009). *Principles for the Management of Inshore Scallop Fisheries around the United Kingdom*, University of York.

Biotic (2016). www.marlin.ac.uk/biotic/browse.php?Sp=4242.

Borja, A., Muxika, I., and Bald, J. (2006). Protection of the Goose Barnacle *Pollicipes pollicipes*, Gmelin, 1790 Population: The Gaztelugatxe Marine Reserve (Basque Country, Northern Spain). *Scientia Marina* 70: 235–242.

Collie, J.S., Hermsen, J.M., and Valentine, P.C. (2009). Recolonisation of Gravel Habitats on Georges Bank, Northwest Atlantic. Deep-Sea Research Part II. *Topical Studies in Oceanography* 56: 1847–1855.

Dernie, K.M., Kaiser, M.J., Richardson, E.A., and Warwick, R.M. (2003). Recovery of Soft-Sediment Communities and Habitats Following Physical Disturbance. *Journal of Experimental Marine Biology and Ecology* 285: 415–434.

Duncan, C. and Roberts, J.M. (2001). Darwin Mounds: Deep-Sea Biodiversity 'Hotspots'. *Marine Conservation* 5: 12–13.

Durán Muñoz, P., Sayago-Gil, P.M., Cristobo, J., Parra, S., Serrano, A., Díaz Del Rio, V., Patrocinio,T., Sacau, M., Murillo, F.J, Palomino, D., and Fernández-Salas, L.M. (2009). Seabed Mapping for Selecting Cold-Water Coral Protection Areas on Hatton Bank, Northeast Atlantic. *ICES Journal of Marine Science* 66: 2013–2025.

EUNIS (2005). European Nature Information System. Available at: http://eunis.eea.eu.int/index.jsp.

Ferns, P.N., Rostron, D.M., and Siman, H.Y. (2000). Effects of Mechanical Cockle Harvesting on Intertidal Communities. *Journal of Applied Ecology* 37: 464–474.

Firth, L.B., Knights, A.M., Bridger, D., Evans, A.J., Mieszkowska, N., Moore, P.J., O'Connor, N.E., Sheehan, E.V., Thompson, R.C., and Hawkins, S.J. (2016). Ocean Sprawl: Challenges and Opportunities for Biodiversity Management in a Changing World. *Oceanography and Marine Biology: An Annual Review* 54: 193–269.

Foden, J., Rogers, S.I., and Jones, A.P. (2009). Recovery Rates of UK Seabed Habitats after Cessation of Aggregate Extraction. *Marine Ecology Progress Series* 390: 15–26.

Follesa, M.C., Cuccu, D., Cannas, R., Cabiddu, S., Murenu, M., Sabatini, A., and Cau, A. (2008). Effects of Marine Reserve Protection on Spiny Lobster (Palinurus Elephas Fabr., 1787) in a Central Western Mediterranean Area. *Hydrobiologia* 606: 63–68.

Gaines, S.D., White, C., Carr, M.H., and Palumbi, S.R. (2010). Designing Marine Reserve Networks For Both Conservation and Fisheries Management. *Proceedings of the National Academy of Sciences* 107: 18286–18293.

Gelcich, S., Godoy, N., Prado, L., and Castilla, J.C. (2008). Add-On Conservation Benefits of Marine Territorial User Rights Fishery Policies in Central Chile. *Ecological Applications* 18: 273–281.

Hawkins, S.J. (2012). Marine Conservation in a Rapidly Changing World. *Aquatic*

Conservation: Marine and Freshwater Ecosystems, 22: 281–287.

Hawkins, S.J., Evans, A.J., Firth, L.B., Genner, M.J., Herbert, R.J.H., Adams, L.C., Moore, P.J., Mieszkowska, N., Thompson, R.C., Burrows, M,T., and Fenburg, P.B. (2016). Impacts and Effects of Ocean Warming on Intertidal Rocky Habitats. In: Laffoley, D. and Baxter, J.M. (Eds.). *Explaining Ocean Warming: Causes, Scale, Effects and Consequences*. IUCN, Gland, Switzerland. pp. 147–176.

Herbert, R.J.H., Crowe, T., Bray, S., and Sheader, M. (2009). Disturbance of Intertidal Soft 221
Sediment Assemblages Caused by Swinging Boat Moorings. *Hydrobiologia* 625: 105–116.

Herbert, R.J.H., Humphreys, J., Davies, C.J., Roberts, C., Fletcher, S., and Crowe, T.P. (2016). Ecological Impacts of Non-Native Pacific Oysters (*Crassostrea gigas*) and Management Measures for Protected Areas in Europe. *Biodiversity and Conservation* 25: 2835–2865.

Hoskin, M.G., Coleman, R.A., Von Carlshausen, E., and Davis, C.M. (2011). Variable Population Responses by Large Scale Decapod Crustaceans to the Establishment of a Temperate Marine No-Take-Zone. *Canadian Journal of Fisheries and Aquatic Sciences* 68: 185–200.

Jacinto, D., Cruz, T., Silva, T., and Castro, J. (2010). Stalked Barnacle (*Pollicipes pollicipes*) Harvesting in the Berlengas Nature Reserve, Portugal: Temporal Variation and Validation of Logbook Data. *ICES Journal of Marine Science /Journal Du Conseil* 67: 19–25.

Jennings, S. and Kaiser, M.J. (1998). The Effects of Fishing on Marine Ecosystems. In: Blaxter, J.H.S., Southward, A.J., and Tyler, P.A. (Eds.). *Advances in Marine Biology*. Vol 34 Academic Press, London. pp. 201–352

Jennings, S., Pinnegar, J.K., Polunin, N.V.C., and Warr, K.J. (2001). Impacts of Trawling Disturbance on the Trophic Structure of Benthic Invertebrate Communities. *Marine Ecology-Progress Series* 213: 127–142.

Jensen, A.C. (2000). Fisheries of Southampton Water and the Solent. In: Collins, M. and Ansell, K. (Eds.). *Solent Science – A Review*. Elsevier, Oxford.

Kaiser, M.J., Clarke, K.R., Hinz, H., Austen, M.C.V., Somerfield, P.J., and Karakassis, I. (2006). Global Analysis and Prediction of the Response of Benthic Biota to Fishing. *Marine Ecology Progress Series* 311: 1–14.

Kelleher, G. (Ed.). (1999). *Guidelines for Marine Protected Areas*. IUCN, Gland, Switzerland and Cambridge, xxiv +1 07pp.

Kennelly, S.J. (Ed.). (2007). *By-Catch Reduction in the World's Fisheries*. Springer, Netherlands, 288pp.

Keus, B. (1997). *Co-Management in Dutch Shellfisheries*. Available at: www.Waddensea-Secretariat.Org/News/Publications/Wsnl/Wsnl97–2/97–2–04keus.Html.

Linnane, A., Penny, S.M., Hoare, M., and Hawthorne, P. (2011). Assessing the Effectiveness of Size Limits and Escape Gaps as Management Tools in a Commercial Rock Lobster (*Jasus edwardsii*) Fishery. *Fisheries Research* 11: 1–7.

Manriquez, P.H. and Castilla, J.C. (2001). Significance of Marine Protected Areas in Central Chile as Seeding Grounds for the Gastropod *Concholepas concholepas*. *Marine Ecology-Progress Series* 215: 201–211.

MarESA (2016). Marine Evidence based Sensitivity Assessment. MarLIN – The Marine Life Information Network – Available at http://www.marlin.ac.uk/

Martins, G.M., Jenkins, S.R., Hawkins, S.J., Neto, A.I., Medeiros, A.R., and Thompson, R.C. (2011). Illegal Harvesting Affects the Success of Fishing Closure Areas. *Journal of the Marine Biological Association* 91: 929–937.

Newell, R.C., Seiderer, L.J., Simpson, N.M., and Robinson, J.E. (2004). Impacts of Marine Aggregate Dredging on Benthic Macrofauna off the South Coast of the United Kingdom. *Journal of Coastal Research* 20: 115–125.

Pauly, D. (1995). Anecdotes and the Shifting Baseline Syndrome of Fisheries. *Trends in Ecology and Evolution* 10(10): 430.

Quetglas, A., Gaamour, A., Reñones, O., Missaoui, H., Zarrouk, T., Elabed, A., and Goñi, R. (2004). Spiny Lobster (*Palinurus elephas* Fabricius 1787) Fishery in the Western Mediterranean: A Comparison of Spanish and Tunisian Fisheries. *Bolleti De La Societat D'historia Natural De Les Balears* 47: 63–80.

Ramirez-Llodra, E., Brandt, A., Danovaro, R., Escobar, E., German, C.R., Levin, L.A., Martinez Arbizu, P., Menot, L., Buhl-Mortensen, P., Narayanaswamy, B.E., Smith, C., Tittensor, D.P., Tyler, P.A., Vanreusel, A., and Vecchione, M. (2010). Deep, Diverse And Definitely Different: Unique Attributes Of The World's Largest Ecosystem. *Biogeosciences* 7: 2851–2899.

Rogers, S., Tasker, M., Earll, R., and Gubbay, S. (2007). Ecosystem Objectives to Support the
222 UK Vision for the Marine Environment. *Marine Pollution Bulletin* 54: 128–144.

Spalding, M.D., Fox, H.E., Allen, G.R., Davidson, N., Ferdaña, Z.A., Finlayson, M., Halpern, B.S., Jorge, M.A., Lombana, A., Lourie, S.A., Martin, K.D., McManus, E., Molnar, J., Recchi, C.A., and Robertson, J. (2007). Marine Ecoregions of the World: A Bioregionalization of Coastal and Shelf Areas. *Bioscience* 57(7): 573–583.

Sweeting, C.J. and Polunin, N.V.C. (2005). Marine Protected Areas for Management of Temperate North Atlantic Fisheries: Lessons Learned in MPA Use for Sustainable Fisheries Exploitation and Stock Recovery. A Report to the Department for Environment, Food and Rural Affairs. University of Newcastle upon Tyne.

Thrush, S.F. and Dayton, P.K. (2002). Disturbance to Marine Benthic Habitats by Trawling and Dredging: Implications for Marine Biodiversity. *Annual Review of Ecology and Systematics* 33: 449–473.

UKMMAS (2010). UK Marine Monitoring and Assessment Strategy. Charting Progress 2 – The State of UK Seas. Department of Environment Food and Rural Affairs. Available at: http://webarchive.nationalarchives.gov.uk/20141203170558/http://chartingprogress.defra.gov.uk/

zu Ermgassen, P.S.E., Spalding, M.D., Blake, B., Coen, L.D., Dumbauld, B., Geiger, S., Grabowski, J.H., Grizzle, R., Luckenbach, M., McGraw, K., Rodney, W., Ruesink, J.L., Powers, S.P., and Brumbaugh, R.D. (2012). Historical Ecology with Real Numbers: Past and Present Extent and Biomass of an Imperilled Estuarine Ecosystem. *Proceedings of the Royal Society B*279: 3393–3400.

第十三章 公众参与、海岸带管理及气候变化适应

梅丽莎·努尔西-布雷 罗伯特·J. 尼科尔斯 乔安娜·文斯
苏菲·戴 尼克·哈维

一、引言

世界各地的海岸带正面临着多重挑战，这些挑战不仅包括海平面上升形式的气候变化，还包括风暴、洪水和海洋酸化的频率和严重程度不断增加的可能性。与此同时，不断增加的人口压力以及从内陆向海岸带区域的迁徙，意味着居住在海岸带区域的人口一定会在未来扩增，更多的人和经济资产可能会受到这些压力的影响。对海岸带气候压力的管理将不只是一个棘手的问题，需要人们进行巨大的创新并做出一些艰难的决策。当前的管理活动是在多重背景下进行的，适应性管理是硬性或柔性的，基于政策或由激励措施及改革驱动。然而，海岸带内拥有既得利益、价值观与生活方式的人和部门才是未来海岸带规划的核心。本章探讨公众参与在海岸带气候变化影响背景下所起的作用。首先，提出海岸带的一些关键科学预测；其次，对海岸带公众参与的核心概念与问题进行概述。最后，通过来自世界各地的案例，探讨海岸带管理、气候变化和利益相关者参与之间的关系。

总之，我们认为，尽管公众参与在海岸带气候适应中起到了非常重要的作用，但这并不意味着所有参与都是适当的或是始终被需要的，特别是考虑到海岸带区域内多重既得利益的争议性质。相反，我们认为公众参与过程必须通过两种方式成为正在制定的海岸带适应性决策的组成：(1)确保将有价值的社区知识

和反馈纳入高层决策中；(2)使高层决策者能够以海岸带区域中涉及的各种“公众”都接受的方式，对管理决策进行沟通和必要的权衡。只有采纳与当地海岸带和气候影响的规模和性质相适应的方法，并辅助以高效有力的高层决策，海岸带管理的效果最终才会大大提升。

二、气候变化对海岸带管理的影响

全球海岸带面临着一系列挑战，气候变化是其中最新的挑战，而其中极端事件又是威胁最严重的挑战。根据政府间气候变化专门委员会(Intergovernmental Panel on Climate Change，IPCC)(IPCC，2013)预测，到21
224 世纪末，全球海平面将上升高达0.98米。不过，这还不是海平面上升的极限，如果南极的海上冰盖崩塌，到2100年，上升有可能超过1米(IPCC，2013)。海平面上升将推进极端海平面，加剧对海岸带人口和物种栖息地的威胁。全球有超过5亿人生活在低海拔海岸带(LECZ，海拔10米以下的陆地，在水文上与海洋相连)(Lichter *et al.*，2011)。海岸带人口的增长速度已超过全球平均速度。在海平面并未上升的情况下人口已经有很大一部分暴露于没有海平面上升的极端海平面，而且这些人口，特别是城市人口，已经广泛依赖于自然和人为海岸带防护。

气候变化的经济和社会成本将加剧：伦敦是一座遭受泰晤士河及其支流、海洋、强降雨、地下水位上涨和生活污水系统等导致的洪涝严重影响的城市，其中预计多达125万人和48.118万处房产面临与气候变化相关的洪涝风险。正如斯特恩(Stern，2007)所强调的，作为和不作为之间的长期成本差异将是显而易见的。例如，在欧洲，据估计，如果不采取行动，海岸带适应每年可能会使欧盟损失180亿美元，而相比之下，如果换作欧洲环境署，则每年的损失为15亿美元。因此，让生活和工作在该地区的人们，包括商家和支持部门参与，将是未来海岸带适应工作的优先事项。

三、应对气候变化:迈向海岸带适应

通过为海岸带制定适应方案,有许多管理机会应对气候变化影响。海岸带综合管理(ICM)是一类战略措施,已经被许多沿海国家采用。他们制定海岸带管理规划,开展相关立法[UNECD, 1992,17.5] 并认为在海岸带这种用途的领域为多部门参与提供了机会。

虽然海岸带综合管理途径具有不同的指导原则,但大多数参与者都认为,横向与纵向的整合及协调必须成为所有海岸带综合管理的内涵,而且,这也是适应性举措中至关重要的内容。具体解决海岸带气候变化问题的政策中也包含其他的例子,如守住海岸线、管理退缩线或住宅及配套基础设施布局选项以及众多的适应性策略、其他风险和自然灾害管理方法等。

技术应对是另一种适应性措施,包括采用硬性/软性基础设施(这类硬性基础设施包括修建堤坝、屏障、海堤等;软性基础设施包括植被移植、植被重建、生物岸线和海岸侵蚀管理)。可纳入适应性战略或规划的其他例子还包括建立海岸带公园、海岸保护区、河口保护区和其他保护区等。表 13-1 简要介绍了至今为应对气候变化对世界海岸线影响而采取的若干行动。 225

表 13-1　海岸带气候变化适应规划

区域	规划
亚洲	东南亚海环境管理伙伴关系(PEMSEA)协定(柬埔寨、中华人民共和国、朝鲜、印度尼西亚、日本、老挝、菲律宾、韩国、新加坡、东帝汶和越南) 厦门(中国):海洋功能区划方案,是将“海洋利用”区划纳入城市土地利用方案的一种模式。2007 年,厦门市通过恢复同安湾红树林系统,启动了海岸线防护计划 西哈努克城(柬埔寨):海岸带利用区划方案,是海陆统筹实现海岸带管理的综合方法。该方案已得到柬埔寨国家海岸指导委员会的批准 岘港(越南):海岸带利用区划,对海洋资源的空间用途进行管理和分配。岘港已经确定了高风险地区,并正在将人们转移到更高的地方。它还将适应性措施纳入规划方案,包括绘制详细地图、确定搬迁地点、设计更安全的建筑、植树和通信网络

续表

区域	规划
欧盟	欧盟报告：《应对气候变化的行动——适应气候变化》(*Action Against Climate Change-Adapting to Climate Change*,2008)。这份文件概述了欧洲应当适应气候变化影响的原因以及各行业和各级政府为适应气候变化可以采取的措施 《欧洲环境——欧洲环境署第四份评估报告》(*Europe's Environment-The Fourth Assessment Report by the European Environment Agency*)呼吁社会各界紧急实施适应性气候变化的政策
国家	规划
澳大利亚	2009年由前气候变化部编制的《澳大利亚海岸带的气候变化风险》(*Climate Change Risks to Australia's Coast*)作为海岸带适应的第一步，第一次提供了全国海岸带脆弱性评估方法 CoastAdapt(2007)是一个由国家资助的海岸带适应工具，该网站历时3年构建，全国约700名最终用户参与，并与地方、州和联邦三级政府机构的参与和所有权相结合(NCCARF,2017)
加拿大	《从影响到适应：气候变化中的加拿大》(*From Impacts to Adaptation: Canada in a Changing Climate*)。省级海岸带区域保护政策为地方一级的海岸带管理和适应措施提供了上层结构，环境影响评价程序应保证各种新开发项目在启动前就考虑到气候变化因素。
美国	1972年《海岸带管理法》(*Coastal Zone Management Act* 1972) 《国家海岸带管理项目战略规划(2007—2012)》(*The Coastal Zone Management Program Strategic Plan* 2007-2012)将海平面上升确定为“长期威胁”。该规划进一步指出：“人们越来越关注在重大灾害事件后如何以及是否重建海岸带社区和如何减轻未来的 226 海岸带灾害” 《海岸带管理法》支持针对美国、国际海岸带管理者和其他决策者的各种培训和技术援助，包括海岸带社区的气候适应、自然和自然恢复力解决方案的应用、海岸带洪涝风险图、风险沟通以及利益相关者参与程序
南非	2008年《国家环境管理：海岸带综合管理法》(*National Environmental Management: Integrated Coastal Management Act* 2008)：南非共和国议会已将气候变化因素纳入新的“海岸带综合管理”国家法案。该法案特别提出了海岸带区的概念 西开普省：综合海岸带管理方案规定了对南非海岸线气候变化的土地利用响应方案
新西兰	根据1991年《资源管理法》(*Resources Management Act* 1991)，所有区域委员会都必须编制区域海岸带规划，该规划必须使新西兰国家海岸带政策生效 《海岸灾害与气候变化——新西兰地方政府指导手册》(*Coastal Hazards and Climate Change-A Guidance Manual for Local Government in New Zealand*) 新西兰环境部2008年7月《气候变化准备——新西兰地方政府指南》(*Preparing for Climate Change-A Guide for Local Government in New Zealand*) 新西兰环境部2008年《海岸灾害和气候变化——新西兰地方政府指南》(*Coastal Hazards and Climate Change -A Guidance Manual for Local Government in New Zealand* 2008)

续表

区域	规划
英国	UKCIP《气候适应:风险、不确定性和决策报告》(*Climate Adaptation: Risk, Uncertainty and Decision Making report*),2003年发布 2012年在《气候变化风险评估》(*Climate Change Risk Assessment*)中,政府审查了英国700多个气候变化潜在影响的证据。《伦敦气候变化适应战略草案》[*The (draft) London Climate Change Adaptation Strategy*][泰晤士河河口2100项目(防止、准备、响应、恢复)]
荷兰	2008年,三角洲委员会发布了一份报告,概述了荷兰应对气候变化,应对海平面上升和基础设施影响的12项建议 《国家气候变化空间规划》(*National Climate Change Spatial Plan*)对荷兰气候防护提出12项建议
州/省	规划
纽约	纽约市气候变化专门委员会(New York City Panel on Climate Change,NYCPCC) 正在为纽约市制定气候变化预测方案;编写一套工作手册协助该市的气候变化适应工作组;起草一份关于气候变化对纽约市局部影响的技术报告
加利福尼亚	《加州气候变化适应战略》(*California Climate Change Adaptation Strategy*)(2009年发布)于2010年和2013年发布了第一年进展报告。这些报告概述了海洋和海岸带的适应战略,并为制定将海平面上升预估纳入规划决策的方法提供了指导
威尼斯	摩西项目包括构建移动屏障系统以及旨在保护威尼斯免遭洪涝灾害的补充公共工程

四、为什么要这样做——参与程度 227

然而,尽管这些行动多种多样,但使其蓬勃发展仍然需要公众的支持和参与。之所以说公众参与至关重要,是因为在海岸带区域内同时存在着不同的部门、利益、年龄段、经济和文化。因此,"公众"不仅会受到变化的影响,也会成为变化的接受者,同时,他们也是这种变化的起因。专栏13-1和专栏13-2重点介绍了来自澳大利亚和保险行业的基于和围绕公众参与的例子。归根结底,核心问题在于海岸带气候适应方案制定中,在如何管理这种变化的决策方面,需要公众参与到什么程度。

专栏 13-1 澳大利亚维多利亚州西港温室联盟(Western Port Greenhouse Alliance, WPGA)

西港温室联盟是维多利亚州一些沿海地方政府之间的联盟,他们决定追踪并记录社区的关切,从而应对气候变化。该联盟旨在为当地利益相关者提供一个区域框架,以此来应对气候变化并发展温室气体减排项目。为此,该联盟采取三个步骤来实现这一目标,包括:1 需求分析和范围界定;(2)气候变化影响综合;(3)利益相关者参与。需求分析的结果纳入综合报告(即科学报告)中,有助于为作为联盟成员的所有地方政府区域内的利益相关者提供咨询信息。

联盟确定了一些海岸带部门性问题,也发现了一些跨部门问题,如海岸带及海洋生物多样性和栖息地、住宅区和配套基础设施、饮用水供应和风暴(应急响应)等问题。确定跨部门问题尤其重要,因为这些问题需要包括经济、环境和社会方面的综合对策。它们为区域伙伴关系提供了重点,并提供了一种抓住气候变化所带来的机遇的方法。联盟随后能够确定优先项目并对其进行排序。在这个过程中,确定了五个“伙伴关系项目”供今后开展工作。目前联盟正在实施这些项目,未来的工作将确认社区的关键作用。

228 **专栏 13-2 保险业作为利益相关者参与应对气候变化对海岸带发展带来的影响**

如何发展保险业,保证其具有弹性,能够应对气候变化的影响,是全世界保险业面临的重要新问题。在澳大利亚,虽然近来有各州和地方政府通过修改规划法规来适应潜在气候变化的例子(Harvey *et al.*,2012),但作为海岸带开发的关键利益相关者,保险业似乎也对气候变化的潜在影响做出了响应。保险业已开始适应气候变化预测,在预测气候相关变化改变海岸带财产和设施受损风险的解决上,保险业更加突出(Harvey *et al.*,2012)。

这包括了对澳大利亚房地产进行风险评估,估计约有 71.1 万座房产地址位于海岸带 3 千米以内、海拔不到 6 米的范围内。海岸带保险问题是澳大利亚保险委员会(Insurance Council of Australia,ICA)讨论的主题之一。该委员会向澳大利亚海岸带调查项目 HORSCCCWEA 提供了证据,并指出他们提交的一些材料关注了海岸带潜在的气候变化对未来保险范围的影响。调查指出,这可能会对保险负担能力造成不利影响,加剧澳大利亚现有的保险不力问题。澳大利亚保险委员会建议澳大利亚政府应该考虑,由政府或与私营部门合作发起海岸带土地价值保险方案。他们指出,海岸带土地价值在整个不动产价值中占很大比例,但由于土地价值目前未投保,将会导致保险缺口。

同样,在英国,英国保险公司协会(Association of British Insurers,ABI)委托进行了一项研究,强调了他们因气候变化而面临的责任。例如,研究表明,海平面上升 0.4 米,英格兰东部面临洪水风险的房地产数量将从 27 万处增加到 40.4 万处,增幅达到 48%。此外,这一估计是基于这样一个假设,即从现在到 21 世纪中叶,这些地区将没有新建筑,这显然是不现实的。这种情形的财务成本(也假设防洪水平未得到改善)是:如果海平面上升 0.4 米,一次重大洪涝事件的成本将在 75 亿~160 亿英镑之间。与世界其他地方不同的是,英国的保险公司确实为家庭和企业承保洪灾损失,但他们也向政府发出呼吁,要求其采取预期的适应措施,以尽量减少预测负债。因此,由全球保险业推动的气候变化适应,有可能成为海岸带关键利益相关者相当快速的市场驱动响应,其可持续性取决于适当的风险评估。

关于公众参与的文献明确了一种参与连续体,如阿恩斯特恩(Arnstern,1969)的参与阶梯。该阶梯将参与分成八个层级:从不参与到授权。最近,例如澳大利亚国际公众参与协会(International Association for Public Participation Australasia,IAPPA)等组织将上述参与层级综合成五个。这五个层级包括:告知、咨询、参与、协作和授权(IAPPA,2004)。表 13-2 中列出了这些层级以及谁
应该参与哪个层级和在海岸带适应环境中该层级可能意味着什么或看起来像什 229
么的示例。 231

虽然国家往往是制定海岸带适应公共政策的驱动力,但该表格表明,国家参与的程度可能因社区合作而不同,吸引公众参与的理由也各不相同。有时,在决

表 13－2　参与连续性

公众参与层级	描述	沟通方式	参与主体	局限性
告知	提供公共信息 风险意识;单向沟通	新闻稿、宣传册、信息会议、风险地图 网站 广告宣传活动	国家、州/省政府机构	有限的公共投入 单向沟通 被动社区
咨询	社区教育与公众反应;双向沟通	研讨会、开放日、示范日 调查 对话会议 听证会 焦点小组 公众评论	国家、州/省政府机构 咨询机构 非政府组织	解决复杂问题既昂贵又耗时 如果社区不喜欢这个决定,他们会感到被背叛 谁能代表社区发言或参与的问题 提出关于社区承诺和能力的重要问题 权力差异、特权准入和对既定社区利益的偏见 增选的可能性 被排除者的合法性问题
参与	在整个过程中直接与公众合作,确保公众的关切和愿望得到一致的理解和考虑	共同管理	海岸养护小组	对当地活动家的强烈要求、工作倦怠、有限的资源和政府投入

续表

公众参与层级	描述	沟通方式	参与主体	局限性
协作	在决策的各个方面与公众合作,包括制定替代方案和确定首选解决方案。社区教育与积极的社区参与问题解决	社会和环境影响评估 讨论小组就相关问题提供意见和建议 网络参与	联合特别工作组 审查法院和法庭	仅与那些涉及正式审查或法庭、法律相关的问题有关,昂贵且耗时 对较好融资利益的偏见
授权	将最终决策权交给公众。发展社区来提高社区应对和减少脆弱性的能力	提供资源和促进当地社区发展	正式社区委员会 公民陪审团、投票和全民主公决电子民主	昂贵,耗时 提出了有关代表权的合法性问题 增选的可能性 能力问题(特别是当地社区) 潜在分裂

资料来源:改编自 IAPPA(2004)和 Bell and Hindmoor(2009)。

策过程中开展公众参与活动或进行协商是对一个机构的法定要求；有时，获得本地不同类型的知识，并将其纳入规划或流程的开发中是必要的。

在西方社会，过去几十年中，公民参与政策制定的程度有所增加，公众审议的纳入增强了"决策的合法性"(Bell and Hindmoor，2009)。公众参与还可以为参与的公众和寻求公众参与的机构提供持续的适应性学习机会。

公众的参与还可以促进政策和规划的制定和接受。社区成员和团体属于有投票权的公众成员这一事实，是推动公众参与的理由，因此，有必要让他们参与到政策的制定过程，确保社会包容性的进程，并承认公民这样做的民主权利。

然而，参与海岸带适应可能并不总是反映社区真正想要的。例如，社区在海岸带适应问题上可能不一定拥有统一的声音，而且参与适应有可能"加剧而不是打击社会排斥"(Foley and Martin，2000)。菲尤等(Few *et al.*，2007)也讨论了英国苏格兰奥克尼群岛背景下有意义的参与问题。他们指出，公众参与原则和预期适应原则之间存在紧张关系——过度管理的包容不太可能满足参与性或工具性目标。因此，参与和包容的类型取决于每个地方的情况，必须因地制宜地规划。让正确的人进入参与过程至关重要；关键人物确实可以影响社区对某个问题的看法以及要求他们参与各种背景的活动。然而，这些拥护者还表明，更广泛的社区并不总是热衷于参与海岸带适应政策的制定或实施。弗利和马丁(Few *et al.*，2000)认为，准确地说，"社区代表"通常是非典型的，因为与大多数当地人不同，他们愿意参与其中。

在不同社会环境下制定应对规划时，了解哪些人受到的影响最大也是一个重要的驱动因素。例如，在澳大利亚，海岸带和海洋气候变化规划需要了解实施社区之间的不同社会驱动因素(Nursey-Bray *et al.*，2016)。一份来自英国诺福克(Milligan *et al.*，2009)的案例研究强调了海岸带保护区适应规划面临的挑战。研究发现，许多利益相关行业的密切参与是有问题的，但同时这种参与对于理解海岸线如何在经济和地貌上保持可持续性，同时使当地社区得以生存和繁荣发展至关重要。

公众参与气候变化适应工作也有助于识别适应工作的障碍。例如，围绕气候变化和澳大利亚吉普斯兰海岸的一次利益相关者研讨会确定了可以在适应规划中正式考虑的问题。考虑到为这一全球问题构建本地解决方案的重要性，社区参与不再仅是一项民主权利，也是一项职能作用。在适应障碍方面，英国诺福克海岸带社区进行的研究明确了一些广泛的适应障碍和限制，这些障碍和限制既存在于地方层面，也存在于更广泛的层面。这些障碍和限制包括：适应目标不明确、成本不确定、海岸带文化和偶像被低估以及个人和社会因素的作用等。

为了解决对风险性质和影响的理解障碍，美国国家海洋与大气管理局海岸带管理办公室提供了一个由讲师指导、了解风险方面的在线课程，这是聚焦于帮助社
232 区做好准备，并应对天气和气候危害的举措的关键组成部分。互动式网络研讨会向参与者介绍了七种最佳实践、多种技术以及交流海岸灾害情况的实例（NOAA，2017）。

承认社会经济多样性是利益相关者如何参与海岸带适应规划的关键之一。托里尔等（Torell *et al.*，2010）讨论了一个名为"SUCCESS"[可持续海岸带社区和生态系统（Sustainable Coastal Communities and Ecosystems）]的美国项目的概念，该项目围绕四个相辅相成的目标设计：（1）取得实际的实地成果；（2）通过与实地活动相关的培训提高能力；（3）建立由有效知识管理支持的区域学习网络；（4）将科学应用于管理和善治（CRC，2006）。托里尔等（Torell *et al.*，2010）认为，该项目是"在州级、国家和区域层面的政策支持下，成功的社区自然资源治理示范"。此外，通过反映贫困作为环境生物多样性保护驱动因素的关切，当地社区能够就其海岸带面临的重大问题进行对话。气候变化影响是其中的重要内容。专栏 13－3 和专栏 13－4 突出了海岸线规划和渔业方面的其他例子。

专栏 13－3　英国海岸线管理规划——当地视角

英格兰和威尔士的海岸线长达 7 000 多千米，共同提供了一个对比鲜明、动态变化十足的环境。2008 年 4 月，环境署收到一份关于英国海岸及其侵蚀和洪水管理的综述，因此决定努力确保对海岸带实施综合管理。包括环境署和海洋地方当局（地方政府）代表在内的海岸带团体编制了海岸线管理规划（Shoreline Management Plan，SMP）。海岸线管理规划是一份非法定的高级别文件，从战略上全面规划了海岸线（由沉积物单元定义；即在沉积物运动方面，相对自我平衡的海岸线长度）。海岸线管理规划对与海岸带过程

相关的物理风险开展了大规模的评估，并为支持决策和地方规划，提出了战 233
略和长期政策框架。考虑到海岸带政策未来的实施、地质、气候变化的可能影响以及海岸带的现有条件(包括海岸防御)，对未来100年内海岸带可能发生的变化进行了预估。海岸线管理规划每隔几年要进行一次审查，以便吸收与海岸带过程和修订的政策指导有关的新研究成果。

公共咨询和利益相关者参与是环境、食品和乡村事务部(DEFRA)定义的海岸线管理规划明确要求的程序。第一代海岸线管理规划于20世纪90年代完成。目前在诺福克东北海岸前沿生效的第二代海岸线管理规划是本示例的主题：SMP6(以前是SMP3b)。然而，这项规划草案中提出的政策一公布，就引发了当地民众的普遍不安以及关于家庭和社区未来的不确定性。该规划首次将“不积极干预”等政策纳入短期、中期和长期规划范围，并在地图上以彩色区域加以标识，表示这些时期(25年、50年和100年)的预计侵蚀率和海岸后退情况。过去，这些现状区实行的是“守住海岸线”政策，规划建设的变化给许多人造成巨大的冲击，随之在一段时间内，发生了利益相关者之间激烈反应的动荡。到目前为止，决策者和公众之间的沟通显然仍差强人意，公众咨询似乎效率低下，还出现了规划及交付不力的现象。

地方政府当局针对这种情况启动了广泛参与的程序。多年的公开会议、为当地规划过程提供资金的研讨会、政府为“探路者”适应规划提供的资金(Frew，2012)以及利益相关者之间更有效的沟通，这些参与手段最终使得海岸线管理规划于2012年获得通过。经过多次审查(包括附加条件)、磋商和谈判，SMP6最终被所有合作伙伴采用，但这个过程是极为艰难的。德伊等(Day *et al*.，2015)和密立根等(Milligan *et al*.，2009)对本案例及其背景进行了更全面的说明。

从这个例子中得到的关键教训之一，接触和参与需要从一开始就应该成为政策过程的组成部分。另一个教训是，接触和参与不是免费的。承诺和资源对于促进政策过程的切实参与，支持制定可行的适应备选方案并实现长期交付至关重要。最终，利益相关者的参与和公众参与是海岸带适应性治理的重要基础因素。

234 **专栏 13－4　渔业、公众参与和气候变化**

捕捞渔业早已给管理带来复杂的挑战，目前却又需要应对气候变化。气候变化已经导致海洋的物理变化（包括水温、环流、海平面、pH 值等），而在海岸带，降水的变化正在影响着河口环境。物理变化反过来又影响了具体海域的鱼类栖息地、鱼类物种分布及其组合。预计这些变化将持续几十年，并可能在预计的变暖情景下加剧。归根结底，依靠捕捞渔业谋生或从事商业渔业，或从海洋的娱乐或非使用价值中获得乐趣，所有这类人都将受到气候变化的影响。

因此，气候变化规划需要处理气候和社会的相互影响，并处理渔民与渔业作业种类之间的关系。引导渔民参与气候变化应对至关重要。这方面的行动已经开始。例如，位于印度科钦的国家渔业研究中心，让全国各地的渔民参与监测项目，同时，该中心还正在开发基于社区的适应项目。澳大利亚塔斯马尼亚海产品工业委员会实施了一项名为“看到变化”的项目，该项目要求当地渔民通过构建适应方案，参与应对气候变化。公民科学在促进公众参与气候变化理念方面也可以发挥作用。例如，澳大利亚名为“REDMAP”的互动网站项目，鼓励渔民通过记录自己对环境变化的观察结果来参与解决方案的制定（REDMAP. org. au）。这些主动行动虽然展示了海岸带适应反应的广泛多样性，但归根结底，正是人们在接受、应对，并主张其有权对海岸带规划和气候变化做出相应贡献方面发挥的作用，才会对在海岸带实施气候变化适应规划的成与败产生显著的影响。

公众参与气候变化适应工作另一个还需要考虑：一个社区能够在多大程度上拥有和执行已做出的决定，以及谁可以在正在实施规划的参与范围内拥有权力。为了制定参与战略，首先必须非常明确目标是什么。

参与海岸带适应规划可能涉及重大规划本身；而且这绝不是一个“一刀切”的问题。具体而言，相关文献表明，参与活动需要符合目的，即有明确的目标。根据所在地的需求，不同的利益相关者可能会参与进来，并且在不同的时间段参与，这具体取决于规划过程的需求。不同类型的参与，有时还需要同时组织多种类型的参与活动。公众参与和利益相关者的投入当然是必要的，但却也并不是举手之劳。

五、超越参与——社区参与决策的切入点

因此，关键问题在于社区成员或部门是否能够真正为海岸带气候变化适应框架作出贡献？他们的切入点和机会是什么？一种方法是参与式决策，这涉及地方一级当局、专家和公众。加强参与式决策的关键原则包括：创新、真诚、慎重、相互学习、磋商、促进可持续决策、参与者之间的包容和尊重以及参与和转换参与者的不同知识体系等（IAP，2012）。

制定海岸带适应战略的另一个切入点是利用社区以及决策矩阵中的其他知识库。在收集当地知识并将其作为参与过程时，许多生产性成果可以在适应/管
理环境中产生。例如，“行动援助”在六个已知气候变化预测的非洲主要城市进 235
行了参与脆弱性评估，目的是将评估与防灾备灾和长期发展联系起来。他们发现，社区最了解其当地情况，因此，任何关于适应的分析都应建立在了解当地情况的基础之上。

在美国及其领地和附属机构中就有许多这样的例子。在那里，有目的地吸收土著或永久居民的知识，包括美洲土著部落、太平洋岛民和沿海非洲裔美国人文化，有助于改善拟议的适应战略和行动的结果。通过将本土知识和实践与当代（西方）科学相结合，来创造更大的价值。在某些情况下，这些代表性不足的社区可能缺乏足够的资源和能力来充分规划和实施应对不断变化的环境条件所需的变革，但他们的声音、投入和策略不仅意味着充分地参与决策，而是对创造性和经过时间检验的解决方案的接纳，否则它们会在当代思维过程中被忽视。

洛基和罗克洛夫（Lockie and Rockloff，2005）也努力寻求促进社区参与管理规划的方法。他们认为，决策者的第一步是要认识到利益相关者参与决策过程的关键挑战，如专栏 13－5 所示。

专栏 13－5　利益相关者参与决策的挑战(Lockie and Rockloff,2005)

- 对利益相关者承诺和能力建设等“无形产出”的关注有限；
- 对促进群体决策的重视不够；
- 通过纳入主观和客观知识改善模型；
- 将参与等同于量化数据收集的趋势；
- 磋商和寻求共识方法的重要性。

利益相关者的参与还必须考虑特定的部门需求或文化需求。

政策制定者还可以采纳或使用正式工具/方法，包括分析性多标准分析工具、通过电子方式研究会议程序和群体决策框架等来促进社区决策。这些工具方法在经济生态和生物物理一节中进行了总结，并在社会解释过程中获得整合。这个过程努力在地理范围较小的地方吸收所有受影响的利益相关者的社会影响、问题和属性。表 13－3 都是建设海岸带适应的相关选项，因为它们以某种方
236 式吸引了社区的参与。

表 13－3　海岸带适应社区决策工具

多标准分析 · 用于评估和按优先顺序确定资源使用选项并分配资源 · 为来自不同地理位置的决策者提供共享信息、了解其他决策者的立场和识别协作决策冲突的机制
电子会议系统 · 通过便利的程序支持小组会议，启动电子头脑风暴，构建生成理念并实现平行沟通 · 电子会议系统提供了一个与他人进行磋商的机会，同时保持匿名，并鼓励对其他利益相关者的目标和战略进行坦率和公开的评论
群体决策框架 · 属于特殊类型的多标准分析方法，侧重于整合来自各种利益相关者的主观和客观的知识来源 · 科学见解与主观知识资源相结合，改进利益相关者之间的沟通方式，允许协作解决问题，结合决策情况的社会、生态和经济方面 · 重点是通过设计政策分析论坛，促进公民和决策者在决策过程中的互动和参与。该程序鼓励主持人，积极激励参与者之间的公开讨论
决策框架模型 · 为实际的海岸带综合管理而开发 · 利用利益相关者的访谈和咨询，收集信息并建立反映海岸带关切和利益的模型 · 最终产品可能具有不同系统(经济、生态和生物物理)的若干子模型，然后通过社会解释程序进行整合。该程序试图捕捉面积较小的局部区域内，所有受影响利益相关者的社会影响、问题以及特征

六、与利益相关者的沟通

在利益相关者和决策者之间建立有效的沟通网络是推进海岸带管理、气候变化和社区三者之间关系的核心切入点。如果不是有意识的促进,有效的沟通网络则未必自然形成;而理想的情况是有效的沟通网络在参与过程和特定的参与机会中形成。

瓦查(Hwacha,2005)提出了作为促进有效沟通工具的慎重对话:"(一种)结构化的促进程序,让利益相关者参与其中,有助于引出与追求特定战略政策方向相关的重要价值观和权衡……慎重对话建立在参与者找到共同的知识和经验,从中寻求替代战略或政策"。

德玛利特和兰登(Demerit and Langdon,2004)通过向英格兰和威尔士所有地方当局的环境官员的访谈,评估地方政府对通过英国气候变化规划所提供的信息的接受和反应。结果发现,超过 3/4 的受访者认为,他们无法获得有关其所在地区气候变化影响的最佳信息。他们的结论认为,关于气候变化的沟通不再 237
仅仅是提供当地有关气候变化影响的具体信息,而且,除非在地方层面建立起信心,否则它不会激发适当的行动。

基础广泛的海岸带学会,如 1975 年成立的美国海岸带学会,或 20 世纪 90 年代在加拿大、新西兰和澳大利亚成立的海岸带学会均通过全国性会议,为公众参与信息交流提供了重要渠道。这些措施的有效性在加拿大(Ricketts *et al.*, 2011)和澳大利亚(Harvey,2016)均记录在案。

海岸带论坛吸引本地区的利益相关者和决策者参与。例如,1996 年成立的苏格兰海岸带论坛经营着 7 个地方的海岸带伙伴关系。网站上说它的目的是:"鼓励在国家一级就海岸带问题进行辩论。其成员从操作角度就可持续海洋环境中海洋规划和许可政策的制定,向苏格兰海洋局提供咨询意见。"(www.Scotland.gov.uk/Topics/Marine/seamanagementregional/Scottish-Coastal-Forum)

在澳大利亚,自然资源管理机构内设立了海岸带论坛,如伯内特玛丽地区海岸带论坛(www.bmrg.org.au/information.php/2/55/167)。在这些案例中,论坛吸引了向决策者提出建议的当地人的参与,并开展海岸带实地活动。这些论坛使利益相关者能够在结构化环境中拥有发言权。在美国,国家海洋大气局(NOAA)每两年举办一次社会海岸带论坛。这个论坛更像是会议,但能把许多人召集在一起,有针对性地讨论海岸带问题。在英国,成立于 2006 年的北约克郡和克利夫兰海岸带论坛等,旨在"让所有对海岸带管理感兴趣的人都有机会讨论关键问题,并指导和制定未来的政策和行动"(http://coastalforum.wordpress.com/about)论坛每年召开一次会议。

全世界正在多个背景下建立全面的海岸带论坛,这有助于提供一个正式机制,通过这种机制使利益相关者能够为更宏观的政策倡议作出贡献。这些论坛往往会成为人们表达关切和了解海岸带情况的渠道。显然,它们的效用取决于涉及的人员及其拥有的资源,但作为一种让利益相关者参与,并在他们与决策者之间建立联系的手段,海岸带论坛比起其他参与手段有一些优势。

七、结论

在海岸带气候变化背景下,让"公众"参与的动机包括增加政策采纳的机会、使社区能够接受适应措施以及为人们实际参与或实施适应措施创造空间。通过可能出现的应对气候变化新治理形式的论坛,这种管理责任的下放意味着"社区"的再参与。

那么,在什么情况下,公众参与海岸带/气候变化的决策是必要的?我们认为,参与决策不仅是一种受政治正确性约束的基本思想信念,还必须是
238 有用的、有吸引力的。在没有后续行动或真正参与机会(如果提供)的情况下告知公众并让公众参与,可能会产生负面后果,就像忽视气候变化和所有其他影响在海岸带区域融合的方式也可能产生负面后果一样。海岸带适应需要将社会经济、社会正义、公平和准入问题纳入研究范围,确保适应具有必要的持久性。海岸带适应还需要以可靠的科学信息为基础,并纳入应对不确定性和风险的机制。

应对气候变化是决策者和公众管理海岸带的一个重大问题。有时,可能需要公众鼓动变革,要求变革,因此政治人物必须立法并为有效改革提供资金,而不是让公众参与规划本身。让公众参与,可以确保他们成为自身命

运的催化剂，但最终，政府和决策者还是不得不做出一些艰难的决定，说服"公众"或向"公众"说明理由，以让其接受随着时间推移变得可能不受欢迎的适应/缓解措施。我们的结论是，公众本身并不总是必须参与海岸带管理，但确实需要公众成为海岸带管理的积极伙伴，参与讨论和促进形成有效的气候变化战略。他们需要接受气候变化是一个真正的挑战，气候变化需要应对，同时决策者需要在文化和其他方面使这样的战略变得可以接受，以确保海岸带能够有效和持久地适应气候变化。

参考文献

Arnstein, S. (1969). A Ladder of Citizen Participation. *Journal of the American Planning Association* 35(4): 216–224.

Bell, S. and Hindmoor, A. (2009). *Rethinking Governance: The Centrality of the State in Modern Societies*. Cambridge University Press, Cambridge.

Day, S., Bryson, J., Frew, P., O'Riordan, T., and Young, R. (2015). Many Stakeholders, Multiple Perspectives: Long-Term Planning for a Future Coast'. Chapter 12. In: Nicholls, R.J., Dawson, R.J., and Day, S.A. (Eds.). *Broad Scale Coastal Simulation: New Techniques to Understand and Manage Shorelines in the Third Millennium*. Springer, The Netherlands.

Demerit, D. and Langdon, D. (2004). The UK Climate Change Programme and Communication with Local Authorities. *Global Environmental Change* 14: 325–336.

Few, R., Brown, K., and Tompkins, E.L. (2007). Climate Change and Coastal Management Decisions: Insights from Christchurch Bay, UK. *Coastal Management* 35(2–3): 255–270.

Foley, S. and Martin, P. (2000). A New Deal for the Community? Public Participation in Regeneration and Local Service Delivery. *Policy and Politics* 28(4): 479–491. 239

Frew, P. (2012). Adapting to Coastal Change in North Norfolk, UK. *Proceedings of the ICE – Maritime Engineering* 165(3): 131–138.

Harvey, N. (2016). The Combination-Lock Effect Blocking Integrated Coastal Zone Management in Australia: The Role of Governance and Politics. *Ocean Yearbook* 30: 1–31.

Harvey, N., Clarke, B., and Nursey-Bray, M. (2012). Australian Coastal Management and Climate Change. *Geographical Research* 50(4). doi:10.1111/j.1745-5871.2011.00734.x (available online).

Hwacha, V. (2005). Canada's Experience in Developing a National Disaster Mitigation Strategy: A Deliberative Dialogue Approach. *Mitigation and Adaptation Strategies for Global Change* 10: 507–523.

IAP2 (2012): www.iap2.org/.: International Association for Public Participation, accessed March 01 2017.

IPCC (2013). Summary for Policymakers. In: Stocker, T.F., Qin, D., Plattner, G.-K., Tignor, M., Allen, S.K, Boschung, J., Nauels, A., Xia, Y., Bex, V., and Midgley, P.M. (Eds.). *Climate Change 2013: The Physical Science Basis. Contribution of Working Group I to the Fifth Assessment Report of the Intergovernmental Panel on Climate Change*. Cambridge University Press, Cambridge and New York.

Lichter, M., Vafeidis, A.T., Nicholls, R.J., and Kaiser, G. (2011). Exploring Data-Related Uncertainties in Analyses of Land Area and Population in the Low-Elevation Coastal Zone (LECZ). *Journal of Coastal Research* 27(4): 757–768. doi:10.2112/JCOASTRES-D-10-00072.1.

Lockie, S. and Rockloff, S. (2005). Stakeholder Analysis of Coastal Zone and Waterway Stakeholders in the Port Curtis and Fitzroy Catchments of Central Queensland CS1. Final Report. CRC for Coastal Zone, Estuary and Waterway Management.

Milligan, J., O'Riordan, T., Nicholson-Cole, S., and Watkinson, R. (2009). Nature Conservation for Future Sustainable Shorelines: Lessons from Seeking to Involve the Public. *Land Use Policy* 26: 203–213.

NCCARF (2017). National Climate Change Adaption Framework *CoastAdapt* online. https://coastadapt.com.au.

Nicholls, R.J., Hanson, S., Lowe, J.A., Warrick, R.A., Lu, X., Long, A.J., and Carter, T.A. (2011). Constructing Sea-Level Scenarios for Impact and Adaptation Assessment of Coastal Areas: A Guidance Document. Intergovernmental Panel on Climate Change, Geneva, Switzerland. www.ipcc-data.org/docs/Sea_Level_Scenario_Guidance_Oct2011.pdf.

NOAA (2017): https://coast.noaa.gov/digitalcoast/training/risk-communication.html. accessed March 01 2017.

Nursey-Bray, M., Harvey, N., and Smith, T.F. (2016). Learning and Local Government in Coastal South Australia: Towards a Community of Practice Framework for Adapting to Global Change. *Regional Environmental Change* 16(3): 733–746.

Ricketts, P.J., Jones, B., Hildebrand, L., Nicholls, B., and Gardner, G. (2011). Coastal Zone Canada Association: Carrying the Torch for Coastal and Ocean Management in Canada. *Coastal Management* 39(1): 82–104.

Stern, N. (2007). *Stern Review: The Economics of Climate Change*. HM Treasury, London.

Torell, E., Crawford, B., Kotowicz, D., Herrera, M.D., and Tobey, J. (2010). Moderating Our Expectations on Livelihoods in ICM: Experiences from Thailand, Nicaragua, and Tanzania. *Coastal Management* 38(3): 216–237.

United Nations Conference on Environment and Development (UNCED) (1992). Agenda 21 and the UNCED Proceedings. Oceania Publications, New York.

第十四章　海洋能源 240

汉斯·D. 史密斯　塔拉·特鲁普

一、引言

海洋作为能源来源的重要性始终是，而且至今仍然是20世纪下半叶至21世纪头几十年的关键特征之一，但关注的重点一直在于海洋石油和天然气业。相比之下，虽然利用海洋环境产生的海洋可再生能源的重要性正在迅速增加，但其发挥的作用仍然很小。当前，全球从化石燃料向可再生能源过渡的关键驱动因素一方面是燃烧碳氢化合物对大气造成的污染；另一方面是人们对于由此导致温室气体二氧化碳排放量增加，致使气候变化加速全球变暖的担忧。尤其值得注意的是海洋石油工业和海洋可再生能源仍是当前全球能源先进技术发展的前沿。

本章首先在由全球经济产生的能源需求不断增长的大背景下，介绍海洋能源的发展、海洋的贡献、发展历程以及由此产生的区域模式。然后，依次介绍海洋石油和天然气以及海洋可再生能源，阐述各自的产业结构和资源性质。随后对所采用的技术及其与海洋环境的相互关系以及环境影响进行详细介绍。最后在结束治理和管理主题之前，讨论各行业的经济、社会和政治影响。本章最后评估海洋能源现在和未来的作用。

二、发展历程

世界始终对能源存在需求。不过，尤其是自工业革命（1780～1830年）以来,随着工业化进程的推进,能源需求连续呈现数量级增加。工业革命时期,能源需求主要依赖于大规模开发水电。能源技术在经济连续增长的很长一段时间内,始终保持核心地位并发挥着重要作用。从 19 世纪中叶到 20 世纪 30 年代,以煤炭为基础的蒸汽动力日渐重要,同时,从 19 世纪的最后几十年开始,石油开始与煤炭共同作为产生蒸汽动力的燃料。20 世纪中叶以后,虽然煤炭仍是主要的化石燃料,但石油已经成为主要的能源,尤其是作为重要的交通运输能源,同
241 时核电也发挥了重要作用。可再生能源的大规模开发起始于 20 世纪上半叶,主要是以河流筑坝发电的形式,而古老的风车技术只是在过去 20 年前后才在陆地和海洋上开展了大规模革新。

在海洋中,海底油气和陆地油气的开发同步,但陆地的开发范围远比海洋广泛。含油气的地质构造横跨当代的冰后期海岸线,加之海洋资源潜力往往比陆地更大,因此陆上的石油生产可以相对容易地扩展到邻近的大陆架上。特别值得注意的是里海的巴库,早在 1824 年就已将第一口海上防水井沉入离岸 20~30 米处,并在 19 世纪的最后 20 年有了更广泛的发展(Patin,1999)。第一艘现代油轮"索亚斯特"号(Zoraster)也与里海油气资源开发存在关联,该油轮建造于 1878 年,同年从巴库到阿斯特拉罕进行了首航(LeVine,2007)。第二个重要的发展是 19 世纪 90 年代的加利福尼亚海洋油气开采活动(Yergin,1991)。后来在 20 世纪 20 年代,委内瑞拉的马拉开波湖的海上开采也投入生产(Salas,2009)。

在 19 世纪 70 年代至 20 世纪 30 年代的全球经济漫长发展阶段,煤油取代鲸油;第一次世界大战前几年,蒸汽轮机被英国海军舰艇采用,这些都大力推动了对石油的需求。利用石油生产蒸汽比用煤炭节省 2 倍,若在内燃机中使用,则比煤炭省 4 倍,20 世纪 40 年代至 90 年代,石油在陆、海、空运输中以及发电和石化工业的应用,在扩大石油需求中发挥了决定性作用。因此,真正重要的海洋石油开采开始于在 20 世纪 40 年代末的墨西哥湾,后来在 20 世纪 60 年代和 70 年代初,北海、波斯湾和中国南海也开始了海洋石油开采。

海洋油气开采的成本往往高于陆地,因此,推动海洋开采的关键是原油价格的阶梯式变化(图 14-1)。自 1973 年爆发石油危机开始,原油价格急剧攀升,到 80 年代初,差不多增长了 10 倍。加上海洋技术的快速发展,使得在大陆架以

及大陆架以外的更深海域开展勘探和开采成为可能。世界石油消费在1948～1973年期间增长了6倍，并在此后保持持续增长态势，与此同时，天然气的重要性也越发凸显，例如在北海南部，英国和荷兰的燃气管网供应的是天然气，发电厂和石化工业采用的也是天然气。

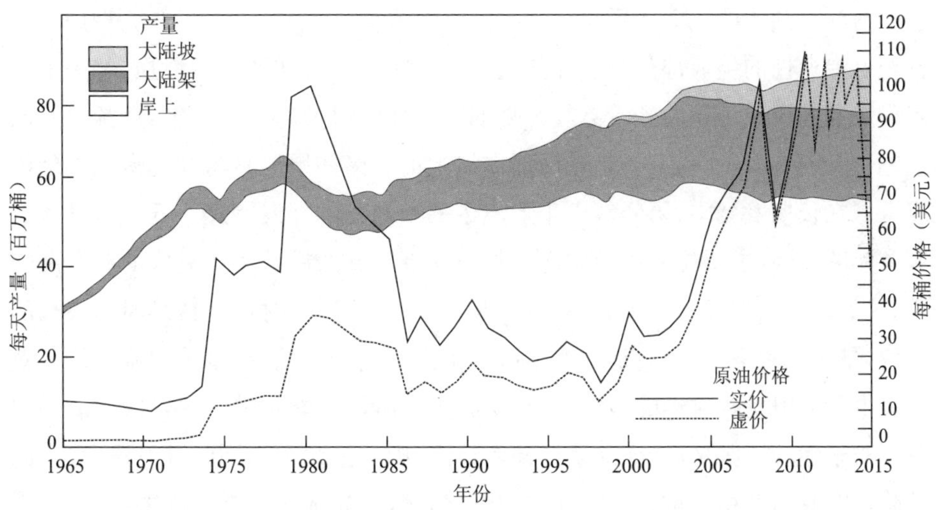

图14-1　海洋油气产量:大陆架和大陆坡

海洋可再生能源是一种新兴能源。迄今为止最重要的技术是海上风力发电，海上风力电场主要位于欧洲西北部的海域，尤其是在北海，尽管据估计到2018年欧洲将产生40兆瓦的潮汐能和25兆瓦的波浪能。有限的潮汐能开发也已经在开展。

陆上和海上能源开发的关键特征之一是区域模式各不相同。首先，海洋开发项目大量集中在北大西洋，与全球经济中的北半球工业核心区域相邻，相比之
下，北太平洋的海洋开发范围则小得多。一些主要的海洋石油区域和海洋可再 242
生能源项目都位于北大西洋。在全球经济中，欠发达地区也有一些重大的海洋开发项目，特别是在巴西、西非和东南亚的近海海域。在各个具体区域，都存在复合的能源模式。以欧洲西北部为例，尤其是英国，复合能源包括海洋石油和天然气、煤炭、核电和水力发电以及陆上和海上风电，并辅之以大量的进口原油、液化天然气和煤炭。

三、石油和天然气

(一) 海洋石油业

海洋石油业的工业体系是全球石油业大体系的组成部分,但具有其独特性,甚至是专业性的组成部分。这样的组成部分来源于海洋环境的性质、相关的技术发展和高成本。石油和天然气开采的主要作业可分为5个环节:勘探、生产、运输、加工和经销。前三者是专门面向海上的。诸如墨西哥湾和北海之类的沿海区域在长期发展中,历经数十年形成了一个独特的开发顺序。开始是勘探和服务业的发展,主要位于可通向海上油田的港口。然后是生产设施的制造和安装,这类设施在海洋工程中起主要作用。下一个阶段同时也是持续时间最长的
243 阶段,是生产和维护,最后是这些地区的生产周期趋于结束,海上设施停用。对于有少量油田且相对小的地区来说,所有这些阶段可能是单一开发阶段的一部分。对于大的地区来说,如前述提到的地区,则分为几个不同的开发阶段,不同的阶段在时间上相互重叠。因此,以北海为例,首先开发的是南部的气田,其次是中部和北部的油田(包括一些气田);再次是大陆架边缘和设得兰群岛以西的大陆坡上的深水开发。

开发作业和不同阶段的结合形成了一个由四个主要部分组成的海洋产业。首先是勘探和开发生产。开始先以航空磁测和重力测量进行勘探,目的是划定某一区域地质范围内可探测到的潜在油气层。然后利用地震勘测船,开展局部地震勘测,绘制详细的地质图。一旦确定了有前景的地质构造后,下一阶段将使用勘探钻机进行试钻,对此下文将进一步讨论。

海洋工程业开始于移动式勘探钻井平台的建造,包括自升式平台和半潜式平台以及用于大陆架以外深水区的钻井船。一旦油田获得证实并决定开始开采后,接下来就是研发生产设施,包括建造和安装生产平台、管道和相关设备。在陆上,这分别涉及生产平台开发、模块建造和管道涂层场。若是开发规模较小的钢制生产平台和模块场,可以利用常规船厂和其他码头工业设施。大型钢制和混凝土平台需要毗邻深水的专用干船坞堆场,如苏格兰西海岸的狭长海湾和挪威峡湾。可将停用设施放置在服务基地(正在运营的基地或多余的基地)附近。

海洋工程业与宏观工程业密切相关，后者可提供更多的专业装备，包括用于将化学品、泥浆油气从储层输送到海面上的勘探和生产钻机的立管。参与平台建设的海洋工程公司可能是大型造船公司或土木工程公司的组成部分，或是从这些公司发展而来的。

勘探业会随着服务业的发展而发展，并且会在整个生产过程中继续发展，直到退役阶段。一个基本条件是可以为勘探地点和之后的海上生产地点全天候提供海上和机场设施(Kaiser，2015)。例如，在20世纪60年代和70年代的北海，服务业港口可影响的最大地理范围分别取决于海上补给船和直升机作业的地理范围。这些地理范围大致位于350千米的海域，这是方便补给船夜间作业的范围，也是当时用来运送人员进出勘探钻井平台和生产平台的直升机的最大作业范围。在岸上，服务业需要全天候港口区的岸上基地拥有充足的邻近存储空间，用于堆放管道、钻井泥浆和化学品以及工程设备仓库。工程设施、工程补给及相 244
关服务也是必不可少的，包括潜水设备、专业钻探以及水文、地球物理和工程测量公司。运输服务也是极为重要的，包括专用石油服务船和拖船，货物运输服务，铁路运输和重型公路运输，定期和包机服务以及直升机服务。在住宿和餐饮方面，也许需要建立临时住处，包括工作营地和客轮以及餐饮承包服务、洗衣服务和其他服务(Hutcheson and Hogg，1975)。

第四个，也是最后一个因素是金融业。海洋勘探和生产是资本密集型行业，在一系列技术的前沿运营的同时，始终存在对融资的需求。单个油田开发的费用即可高达数十亿美元，即便是最大的石油公司也无法独自承担其中的风险。因此，这类开发的融资通常以财团的形式运作，由大型银行的专属海洋部门提供，用来分散风险，并应对跨度长达几十年的漫长时间。

海洋石油业的固有特征包括其复杂性和遍布全球的运营规模。主要的国际私营石油公司和石油生产国，特别是俄罗斯和石油输出国组织(the Organisation of Petroleum Exporting Countries，OPEC)的主要成员，如沙特阿拉伯和委内瑞拉的国有石油公司占据着核心地位。正是这些组织做出了主要的勘探和生产决策，并管理长期的生产和停用。国际石油公司的总部设在北美和西欧的少数几个主要城市，勘探和生产部门的地理位置也邻近这些地区，例如休斯敦和阿伯丁等城市。显而易见，勘探和生产要素位于主要的沿海地区附近。

专业工程广泛分散于较大的工程产业中,海洋工程也集中在少数的几个沿海地区附近,但是却在全球范围内作业。占比最高的是美国墨西哥湾海岸,其次是邻近北海的某些地区,包括苏格兰、英格兰东北部和挪威南部。运输业也以类似的方式运营,包括大型航运公司的专业航运部门、直升机公司和国家级的铁路和公路运输组织。

海底油气与地下油气并无不同。无论是石油还是天然气,均含有大量化合物。原油被提炼成一系列产品,包括煤油、航空燃油、汽油和柴油以及重燃料油,同时还为石化工业的大量化学产品提供原料,包括塑料、工业化学品、染料和洗涤剂。最重要的天然气有甲烷、乙烷、丙烷和丁烷。甲烷通过天然气管网向全国供应天然气,乙烷主要用于石化工业生产乙烯,这是最重要的人造有机化合物。

(二) 资源和储量

多类沉积岩地层均含有油气,包括母岩组合,如页岩和煤;储油岩包括页岩和石灰岩以及砂岩之类的块状冠岩。地质年代表记录了油气从母岩向储油层的
245 迁移过程。冠岩的岩性特征和地质构造(如褶皱和断层)相结合,阻止了储油层继续向上迁移,并决定了各类岩石的分布方式,从而封闭了储层,形成了构造或地层圈闭。借助地震数据,可以构建出三维储层图,作为判断现有油气储量的第一步。

计算可采储量是一项复杂的工作,无论是单个油田还是海上多油田产区,均贯穿其整个生命周期。部分由于油气的性质以及储层的岩性和构造,初期仅可从储层中提取部分油气。生产设施的安装加剧了情况的复杂性,特别是单个储层中压力模式下油井的布局以及是否存在驱动机制,例如油气下面的水压和气压可能要维持一段时间;若压力下降,可以通过人为方式维持驱动压力,例如通过注水来延长油田的生产寿命。鉴于油田的经济寿命可长达数十年,要根据计算机模拟模型采用不同的油井配置来预测油田的动态情况。

自 20 世纪 70 年代以来,由于石油地质科学和石油工程技术的进步,单个油田以及石油产区的生产寿命将会在生产过程中逐渐延长,因此,可采储量有时可从 30%左右增加到 50%左右。计算单个储层的油气储量可以采用多种方法,包括与附近油田比较、体积估计和物料平衡。然而,最重要的计算方法是“产量递

减曲线”,这是以油田全生产周期的监测为基础建立的曲线。海上产油区是国家利益的关键,只要综合汇总各个油田的数据,就可计算出现存资源景。同时,更有效的方法是“证明储量法”,该方法以最初计算时的经济和技术情况为基础进行预测,而不考虑无法明确预见的经济和技术变化(van Meurs,1971)。因此,墨西哥湾和北海等区域的海上作业时间已远远超过最初预测的时间(Odell and Rosing,1975)。

除了客观因素和石油工程对储量估计的影响外,另一影响因素为经济因素,经济因素以价格反映的油气需求为出发点。由于海洋环境与高生产成本有关,当 20 世纪 70 年代初原油价格首次大幅上涨时,海上油气的勘探和开采才真正起步;在价格相对较低的时期,20 世纪 80 年代后期和 20 世纪 90 年代最为明显,开发速度趋于放缓,而在 21 世纪的第一个 10 年再次加速,但是到 21 世纪 10 年代中期又再次下降(见图 14 - 1)。考虑到海上单个油田有 10 年寿命,而近海油田的寿命更长,从经济角度看,很难甚至无法精确估计未来几年的储量。

因为国家决定着油气资源的最终所有权,海上油气生产的经济因素因国家 246
的作用而进一步复杂化,这一点在下文深入讨论。

注释:名义价格和实际价格的区别是什么?名义价格,有时也称为美元现价,即产品生产时的美元价。实际价格是根据一般价格水平随时间的变化,即通货膨胀或通货紧缩而调整的价格。这些调整让我们了解到不同年度的美元不变价。

总之,油气资源以及海洋油气储量实际上主要是资源地质相互作用的结果;在设计阶段和投产初期阶段都发挥了石油工程因素的影响作用;表现在供求关系上[(B)年度]并通过价格和成本进行调节的产业经济学的相对长期作用以及国家以政治因素为基础、通过国家政策和法规发挥的作用(Sandrea and Sandrea,2007)。

(三) 技术

各类储量计算的性质不仅受到海洋环境导致的高昂生产成本深刻地影响,而且也要受到克服水深障碍和采用克服汽气动力变化的专业技术的直接影响。这样的影响也受到一系列时间尺度上大规模变化的影响,包括从北海冬季大风到墨西哥湾飓风和东亚海域的台风等的短期风暴;长期的季节性变化,甚至影响大气和海洋长期的气候变化。影响的重点是海上勘探、生产和运输,以及开展在沿海地区的加工和经销。

在油气勘探中,航空磁测和重力测量普遍在空中进行。对海洋影响最大的
247 是使用专业测量船进行的地震勘探。钻井测试的最主要要求是钻机机动性高,便于从一个测井移动到另一个测井。在深度小于100米的较浅海域,通常使用自升式钻机:甲板可以漂浮,钻机移动时支撑腿可以升起,钻孔时支撑腿可以下降到海底。在大陆架较深区域和深度为200多米的大陆坡上部,勘探主要使用半潜式钻机,这些钻机是自动推进的,并且可以使用由推进器辅助的锚定系统来保持位置。在大陆坡边缘,水深几千米以上的深海,一般使用动态定位的钻井船。

水深对设计的决定性影响也适用于生产阶段(Chakrabati,2005)。虽然自升式钻机和半潜式钻机都可以经过改造适用于生产阶段,但在生产的早期阶段,一般都会在岸边建码头。以加利福尼亚近海和墨西哥湾为例,生产中使用了一系列的钢质固定和浮动结构(图14-2),其中包括在大陆架上广泛使用的、通过打桩固定在海底的钢质导管架平台。在部分地区,特别是北海北部,还有20~30个具备储存能力的混凝土重力平台。在水深900米和1800米的水域,可以分别使用柔性随动塔式平台和张力腿式平台形式的固定结构。在更深的海域,除了可以使用半潜式平台,还可以使用浮式生产储油卸油装置(Floating Production Storage and Offloading,FPSO),例如西设得兰群岛附近,这个装置也称为海上浮式生产油轮,以其内置存储能力而极具吸引力。在最深的海域可以采用单柱式平台。海底完井适用于所有深度:在较浅海域,完井因为可以与现有管道系统相连,因此有益于小型油田开发,否则小油田经济上不具备开发价值。在深水区完井则可与浮式系统(如FPSO)相连。

在海上运输中,液态原油和天然气必须分别运输,须记住大批量运输尤其要
248 将两者分开。在天然气运输中,管道是必不可少的,并要与沿岸码头相连,这些码头可以直接连接至陆上电网或处理设施,也可装载到液化天然气(Liquefied Natural Gas,LNG)油轮,例如在苏格兰福斯湾附近的布拉福湾和莫斯·莫兰,它们分别是被用于油轮装载和乙烯裂化厂选址而开发的。原油需要使用不同配置的管道,通过油轮进行海上储存和运输到岸。尽管油轮作业容易受恶劣天气的

图 14-2　海洋石油和天然气构筑物

影响而时常中断，对于相对独立的小油田以及大型油田的初始开发阶段，使用专用油轮无论其是否具有海上储存功能，都应该是最经济可行的方法，例如北海的布伦特油田，在开发的初期阶段使用了浮筒式油轮（Owen and Rice，1999）。大型独立油田和墨西哥湾、北海等典型沿海地区的油田群，在长时间大批量运输时，则需要安装管道系统。这些管道系统通常与沿岸的油轮码头相连，也可能直接与沿海或内陆的天然气加工厂、炼油厂和石油化工厂相连。

海洋勘探和生产离不开大量的辅助技术，包括补给船和备用船以及直升机；起重船[①]，用于运输平台导管架、模块和其他设备的驳船，平台安装期间的住宿驳船以及挖沟和铺管驳船。每个阶段都需要消防驳船，平台安装和退役拆除都需要起重船。海底作业，包括平台和管道的定期检查，需要深潜技术和遥控潜水器（ROV）。海底有数千个井口，包括许多废弃的干井或已停产的井。需要使用火炬塔来调节储层的气体流动。

最后，海洋产业的岸上作业涉及大量技术，本文重点关注钻机和平台建设。

① cane，英文原文错误，应是 crane。——译者注

小型钻机和平台可在现有的船厂或码头设施中建造,大型钢混平台则需要在靠近深水岸线的专用干船坞中组装。钢套管侧卧在浮筒上建造,浮筒浮出干船坞,然后被拖到生产位置,以便在布放作业中翻转和打桩。混凝土重力平台,只有包含存储设施的底座在干船坞中完成,之后漂浮到邻近的深水区。然后,底座压载时支腿滑动成型,在支腿上添加上部模块后,拖到生产地点就位。

(四) 海洋环境

海洋环境条件深刻影响着所有海上设施和相关技术的设计和运行,包括局部海面风,风力产生的局部波浪,由风暴、飓风、台风和气旋等远距离天气系统产生的涌浪以及海流,包括因局部风暴产生的表层流、潮流、深水洋流以及特定水域的非风暴相关流。管道在海底的最大风险,是海底潮汐或其他局部海流搬运沙子的冲刷和暴露。

249 设计中的风险评估要考虑相对较长的时间尺度,如百年一遇的风暴(Departament of Energy,1974)。另外,还存在地域差异,特别是北大西洋的温带地区,那里季节性气候变化明显,风暴集中在冬季;亚热带和热带地区,如墨西哥湾和中国南海,则分别以飓风和台风为季节性特征;生态脆弱的北极和亚北极海洋和海岸。全球气候变化也可能是长期投资决策规模要考虑的因素之一(Burkett,2011)。

海洋油气作业的环境影响可能与勘探、生产、运输、加工、经销以及退役有关(Boesch and Rabalais,1987; Cairns,1990; Holdway,2002; Speight,2015)。这些影响又可分为两大类:一类是与常规作业相关;另一类与各种事故相关。影响还可具体涉及环境的关键组成部分:大气、海面、水体、海底和海岸及其相关生态系统。其中很多影响与在海洋和海岸带环境中不同程度上持续存在的原油或精炼油,以及相关钻井泥浆和化学品的污染有关。大量有关海洋环境中石油的信息和数据与油轮事故造成的大规模石油泄漏有关,多数与海上作业无直接关系。

在日常作业中,地震勘测产生的噪声会影响鲸类;燃烧则危及海鸟。勘探钻机作业的抛锚会对海底产生影响。服务行业的航运和港口业务与船舶和港口设施存在日常排放问题。在海上,勘探和生产钻井会形成大量的钻屑和钻井泥浆,沉积在井口周围的海底,不仅覆盖了海底,还在一定程度上污染了周边环境。同时，钻井平台排出的水、少量石油和化学品会影响海面并进入水体（Bakke *et al.*，2013）。海岸设施的建造会对环境产生重大影响，例如服务基地、平台堆场、码头、管道、管道登陆点以及炼油厂等下游工业的建设。这些影响包括改变土地用途、视觉干扰、噪声、污染以及生态和水文的改变。在海上，平台、管道和井口会对海底产生直接影响；而在用途密集的海域，用海冲突尤其重要，特别是渔业、商业航运、和平时期的军事活动和泥沙疏浚。虽然常规海洋污染造成的影响在时间和空间上都似乎相对有限，但许多这些影响，尤其与海上和海岸建设相关的影响，都属于规模大、时间长的影响。

相比之下，尽管影响范围有限，重大事故造成的环境影响仍然是惊人的。主要后果有因井喷或油轮事故而导致的大量石油泄漏；因钻井和平台事故导致的爆炸和火灾（专栏 14-1），虽然不一定发生石油污染，但容易造成人员伤亡以及勘探钻机的损失同样会导致人员伤亡（Alford *et al.*，2014）。井喷的影响多变且不可预测：典型例子有 1977 年北海中部的埃科菲斯克油田井喷。这次井喷没有引发火灾，但产生了大量含轻油成分的海面漂浮物，并且在到达陆地之前就已经消散；墨西哥湾的“伊克斯托克 1 号”油井的井喷造成了爆炸和火灾。平台事 250
故主要包括 1988 年在北海发生的“派珀·阿尔法”（Piper Alpha）平台爆炸和火灾事故，事故造成 167 人死亡和平台损失（Cullen，1990）；2010 年的“深水地平线”井喷、爆炸和火灾事故，事故造成 11 人死亡，并导致水体和邻近海岸受到大规模石油污染（国家委员会，2011）（专栏 14-1）。“埃索·伯尼西亚”号事件（Esso Bernicia）是码头大规模污染事故的典型例子，1978 年，这艘船在设得兰群岛的萨洛姆湾码头撞上突堤，导致船上的重油罐破裂。然而，大多数严重的油轮事故与海上作业并无直接关系，例如，1993 年设得兰群岛附近“布莱尔”号（Braer）油轮事故，是造成环境影响最有据可查的事故之一（Ritchie and O'Sullivan，1994）。在 1955～1968 年期间，20 多个移动钻井装置在灾难中损毁（Chakrabati，2005），最严重的一起事故是造成 123 人死亡的埃科菲斯克油田的住宿平台“亚历山大·基兰”号倾覆事件。

专栏 14－1 “深水地平线”溢油事件

2010 年 4 月 20 日，在墨西哥湾钻探马康多油井的“深水地平线”勘探钻机发生爆炸和火灾，造成 11 人死亡。该事件导致石油大量泄漏。钻井平台于 4 月 23 日沉没。油井中的油持续不断地渗漏到海洋中，直到 87 天后的 7 月 15 日才被封堵住。截至 5 月下旬，海面上的石油污染面积已高达约 6.8 万平方英里左右[①]，尽管墨西哥湾流的涡流将石油控制在了海湾内，但还是产生了深水羽状油层。事实证明，溢油规模难以估计，最终达成的共识是大约 500 万桶。除部分海床遭到污染外，邻近海岸的海滩、低洼障壁岛和沼泽湿地也大面积污染，此外，还严重危及自然环境和野生动物，对渔业等沿海经济也造成了重创。根据估算的经济损失处理索赔诉讼请求也同样棘手。2016 年 2 月，油井的运营商英国石油公司最终以 540 亿美元了结了这桩索赔案。这次溢油事件是迄今为止最严重的海洋石油业和油轮事故，生动地说明了海岸带、海洋环境和人类活动面临的风险以及对即使是最大的跨国石油公司的继续生存的威胁。

石油给海洋环境造成多种多样的影响（Speight，2015）。化学和物理的影响包括生物降解、分散、乳化、蒸发、氧化和风化、物理运输、沉积和扩散。在海鸟、鱼类和底栖动物等生物个体层面，涉及的影响包括摄食、污染、致命毒性；发育、生长和生殖影响以及窒息。在生态系统层面，石油可能会在生物和沉积物中发生生物累积，改变生态系统结构以及导致生态系统退化，对滨海湿地和底栖生态系统的危害尤为严重。

251 **（五）经济、社会和政治影响**

经济和技术的相互作用促进了海洋油气业的发展。在地方和区域范围内，发展的明显效应是带动了就业，不仅在上述海洋产业中专业部门内，还通过工程和服务行业的一系列产业中的乘数效应，包括专业的勘测和工程公司、住宿业、运输业和金融业。创造的工作岗位多为高技能专业岗位，主要集中在发达国家

---

① 约 17612 平方千米。——编者注

的城市产业区：最重要的地区是美国墨西哥湾地区和北海的沿岸国家，特别是英国。在这些地区，海洋工程和服务基地一般会在缺乏所需技术人才的农村地区进行发展。大量人口从本国其他地区和国外流入这些地区，因此，城市规模大幅扩大。个人和地区收入水平的增高得益于高水平的技能连同研发的紧迫性。区域产业结构更加多样化，原有产业在与石油产业抢夺劳动力方面面临着巨大的压力(McNicholl，1977)。

在地方和区域层面，海洋油气业带来的社会影响最为明显(Button，1976；Lyddon，1976；Moore，1982；Wills，1991)。直接的驱动因素是就业率的提高，薪资水平上升从而增加了个人收入。这与人口的涌入有关，要么就是从事大型临时建设项目，工人们被安置在大型基建工程专门建造的营地，或停泊在建筑工地旁边的客轮中；要么永久居住在扩大的城市居住区。前者造成社会紧张；后者大大增加了由于提供住房和公共服务而对基础设施产生的压力。特别是在农村地区，社会内部可能会因以下两个方面的驱动因素出现政治紧张：一方面是增加就业、提升个人和地区收入的愿望；另一方面是对被看作破坏了其他产业和生活方式的发展的抵制。

从国家层面来看，即使海洋产业只是大型陆上石油业的一部分，海洋石油产业发展往往带来巨大的经济效应。特别是在邻近墨西哥湾和北海的主要工业中心，现有各种各样的石油业及其相关产业(Mackay and Mackay，1975)。然而，许多重要的海洋产业都是在不具备全方位海洋工程产业的国家和地区发展起来的，因此，直接开采资源是首要任务，例如在阿拉斯加、巴西、尼日利亚、安哥拉、印度和库页岛。无论是哪一种，海洋油气产业都是国民经济的重要组成部分，因此必须明确制定与之相关的国家政策。这些政策可能各不相同，其中英国和挪威有关资源衰竭的政策对比鲜明，是经常被引用的例子，前者倾向于快速开发，后者则首选放缓开发速度(Earney，1992)。政府在促进该产业中发挥的作用以及从海洋产业获得的大规模政府收入的用途，包括支持产业发展到通过社会项目建立国家财富基金，可能会引起国内政治形势的紧张(Harvie，1994；Kemp，2011-2012；Smith，2011)。

在全球层面值得注意的是，自20世纪60年代以来，海上石油在世界石油产 252
量中的占比始终稳步增长，起初是大陆架水域产量的增长，然后是大陆坡水域产量的增长;尽管海洋石油开发成本较高,尤其是大陆坡水域的成本,但现在海洋石油的占比已超过30%。在编写本书时,高成本造成的弱点正趋于明显,深水和北极项目的计划被推迟或搁置,但其中几个项目因为已做出了承诺,所以继续推进(专栏14-2)。在政治方面,海洋油气资源的开发是在1973~1982年期间《联合国海洋法公约》(the Law of the Sea Convention)谈判中达成的、扩大沿海国管辖范围的驱动因素,当时全球正在加速海洋开发。随着海冰覆盖范围的逐渐缩小,类似的思维方法目前也正在推动各国对北冰洋海域权利要求。现有或潜在的开发有时会成为政治不稳定的催化剂,例如,在尼日利亚的尼日尔三角洲地区以及在福克兰群岛/马尔维纳斯海域,阿根廷认为获得福克兰群岛政府授权的、目前在专属经济区内的勘探是非法的。某些情况下,腐败也会严重影响海洋石油开发,特别是在巴西。

专栏14-2　拉根—托莫尔项目

拉根和托莫尔是两个相距16千米的天然气田和凝析气田,分别位于英国大陆架边缘和设得兰群岛以西约100千米、水深600米的法罗-设得兰海峡。该项目包括开发这两个油田,在设得兰的萨洛姆湾码头建造一个天然气加工厂,并铺设了两条管道,分别从油田连接到萨洛姆湾和从萨洛姆湾连接到北海的天然气收集管道,后者在苏格兰大陆东北海岸的拉特里角附近上岸。拉根气田发现于1986年,托莫尔气田发现于2007年。2008~2010年期间进行了开发钻探评估。2012年完成海底样板安装后,于同年开发钻探,并于2016年2月开始投产。这两个油田预计每天最高可生产1 400万立方米的天然气和凝析油。该项目的顺利完成离不开优惠的税率。项目的意义不仅在于为英国大陆架地区唯一可能含有迄今尚未发现的主要石油矿床的区域的未来项目提供基础设施,而且证明即使北海石油业目前正在经历严重的衰退,开发深水油层仍极具吸引力。该项目将持续生产至2050年。

(六) 治理和管理

海洋油气业已经发展成为整个石油产业的重要组成部分,如前所述,已发展成为真正的全球性产业,并由少数跨国和国有石油公司掌管。这些公司主导着重大投资和生产决策，包括对新资源的永无止境的探索，其中海洋环境已成为一个决定性的作业区。油气在全球经济能源预算中占主导地位，这也与各国在其 253
治理和管理中的巨大实际作用和政治影响有关，在目前情况下，沿海国家在其海洋管辖范围内拥有大量资源。第三类利益相关者见之于民间社会，特别是就石油相关问题开展活动的志愿组织以及受到海洋开发影响的地方和区域层面的团体。有关海洋石油的地缘政治和决策相当复杂，本章无法在此详述，只能重点讨论调解海洋石油业与海洋环境之间关系的实际治理和管理措施（Kemp，2011-2012；Bridge and LeBillon，2013）。

管理的首要任务是发放勘探和生产许可证，许可证应在进行勘探之前和期间及其后的生产阶段发放。对于沿海国家来说，一般首先应将大陆架划分为多个区分别发放许可证。勘探许可证的有效期相对较短，以避免许可证持有者只是持有许可证而不进行勘探，而许可证的使用受一系列条件的制约。许可证通常分几轮发放：在勘探初期，如果国家想要迅速开展大量勘探活动，则可能需要同时给多个区块颁发许可证；在条件成熟的地区，可以通过向少量区块分多次发放许可证的方法来控制勘探速度。英国在20世纪60年代和70年代就采用了这种方法。如果沿海国家希望放缓进展，那么则需每轮只给少量区块发放勘探许可证，挪威就是一个例子。随着近海地区的勘探和开发，区块选择的另一影响因素是地质知识的逐步提升。一旦石油公司做出生产决定后，政府即开始颁发生产许可证，虽然该许可证要受一系列条件的制约，但具有更长的有效期。总体来说，政府可以利用许可证制度来鼓励勘探和生产，并调节勘探和生产活动的进度。

沿海国家政府使用的第二套工具与税收有关。石油公司须缴纳正常的公司税，但由于其跨国性质，还须遵守国家间的双重征税规定，以避免公司因某个特定油田而被多次征税。按照惯例，国家还会针对生产油气的井口价值征收矿区土地使用费，税率一般较低，不超过10%～15%。然而，由于与海上生产相关的收入数额庞大，各国还对在其海洋管辖范围内经营的石油公司征收额外的特别税，如英国分别在20世纪70年代中期和80年代征收石油收入税和石油附加税（Rowland and Hann，1987），导致英国在20世纪80年代初的生产高峰期80%以上的收入用于纳税，尽管个别油田开发情况存在巨大差异导致对这些油田另单征税。因此,税收是影响投资决策的主要因素;在 20 世纪 80 年代末和 21 世纪第一个十年中期的低价时期,政府被迫降低行业税收压力,维持对该行业投
254 资。在资源量的政策方面,税收也可成为一个重要工具。

第三个管理领域涉及海上安全。如前所述,海洋油气业在科技发展极限范围内的恶劣环境中运营。因此,早期阶段主要是管理海洋油气业工作方方面面的全面安全法规的出台和不断完善,但这项工作依然滞后于地海事件。例如,在立法出台之前已发生了几起事故。海上行业的特定措施包括所有装置和工程设备的设计、建造和操作以及潜水等专门功能。与许多行业一样,虽然安全一直是重点考虑因素,但通常未将其完全纳入生产系统。在英国,这种情况在上文提到的“派珀・阿尔法”(Piper Alpha)灾难后发生了变化,即海洋开发必须确保安全。海洋产业也受到相关立法的约束,特别是有关航运业务的立法。例如,在上文提到的“布莱尔”号(Braer)的事件后,苏格兰北部海域安排了一艘备用拖船,以应付紧急情况(Department of Transport,1994)。

海岸带开发也需要遵循政府的管理。其中大部分是常规的环境和规划法规。不过,一旦出现规模开发,特别是如果这些开发可能会因官僚主义而拖延,政府可能会制定额外的规定,其中苏格兰就是一个突出的例子。英国政府颁布了《石油开发(苏格兰)法(1975)》(*Petroleum Development* (*Scotland*) *Act* 1975),为平台开发扫清道路;同时,根据相关地方当局的倡议,颁布了《泽特兰郡议会法(1974)》(*Zetland County Council Act* 1974)和《奥克尼郡议会法(1974)》(*Orkney County Council Act* 1974),同样加速了油轮码头的建设。

四、海洋可再生能源

(一) 海洋可再生能源业

与海洋油气业相比,海洋可再生能源业的规模都较小,开发项目集中在有限的水域,主要是欧洲西北部,最早出现在新英格兰近海水域。海洋油气业按照技术定义可以看作是单一产业,但与之不同,如果从技术上定义,海洋可再生能源则涵盖多种产业。到目前为止,最重要的海洋可再生能源业是海上风力发电,其次是潮汐发电。其他技术,尤其是波浪发电,要么处于由试验项目定义的发展阶

段，要么像海洋温差能发电（Ocean Thermal Energy Conversion，OTEC，p. 256）（Pelc and Fujita，2002）一样，还停留在概念阶段，并没有形成真正的产业。因此，本节重点介绍海上风能。

海上风电业结构的分析可以参照石油业的做法，从勘探、生产、运输、加工和经销的概念入手。在勘探方面，石油业需要通过复杂的勘测和钻探技术来证明资源的存在，这与石油工程和经济上对资源的验证有关，而海上风能，普遍已存在大量数据，不仅是关于风本身的数据，还有其他关键的环境参数，包括波浪、水深和海床特征等的数据。

海上风能在生产方面的决定性因素集中在风力涡轮机的设计、生产和安装 255
上，包括每个独立的涡轮机机组和风电场。例如，在英国的东海岸和南海岸，由丹麦、瑞典和西班牙的少数专业公司实施，并在靠近主要海上风电场的地方设立开发生产单位。安装涡轮机和铺设海底电缆需要专门的海洋工程技术，这些技术很容易从海上石油工业借鉴。运输是指安装和操作电缆，用于将电力传输到陆地上的接收站。加工和经销是指通过变压器将这些电力送入岸上电网，如英国国家电网。与海上石油工业一样，海上风电也得到了服务业的支持（虽然规模小得多），包括可全天候使用的港口设施和专业作业船。

如前所述，潮汐发电位居第二，但其发展远远落后于海上风能。与电力市场距离合理，适合于开发潮汐电站的地点的数量有限。就像风车一样，潮汐能的利用也已长达几个世纪之久。例如，在欧洲中世纪时期，威尔士彭布罗克郡的卡鲁河上就有一个潮汐磨坊（卡鲁潮汐磨坊）。当代最有名的开发项目是位于法国布列塔尼海岸的朗斯潮汐电站，其历史可追溯到 20 世纪 60 年代初。其他著名的潮汐电站位于加拿大的安纳波利斯、俄罗斯的基斯拉雅和中国的江厦（Pelc and Fujita，2002）。在撰写本文时，重点关注的是在英国建设试点潮汐电站的两个最重要的地区，即布里斯托尔海峡和彭特兰湾。塞文河口/布里斯托尔海峡极具吸引力，自 19 世纪中叶以来，就一直酝酿在这里建立潮汐堰坝，在 20 世纪 80 年代初还进一步开展了广泛的研究和开发的大力游说，并在 21 世纪再次开展了这类活动。然而，目前的关注点集中在斯旺西湾的潮汐潟湖的大规模前期开发阶段。斯旺西湾属于布里斯托尔海峡的入口，并正在考虑在卡迪夫、纽波特和滨海伯纳姆（塞文河口伙伴关系）制订更多的潮汐潟湖计划。在目前没有重大项目的情况下,潮汐电站的产业结构必然有限。主要制造部件包括潮汐涡轮机和输电电缆,电缆还远远短于海上风力发电采用的电缆。然而,到目前为止,最大的工程是建造拦河坝或潟湖墙的土木工程项目。例如,斯旺西项目设计中包含了在康沃尔郡开采几百万吨的岩石,并将其运到斯旺西湾。

虽然波浪能潜力巨大,但与海上风能和潮汐能相比,目前应用的标志性特征非常不明显,且设计用于非常本地化的电力生产和传输。欧洲西北部的挪威、丹麦和苏格兰以及美国均有少量试验性的发电厂。然而,目前的驱动力仍是研发。这意味着生产波浪发电装置的专业工程规模十分有限,需要相关的电缆将电力输送上岸。

同样处于试验阶段的还有海洋温差能发电(OTEC)。最早的海洋温差发电厂可以追溯到1930年的古巴;最著名的是1974年在夏威夷的海洋温差发电厂以及盐度梯度的利用;而利用海洋藻类作为生物燃料则处于实验阶段(O'Neill
256 *et al.*, 2015)。

与海洋石油业一样,海洋可再生能源业具有公认的发展顺序,即从研究和调查的"勘探"阶段开始。随着风电场建设的推进,海洋工程与包括金融在内的服务业同步发展,反过来又对长期的生产阶段起到了支撑作用。目前,人们还无法预测它是否像海洋石油业的不可再生资源开采一样,存在一个正式退役阶段:理论上来说,海上风能只需更新设备即可无期限地开发。但实际上,海上风能的未来决定于与其他能源的竞争。

(二) 技术

海洋可再生能源技术(图 14 - 3)以海洋-大气系统的动态性质为基础(Charlier and Justus,1993)。其中,风力发电和波浪能发电是最明显的例子。从水体的物理和化学性质来看,潮汐发电、海洋温差发电和盐差发电均取决于海洋自身的性质,从生物燃料产生的能量则取决于海面和水体的生物性质。尽管上述发展依据的是少数经过验证的技术,但在多数情况下,存在着多种可能的技术,其中一些技术正处在开发阶段或至少正在研究中,而其他技术则可能由于一些原因已经证明不可行。

海上风力发电可能是最明显和最简单的技术(Breton and Moe,2009)。一个显著特征是单个风力涡轮机的尺寸不断扩大,这得益于材料科学和工程的进

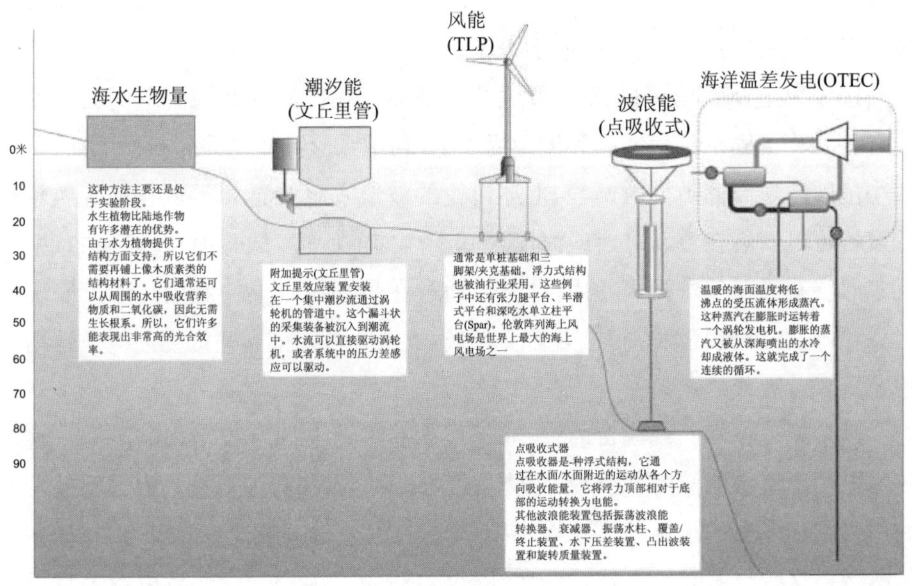

图 14-3　海洋可再生能源技术

步。风电场的规模也在不断扩大，这点也尤为重要。虽然也可进行小规模的开 257
发，但主要的驱动因素是在重要城市电力市场最远几百千米范围内建立大规模风电场，例如在欧洲西北部和美国东北部。值得注意的是挪威、苏格兰和日本的锚定在海床上的浮动风力涡轮机开发试验项目，这使其有可能发展为无海床地基的深水风力发电场。

波浪发电采用了一系列技术(Falcao，2010)。虽然所有的技术最终都利用波浪运动驱动涡轮机，但2000年在苏格兰艾拉岛进行的首次商业开发项目却使用了振荡水柱装置。该装置通过压缩和减压转换海面波浪产生的水的升降，来驱动涡轮机。其中一项技术是基于海床的振荡浪涌转换器，即以波浪运动驱动钟摆。第三种技术是利用漂浮在海浪上的海面浮标的运动，直接捕捉波浪的轨道运动，就像在海面上运行的浮动铰链装置一样。如前所述，相比之下，与风力发电或大型潮汐发电技术相比，目前所有这些项目的运行规模均较小。通过将风力涡轮机安装在浮动的波浪发电机上，也可能将海上风力发电和波浪技术结合起来(Perez-Collazo *et al.*，2015)。另一个有意义的事态发展是挪威、苏格兰和日本在浮动平台上安装太阳能发电设备的试验项目,这将使深水区和浅水区都可以加以利用,因为其不依赖于海床地基。

迄今为止,潮汐能的开发主要关注点是建设在拦河坝和潟湖上的大型发电厂。将涡轮机固定到拦河坝和潟湖堤坝上,利用涨落潮驱动涡轮机。然而,也可在小范围内建设潮汐发电站,与上述讨论的波浪发电装置相类似。装有涡轮机的设备可以安装在浮动平台或海床地基上。如前所述,试验项目已经在布里斯托尔海峡和彭特兰湾投入使用。同样,通过在高潮位以上的潟湖堤坝上安装风力涡轮机,有可能将潮汐和风力结合起来,虽然有可能把这些堤坝的竞争性用途想象成人行道或桥梁。

其余相关技术的规模目前较小,但至少在理论上拥有相当大的潜力。这些技术取决于海水的温度、化学和生物特性,而不是风和波浪运动。海洋温差发电利用表层和深层的水温差驱动涡轮机,只有在温差很大的地方才可行,比如在热带海域。这些技术有 3 个技术变量(Fujita *et al.*,2012)。盐差发电系统是根据海水和淡水间的盐浓度差,并依赖离子特效性膜的渗透作用来发电。海洋藻类生物燃料依赖海水藻类的生长率。

(三) 海洋环境影响

海洋可再生能源开发利用技术的设计和运行与海洋油气一样,受到海洋环境的严重影响,它们也反作用于环境(Snyder and Kaiser,2009)。在海上,影响
258 因素及其意义与上文讨论的海洋油气的影响相同。在海岸上,主要考虑拦河坝和潟湖堤坝的建设,它们与当地的地貌密切相关,包括河口、海滩和沙洲。

环境影响评价也像海洋石油和天然气一样,可以根据作业顺序进行系统调查,这里指研究/勘测、安装、生产、运输和经销以及正式停用;还涉及常规作业和事故方面。影响也可按环境要素分类,即大气、海面、水体、海床、底土、海崖和海滩以及与这些各自组成部分有关的生态系统(Yeung and Yang,2012)。与海洋油气相比,主要区别包括:常规作业和事故中一般没有严重的污染风险以及海底没有钻削桩。主要的碰撞风险包括旋转的涡轮机叶片对海鸟造成危害;鱼类与海底设施发生类似碰撞,甚至其运动受到障碍物的阻碍;还有拦河坝和潟湖堤坝对地貌的影响。

海洋可再生资源的开发存在实际的海域使用冲突,其规模程度与海洋石油

业的相差无几(Olsen *et al.*,2015)。事实上,如同石油业一样,海洋可再生能源正被证明是海洋空间规划行动的重要驱动因素之一,特别是在用海密集的欧洲西北部大陆架(Wright,2015)。目前具有重要意义的是大型海上风电场的出现,其对商业航行、采砂和渔场构成了相当大的障碍,并有可能要求对其他有固定位置的用海情形进行裁判,如油气勘探和开采以及军事演习区(Jay,2010)。至于堰坝和潟湖,预计也会与所有海岸带区域的土地利用和海域使用发生类似冲突。

(四) 经济、社会和政治影响

与海上石油和天然气一样,海洋可再生能源的开发驱动力必须包括经济和科技的相互作用,其中主要差别在于区域尺度。在地方和区域范围内创造的就业机会相对较少:例如,英国到2013年已经直接和间接创造了约13 000个就业机会(Cambridge Econometrics *et al.*,2013)。从区域上看,虽然美国东北部、中国和日本的海洋可再生能源的发展前景颇为乐观,但就业机会主要集中在欧洲西北部。在地方和区域层面产生的社会影响也不大。唯一值得关注的例外是防波堤和潟湖的建设,这将需要数以千计的短期就业,来完成这些规模庞大的重点土木工程项目。长期的生产过程带来的就业效果则非常有限。

在国家和全球层面,海洋可再生能源(主要是海上风能)正在飞速发展,其中海上风力发电占据主导地位,但高度集中在少数几个国家(图14-4),主要是在欧洲,在那里,欧盟和国家能源政策的目标是到2020年利用可再生能源生产大量能源。英国在这些国家中名列前茅,其政策目标是:到2020年,25%的能源产自可再生能源,其中很大一部分将来自海上风电。 259

(五) 治理和管理

与海洋石油业不同,海洋可再生能源并非由全球巨型跨国公司所主导。然而,重大发展项目还是掌握在少数国际公司手中,尤其是瑞典和丹麦的公司,挪威国家石油公司(Statoil)也在进军海上风电产业。

目前主要的早期管理任务是给海上风电发电场发放许可证(专栏14-3),该项工作与必要的环境影响评价和现场调查同步进行。与海上石油行业熟悉的区块分配不同,在勘探阶段,由于尚未证实是否存在油气储层,许可证发放是基

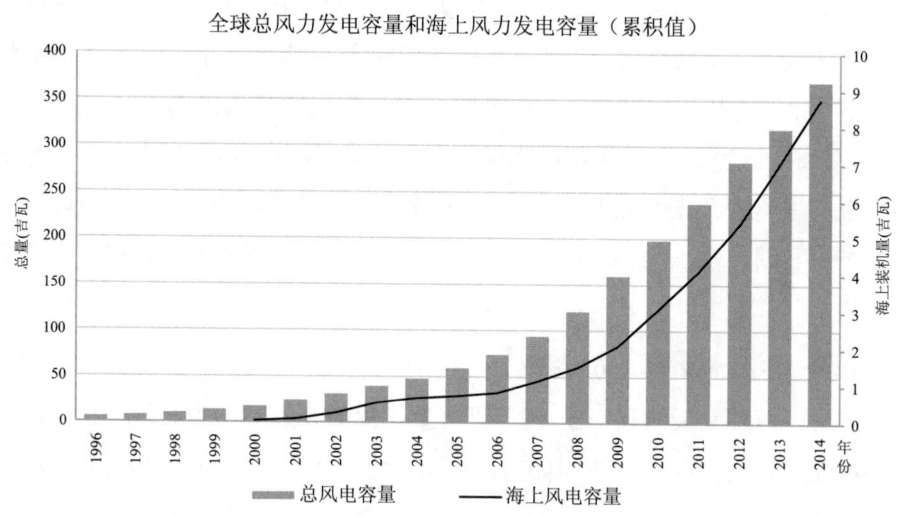

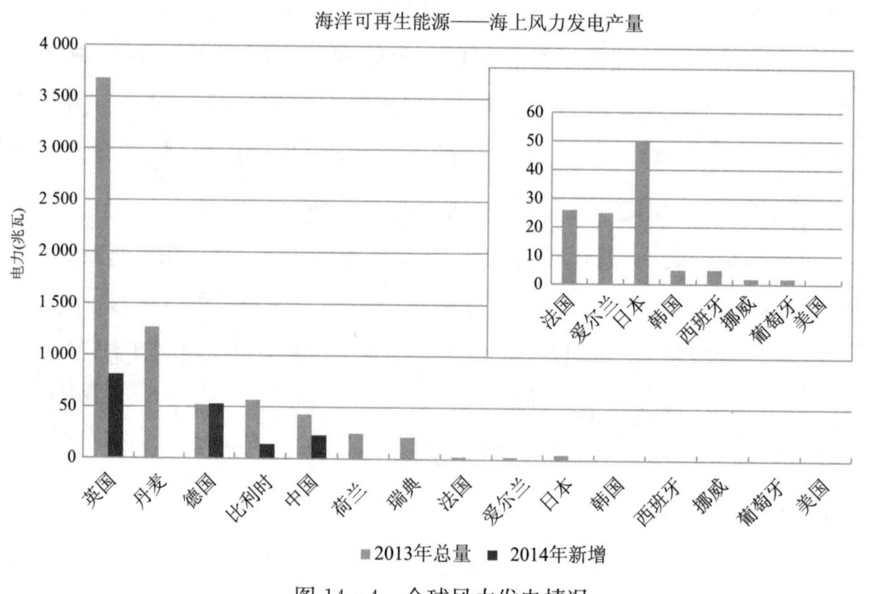

图 14－4　全球风力发电情况

260 于对大气、海面、水体和海床特征的详细了解以及与海域使用相关的知识。

专栏 14-3　欧洲西北部的海上风能开发 261

欧洲西北部是目前唯一大力开发海上风能资源的地区，包括已实施的开发和筹备中的开发。主要参与的国家有英国、德国和丹麦。到目前为止，最大的开发项目集中在海水相对较浅(水深不足 100 米)的北海南部，大多数现有开发区和筹备开发区不仅离陆地较近，而且距英国和欧洲大陆的主要电力市场也不远。相对松软的海床(源自晚期冰川沉积)通常适用于涡轮机基桩和开沟铺缆，而靠近北海南部海岸特有的砂质海滩提供了合适的电缆登陆点。目前获得许可的区域范围已经远超出风电场的分布范围，这表明海上风电发展势头强劲。风电项目的主要缺点包括存在无风期和微风期以及强风期，两种情况下均可导致无法发电，但这却是东北大西洋地区海洋气候的特点。有鉴于此，必须从其他能源中获取足够的基本电力供应，其中主要是化石燃料和核电站的电力供应(图 14-5)。

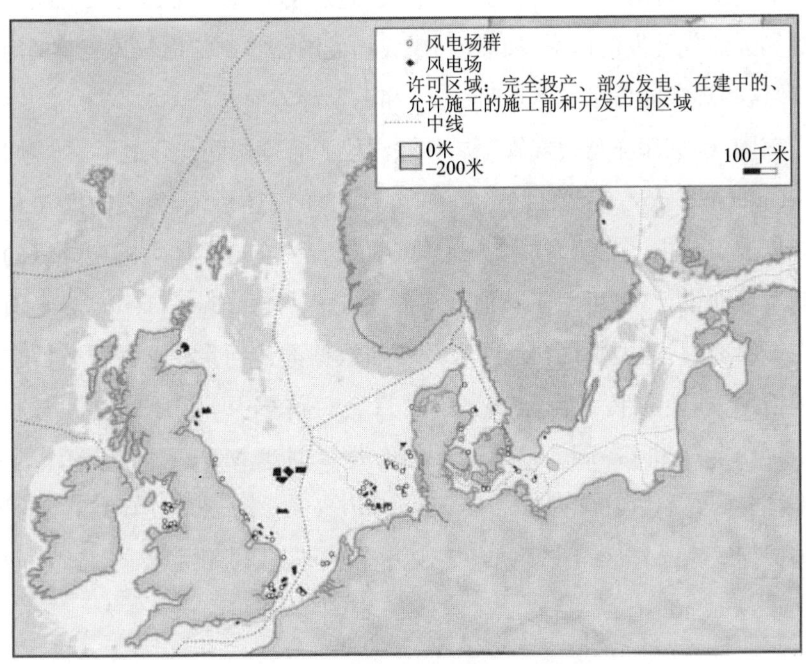

图 14-5　欧洲西北部的海洋风电场

资料来源：根据西北欧海上风电开发编绘(见参考资料)。

与海洋石油业一样,颁发许可证可以作为促进能源开发快速推进的影响力。特别是与北海南部沿岸的国家尤为明显,该地区靠近欧洲核心电力市场,包括英国、比利时、荷兰、德国和丹麦。在沿海地区,欧洲的海洋可再生资源开发受制于欧洲和各国的传统环境和规划立法;美国的海洋可再生资源开发则受制于联邦和州的传统环境和规划立法。

第二项主要管理任务涉及海洋可再生能源开发的融资。与其他能源生产项目相类似,融资的时间跨度为 10 年。海洋可再生能源的开发成本很高,在自由市场上,无论是与主要的化石燃料资源竞争,还是与目前大部分的海洋油气生产竞争,都不具有经济优势。因此,政府至少需要提供中期补贴。尽管海洋可再生能源的开发正逐渐变得更具竞争力,但其与石油工业一样,在建设阶段需投入大量的前期费用,只有到项目运行阶段才会盈利。目前主要对海上风力发电进行补贴。潮汐堰坝和潟湖规划中也涵盖了大量补贴条款。

海上安全管理对海洋可再生能源的关注度不高,也许是因为大规模从事海洋石油和天然气开发的国家,如英国、挪威和美国已经制定出较为完善的海上安全规定,这些规定涵盖了航运运行、安装和退役等方面。

在美国,国家海洋与大气管理局和海洋能源管理局联合开展了一个项目,即 MarineCadastre. gov。该项目是一个综合性海洋信息系统,为美国海洋和五大湖的规划提供数据、工具和技术支持。该项目专为支持美国大陆架外缘的可再生能源选址而设计,也可用于其他涉海相关工作。MarineCadastre. gov 项目团队正在不断努力,通过数据和地图服务增加数据的访问量。这些服务旨在无须复制的情况下,直接传送源数据。该项目支持许多共享工作,包括与 Digital Coast、Data. gov 和 Geoplatform. gov 的合作。创建 MarineCadastre. gov 是为了遵循《能源政策法(2005)》(*the Energy Policy Act of* 2005)第 388 条的规定,但也为美国国家海洋政策中要求的宏观海洋空间规划提供必要的地理空间框架(参见 MarineCadastre 网站)。

五、结论:海洋能源的当前和未来的任务

分析海洋能源当前和未来任务的出发点是能源的总体供求模式,其中,电力需求是最关键的驱动因素,这不仅是由于全球人口持续增长导致的需求增长,也是由于不同区域在工业化发展进程中的速度差异所导致的。人们普遍预测,全球人口数量将在21世纪中叶开始呈现稳定状态,离现在只有三四十年时间。但 262
是由于发展中国家主要人口中心的目标是工业化水平和生活水平达到目前最发达国家的水平,因此,经济发展的速度有可能远远超过人口增长带来的所有影响。也正因为如此,在21世纪中叶以后的几十年里,电力需求不太可能趋于平稳。

其中一个考虑因素是主要电力市场区域的陆地和海洋能源资源的划分。在欧洲西北部,除了荷兰斯洛赫特伦大型气田外,油气生产开发活动主要集中在海上,陆上油气的开发非常有限。同时,风力发电已在陆地和海洋同步开发,但是海上风力发电场的规模通常比陆地上的大得多。相比之下,在美国,墨西哥湾的主要海上石油区域被证明是南部各州邻近陆上石油区域的延伸。随着水力压裂法的出现,让陆上区域重获新生,人们又将部分注意力转移到了陆地上,并有望为欧洲部分地区类似的、迄今尚未进行开发的地区(如英国)提供同样的利益。在尼日利亚,也取得了从陆上石油开采到海上石油开采的类似进展。不过,在其他主要地区,油气还主要是一种海洋资源,如巴西、安哥拉、印度和中国南海。

第三个重要因素是海洋可再生资源和海洋油气资源与主要电力市场之间的距离。如果市场足够大,造价高达数十亿美元的管道连接也是可行的,并且具有长远的经济效益,挪威水电和冰岛地热资源与英国市场相连的项目就证明了这一点。远离市场的深水和北极油气储层,也可通过管道进行长距离的连接。不过,这么远距离地运营海洋风电可能不是一件具有吸引力的事。

第四个重要因素是各主要电力市场的区域能源组合,包括煤炭、石油、天然气、太阳能、陆地和海上风能、波浪能和潮汐能等的组合。当前,全球能源经济仍严重依赖化石燃料,特别是煤炭和石油,而且越来越依赖于天然气,这种情况可能还会持续几十年(Odell,2004; Voudouris,2014),其中的驱动因素包括经济状况、产业结构调整和持续的技术革新(Pinder,2001; Wood,2014)。当前,尽管可再生能源起点较低,但从化石燃料转向可再生能源已成为一个关键趋势。许多可再生能源开发,如上述的太阳能、风能和某些潮汐和波浪能开发技术的一个主要特点是使用地方的小规模设备。这些发展的规模越来越大,减少了对大型发电站的需求,无论这些发电站是以化石燃料还是以核能为动力的。在这些发展过程中,海洋可再生能源将在少数地区,特别是北大西洋两岸和东亚海域,发挥关键作用。

最后,在 2016 年 5 月撰写本章时,因短期周期性生产过剩而导致原油和天然气价格暴跌引发了经济界的关注。随着这种情况的好转,全球经济下一个长期发展阶段的长期趋势将更加明显,区域差异显著的能源组合将应运而生,其中,未来数十年内,包括海洋油气资源和海洋可再生能源在内的海洋能源将成为
263 世界能源市场的重要组成部分。

致谢

插图由阿兹密斯· 嘉尔(Azmath Jaleel)研究、设计和绘制。

有关石油和天然气的段落以下述文献为依据:Hance D. Smith,Tara Thrupp. 2015. Offshore oil and gas. Chapter 18. // Hance D Smith,Juan Luis Suarez de Vivero,Tundi S Agardy. The Routledge Handbook of Ocean Resources and Management. London and New York: 269-282.

参考文献

Alford, J.B., Peterson, M.S., and Green, C.C. (eds.) (2014) *Impacts of oil spill disasters on marine habitats and fisheries in North America*. Boca Raton, CRC Press.

Bakke, T., Klungsoyr, J., and Sanni, S. (2013) Environmental impacts of produced water and drilling waste discharges from the Norwegian offshore petroleum industry. *Marine Environmental Research 92*, 154–169.

Boesch, D.F. and Rabalais, N.N. (eds.) (1987) *Long-term environmental effects of offshore oil and gas development*. London and New York, Elsevier Applied Science.

BP (annual) *BP Statistical Review of World Energy*. London, BP.

Breton, S.-P. and Moe, G. (2009) Status, plans and technologies for offshore wind turbines in Europe and North America. *Renewable Energy 34*, 646–654.

Bridge, G. and LeBillon, P. (2013) *Oil*. Cambridge, Polity Press.

Burkett, V. (2011) Global climate change implications for coastal and offshore oil and gas development. *Energy Policy 39*(12), 7719–7725.

Button, J. (ed.) (1976) *The Shetland way of oil: reactions of a small community to big business*. Sandwick, Thuleprint.

Cairns, W.J. (ed.) (1990) *North Sea oil and the environment: developing oil and gas resources – environmental impacts and responses*. London, Taylor & Francis.

Cambridge Econometrics, Warwick Institute for Employment Research, IFF Research (2013) *Working for a Green Britain & Northern Ireland 2013–2023: employment in the UK wind and marine energy industries*. Renewable UK. file://C:/Users/Owner/Downloads/ruk 13-026-09-working-for-green-Britain.pdf.

Carew Tidal Mill. www.pembrokeshirecoast.org.uk/default.asp?PID=301.

Chakrabati, S.K. (ed.) (2005) *Handbook of offshore engineering. Volume 1*. Oxford, Elsevier.

Charlier, R.H. and Justus, J.R. (1993) *Ocean energies: environmental, economic and technological aspects of alternative power sources. 1st edn*. Burlington, Elsevier. Elsevier Oceanography Vol. 56.

Cullen, The Hon. Lord W. Douglas (1990) *The public inquiry into the Piper Alpha disaster*. London, HMSO.

Deepwater Horizon oil spill. http://ecocidealert.com/?p=11205 and www.eoearth.org/view/article/161185/.

Department of Energy (1974) *Guidance on the design and construction of offshore installations*. London, HMSO.

Department of Transport (1994) *Safer ships, cleaner seas: Report of Lord Donaldson's Inquiry into the Prevention of Pollution from Merchant Shipping*. London, HMSO.

Earney, F.C.F. (1992) The United Kingdom and Norway: offshore development policies and state oil companies. *Ocean & Coastal Management 18*(2), 249–258. 264

Falcao, A.F de O. (2010) Wave energy utilization: a review of the technologies. *Renewable and Sustainable Energy Reviews 14*(3), 899–918.

Ferentinos, J. (2013) Global Offshore Oil and Gas Outlook. Gas/Electric Partnership 2013. Infield Systems. www.gaselectricpartnership.com/HOffshore%20Infield.pdf.

Fujita, R., Markham, A.C., Diaz, J.E.D., Garcia, J.R.M., Scarborough, C., Greenfield, P., Black, P., and Aguilera, S.E. (2012) Revisiting ocean thermal energy conversion. *Marine Policy 36*, 463–465.

GWEC (2015) *Global Wind Report Annual Market Update 2014*. www.gwec.net/wp-content/

uploads/2015/03/GWEC_Global_Wind_2014_Report_LR.pdf.
Harvie, C. (1994) *Fool's gold: the story of North Sea oil.* London, Penguin Books.
Holdway, D.A. (2002) The acute and chronic effects of wastes associated with offshore oil and gas products on temperate and tropical ecological processes. *Marine Pollution Bulletin 44*(3), 185–203.
Hutcheson, A.M. and Hogg, A. (1975) *Scotland and oil.* 2nd edn. Edinburgh, Oliver & Boyd.
Jashuah (2012) Crude oil prices since 1861. Png Own work by uploader, data from BP workbook of historical data. http://en.wikipedia.org/wiki/File:Crude_oi_prices_since_1861.png.
Jay, S. (2010) Planners to the rescue: spatial planning facilitating the development of offshore wind energy. *Marine Pollution Bulletin 60*, 493–499.
Kaiser, M.J. (2015) Service vessel activity in the U.S. Gulf of Mexico in support of the oil and gas industry using AIS data, 2009–2010. *Marine Policy 63*, 61–80.
Kemp, A. (2011–2012) *The official history of North Sea oil and gas.* 2 vols. Abingdon, Routledge.
Laggan-Tormore Project. www.rigzone.com/news/image_detail.asp?img_id=6595.
LeVine, S. (2007) *The oil and the glory: the pursuit of empire and fortune in the Caspian Sea.* New York, Random House.
Lyddon, W.D.C. (1976) North Sea oil and its consequences for housing and planning. *Planning and Administration 3*, 71–86.
Mackay, D.I. and MacKay, G.A. (1975) *The political economy of North Sea oil.* London, Martin Robertson.
Magagna, D. and Uihlein, A. (2015) *2014 JRC Ocean Energy Status Report.* Ispra, Joint Research Centre. https://ec.europa.eu/publication/eur-scientific-and-technical-research-reports/2014-jrc-ocean-energy-status-report.
MarineCadastre at https://marinecadastre.gov/about/.
Market Realist (2014) Year in Review – The Curtains Fall On 2014. http://marketrealist.com/2015/01/year-in-review-curtains-fall-2014/.
McNicholl, I.H. (1977) The impact of supply bases on the economy of Shetland. *Maritime Policy & Management* 4(4), 215–226.
Moore, R.S. (1982) *The social impact of oil: the case of Peterhead.* London, Routledge & Kegan Paul.
National Commission on the BP Deepwater Horizon Oil Spill and Offshore Drilling (2011) *Deep water: The Gulf disaster and the future of offshore drilling: Report to the President.* Washington DC, US Government.
Odell, P.R. (2004) *Why carbon fuels will dominate the 21st century's global energy economy.* Brentwood, Multi-Science Publishing.
Odell, P.R. and Rosing K.E. (1975) *North Sea Oil Province: an attempt to simulate its development and exploitation 1969–2029.* Littlehampton, Littlehampton Book Services.
Office of Ocean Exploration, National Oceanographic and Atmospheric Administration (NOAA), U.S. Department of Commerce (2010) *Ocean Explorer Gallery.* http://oceanexplorer.noaa.gov/explorations/06mexico/background/oil/media/types_600.html.

265 海上风电开发领域

GWEC (2015) Global Wind Report Annual Market Update 2014. www.gwec.net/wp-content/uploads/2015/03/GWEC_Global_Wind_2014_Report_LR.pdf.
Statista 2013. Offshore Wind Power Gaining Pace www.statista.com/chart/1392/offshore-wind-power-gaining-pace.

西欧与北欧海上风电开发领域

German offshore wind progress. Energy transition at http://energytransition.de/2015/08/german-offshore-wind-progress/.

Global offshore windfarm database at www.4coffshore.com/offshorewind/.

Offshore wind energy in the Netherlands. Netherlands Enterprise agency at www.rvo.nl/sites/default/files/2015/03/Offshore per cent20wind per cent20energy per cent20in per cent20the per cent20Netherlands.pdf.

Olsen, S.B., McCann, J., and LaFrance Bartley, M. (2015) Marine spatial planning in the United States: traingulating between state and federal roles and responsibilities. In H.D. Smith, J. Suarez de Vivero, T. Agardy (eds.), *The Routledge handbook of ocean resources and management*. Abingdon, Routledge, pp. 507–523.

O'Neill, S., Elefant, C., and Agardy, T. (2015) Renewables: an ocean of energy. In H.D. Smith, J.L. Suarez de Vivero, T. Agardy (eds.), *The Routledge handbook of ocean resources and management*. Abingdon, Routledge, pp. 283–295.

Owen, P. and Rice, T. (1999) *The decommissioning of Brent Spar*. London, E & F Spon.

Patin, S. (1999) *Environmental impact of the offshore oil and gas industry*. East Northport, Ecomonitor Publishing.

Pelc, R. and Fujita, R.M. (2002) Renewable energy from the ocean. *Marine Policy* 26, 471–479.

Perez-Collazo, C., Greaves, D., and Iglesias, G. (2015) A review of combined wave and offshore wind energy. *Renewable and Sustainable Energy Reviews* 42, 141–153.

Pinder, D. (2001) Offshore oil and gas: global resource knowledge and technological change. *Ocean & Coastal Management* 44(9–10), 579–600.

Ritchie, W. and O'Sullivan, M. (eds.) (1994) *The environmental impact of the wreck of the 'Braer'*. Edinburgh, The Scottish Office.

Rowland, C. and Hann, D. (1987) *The economics of North Sea oil taxation*. London, Macmillan.

Salas, M.T. (2009) *The enduring legacy: oil, culture and society in Venezuela*. Durham and London, Duke University Press.

Sandrea, I. and Sandrea, R. (2007) Global offshore oil: geological setting of producing provinces, E & P trends, URR, and medium-term supply outlook. *Oil and Gas Journal*, 5 and 12 March.

Severn Estuary Partnership. www.severnestuary.net/sep/resource.html.

Smith, N.J. (2011) *The sea of lost opportunity: North Sea oil and gas, British industry and the Offshore Supplies Office*. Oxford, Elsevier (Handbook of Petroleum Exploration and Production, 7).

Snyder, B. and Kaiser, M.J. (2009) Ecological and economic cost-benefit analysis of offshore wind energy. *Renewable Energy* 34, 1567–1578.

South Baltic Offshore Wind Energy Regions. Wind Energy Regions: Denmark at www.southbaltic-offshore/eu/regions-denmark.html.

Speight, J.G. (2015) *Handbook of offshore oil and gas operations*. Oxford, Elsevier.

Statista (2014) Offshore Wind Power Gaining Pace. www.statista.com/chart/1392/offshore-wind-power-gaining-pace/.

van Meurs, A.P.H. (1971) *Petroleum economics and offshore mining legislation*. Oxford, 266
Elsevier Science.

Voudouris, V. (ed.) (2014) Special section: oil and gas perspectives in the 21st century. *Energy Policy* 64, 1–174.

Wills, J. (1991) *A place in the sun: Shetland and oil*. Edinburgh, Mainstream.

Wind farms in the UK. UK Wind Energy Database (UKWED) at www.renewableuk.com/en/renewable-energy/wind-energy/uk-wind-energy-database/index.cfm/maplarge/1.

Wood, Sir Ian (2014) *UKCS Maximising Recovery Review: Final Report*. London, HM Government.

Wright, G. (2015) Marine governance in an industrialised ocean: a case study of the emerging marine renewable energy industry. *Marine Policy* 52, 77–84.

Yergin, D. (1991) *The prize: the epic quest for oil, money and power*. New York, Simon & Schuster.

Yeung, D.Y.C. and Yang, Y. (2012) Wind energy development and its environmental impact: a review. *Renewable and Sustainable Energy Reviews* 16(1), 1031–1039.

第十五章　海洋和滨海旅游业

卡尔·卡特　斯科特·理查德森

一、引言

海洋疆域是全球旅游业无限扩张的最新篇章。蒂莫西(Timothy)提到：

随着世界变得更加富裕，人们对极限冒险的要求越来越高，以及跨越最遥远的陆地边界已是司空见惯，社会将不断在寻找新的边缘，突破极限，探索可跨越的新边界，开辟可定居的新地方。

(Timothy, 2001)

海洋周边地区也许是旅游业发展的倒数第二的边疆，因此始终是近期旅游业活动发展的相对重点地区，特别是在过去的50年里。本章简要介绍一些较为成熟的活动，如乘游轮和捕鱼，一些比较小众但非常热门的活动，如斯库巴潜水和观鲸以及一些仍处于开发阶段的活动，如极地旅游和鲨鱼笼潜水。

海洋旅游业近期发展与其显著的特征有关，即有些荒凉，不为人知但却高度相互关联(Cater and Cater,2007)。这也恰好反映了社会对海洋资源和对人类活动影响的认识普遍缺乏，本章旨在填补这一空白。正如霍尔(Hall)指出的，"南太平洋地区的经济发展高度依赖海洋和滨海旅游业，但关于旅游业对整个地区的环境影响尚缺乏系统研究"(Hall,2001)。陆地保护区管理历史悠久，而海洋保护区管理历史相对较短，稍加对比就会发现我们对海洋及其蕴藏的巨大资源的重视程度不足。从整体上看，滨海和海洋旅游业的影响可以归入以下几个方面：(1)海岸侵蚀(砍伐红树林或爆破珊瑚礁建设通道会往往加速侵蚀)；(2)栖息地退化(因海岸开发、海洋和海岸活动以及污水排放导致的退化)；(3)污染；

(4)废弃物处理和管理(污水和海洋垃圾)(Craig-Smith *et al.*,2006)。因此,如
268 果我们希望对下文活动实施可持续管理,那么本书中遵循原则这些则至关重要。

二、娱乐性起源

海洋环境中的旅游活动类型和种类繁多,有些是技术进步的结果,但其中许多是从长期流行的休闲娱乐活动演变而来的。世界上很大一部分人口都居住在沿海地区,这种地理趋势的影响,导致休闲娱乐活动主要集中在海洋区域。例如,尽管美国沿海各州陆地面积仅占全国陆地面积的 11%,但人口却占全国人口的一半以上(Cordell,2012)。在澳大利亚,这种情况更加明显,超过 3/4 的人口生活在沿岸 40 千米以内的地区,1/4 的人口生活在沿岸 3 千米以内的地区。米勒(Miller)和欧勇(Auyong)认为海洋生态系统健康的"天使区域","由珊瑚礁、巨藻床、贝类床、海草床、排水道、湿地、潮间带植被、潮滩、沙丘和海滨、堰洲岛、繁殖区、育苗区、越冬区、觅食区和洄游通道组成"(Miller and Auyong,1991)。不过,毫不奇怪,这些区域也是游客最感兴趣的区域,娱乐活动可能会大规模利用这些区域的海洋环境。26%的威尔士成年人在海里进行了户外活动(CCW,2011)。美国国家休闲娱乐与环境调查提出了一些热门水上娱乐活动的指标,其中很多都是在上述海洋区域开展的(表 15 - 1)。

上述数字强调西方社会传统的海洋互动活动(例如海滩游览和游泳)等重要意义,但同时也说明了有相当多人参与冷门的活动,如冲浪和斯库巴潜水。在这种休闲娱乐背景下,海洋旅游业的研究显然需要考虑活动的多样性很快会变得明显。美国国家海洋大气管理局的海岸带管理办公室在线发布了"国家海洋经济监测项目"(*Economics: National Ocean Watch*,ENOW),提供了历年美国海洋和五大湖地区经济数据。ENOW 包括海洋和五大湖地区的六大经济部门:生物资源、船舶制造、海洋运输、海洋工程建设、娱乐和旅游以及海上矿产资源。ENOW 以多种形式提供给各县、州、地区和国家。2009 年,美国滨海旅游和娱乐业的产值为 620 亿美元。沿海和海洋地区成了现在及未来的社区活动中心。美国国家海洋大气局(NOAA)是水下公园网络的受托者,该网络涵盖超过 60

万平方英里①的海域和五大湖水域。在所有这些国家海洋保护区中，通过举办活动，包括旅游和休闲及商业捕鱼为当地经济贡献约 80 亿美元的收入。

表 15－1　2005—2009 年美国 16 岁或以上人群参与海上活动的比例和人数

	每年美国参与海上活动人口占比(%)	大概人数(百万人)
海滩游览	43.3	102
海上捕鱼	10.7	25.1
摩托艇	23.4	55
使用私人船只	9.0	21.1
浮潜	6.5	15.2
帆船运动	4.4	10.4
冲浪	2	4.7
斯库巴潜水	1.5	3.6

资料来源：改编自 Cordell(2012)。

(一)船舶、捕鱼和游船 269

随着对海洋环境的关注度不断上升，以及参与划船活动的机会增多，越来越多的人参与到水上活动。尽管许多划船活动是娱乐性的，但它仍是一项重要的用海活动，尤其是在休闲捕鱼方面。小型船舶的影响有可能给生态系统功能带来重大变化，人们对防污漆的影响尤感担忧。沃恩肯等(Warnken *et al.*，2004)的一项最新研究表明，澳大利亚昆士兰东南部休闲船的常用锚地中，铜浓度明显较高。

广大休闲垂钓者极其垂青于大自然，普遍主张维护海洋环境质量。霍兰德等(Holland *et al.*，1998)的做法令人信服地证明大西洋尖嘴鱼(枪鱼和旗鱼)的垂钓有实行先钓后放的做法，符合生态旅游的实践标准。不过，如果管理不善，休闲渔业肯定会对海洋环境产生重大不利影响。韦斯特拉(Westera，2003)在宁格罗海洋公园的研究说明，休闲垂钓者以“高端”掠食者为垂钓对象可能导致了营养级联效应。这个发现证实了其他国家和国际研究，证明澳大利亚“高级”掠食性鱼类对周围生态系统造成影响。加特塞德(Gartside，2001)记录了凯恩斯

① 约为 155 万平方千米。——编者注

租船业为减少该影响采取的举措。凯恩斯推广先钓后放技术,提高垂钓者对环境问题和责任的意识,并制定了对本行业其他部门有参考价值的新标准。现在改为先钓后放的垂钓者发放纪念品,这一举措收效很好,而在过去,垂钓到大型鱼类都要带到岸上。

卢克(Lück,2003)记载了西方社会20世纪60年代把大型运输船舶转变成旅游邮轮的历史。游轮是海洋环境的重要用户,其市场占有份额快速增长。不过,道格拉斯详细介绍了游轮公司如何利用其经济实力欺负小岛屿社区,迫使他们向游客分阶段提供旅游资源,但给予当地社会的经济回报却微不足道。虽然游轮向大型化、豪华化的发展已成大势,但近来精品路线或“探险”路线也有显著增长,因此能够在更私密的环境下开入更偏远海域。在澳大利亚西北部,这种邮轮已经成为探索金伯利地区的热门船只,为乘客带来“一生难忘的冒险经历”(珊瑚公主游轮,2005)。

270 然而,蓬勃发展的邮轮业对引发港口建设、疏浚和陆上基础设施的发展,海岸带和海洋栖息地造成了重大影响,而且,研究表明,必须实行废弃物负责任处理和压载水交换管理,这两项活动可能导致有害的、外来物种的传播(据估计,每天约有3000种物种通过船舶压载水被运往世界各地(WRI,1996))。虽然船舶排放受到《国际防止船舶造成污染公约》(*the International Convention for the Prevention of Pollution from Ships*,MARPOL)的管制,但违规情况时有发生。例如,1994—1998年间,皇家加勒比号船因倾倒诉讼案共缴纳3350万美元罚款和处罚(Surfrider,无日期)。尽管如此,为减少邮轮污染,人们采取了相关重大举措,并努力实现船舶节能设计,采用新燃料技术(Weeden,2016)。

极地旅游与海洋息息相关,许多极地旅游经营者在地球两极的经营期为三或四个月,最大限度地利用邮轮和工作人员(Maher *et al.*,2011)。霍尔(Hall)提出警示:

> 一项关于加拿大北极地区邮轮旅游的研究认为,北极大部分地区环境脆弱,尤其以原住民为主的偏远的、小型社区容易受到影响,在该地区开发邮轮旅游时应该非常谨慎。
>
> (Hall, 2001)

南极洲绝大多数游客是“乘船探险旅行者”(Stonehouse and Crosbie,

1995)。2015～2016 年期间,南极洲游客达到 38 478 名(IAATO,2016),98%以上乘船前往,而且 18%左右的游客乘坐的是全程不靠岸的游轮。因此,海洋在这类旅游体验中占主导。运营商通常经营 10～20 天的短途航行,其中可能有 5～14天在南极洲海域度过。南极海域壮丽的景观,加上南极半岛地理位置接近南美,因此大多数游轮都会安排游览南极大陆的这个水域及其周围重要岛群,如南乔治亚岛。2015～2016 年间,南极洲半岛接待海上游客达 90%以上(IAATO,2016)。游轮巡游南极洲一直是遵循"林德布拉德"模式(Lück *et al.*,2010)。这种模式是以第一位旅游企业家名字命名的,邮轮运载多达 140 名乘客,由经验丰富的工作人员引导上下船。这种旅游更加注重探索性和教育性,重点强调要注意在这个脆弱和偏远环境中的适当行为。通常是 10～15 人一组乘坐冲锋舟登岸游览。最近,由于旅游需求增加,游轮趋向大型化,旅游模式也发生了变化。强调集体探索的林德布拉德模式的教育性已经让位于更传统的"巡游",阿拉斯加州水域见到的就属于这类旅游。此外,季节性游客不断增加,给为数不多的热门景点带来了压力。自 2011 年以来,由于禁止在南极洲海域使用重油,大型船只的数量已经减少(但可能只是短期下降)。

(二)海上皮划艇运动 271

海上皮划艇运动可能是所有海洋旅游业中最环保的,因为只要带走废弃物,它就不会造成污染,正所谓"轻舟划过水无痕"(SeaCanoe,1999)。皮划艇是自驱动船舶,具有良好的机动性,所以对野生生物的干扰较少,鸟类和其他动物往往会感到好奇而不是惊恐。皮划艇对基础设施的要求很低,所以可能会促使当地加大投入,继而带来更大的利益。制造商已经生产了大量轻便耐用的产品,从坐式单人模制皮划艇,到双座式旅游皮划艇。因此,皮划艇运动在世界范围内呈现巨大增长。自 1984 年开始出版的《海上皮划艇》(*Sea Kayak*)杂志,列举了从格陵兰岛到日本等 22 个国家的 200 多个海上皮划艇组织(2005)。然而,即使这样一类良好活动中也会有冲突情况发生。例如,泰国海上独木舟(SeaCanoe)案件,公司在东南亚开展的海上洞穴皮划艇体验活动,因对环境影响低及创造效益高,为此获得了许多奖项。但是在缺乏监管的情况下,海上独木舟(SeaCanoe)公司的成功不可避免地催生了不那么严谨的模仿者,同时大批量环保意识差的人加入势必会造成海上洞穴的退化。普吉岛盛行的大众旅游商业体系,假日"销售代表”通过提供佣金最高的公司预订行程，也削弱了海上独木舟（SeaCanoes）相对于其他竞争对手的地位（Shepherd，2003）。我们必须要认识到，在放松监管的情况下，海上独木舟（SeaCanoe）等勤勤恳恳的良心经营者会发现他们的努力经常受到其他“自然”旅游经营者不可持续旅游活动的阻碍，因为他们的业务虽然是基于生态的，但远远没有达到不会破坏生态的水平。

在新西兰南岛的亚伯塔斯曼国家公园，皮划艇活动非常受欢迎，致使在夏季的月份里，乘坐皮划艇和步行游览公园的人数几乎持平。公园大部分的自然美景都是水上景色，皮划艇是最理想的体验方式。商业运营开始于20世纪80年代末，到90年代中期运营商数量增长到5家以上。公园每年的游客人数约为20万人，截至2004年6月底，共有3万人在公园营地或小木屋中过夜（DoC，2005）。研究表明，1998～1999年间，每年有超过18万名皮划艇游客（DoC，2005）。旺季，每天大约有2 000人进入公园南部区域，其中，约500人步行进入，1 500人乘船进入，其中包括皮划艇，许多皮划艇是单程租赁或乘大巴车。20世纪90年代中期的一项调查表明，超过一半的游客感到某种程度的拥挤。有人认为，随着公园全球声誉不断提高可能会更加拥挤，而且这项活动已成为“必须体验”的旅游活动。

不过，新西兰海上皮划艇的流行促成了1992年成立的斯科安兹皮划艇（SKOANZ）自愿行业组织。当时，皮划艇行业快速增长，但尚未制定任何指导方式或建立最低操作规范的公约（SKOANZ，2005）。SKOANZ的主要目标是“尽可能在安全、环保和社会责任的最高标准框架内保护海上皮划艇经营者的利
272 益”，和在行业内制定海上皮划艇运动的技能和行业标准”（SKOANZ，2005）。前者已经质变为涵盖公司运营、安全和环境要求的综合行为规范，后者是结构化指南认证计划。

三、水下观赏

水下观赏海洋生物可以通过玻璃底船或专门建造的具有水下观景廊的大型船舶实现。1998年7月，英国的第一艘海洋探测器“亚特兰蒂斯”号（Seaprobe Atlantis）正式投入运营。一次最多可搭载24名乘客，可进行各种短途旅行，从

35 分钟旅行，到游览海豹和海藻森林，再到一年中特定时节观赏海豚的长途旅行。在 1998 年夏季的运营期内共接待 2000 名乘客，但在 1999 年夏季之前，这艘船用于社区教育的专项活动，由苏格兰北尤伊斯特岛的马迪湖海洋特别保护区(Marine Special Area of Conservation，SAC)租用。当地社区和政府机构制订了特别保护区管理计划，通过特别制定的专项法律，当地居民有机会从参与生态旅游中等合资项目中受益。作为参与计划的一部分，1999 年 3 月，281 名当地居民参加了半小时的旅行，观赏深水海湖的水下生态。2005 年，"亚特兰蒂斯"号(Seaprobe Atlantis)海洋探测器被一艘更大的船所取代，可容纳 55 名乘客进行一小时的旅行，去观赏海豹、海鸟、偶尔出现的水獭以及阿尔什湖壮观的海藻森林，阿尔什湖现在也被指定为海洋特别保护区。现在每年约有 1.5 万人参加水下观赏活动，这说明了这种游览活动越来越受到游客的欢迎。

利用半潜水艇(如毛里求斯的"Le Nessee"号)或观光潜水艇进行水下观察的旅游活动也在迅速发展。观光潜水艇业务开始于 20 世纪 80 年代中期，至今全世界共有 50 多个运营商。平均潜水一次的价格在 65～85 美元，越来越多游客都可以参与这项活动(Newbery，1997)。亚特兰蒂斯(Seaprobe Atlantis)国际潜艇公司是最大的运营商之一，在关岛、大开曼岛、巴巴多斯、阿鲁巴、科苏梅尔、库拉索、圣马丁以及夏威夷的科纳、毛伊和瓦胡岛等地开展潜艇业务，自 1985 年以来，已经带领了 1 000 多万游客参与海底探险。兰萨罗特岛、特内里费岛、塞班岛、巴厘岛和普吉岛也开设了潜艇业务，其中许多潜艇都是由芬兰造船厂建造的。在泰国普吉岛的潜艇原先在红海的埃拉特开展业务，时间长达 13 年之久。后来，半潜水艇取代了潜艇，说明在营销技术成本方面，运营商需要在半潜水艇和在真正的潜艇之间做出取舍。

这些水下运行的船舶可能对环境具有不同的影响。有的运营商声称，虽然这种船舶的存在不容忽视，并且其中许多船舶的重量超过 100 吨，但其在水下低速行驶可以最大限度地减少对野生动物的影响。有些船舶使用柴油发动机，但多数船舶使用电池供电的电动推进器，不排放污水，是完全无污染的。可以说它们促进了环境管理；观察和欣赏自然环境中的海洋生物将激励越来越多的人保护海洋环境(Newbery，1997)。然而，斯库巴潜水员在"亚特兰蒂斯"号 273
(Atlantis)、"兰萨罗特"号(Lanzarote)和"拉纳卡"号(Larnaca)旅游潜艇旁侧游

泳时,为吸引鱼类而进行水下喂食的做法,无疑会对海洋生态产生影响。

终极潜水艇体验是搭乘科研潜水艇进行深海探险。搭乘科研潜水艇可以进行各种旅游活动,如参观"泰坦尼克"号(Titanic)和"俾斯麦"号(Bismarck)等重大沉船事件发生地以及大西洋中脊的深海热液区。就像是早期的南极探险活动一样,游客一般是更广泛的科学探险的一部分,因为这些旅行普遍包括在沿途作业地点进行调查研究的科学家。实际上,旅游主要采用的两艘潜水艇在技术上由俄罗斯科学院所有和运营的,但也用于好莱坞导演詹姆斯·卡梅隆(James Cameron)的许多拍摄项目。潜水艇的作业深度可达 6 000 米,但作业深度超过 3 000 米的仅有五艘。旅行通常在支援船上持续两周,期间包括一次可能持续 10 个小时的深潜。潜水艇载有一名领航员和两名乘客。显然,这是一个高端市场,2016 年"泰坦尼克"号的旅行费用为 6 万美元。在下潜深度看到的罕见海洋生物,包括箭鱼、双髻鲨、乌贼、鹦鹉螺、灯笼鱼、管水母和深海狼牙鱼,构成了旅行亮点。

现有和计划建设的水下设施可能有助于游客延长在海洋环境中的活动时间。位于佛罗里达州基拉戈的朱尔斯海底小屋(Jules Undersea Lodge),是在一个研究实验室外壳基础上建造而成的。虽然只能容纳两对夫妇,但却提供了独特的体验。具备相应资质的斯库巴潜水员通过结构物底部的加压温室进入酒店,游客可以吃到由潜入海底的"海洋厨师"准备的食物(Jules Undersea Lodge, 2016)。2005 年,马尔代夫的希尔顿度假酒店开设了一个可容纳 14 人的水下餐厅。度假酒店管理层对水下环境进行充分利用,这里的度假村管理层打算在礁区种植珊瑚形成珊瑚礁花园,使得餐厅周围的鳐鱼、鲨鱼和许多五颜六色的鱼显得更加壮观。

技术变革促进了以相对被动的方式观赏水下海洋生物多样性。位于新西兰米尔福德峡湾哈里森湾的米尔福德峡湾水下观测站于 1995 年 12 月对外开放。1993 年,米尔福德峡湾北侧建设了海洋保护区,被列为世界遗产名录。观测站由一个容积为 450 吨的圆柱形观察室组成,完全淹没在主接待区之下。在 1987~1995 年期间经过对环境影响进行全面评估后,才得到各当局许可批准。观测站的基本理念是教育游客了解峡湾环境的复杂生态。接待区设有一个讲解中心,每个参观窗口上方都标有清晰的物种分类表,游客可以参加海洋科学家的讲座。由于观测站位于海洋保护区内，游客需严格遵守保护区的环境法规。在运营的前三年，观测站每年接待游客达 4.1 万～5.5 万人次（Cater and Cater，2007）。观测站的业主是南岛商人，管理者是米尔福德峡湾红船公司（Milford Sound Red Boats），观测站只能乘船进入。并非所有的海底观测站都能取得成功，如澳大利亚大凯珀尔岛的海底观测站在度假村最终消亡之前就已经关闭了。274

（一）游泳、浮潜和斯库巴潜水

游泳和浮潜作为商业活动，可能涉及在珊瑚礁中，或与重要的野生动物一起开展这类活动。近年来，与海豹、海豚和鲸鱼等可爱迷人的大型动物一起游泳的活动越来越受欢迎。在西澳大利亚的宁格罗（Ningaloo）珊瑚礁，在过去十年中与鲸鲨共舞已经成为一个重要的旅游项目。大堡礁也开发了相关产业，即与小须鲸一起游泳，通过系留美人鱼保护线，浮潜者能够在船后保持漂流状态（Valentine *et al.*，2004）。鲸鱼可以自由接近浮潜者，并且这样的行为可以持续很久。

沙克利根据自己在研究海牛（1992 年）和黄貂鱼（1998 年）的经验认为，“浮潜是一种比斯库巴潜水侵扰度更低的活动”（Shackley，1998）。西澳大利亚的鲸鲨体验项目选择浮潜，因为可以最大限度地减少游客在鲸鲨身下游泳的机会，有效防止鲸鲨下潜。然而，情况可能并不总是如此，因为浮潜者可能缺乏关于自己对海洋环境的影响的意识。西澳大利亚州的环境和保护部劝告浮潜者遵守以下简单的行为准则，尽可能减少对海洋环境的影响：

- 禁止触摸；
- 选择可以站立的沙滩；
- 禁止喂食；
- 远离、不打扰。

（DEC，2004）

在过去的 30 年里，取得资质的斯库巴潜水员人数大幅增长。自 1967 年以来，世界上最大的潜水组织——国际专业潜水教练协会（Professional Association of Diving Instructors，PADI）已经颁发了 2 400 多万份证书，在 2016 年一年内颁发了近 100 万张新证书（PADI，2016）。全球约一半的潜水员参加过国际专业潜水教练协会（PADI）培训，其他主要的全球潜水组织包括英国潜水协会(British Sub Aqua Club, BSAC)、国际潜水教练协会(National Association of Underwater Instructors , NAUI)和国际水肺潜水学校(Scuba Schools International,SSI)。国际专业潜水教练协会(PADI)的统计数据显示,新获得资质的公开水域潜水员中有 80%接受过大学教育,但这并不意味他们的生态意识更强,反而很好地说明了潜水是一个昂贵的爱好。奥拉姆斯(Orams,1999)认为,相对于陆上活动,海洋活动成本更高,因此社会经济地位较高的群体参与都较多。潜水员的环境意识普遍较高,因为所有大型潜水机构的潜水培训都开设了环境教育科目,例如国际专业潜水教练协会(PADI)的 AWARE 项目[水生世界意识、责任和教育(Aquatic World Awareness, Responsibility and Education)]。因此,有时潜水员可以进行生态危机预警,鼓励潜水员向当地环境保护机构报告任何异常情况。因为他们能近距离观察环境。大堡礁海洋公园管理局(the Great Barrier Reef Marine Park Authority,GBRMPA)的"关注珊瑚礁"(Eyes on the Reef)计划中已切实落实这一原则(GBRMPA,2011)。北极海域兴起了一股开
275 展斯库巴潜水热潮。在冰岛北部的阿克雷里,斯库巴潜水员可以参观世界上唯一的浅海热泉喷口(www. strytan. is)。然而,与其他海洋用户的冲突依然存在,如 2012 年 10 月,一个需要长达 1 万年才能形成的热泉因捕捞作业活动而受到活动破坏。

尽管潜水界的生态意识逐渐加强,但对潜水员的谨慎管理仍是极其重要的。研究表明,水下摄影师与海底接触的概率是未携带相机的人的四倍,因为他们的注意力都集中在拍摄上(Rouphael and Inglis,2001)。控制该影响的最有效方法是限制水域内潜水员的数量,为此需要设定门槛。荷兰安的列斯群岛的博奈尔岛海洋保护区已经设定了潜水员阈值(Dixon *et al.*,1993)。博奈尔岛任何一个潜水点的阈值水平是每年 4 000～6 000 次,乘以潜水点的数量,可以得出说明理论最大容量上限。然而,热门地点的访问量依然保持过高的水平,这意味着理论最大容量上限折半是更贴合实际的门槛。霍金斯和罗伯茨(Hawkins and Roberts,1992)曾提到,地点不同,容量水平不同,所以需要因地制宜地调整阈值。此外,自 20 世纪 80 年代初以来,博奈尔岛始终属于保护区范围,对珊瑚礁的状况作了详细的历史记录,所以博奈尔岛是幸运的。但在欠发达国家许多新兴生态旅游中,几乎没有建立关于海洋环境的科学记录,而且海洋公园往往是在潜水

业务兴起后才建立的。珊瑚礁保护组织(www.coralcay.org)等其他类似组织设法为海洋保护区的旅游管理提供了基础资料。

马来西亚沙巴州东海岸西巴丹岛是设置潜水点阈值这种极端措施的地点之一。1998年初,马来西亚环境和旅游部对允许上岛的游客(其中许多游客是潜水员)数量进行了限制,规定上限为之前高峰日人数的四分之一(Cochrane,1998;Musa,2003)。限制流量是为了减少潜水员对岛上海龟种群和日益减少的淡水供应量的影响。尽管岛上潜水活动的排他性得到进一步提示,潜水员的收费水平提高到1000多美元(为期5天),这个计划仍然对当地海洋环境产生了重要影响。

为持续保全人们钟爱有加的珊瑚礁生态系统,潜水员自愿支付额外税款,所以许多海洋公园通过收费来支付管理费用。迪克松等(Dixon *et al.*,1993)开展的早期研究表明,为取得博奈尔岛一年期许可证,潜水员平均支付27.40美元,92%以上的人对现行10美元收费无异议。斯洛恩(Sloan,1987)通过计算发现,赫伦岛上岛潜水员愿意每年支付44澳元。在桑给巴尔进行的一项支付意愿调查得出了类似的结果,82%的潜水员愿意为参观个别海洋景点支付10美元(Cater,1995)。以上数据清楚地表明,潜水员自愿支付高价确保珊瑚礁生态系统得到持续保护,而且"珊瑚礁税"现在已经成为大多数热带海洋保护区对游客实施的标准。近年来,迫于行业压力,大堡礁海洋公园游客的资金被削减,日环境管 276
理费(Environmental Management charge,EMC)减至每天3.25澳元,大堡礁海洋公园的相关资金被削减,但2016年恢复至6.50澳元。

不可否认的是,除了潜水旅游中的过度访问和漠然行为,导致海洋环境退化的原因还有很多。首先,绝大多数的潜水活动位于海洋环境的0.025%范围内,即珊瑚礁周围。滨海潜水旅游开发也可能是个问题,因为填海造地会导致珊瑚礁的灭失窒息,例如埃及海岸的度假小镇赫尔格达(Hurghada),度假酒店的逐渐侵蚀,最终摧毁了所有的岸礁(Spalding *et al.*,2001)。所以,今天,游客只能乘船在近海珊瑚礁上浮潜,而距离其夜宿之地数米之处曾经生长着繁茂的珊瑚礁群落。不过,有人认为斯库巴潜水活动站在态度转变的最前沿,卡特(Cater,2008)研究了潜水员的更多责任精神和动机。HPECA(www.hepca.org)在红海采取有效措施,来减轻影响红海脆弱原始生态系统的严重环境威胁。

（二）潮间带漫步

世界各地旅游主管部门已经在潮间带区域中开发了步行道，其中一部分已对商业海洋旅游项目开放。虽然这些地点有足够的弹性来承载大量游客，但其他地点，特别是珊瑚礁，显然很容易受到重大损害。早期关于珊瑚礁行走对大堡礁影响的研究表明，行走使珊瑚覆盖率大大降低（Woodland and Hooper，1977；Kay and Liddle，1984）。大堡礁海洋公园管理局规定了以下的珊瑚礁行走准则：

- 小心不要踩踏珊瑚或其他生物；
- 沿着路标走，避免误入歧途；
- 如无路标，选择常用路线，或沿着沙道走；
- 用手杖保持平衡，注意不要戳到动物；
- 了解珊瑚礁环境以及珊瑚礁行走之前的注意事项；
- 观察动物，不要触摸，否则可能会有危险；
- 如捡拾到任何活物或死物，请务必放回原位；
- 不要捡拾附着在礁石滩上的动植物。

（GBRMPA，2005）

此外，部分新兴的探险旅游活动可能会对潮间带产生影响。最近海岸越野（海洋版峡谷探险）逐渐兴起，游客从悬崖上跳下或利用绳索垂降，攀爬岩礁，可能会产生重大影响。参与者穿戴防护服和手套，可能无法时刻保持高度注意，如在“跳入充满水的沟壑时，游泳者与动植物群擦肩而过时，拉着海带出水时，爬出
277 海浪时踩到珊瑚草皮、藤壶等”（Davenport and Davenport，2006）。威尔士安格尔西岛近来引入了生态海岸越野（www. coasteering-wales. co. uk），有可能进一步加强教育。

四、与野生动物的互动

（一）观鲸

几乎所有关于海洋野生动物的旅游活动都是围绕鲸鱼和海豚等迷人的大型动物开展的。观鲸作为一种商业活动，在 1955 年开始于加利福尼亚南部海岸，

但直到20世纪80年代初，仍然只有大约十几个国家开展商业观鲸活动。到了20世纪90年代，这种形式的海洋观察活动才真正兴起。截至2002年，全世界观鲸游客达1 000万人，创造收益超过10亿美元(Mendoza,2002)。据估计，超过87个国家开展观鲸活动(Hoyt,2011)。20世纪90年代，新西兰凯库拉和阿根廷巴塔哥尼亚的皮拉米德港等地的游客访问量增加了15～20倍，前者现在每年接待游客超过11万人。然而，不可否认的是，观鲸活动的快速增长带来了严重的管理问题，原因涉及多个方面。达弗斯和迪尔顿(Duffus and Dearden,1993)介绍了温哥华岛东北海岸观赏虎鲸活动的科学不确定性和制度惯性。

游客访问数量不可避免地造成环境变化，但凯库拉的观鲸活动受到新西兰环保部(Department of Conservation,DoC)的监管和严密监视。环保部采用预防性原则，对凯库拉停止发放观鲸许可证，而且禁止观鲸公司增加日旅行次数。其他四家公司提供观光飞行，在凯库拉海岸观赏鲸鱼和海豚。目前强有力的监管架构已经建立，1978年出台《海洋哺乳动物保护法》(*the Marine Mammals Protection Act*)，对新西兰周围所有海洋哺乳动物进行全面保护，1990年经过修订，补充了关于控制和管理海洋哺乳动物观赏活动的专项规定。1992年，根据新西兰皇家海军就噪声对鲸鱼和海豚的影响提出的技术建议，对《海洋哺乳动物保护法》(*the Marine Mammals Protection Act*)进行了审议，确定了最基本的条件。船只接近鲸鱼时必须选择与鲸鱼平行并略微偏向鲸鱼后方的方向；任何时候，鲸鱼周围300米范围内的船只(包括飞行器)数量不得超过3艘，而且在这个范围内海上船只必须以"无尾流"的速度行驶。还设置了50米的最小接近距离以及船只必须避开鲸鱼的行进路径(Baxter and Donoghue,1995)。苏格兰新兴的姥鲨观察活动也践行了类似的准则，鼓励各经营者参加"WiSe"培训课程(www. wisescheme. org)，该培训课程推荐了安全和可持续的观察鲨鱼方法，提倡使用《苏格兰海洋野生动物观察守则》(*the Scottish Marine Wildlife Watching Code*)，并对热点地区周围的鲨鱼活动提出了相关建议。苏格兰自然遗产署已经向可能会停靠重要景点的游艇发放了传单和防水地图(SNH,2010)。斯卡帕西和帕森斯(Scarpaci and Parsons,2016)详细讨论了关于鲸类和软骨鱼旅游的知识现状。 278

(二) 问题:喂食海洋野生动物

各种商业活动可能会安排对海洋野生动物进行喂食来提高游客的满意度。为了最大限度地增加游客观看动物的机会,经常有经营者不顾行为准则,安排对海洋物种进行喂食。加洛德(Garrod,2008)从道德层面讨论了这一问题。如上所述,观光潜水艇通常安排潜水员伴随左右,在水中"撒饵"吸引更多鱼群。大堡礁北部的鳕鱼洞也利用喂食来促进游客与海洋生物的互动。自 1972 年休闲斯库巴潜水员发现鳕鱼洞以来,潜水员喂食巨石斑鱼和海鳗的做法开始变得流行(Davis *et al.*,1997)。国际专业潜水教练协会的水下自然学家课程培训材料,鼓励潜水员自行携带饲料,同时经常更换潜水地点,避免伤害现存野生动物以及避免对它们的行为产生不利影响。在不改变营养链的情况下,大堡礁的"银梭"号(Quicksilver)公司用鱼油吸引鱼类这一做法更有效。

许多热门景点存在研究基线空白,往往很难确定喂食是否会对动物的行为变化产生影响。沙克利(Shackley,1998)在讨论开曼群岛世界著名的"魔鬼鱼城"时,强调了"捕鱼"面临的困难。当时,"魔鬼鱼城"不在海洋保护区内,对过高的游客访问量没有采取任何控制措施,潜水员可以用手喂食黄貂鱼。关于喂食对黄貂鱼自然行为的影响,除了现场观测数据外,几乎没有其他数据。然而,估计每年有 80 000 名到 100 000 名的游客来到这个地方,大量游客访问可能会对当地的生态系统产生重大影响。沙克利(Shackley)提到,"最多 25 艘船可以随时停泊在'魔鬼鱼城',每艘船最多 30 人下水……在任何一段时间看到水中有 300～500 人"也并不罕见(Shackley,1998)。

在西澳大利亚的蒙克米亚和昆士兰摩顿岛的天阁露玛度假村(Tangalooma),游客喂食海豚已经发展成为一项正式的旅游活动。前者的历史更长,跨越多年,已成为一个热门旅游景点,年接待 10 万多名游客(Davis *et al.*,1997),同时 DPW 引进了网络摄像头供人们在互联网上观看喂食。天阁露玛度假村的海豚喂食活动起源于 1992 年,开始于一只善于交际的海豚接受了渔民用手投喂的鱼。喂食项目的鱼群主要由大约 12 只海豚组成,偶尔会有其他个体加入。据估计,摩顿湾有 300 多条海豚,在野生海豚中占比较小。与蒙克米亚相比,海豚在海滩上停留的时间有限(每天不到一小时,每天只有一次喂食时间,喂食时间限制在 20～30 分钟),只能在晚上喂食,不得与海豚接触,也不得与海豚一起游泳(Neil and Brieze,1996)。

喂食项目实施后,人们对海豚的健康状况表示担忧。威尔逊(Wilson,1994,转引于 Neil and Brieze,1996)指出,在蒙克米亚提供喂食野生海豚项目后,出现了幼崽死亡率高,幼年海豚(断奶后)存活率低以及行为发生变化的情况。奥拉姆斯(Orams,1995)研究了在天阁露玛度假村的类似行为变化,特别是海豚攻击人类事件的发生率。

他的研究结果有助于改善天阁露玛度假村海豚喂食项目的管理,所以现在 279
喂食过程受到了严格控制。同时向游客进行广泛的情况介绍,其中包括:

- 在海豚身边的行为举止;
- 对海豚的期待;
- 喂食前必须对双手进行消毒(提供消毒剂);
- 如果参与者患有感冒或流感,则禁止喂食海豚;
- 禁止使用驱虫剂和防晒霜;
- 禁止在喂食区吸烟;
- 禁止佩戴任何尖锐的首饰等,避免对海豚造成任何伤害;
- 禁止触摸、抚摸或拍打海豚;
- 在水中短时间停留的原因。

(Neil and Brieze,1996)

不可否认,天阁露玛度假村是一个岛屿度假胜地,因此,可以对喂食管理实施更严格的管理。有人认为,如果管理得当,喂食项目可以产生良好的宣传教育效果。奥拉姆斯(Orams,1999)认为,天阁露玛度假村的宣传简报和游客中心鼓励游客改变行为,来提高人们的环保责任意识。

(三) 鲨鱼笼潜水

近年来,鲨鱼笼潜水项目引起了很多辩论(Dobson,2008)。这些活动有的配有充分的保护设备(笼子或锁子甲),有的活动却没有采取保护措施,只有导游配有保护设备,是出于他们对鲨鱼行为的了解而采取了相应的安全措施。国际鲨鱼袭击档案馆记载了世界范围内鲨鱼袭击事件,馆长乔治·伯格斯(George Burgess)对喂食鲨鱼的活动深表怀疑。

我对喂食型潜水持保留意见,主要是考虑到四个相互关联的因素:(1)潜水员的安全；(2)如果鲨鱼在潜水过程中咬伤潜水员，可能会产生对鲨鱼的负面宣传；(3)破坏生态环境的可能性；(4)多用户娱乐使用喂食区带来的潜在负面影响。

(Burgess，1998)

伯格斯(Burgess)担忧的情况可能逐渐变成现实，包括巴哈马曾发生十几起喂食伤害事件等越来越多的证据促使佛罗里达州、夏威夷和开曼群岛等地在2001～2002年取缔鲨鱼喂食活动。

在南非西开普省的甘斯拜、莫塞尔湾和福尔斯湾，观赏恶名远扬、神出鬼没的大白鲨演变成一个重要产业。估计每年有10家经营商为4 000名潜水员提供服务，同时鲨鱼笼潜水有关的活动为当地经济贡献了约500万兰特(885 000
280 美元)(Kroese，1998)。对该行业的担忧，催生了许可证制度和行为准则的建立。行为准则提出了有关操作员需具备的技术培训水平、鲨鱼笼的设备标准和安全装备的建议，还简要介绍了具体的鱼饵类型，每天允许投放的数量(不超过25千克)，喂食展示和鲨鱼的处理[《南非合作白鲨研究计划》(*South African Collaborative White Shark Research Programme*)]，(South African Collaborative White Shark Research Programme，2005)。澳大利亚和新西兰仍然继续开展鲨鱼笼潜水活动(Dobson，2008)。

五、海洋多样性

从本章详细介绍的各类旅游项目中，尽管尚未详尽，但可以清楚地看到，体验海洋环境的方式多种多样，这也反映了海洋资源的丰富多样。事实上，除了本章介绍的活动之外，热门海洋旅游业产品还包括很多其他活动，例如，观赏海龟或大型观鸟旅游活动，其中大部分活动是围绕海洋生物展开的。同时，在滨海区组织的休闲和旅游活动广受欢迎，例如海滩和冲浪区的活动，这些将在下一章进行详细介绍。大多数游客都是以海岸为基地开展各种海洋旅游活动，因此在滨海旅游活动的整体框架内开展海洋旅游业的研究相当重要。例如，应充分发挥海洋水族馆在提高游客对海洋资源管理意识方面的作用(Cater，2010)。因此，管理者的工作会更具挑战性，但本书介绍的工具将对这项任务有所帮助。下文列出的补充文献列举了可持续海洋旅游业管理面临的具体挑战。

六、案例研究：宁格罗

神出鬼没的鲸鲨是海洋中体型最大的鱼类，体长可达 12 米，人们对其却知之甚少(Colman，1997)。每年的 4～6 月，相当数量的雄性幼鲨会来到澳大利亚西北部的珊瑚礁，这期间也正是珊瑚的产卵期。在潜水觅食前，鲸鲨会定期浮出水面长达 20 分钟之久。不出所料，在以埃克斯茅斯镇和宁格罗珊瑚礁为中心的西北角，近年来其旅游业蓬勃发展的一个重要因素是与鲸鲨等庞然大物一起游泳。该珊瑚礁是澳大利亚规模最大的岸礁，从西北角延伸到西澳大利亚州的红崖，长约 290 千米。自 20 世纪 90 年代初以来，游客一直是通过潜水包船在自然环境中偶遇鲸鲨，但直到 1993 年才出现了第一家专营运营商。应季时，14 艘船可搭载大约 1 000 名游客，到 1995 年增加到 2 000 多人(Davis *et al.*，1997)。20 世纪中期游客与鲨鱼的互动只有 500 次，如今每年大约已达 2 410 次，不过同一个人可能参与过多次互动活动。据估计，这种高度专业化的海洋生态旅游体验活动为当地经济创收 1 200 万澳元(CALM，pers. com.)。 281

鲸鲨不仅体型庞大，而且非常善于伪装，同时与鲸鱼不同的是，它们不需要浮出水面，这意味着看到鲸鲨绝非易事。因此，要利用飞机协助定，探测鲸鲨的踪迹，一旦飞机看到鲸鱼，就会立即引导游船赶到出现鲸鱼的水域。通常情况下，一艘游船可容纳多达 20 名携带浮潜装备的游客，公司导游分批带领游客沿鲨鱼的行进路线下水。然后各组游客分开，让鲨鱼通过，浮潜者则在旁侧同游 5 分钟。有时会从船上安排另一组游客替换已经下水的游客，或者由另一个运营商接替。这种互动活动的稀少性意味着经营者能够收取高额费用，大多数的一日游费用为 300 多澳元。

这种体验活动越来越受欢迎，当时的西澳大利亚保护和土地管理部(Conservation and Land Management，CALM)(现称为公园和野生动物部)开始对经营者实施管理。鉴于大多数与鲸鱼的互动活动都发生在 1987 年成立的宁格罗海洋公园内，所以 CALM 可以在其开业之初通过发放许可证加以管理。起初，许可证的有效期只有一年，但从 1995 年开始，位于埃克斯茅斯的 13 家运营商许可证的有效期延长到三年。同年,开始向每人征收 15 澳元的税,作为 CALM 自行安排野生动物部官员驾驶船只到宁格罗海洋公园开发行业监测的资金来源(Davis *et al.*,1997)。与大堡礁等地实施的其他税收不同,通过向游客提供高质量的纪念品验证通行证达到宣传相关税收政策的目的。目前收费为 20 澳元。此外,许可证的使用时间至少要达到 50%,以确保不会出现垄断现象。

为了确保鲸鲨的自然行为不受干扰,CALM 还制定了全面的指导原则,其中最重要的原则是无论何时只允许一艘船进入与鲸鲨的互动区,值得指出的是,这对游客而言更安全,对动物来说压力也较小。1995 年,规定要求游泳者与鲸鲨头部或身体保持至少 1 米的距离,与鲨鱼尾部保持 4 米的距离(Davis *et al.*,1997)。为了避免与鲸鲨的意外接触,与鲸鲨头部或身体的最小距离现已增加到 3 米(CALM,pers. com.)(图 15-1)。

这个实例说明经营者虽然要接受 CALM 制定并实施的规章,但活动影响主要是由经营者管理。作者注意到,为了给游客提供最佳体验,运营商之间通常密切合作。例如,CALM 的指导原则规定一艘船"接触"鲸鲨的时间为一个半小时,但在实践中,几艘船会交错安排各自的互动活动,从而提高航行效率。此外,旅游经营者根据 CALM 规定要填写旅游日志,其中记录了每次互动的统计数据(包括鲸鲨的性别、估测的个体大小和行为)等大量关于鲸鲨的最新数据(图 15-2)。基于该数据开展的科学分析表明,珊瑚礁吸引的鲸鲨的平均大小正在下降,并且鲸鲨群体主要是雄性。到目前为止,没有迹象表明该行业对鲸鲨造成了严重的影响。

戴维斯等(Davis *et al.*,1997)认为,在 20 世纪 90 年代末,大量参与互动体验的游客是日本游客(约占样本数的 40%)。作者本人在 2004 年的观察表明,
282 这个数字目前并不具有代表性。

283 人们承认,接受调查的经营者确定瞄准日本市场这一事实可能导致调查数据出现偏差,尽管另一解释是 21 世纪到澳大利亚旅行的日本游客总体数量在减少。不过,该地享誉全球意味着国际参与者仍占大多数。在观赏鲸鲨的个体旅行中,可能会有大量的回头客。因为特别是在旅游旺季和淡季之间的平季,游客经常找不到活动场所,因此,大多数经营者会提供免费的第二次旅行,这意味着在观察的出游活动中,大约有一半游客是回头客。

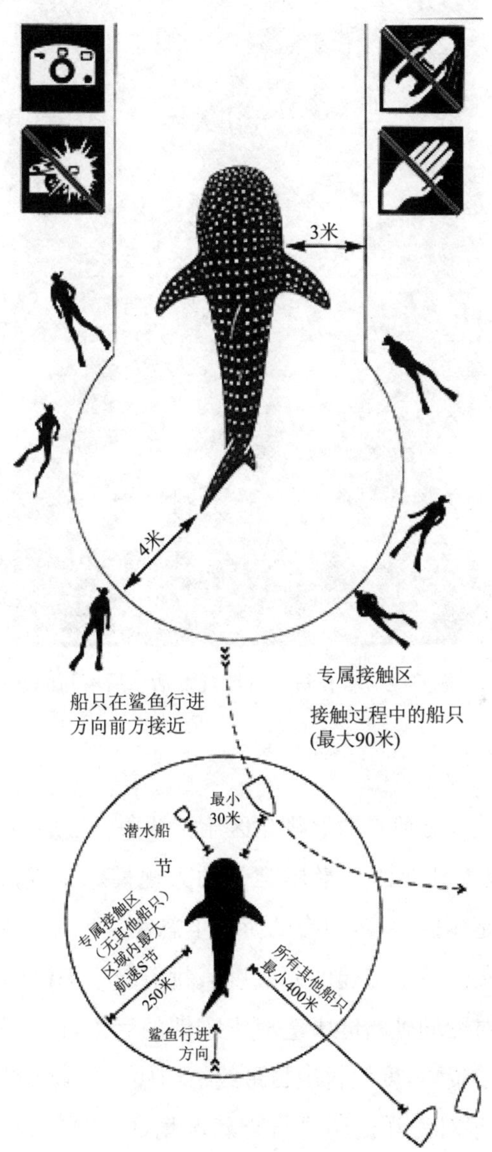

图 15－1 接近鲸鲨的指导原则

资料来源：承蒙许可引用自 CALM。

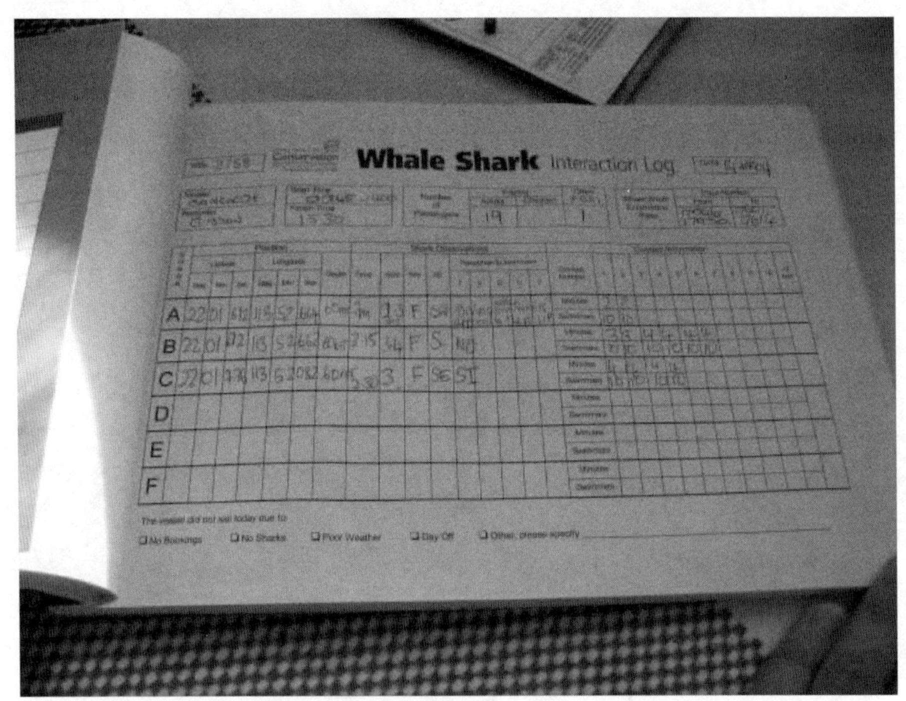

图 15-2　鲸鲨经营者在每次鲸鲨观赏活动后填写的互动日志

资料来源：Carl Cater。

重要的是把鲸鲨业务放在西北岬角区旅游业蓬勃发展的大背景下。宁格罗礁属于原生礁，是澳大利亚西部沿岸唯一的大规模原生礁区（Collinsa *et al.*，2003），吸引了越来越多的游客，但有的游客生态意识不足。20 世纪 90 年代末，在宁格罗礁南部的莫兹兰丁拟建的码头度假村引起了争议（Morton，2003）。由于度假村的建设会对珊瑚礁的健康造成灾难性的后果，以及公众的抵制和现任政府积累的精明政治资本，度假村项目最终被叫停。尽管如此，开发度假村的威胁仍然存在。2004 年对海洋公园进行重新区划（CALM，2004），试图加强对岬角区娱乐活动的管理。海洋公园内可以开展潜水和浮潜活动，包括美国军事监
284 听站附属结构的海军码头。

宁格罗礁属于岸礁，所以可以直接在海滩上进行漂流浮潜，这在大堡礁等水域是无法实现的。因为不需要租船而大受欢迎，但对与日俱增的游客实施管理

成为需要考虑的问题。到目前为止，宁格罗一直对海洋旅游业实施可持续管理，但随着国际声誉不断提高，以及前往偏远水域的机会增加，将给当地脆弱的环境带来压力。

鲸鲨等具有超凡魅力的大型动物旅游商机的"发掘"，进一步推动了海洋旅游业的发展，现在全球多地开展鲸鲨体验活动。然而，许多地方处于欠发达地区，难以有效实施监管措施。菲律宾欧斯陆、墨西哥奥尔沃克斯岛或西巴布亚纳比雷等地通过喂食活动增加访问量，发展当地旅游业，并创造了大量的就业机会。这些鲸鲨体验活动与在宁格罗难得一见的鲸鲨的体验活动截然不同，每小时有数百名游客在近岸水域浮潜，投放的饵料在水中翻腾。因此，当地动物的自然行为被改变，小个体的鲸鲨已经成为常驻物种，虽然它们依然保持洄游趋势。不过，这类活动确实促进了游客对国内种群中这些物种价值的认识，并认识到它们的旅游价值高于其渔业价值。

参考文献和延伸阅读

Atlantis Submarines (2016). Homepage. www.atlantissubmarines.com.

Baxter, A.S. and Donoghue, M. (1995). *Management of Cetacean Watching in New Zealand.* Department of Conservation, Auckland.

Burgess, G.H. (1998). Diving with Elasmobranchs: A Call for Restraint. *Shark News* 11: July 1998 IUCN/SSC Shark Specialist Group.

CALM (2004). Draft revised zoning scheme for the Ningaloo Marine Park and proposed additions to the marine reserve system. Conservation and Land Management, Western Australia

Cater, C. (1995). Dive Tourism in Zanzibar: New Depths. Unpublished BSc Dissertation, University of Bristol, Bristol.

Cater, C. (2008). The Life Aquatic: Scuba Diving and the Experiential Imperative. *Journal of Tourism in Marine Environments* 5(4): 233–244.

Cater, C. (2010). Any Closer and You'd Be Lunch!: Interspecies Interactions as Nature Tourism at Marine Aquaria. *Journal of Ecotourism* 9(2): 133–148.

Cater, C. and Cater, E. (2007). *Marine Ecotourism.* CABI, Oxford.

Cater, C., Garrod, B., and Low, T. (Eds.). (2015). *The Encyclopaedia of Sustainable Tourism.* CABI, Oxford.

CCW (2011). Wales Outdoor Recreation Survey 2011 Full Report. Countryside Council for Wales. www.ccw.gov.uk/enjoying-the-country/welsh-outdoor-recreation-surve.aspx.

Cochrane, C. (1998). Sipadan's Last Chance? *Action Asia* 7(1): 17–19.

Collinsa, L.B., Zhua, Z.R., Wyrwollb, K. and Eisenhauerc, A. (2003). Late Quaternary Structure and Development of the Northern Ningaloo Reef, Australia. *Sedimentary Geology* 159, 81–94.

Colman, J.G. (1997). A Review of the Biology and Ecology of the Whale Shark. *Journal of Fish Biology* 51, 1219–1234.

Coral Princess (2005). Homepage. www.coralprincesscruises.com.

285 Cordell, H.K. (2012). Outdoor Recreation Trends and Futures: A Technical Document Supporting the Forest Service 2010. RPA Assessment. Gen. Tech. Rep. SRS-150. Asheville, NC: U.S. Department of Agriculture Forest Service, Southern Research Station, 167pp.

Craig-Smith, S.J., Tapper, R., and Font, X. (2006). The Coastal and Marine Environment. In: Gossling, S. and Hall, C.M. (Eds.), *Tourism and Global Environmental Change*. Routledge, Abingdon and New York, pp. 107–127.

Davenport, J. and Davenport, J.L. (2006). The Impact of Tourism and Personal Leisure Transport on Coastal Environments. *Estuarine, Coastal and Shelf Science* 67(1–2): 280–292.

Davis, D., Banks, S., Birtles, A., Valentine, P., and Cuthill, M. (1997). Whale Sharks in Ningaloo Marine Park: Managing Tourism in an Australian Marine Protected Area. *Tourism Management* 18(5): 259–271.

DEC (2004). *Snorkelling at Turquoise Bay*. Park Notes Cape Range National Park and Ningaloo Marine Park. Conservation and Land Management, Western Australia.

Department of Conservation (DOC) (2005). Review of Abel Tasman National Park Management Plan Nelson/Marlborough. Conservancy Fact Sheet 152. March 2005 Department of Conservation, Wellington.

DEPW (2013). *Whale Shark Management with Particular Reference to Ningaloo Marine Park*. Department of Parks and Wildlife, Western Australia.

Dixon, J.A, Scura, L.F., and van't Hof, T. (1993). Meeting Ecological and Economic Goals: Marine Parks in the Caribbean. *Ambio* 22(2–3): 117–125.

Dobson, J. (2008). Shark! A New Frontier in Tourist Demand for Marine Wildlife. In: Higham, J. and Lück, M. (Eds.), *Marine Wildlife and Tourism Management*. CABI, Wallingford, pp. 49–66.

Douglas, N. and Douglas, N. (2004). *The Cruise Experience: Global and Regional Issues in Cruising*. Pearson, Harlow.

Dowling, R. and Weeden, C. (2016). *Cruise Ship Tourism*. CABI Publishing, Wallingford.

Duffus, D.A. and Dearden, P. (1993). Recreational Use, Valuation, and Management of Killer Whales on Canada's Pacific Coast. *Environmental Conservation* 20(2): 149–156.

Garrod, B. (2008). Marine Wildlife Tourism and Ethics. In: Lück, M. and Higham, J. (Eds.), *Marine Wildlife and Tourism Management*. CABI, Oxford.

Garrod, B. and Gössling, S. (Eds.). (2008). *Diving Tourism: Experiences, Sustainability, Management*. Elsevier, London.

Gartside, D. (2001). Fishing Tourism: Charter Boat Fishing. Wildlife Tourism Publication. Number 12. CRC for Sustainable Tourism, Queensland.

GBRMPA (2005). Reef Walking Guidelines. www.gbrmpa.gov.au/corp_site/key_issues/tourism/reef_walking.html.

Hall, C.M. (2001). Trends in Ocean and Coastal Tourism: The End of the Last Frontier? *Ocean & Coastal Management* 44: 601–618.

Hawkins, J.P. and Roberts, C.M. (1992). Effects of Recreational SCUBA Diving on Fore-Reef Slope Communities of Coral Reefs. *Biological Conservation* 62: 171–178.

Holland, S.M., Ditton, R.B., and Graefe, A.R. (1998). An Ecotourism Perspective on Billfish Fisheries. *Journal of Sustainable Tourism* 6(2): 97–115.

Hoyt, E. (2011). *Marine Protected Areas for Whales, Dolphins and Porpoises: A World Handbook for Cetacean Habitat Protection*. 2nd Edition. Earthscan/Routledge, London.

Jules Undersea Lodge (2016). Homepage. www.jul.com.

Kay, A.M. and Liddle, M.J. (1984). Tourist Impact on Reef Corals. 1984 Report to Great Barrier Reef Marine Park Authority. Great Barrier Reef Marine Park Authority, Townsville.

Kroese, I. (1998). Shark Cage Diving in South Africa – Sustainable Recreational Utilisation? *Shark News* 12: July 1998. IUCN/SSC Shark Specialist Group.

Lück, M. (2003). Marine Tourism. www.pearsoned.com.au/elearning/hall/files/lueck.pdf. 286

Lück, M. (Ed.). (2008). *The Encyclopaedia of Tourism and Recreation in Marine Environments*. CABI, Oxford.

Lück, M. and Higham, J. (Eds.). (2008). *Marine Wildlife and Tourism Management*. CABI, Oxford.

Lück, M., Maher, P.T., and Stewart, E.J. (Eds.). (2010). *Cruise Tourism in Polar Regions: Promoting Environmental and Social Sustainability?* Earthscan, London.

Maher, P.T., Stewart, E.J., and Lück, M. (Eds.). (2011). *Polar Tourism: Human, Environmental and Governance Dimensions*. Cognizant Communications Corp, Elmsford, NY.

Mendoza, M. (2002). *Whale Watching – What Effects?* The Associated Press, Moss Landing, CA.

Miller, M.L. and Auyong, J. (1991). Coastal Zone Tourism: A Potent Force Affecting Environment and Society. *Marine Policy* 15(1): 75–99.

Morton, B. (2003). Editorial: Ningaloo. *Marine Pollution Bulletin* 46, 1213–1214.

Musa, G. (2003). Sipadan: An Over-Exploited Scuba Diving Paradise? An Analysis of Tourist Impact, Diver Satisfaction and Management Priorities. In: Garrod, B. and Wilson, J.C. (Eds.), *Marine Ecotourism Issues and Experiences*. Channel View, Clevedon, pp. 122–137.

Neil D.T. and Brieze, I. (1996). Wild Dolphin Provisioning at Tangalooma, Moreton Island: An Evaluation. *Proceedings of Moreton Bay and Catchment Conference*. December 13–14, 1996, University of Queensland.

Newbery, B. (1997). In League with Captain Nemo. *Geographical* 69(2): 35–41.

NOAA (2017). ENOW Explorer. https://coast.noaa.gov/digitalcoast/tools/enow.html.

Orams, M.B. (1995). Managing Interaction Between Wild Dolphins and Tourists at a Dolphin Feeding Program, Tangalooma, Australia. The Development and Application of an Education Program for Tourists, and an Assessment of 'Pushy' Dolphin Behaviour. PhD thesis. The University of Queensland, Brisbane, Australia.

Orams, M.B. (1999). *Marine Tourism: Development, Impacts and Management*. Routledge, London.

Rouphael A.B. and Inglis, G.J. (2001). Take Only Photographs and Leave Only Footprints? An Experimental Study of the Impacts of Underwater Photographers on Coral Reef Dive Sites. *Biological Conservation* 100: 281–287.

Scarpaci, C. and Parsons, E.C.M. (2016). Recent Advances in Whale-Watching Research: 2014–2015. *Tourism in Marine Environments* 11(4): 251–262.

SeaCanoe (1999). Eco Development Thailand: SeaCanoe. http//seacanoe.com/seamore2.html.

Shackley, M. (1998). Stingray City – Managing the Impact of Underwater Tourism in the Cayman Islands. *Journal of Sustainable Tourism* 6(4): 328–338.

Shackley, M. (1992). Manatees and Tourism in Southern Florida: Opportunity or Threat? *Journal of Environmental Management* 34: 257–265.

Shepherd, N. (2003). How Ecotourism Can Go Wrong: The Case of SeaCanoe and Siam Safari, Thailand. In: Lück, M. and Kirstges, T. (Eds.), *Global Ecotourism Policies and Case Studies: Perspectives and Constraints*. Channel View, Clevedon, pp. 137–146.

SKOANZ (1993). Code of Practice May 1999. www.seakayak.org.nz/seakayak/code.html.

Sloan, K. (1987). Valuing Heron Island: Preliminary Results. In 16th Conference of Economists, Surfer's Paradise, Queensland, Australia, August.

SNH (2010). *Scotland's Sea Monster. The Nature of Scotland Summer 2010*. Scottish Natural Heritage, pp. 50–55.

South African Collaborative White Shark Research Programme (2005). www.sharkresearch.org/pages/index.html.

Spalding, M.D., Green, E.P., and Ravilious, C. (2001). *World Atlas of Coral Reefs*. University of California Press, Berkeley.

Stonehouse, B. and Crosbie, K. (1995). Tourist Impacts and Management in the Antarctic Peninsula Area. In: Hall, C.M. and Johnston, M.E. (Eds.), *Polar Tourism: Tourism in the Arctic and Antarctic Regions*. Wiley, Chichester.

287 Surfrider (undated). Cruise Ship Pollution. www.surfrider.org/a-z/cruise.asp.

The Journal of Tourism in Marine Environments (TIME) editor: Michael Lück, Auckland University of Technology. www.cognizantcommunication.com/journal-titles/tourism-in-marine-environments. An interdisciplinary journal dealing with a variety of management issues in marine settings. A recent issue (volume 8 Number 1/2), edited by Ghazali Musa and Kay Dimmock covers recent research on scuba diving tourism.

Timothy, D.J. (2001). *Tourism and Political Boundaries*. Routledge, London.

Valentine, P.S., Birtles, A., Curnock, M., Arnold, P., and Dunstan, A. (2004). Getting Closer to Whales – Passenger Expectations and Experiences, and the Management of Swim with Dwarf Minke Whale Interactions in the Great Barrier Reef. *Tourism Management* 25: 647–655.

Warnken J., Dunn, R.J.K., and Teasdale, P.R. (2004). Investigation of Recreational Boats as a Source of Copper at Anchorage Sites Using Time-Integrated Diffusive Gradients in Thin Film and Sediment Measurements. *Marine Pollution Bulletin* 49: 833–843.

Weeden, C. (2016). Cruise Tourism. In: Cater, C., Garrod, B., and Low, T. (Eds.), *The Encyclopaedia of Sustainable Tourism*. CABI, Oxford.

Westera, M. (2003). The Effect of Recreational Fishing on Targeted Fishes and Trophic Structure, in a Coral Reef Marine Park. PhD Thesis. Edith Cowan University, Perth, Western Australia.

Woodland, D.J. and Hooper, J.N.A. (1977). The Effect of Human Trampling on Coral Reefs. *Biological Conservation* 11: 1–4.

WRI (World Resources Institute) (1996). Pressures on Marine Biodiversity. www.wri.org/wri/wr-96–97/bi_txt5.html.

网　址

GBRMPA website：www. gbrmpa. gov. au

大堡礁海洋公园管理局负责管理具有极高娱乐和旅游价值的世界上最大的海洋保护区之一。“旅游业”页面为旅游业经营者和管理者提供了很多工具和信息。

IAATO：iaato. org

国际南极洲旅游经营者协会（IAATO）旨在促进私营部门南极旅行的安全性和环境意识。网站包括政策、指南、照片集、报告和成员名录。

ICMTS：www. coastalmarinetourism. org

国际滨海和海洋旅游协会（ICMTS）是一个旨在鼓励和支持从事滨海和海洋旅游的学生、学者、研究人员和从业人员的国际组织。滨海和海洋旅游大会每两年在海洋旅游目的地举行一次。

PADI：www. padi. com

国际专业潜水教练协会是最大的斯库巴潜水认证组织，负责收集其成员的统计数据，成功运作 AWARE 项目（水生世界意识、责任和教育）。

第十六章　冲浪科学与多用途礁 288

肖·米德　约瑟·博雷罗

一、引言

冲浪运动和冲浪科学相对较新，在20世纪70年代初才进行了第一次调查研究（Walker *et al.*，1972）。虽然经典波浪力学和近海海洋学是冲浪科学的基础，但重点却在于认识和量化形成高质量冲浪波的冲浪场的方方面面。冲浪科学在发展成为一门学科的过程中，部分是由人工冲浪礁的概念驱动的，所谓人工冲浪礁指的是人工设计和建造的构筑物，使得入射涌浪以适合休闲冲浪的方式破碎。最初这只是一种概念化方法，目的是增加特定海岸线上的潜在冲浪场地。众所周知，虽然全世界成千上万公里的海岸线面临波浪的冲击，但只有小部分区域适合冲浪运动，其中高质量的冲浪地点少之又少，并且即便有也是长期过度拥挤。

历史上，为了海岸带保护和侵蚀控制，人为建造了防浪堤，沉没于水下或者稍露出水的人工冲浪礁只是防波堤的特殊表现形式（Ahrens and Cox，1990；Pilarczyk and Zeidler，1996），所以人工冲浪礁可能同时满足了冲浪运动和海岸带保护这两种需求。于是，人们制造出了“多用途礁（multi-purpose reef，MPR）”这个名词。“多用途礁”这一名字还包括生态保护和其他娱乐用途，如钓鱼、潜泳或潜水。众所周知，丁坝或突堤之类侵蚀的构筑物，尽管同样可以形成高质量的冲浪场（Scarfe *et al.*，2003），但其中的不同之处在于由此形成的冲浪控制滨海这样的构筑物并不是这种构筑物原始设计目的。

无论对于保留现有的冲浪场地还是开发发展新的冲浪场，随着开发压力对海岸带的影响,冲浪科学正变得越来越重要。随着参加冲浪运动的人数越来越多,冲浪整体意识也越来越强,冲浪运动和冲浪场正获得和开展其他娱乐运动的自然区域同样的保护水平,例如开展漂流和皮划艇运动的河流或开展滑雪、徒步旅行和山地自行车运动的山地,导致政府正式地或其他方式非正式地把冲浪场指定为"受保护的空间"。

例如,《2010 年新西兰海岸带政策声明》(*the* 2010 *New Zealand Coastal Policy Statement*,NZCPS)(NZCPS,2010)规定对 17 个"具有全国意义"的冲浪场开展重点保护,并将其他多处冲浪场指定为具有区域重要意义的冲浪场。2010 年,斐济颁布了《冲浪法令》(*Surfing Decree*),旨在向世界开放以前的私
289 人冲浪场,并计划将斐济发展为国际冲浪运动。根据《冲浪法令》斐济的冲浪场得到了政府的承认和保护。此外,专业组织和非政府组织也在不断努力承认高质量冲浪活动带来的经济效益,其中包括"世界冲浪保护区""保护我们的海浪""抵御污水的冲浪者""冲浪场保护学会"等团体(Short and Farmer,2012;Washington Post,2013;Borne and Ponting,2017)。所以理解和量化可建立冲浪场的具体岸段的地形特征,对于这些区域的各种任何潜在改变具有决定性的影响。

由于海滩管理政策的重点是维护或改善海滩设施,那么多用途礁(MPR)的设计,可以在保护海滩的同时,提供额外的娱乐机会,自然能符合大多数海滩管理的总体目标。在过去 10 年中,一些多用途礁已纳入海岸带工程项目。在本章中,我们将概述冲浪科学的基本原理,讨论其在多用途礁设计中的应用。然后,我们会通过几个多用途礁的案例,分析其优缺点。我们采用"冲浪"这个词笼统地指代各种形式的冲浪活动,例如卧板、长板和立式桨板。

二、一门新科学的发展

20 世纪 70 年代初,冲浪科学正式开始见诸于詹姆斯 · 基莫 · 沃克的著作。他的论文《夏威夷休闲冲浪》(*Recreational Surfing in Hawaii*)(Walker *et al.*,1972)首次定量描述冲浪运动。其中指出,特殊形式的破碎浪对冲浪运动至关重要。波浪必须陡峭,才能让冲浪板加速,但又不能陡峭到导致波浪崩塌。此外,波浪在破碎时必须"剥离",使得冲浪者可以在未破碎的波浪面上横向平移。

不过海床的形状对波浪破碎形态影响最大，既决定着波浪的陡度（Battjes，1974；Peregrine，1983；Sayce，1997；Couriel *et al.*，1998；Mead and Black，2001b，c），也决定着剥离角度（Walker，1972；Hutt，1997；Mead，2000；Hutt *et al.*，2001）。下一节讨论冲浪科学的三大领域。即波浪剥离角、波浪破碎强度和海床形状，并讨论这些领域的科学是如何加深我们对生成高质量冲浪波所需条件的理解。

（一）剥离角

剥离角定义为波浪在向海岸传播过程中，碎浪水花尾迹与未破碎波浪之间的夹角（Walker *et al.*，1972）。由于完整的冲浪波以“剥离”的方式破碎，其中波浪破碎的区域会横向平移跨过波峰，剥离角就成了定义可冲浪度的关键参数，因为它决定了冲浪者成功穿过波面所必需的行进速度。最靠近剥离波浪峰的区域，俗称为“口袋”，这是最陡的波面，可以为冲浪提供最大的冲浪速度（图 16－1）。剥离角度可以从 0 度到 90 度，剥离角越小，冲浪波越快。但是剥离角的最小值存在极限，如果过小，在到达冲浪点之前，冲浪者是不可能停留在完整的波面上，此时不能停留的波浪被称为“收尾”。另一方面，剥离角越接近 90 度，则冲 290
浪速度越低。

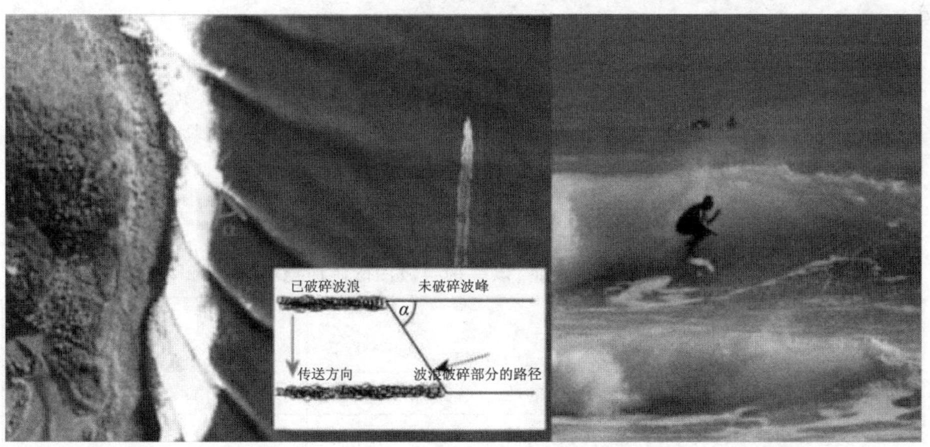

图 16－1　（左图）波浪剥离角 α 示意图（仿自 Walker，1972）。（右图）靠近海浪剥离波峰的陡峭波面，称为口袋，为冲浪提供了最大速度

沃克等人(Walker *et al.*,1972)提出,冲浪难度(或可冲浪度)与破碎波高和剥离角这两个参数存在函数关系,在他们的三层分类方法中,难度值根据这两个参数分为初级、中级和专家级。1997年,赫特(Hutt,1997)对新西兰拉格伦岬的波浪剥离角开展了详细调查(图16-2左图),并在良好的冲浪条件下对波浪破碎过程的航拍,详细的测深数据和数值模型计算,扩展了沃克等人的分类方案。最初,赫特将结果应用于沃克的分类方案中,发现尽管测量结果中的剥离角范围很广,但是所有拉格伦岬的冲浪等级都归类为"中级"。而众所周知的是,拉格伦岬的冲浪条件,适用于初学者到专家级的所有冲浪者技能水平。通过将采集自太平洋和印度尼西亚的另外28个高质量冲浪场的数据(Mead,2000)与拉格伦岬的数据相结合,赫特创立了基于剥离角和波高的冲浪技能分类新方法(Hutt *et al.*,2001)。这个新方法定义了10级技能水平(从未接触冲浪运动的初学者(1级)到世界上最好的冲浪者(10级)——表16-1),并将冲浪波高限制为最高4米,以更符合绝大多数冲浪场而不仅是夏威夷冲浪场(图16-2)。

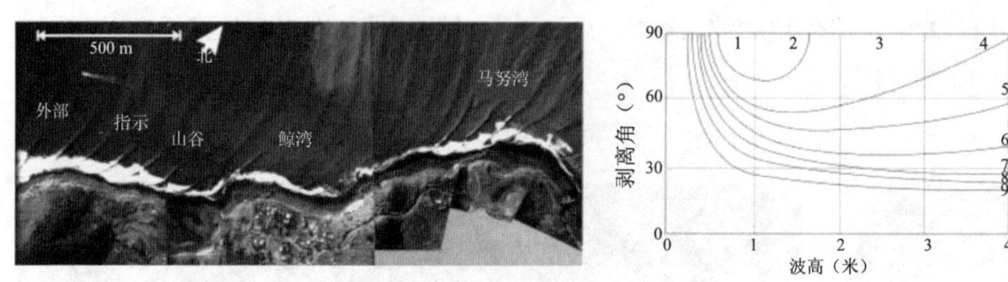

图16-2　(左图)新西兰拉格伦岬冲浪场的航拍图像;(右图)基于剥离角和波高的冲浪技能分类方法(Hutt *et al.*,2001)

表16-1　冲浪者技能等级评定(该等级与波浪破碎质量或冲浪难度值无关)

评级	评级说明	剥离角度限值(°)	最小/最大波高(米)
1	还不能驾驭波浪表面,只是随着波浪的推进向前移动的冲浪者	90	0.70/1.00
2	能够成功地沿着波峰横向滑行的冲浪者	70	0.65/1.50
3	已经可以在波浪表面上上下往复运动来产生速度的冲浪者	60	0.60/2.50
4	偶尔可以开始并执行标准的冲浪动作的冲浪者	55	0.55/4.00
5	能够在一个波浪上连续执行标准动作的冲浪者	50	0.50/>4.00

续表

评级	评级说明	剥离角度限值(°)	最小/最大波高(米)
6	能够连续执行标准动作,偶尔执行高难度动作的冲浪者	40	0.45/>4.00
7	能够连续执行高难度动作的冲浪者	29	0.40/>4.00
8	能够连续执行高难度动作的冲浪者	27	0.35/>4.00
9	能够连续执行高难度动作的冲浪者	未记录	0.30/>4.00
10	未来的冲浪者	未记录	0.30/>4.00

资料来源:Hutt *et al.*,2001。

虽然现代分类方法是设计冲浪礁的有效工具,但有一个缺点,就是它基于特定冲浪场的单个剥离角度值。而事实上,冲浪场可以有几个具有不同冲浪特征的"部分"。这一领域的研究考虑了不同技能水平的冲浪者可以成功通过部分的长度和剥离角度值(Moores,2001)以及决定冲浪者冲浪动作类型的波浪和礁石特征(Scarfe,2002)。这些研究结果最近已经应用于多用途礁的小型地貌和波浪池设计。 291

(二) 波浪破碎强度

若干因素会影响波浪的陡度或破碎强度,包括波高、波浪周期(Battjes,1974)以及风力和风向(Galloway *et al.*,1989;Moffat and Nichol,1989;Button,1991)。然而,对波浪破碎形状影响最大的正是下垫水深(Battjes,1974;Peregrine,1983;Mead and Black,2001a),波浪破碎形状的转变主要是由于海床梯度的增加造成的(图 16-3 左图)。在低坡度的海床上,波浪以溢出的形式破碎,随
着坡度的增加,波浪破碎趋向于突降,最后在非常陡的斜坡上崩塌或者涌动。波 292
浪破碎度分为四类,分别为崩顶破波、卷跃破波、坍滚破波和激散破波。冲浪运动需要崩顶破波,特别是卷跃破波。坍滚破波和激散破波一般出现在水体边缘或者是海床坡度非常陡峭且接近水面的地方,这两种波浪不适合冲浪,因为它们缺少陡峭且平滑的涌面,而且可能直接在岸上破碎。

在崩顶破波和卷跃破波上冲浪时,崩顶破波的坡度越平缓,冲浪板的速度越慢。相对来说,卷跃破波的坡度更陡,冲浪板的速度更快。20 世纪 70 年代至今,大多数冲浪者由较长的冲浪板过渡到如今的短板,说明冲浪需要更陡的波

浪,因为较小体积的短冲浪板需要更陡更强烈的海浪才能滑行。因此,崩顶破波主要适用于初学者早期阶段的学习,而不适用于高难度冲浪。此外,卷跃破波的开放式涡旋为冲浪运动的超高机动性提供了展示机会,即管式冲浪,冲浪者会在波浪的破碎激流下滑行(图 16－3)。

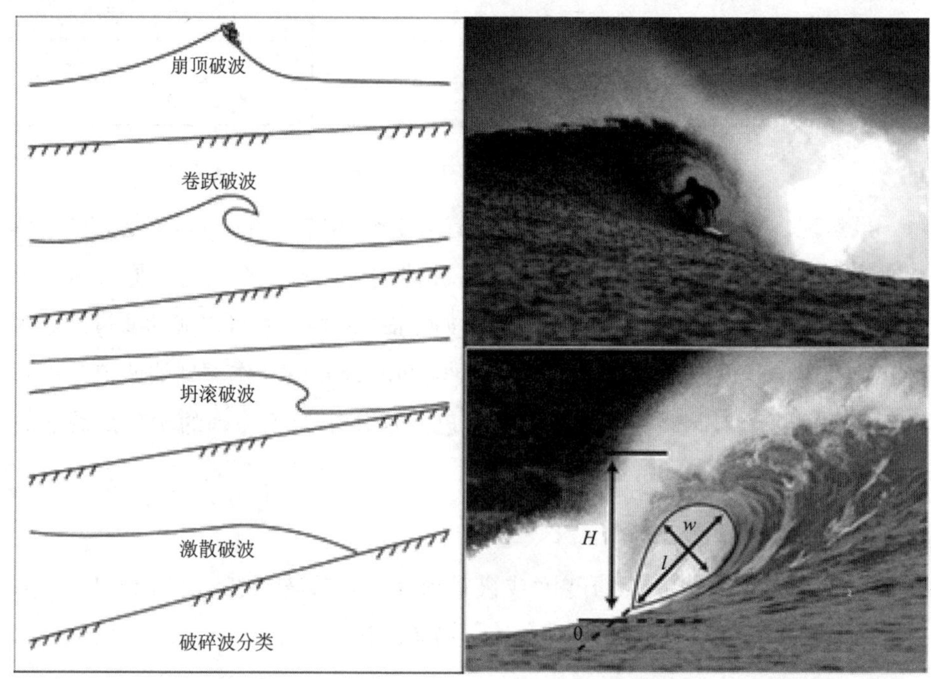

图 16－3　(左图)破碎波分类(仿自 Battjes,1974);(右上图)在破碎波涡旋中的冲浪者,管式冲浪;(右下图)曲线拟合法被应用于波峰平行波图像的正面,用来计算涡旋的长度(l)、宽度(w)和角度(θ),H 是估计的波高

高质量的冲浪波在多个强度等级上破碎,在每个破碎类别中有一个连续体,即从温和涌动到极速的破碎。这种波浪破碎的强度范围在冲浪运动中可以用不同的术语来表达。冲浪者通常将崩顶破波称为“脂肪浪”或“糊状浪”,表明冲浪速度太慢或力度不足。另一方面,卷跃破波又被称为“管浪”“空心浪”“俯仰浪”和“方形浪”。然而,每个术语的确切含义以及如何与波浪破碎强度相关联,是主
293 观的且通常取决于冲浪者的经验水平。

基于波浪陡度值(Hb/L)和海床梯度值(β)的无因次数,一般用于描述波浪

破碎的特征，如伊里巴伦数(Iribarren and Norales，1949)、冲浪尺度分析参数(Guza and Inman，1975)或冲浪相似性参数(Battjes，1974)。虽然这些方法显示了波浪破碎强度，但通过冲浪波形状的研究发现，它们既没有很好地区分波浪破碎类别之间的过渡性(Button，1991；Sayce，1997；Couriel *et al*.，1998；Sayce *et al*.，1999)，也未能描述卷跃破波和崩顶破波剖面的实际轮廓，而这两者对于描述冲浪波的质量至关重要。

赛斯(Sayce，1997)和赛斯等人(Sayce *et al*.，1999)开发了预测卷跃破波的形状的自动图像分析技术。通过将立体曲线(Longuet-Higgins，1982)拟合到波浪破碎的波脊剖面图像中(图 16－3)，量化诸如涡旋长度(l)、涡旋宽度(w)、涡旋破裂角(θ)和波高(H)等参数(Saycel *et al*.，1999)。虽然赛斯(Sayce，1997)的研究工作产生了许多有用的成果，但由于有关实际海床梯度的信息有限，因此难有自信地将海床梯度与波浪破碎强度关联起来。不过，随着印度尼西亚、澳大利亚、新西兰、夏威夷和加利福尼亚等 40 多个世界级冲浪场参数数据库的开发，很快就能获得波浪涡旋和海床测量值(Mead，2000)。米德和布莱克(Mead and Black，2001a)将上文提到的波浪涡旋参数与数据库中大多数世界级冲浪场的海床坡度联系起来，开发了一种用于冲浪礁设计的预测工具，其中局部礁石梯度可用于量化波浪破碎强度(表 16－2)。

表 16－2　波浪破碎强度分级

破碎强度	极强	很强	高	中/高	中
涡流比	1.6～1.9	1.91～2.2	2.21～2.5	2.51～2.8	2.81～3.1
形态描述	方形，喷溅状	非常空心状	倾斜，空心状	部分管状	陡面，极少管状
术语示例中断	管道(夏威夷)，鲨鱼岛(澳大利亚)	后门(夏威夷)，巴东(印度尼西亚)	基拉角(澳大利亚)，Off-The-Wall(夏威夷)	贝尔海滩(澳大利亚)，宾金(印度尼西亚)	马努湾(新西兰)，旺格玛塔(新西兰)

资料来源：Mead and Black，2001a。

“涡流比”(即管浪的长度与宽度比值——图 16－3 右下图)是管浪“圆度”的量度标准，因此可以用来区分管浪形状的细微差异。若涡流比接近 1 时，管浪形状较圆,长度较短,波浪破碎也较猛烈。尽管涡流比的精确极限值尚未确定,但涡流比较小的冲浪波更有可能崩塌。涡流比大于 3 的波浪一般会形成卷跃破波或者崩顶破波,普遍认为不具备较高的短板冲浪性能。在表 16 - 2 中,不同类型的冲浪波形状用冲浪术语加以描述,并用相似波浪破碎强度的冲浪波举例说明。其中包括了具有代表性的冲浪波破碎剖面图,完整地描述了特定的礁石设计将会产生的卷跃破波的类型。

294 米德和布莱克(Mead and Black,2001a)获得的一个重要的发现:决定波浪破碎强度的礁石梯度与海底梯度呈"正交"关系,即波浪传播的梯度,而不是礁石的实际梯度(称为"等高线垂直"梯度)。事实证明,正交海床梯度对于预测波浪破碎强度最有用,因为冲浪礁上的波浪不垂直于海床等高线。相反,波浪必须与海床等高线形成一定角度,才能到达可以冲浪的剥离角。礁石梯度和波浪破碎强度之间的关系可以用线性方程来描述,即

$$Y=0.065X+0.821$$

式中,X 是正交海床梯度;Y 是涡流比。该公式和表 16 - 2 可方便地预测多用途礁设计期的波浪破碎强度。然而,由于折射,正交海床梯度可能难以确定,而最好的解决方法就是使用数学建模和/或航拍/卫星影像来完成。

(三) 海床形状

高质量的冲浪场是由多种环境特点构成的,但如上文所述,海床形状对波浪破碎的形态和冲浪波的质量的影响最大(Mead and Black,2001b,c)。然而,除了 20 世纪 70 年代沃克关于夏威夷礁的数据外,没有多少信息可以用来描述冲浪场的海床形状,直到 90 年代末,若干项研究定量描述了世界级冲浪场的海床形态(Mead and Black,1999a;Mead,2000;Mead and Black,2001b,c)。通过分析不同冲浪场的水深,发现所有的冲浪场都是由一些常见的中尺度地貌组分形成,即斜坡、平台、楔形物、暗礁、凹点、脊状物和尖礁(图 16 - 4),正是这些成分的组合形成了世界级冲浪礁,进而产生了高质量冲浪波。

需要注意的是,这些地貌组分并不仅仅影响波浪的破碎;波浪的破碎方式很大程度上取决于波浪是如何被大规模的地貌组分所预处理。因此,根据功能可以将这些地貌组分分成两类:(1)在破碎之前对波浪进行预处理(通过对齐和变浅);(2)破碎波浪(Mead and Black,2001c)。在波浪破碎过程中,较大尺度地貌

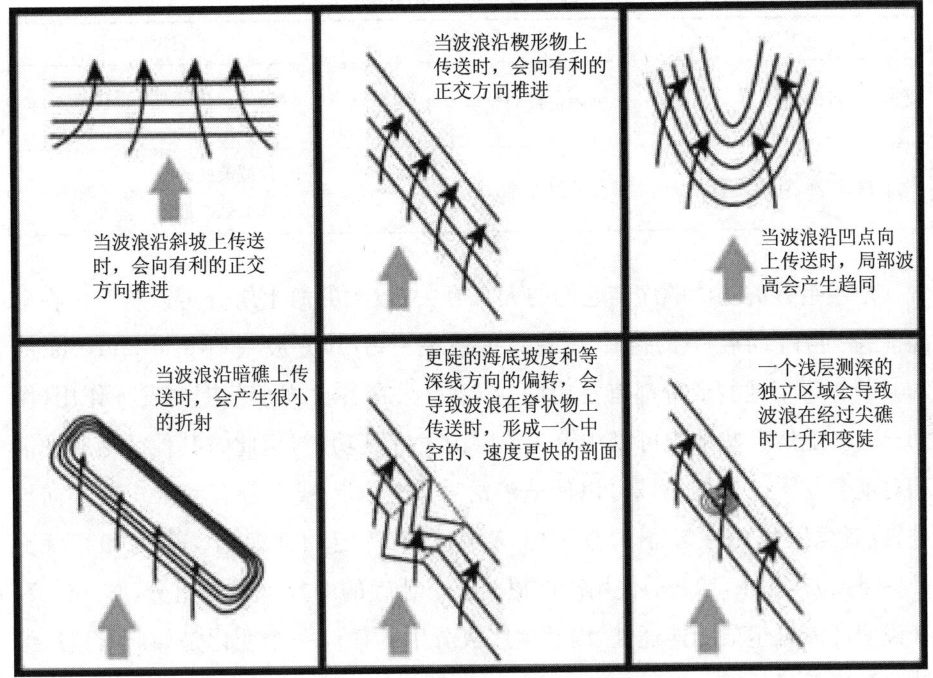

图 16 - 4　包含水深测量的世界级冲浪场礁石组分

注：礁石等深线在波浪传播方向上变浅（面上方）。大箭头表示“推荐的正交方向”，小箭头表示波浪正交。注意，这里没有包括平台，因为平台本质上是一个水平分量，不会折射通过它的波浪

组分中的小尺度部分会改变破碎波浪特征（图 16 - 5，表 16 - 3）。

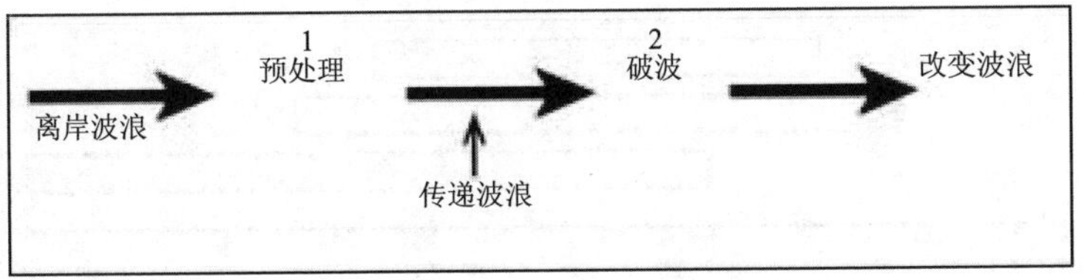

图 16 - 5　冲浪礁构成部分的功能

资料来源：Mead and Black，2001b。

各冲浪礁不同组成部分的相应功能见表 16 - 3。

表 16－3　冲浪礁不同组成部分的相应功能

组成部分	功能	详情
斜坡，焦点，平台	波浪形成的先决条件	—其他组分的先决条件 —一成不变地传递
楔形物、暗礁、脊状物和尖礁	使波浪破碎	—使波浪破碎 —改变破碎波浪

296 地貌组分的功能顺序与它们的大小有关；较大的海上组分可以将波浪在破碎前排列好，而较小的离岸地貌只能改变一小部分波浪（Mead and Black，2001b）。每个地貌成分都有特定的功能，且只在各自规模范围内发挥作用（图 16－6）。虽然有些地貌可以在较大范围内发挥其功能，但此时其他的地貌功能相对就会受限。例如斜坡可以使波浪沿着整个海岸线朝着有利的正交方向推进，或者可以作用在较小的范围内，影响某个特定的冲浪场。米德和布莱克（Mead and Black，1999a）使用印度尼西亚宾金礁的中尺度地貌组分（图 16－7）来说明冲浪礁组成的连通性，以及这些成分中的任何一个变化是如何导致后续
295 冲浪波质量降低的。

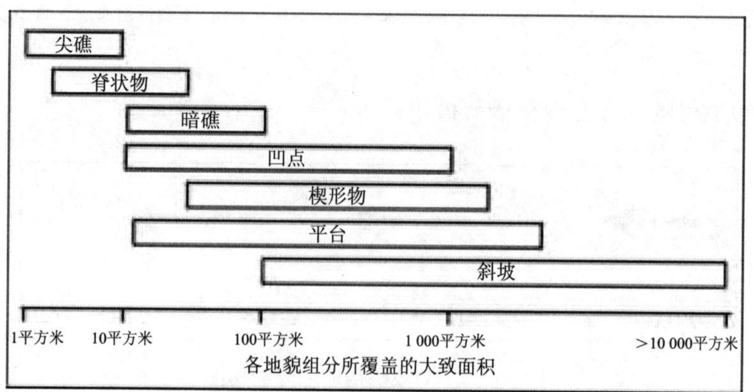

图 16－6　冲浪礁各组成部分的尺度分析

资料来源：Mead and Black，2001b。

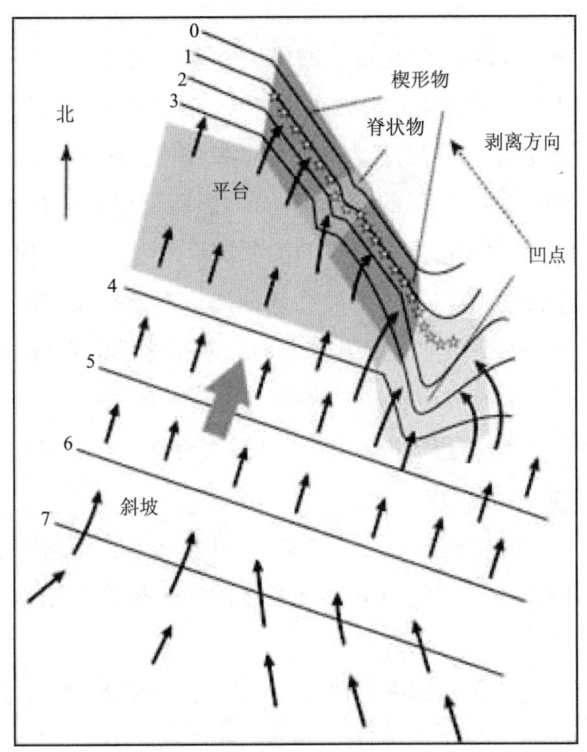

图 16－7　印度尼西亚巴厘岛宾金礁中尺度礁构成配置

注：大箭头表示推荐的正交方向；小箭头表示波浪正交通过各个组成部分时的排列情况。星号指示涨潮时 1 米高波浪在中潮时的破碎点。深度等值线近似于已测得的宾金礁水深

资料来源：Mead and Black，1999a。

三、多用途礁：海岸带保护和设施改善 297

虽然多用途礁（MPR）的概念在近 50 年前就已经提出了（Grigg，1969；Walker *et al.*，1972；Silvester，1975），但直到过去的 15 年，这种构筑物才得以实现（Mead and Borrero，2011）。多用途礁旨在通过将沙滩、水上运动设施、海岸带保护和海洋生态等目标统一在一个简单构筑物中实现，为海岸带构筑物提供

多种用途选择。用于海岸带保护的离岸水下构筑物(Pratt,1994)以及用于提高当地海洋生物多样性和/或吸引海洋生物的人工渔礁(*Bulletin of Marine Science*,1994)已经有几十年甚至几百年的历史。事实上,已知改善栖息地的人造渔礁的第一次应用,可以追溯到公元前2000年的印度西南海岸水域(Kurian,1995),而水下或低顶丁坝已被广泛用于海岸带加固。事实上,水下防波堤和多用途礁的主要区别是除了简单的海岸带防护之外,还增加了其他便利作用。20世纪70～80年代,有关多用途礁研究的文章陆续发表。80年代以来,人们增加了对多用途礁性能的了解以及用于设计这种构筑物分析和数值工具的了解,特别是在海岸带防护、生态和冲浪增强等方面。多用途礁的发展时间表可以概括如下。

- 1969年——R. 格里格(R. Grigg)的"人造礁——多用途计划",《冲浪者杂志》(*Surfer Magazine*)。
- 1971年——沃克和帕尔默(Walker and Palmer)"通用冲浪场所概念"。
- 1971—1974年——沃克(Walker)"休闲冲浪参数"博士论文和几篇已发表的论文。
- 1973年——约翰·凯利(John Kelly)的《冲浪参数:社会和历史维度》(*Surf Parameters: Social and Historical Dimensions*)。
- 1975年——西尔维斯特(Silvester)的"合成冲浪场"。
- 1976年——赖克伦(Raichlen)——岩石太危险,不适合于施工——采用填沙土工织物集装箱。
- 1981年——莫法特·尼科尔(沃克)[Moffat Nichol (Walker)]加利福尼亚州欧申赛德的多用途礁可行性研究。
- 1987年——美国陆军工程兵团——沙滩"补沙器"概念的验证。
- 1990—1991年——里昂和巴顿(Lyon and Button)对珀斯"电缆站"的研究。
- 1995年——新西兰怀卡托大学发起的"ARP"(人造礁计划)。
- 1997年——内尔森(Nelsen)——加州埃尔塞贡多礁研究相关的硕士学位。
- 1997年——赫特,安德鲁斯,赛斯(Hutt, Andrews, Sayce)——新西兰

怀卡托大学(ARP 计划)。

- 1998 年——建造的电缆站冲浪礁。
- 1999 年——在洛杉矶建造埃尔塞贡多冲浪礁和在黄金海岸建造窄颈多用途礁。
- 21 世纪——全球研究并构建更多的多用途礁。

(一) 不影响下行海岸的海滩拓宽

多用途礁适用于解决侵蚀热点问题,因为它们不会将问题转嫁给邻近海岸(例如分别由海堤和防波堤引起的侵蚀性“末端效应”和“防波堤效应”)。在海岸带防护方面,多用途礁和低顶防波堤在应用方面差别不大(Pilarczyk,2003),主要的区别在于加强便利设施。 298

另一个过程也有助于减少沿岸沉积物的运输,这就是水下构筑物对波浪的折射导致波浪方向的旋转或再定位,因为为了剥离波浪,提高冲浪舒适度,多用途礁的位置一定与海岸成一定夹角。这样波浪方向旋转,缩小海滩上的波浪入射角,减少沿岸波浪驱动的海流(Black and Mead,2001a)。合理设计的多用途礁可以使沉积物不受阻碍地在海岸上下移动,并在背风处形成更宽的海滩,即突出部。只要多用途礁与海滩之间存在间隙,沉积物就可以在构筑物中来回移动,而不会导致任何方向的沉积物不足,这就使得分离式构筑物(如多用途礁)有助于解决侵蚀热点问题。此外,在设计合理的水下构筑物促使背风处形成更宽的海滩,属于“有管理的推进”,正成为一种更可取的海岸线保护方法,以便根据海平面的持续上升,制订适应性的管理计划(IPCC,2014)。

虽然这里没有详细说明,但以设计为目的,已经开发出了针对多用途礁的海岸线响应预测工具。例如,在新西兰和澳大利亚东海岸的天然礁石及岛屿的正射校正航空照片预测海滩对离岸构筑物的响应的早期方法基础上,布莱克和安德鲁斯 2001 年提出建立经验公式,该方法已在加利福尼亚州(EIC,2010;Mead,2011)、西澳大利亚(Mead,2005)和南非(Mead *et al.*,2007)的天然礁和人工礁得到了验证。最近的研究(包括物理和数值模拟)为多用途礁设计提供了更多的工具,优化了海岸带保护(Ranasinghe *et al.*,2006;Turner,2006;Savoli *et al.*,2007)。这些调查突出了一些可能发生的问题,例如水下构筑物如果过于靠近海滩会加剧侵蚀,并提供了根据经验评估水下防波堤或多用途礁定位的方法,从而最大限度地保护海岸带。

(二) 生态提升

在许多方面,生态提升被认为是多用途礁这种构筑物的衍生品。从生态学角度来讲,它的原理简单且众所周知;坚硬稳定的基质比流动的砂质基质有助于增加生物多样性和物种丰度(Pratt,1994)。与稳定、复杂的礁石栖息地相比,少数物种,居住在砂质海床的粗糙且流动的环境中的物种较少,主要像海洋蠕虫、甲壳类和双壳类生物。因此,在近岸放置水下多用途礁有助于增加局部水域的多样性(Edwards and Smith,2005;Green,2009)。

与建造在海滩或冲浪区内的海岸带保护构筑物(如海堤、护岸和防波堤)相比,多用途礁上海洋生物多样性和物种丰度的局部增加是一种明显的差异和益处。在多用途礁上,可以观察并记录到生物非常迅速地形成种群。在短短的几天内,就可以观察到水螅等先锋物种附着在礁体表面(Mead,未公开数据)。在几个月至几年内,在没有经过专门训练的人眼中,多用途礁与天然礁毫无差别(Burgess *et al.*,2003;Green,2009)。

299 多用途礁技术领域中的关注点之一是不同建筑材料与不同物种的类型和丰度存在函数关系。世界许多地方均对此加以认真考虑,特别是以改善生态功能的礁区建设(例如,Bulletin of Marine Science,1994)。然而,与传统的人造礁不同,多用途礁投放在冲浪区内或边缘,便于波浪拍打后破碎,以达到保护海岸和增强冲浪功能的目的。到目前为止,大多数多用途礁都是用填满沙子的土工织物集装箱(Sand-Filled Geotextile Containers,SFC)建造的。

在对多个礁区开展的若干次调查中,已经将栖息在多用途礁的物种进行了分类,并与附近的天然岩质礁进行了比较。研究发现,尽管生物多样性指数相似,但与天然岩质礁相比,由装满沙子的土工织物集装箱构成的多用途礁物种组成存在明显差异,即多用途礁上的软体结壳类物种(如海绵、海鞘等)的数量相对较多,而硬体物种(如藤壶、管蠕虫等)的数量较少(Edwards and Smith,2005;Green,2009)。澳大利亚的黄金海岸是人们经常光顾的著名潜水区,当地多用途礁上的海洋生物已经被详细研究(Edwards and Smith,2005),并已鉴定出240多个物种,它们栖息在礁石上或礁石周围,而这里以前是属于不毛之地的砂质海床。

最近一项研究通过比较不同基质和土工织物材料上的生物栖息率和多样性发现，无纺布土工织物（迄今为止建成的 7 个多用途礁中有 5 个采用了装满沙子的土工织物集装箱材料）的生物栖息率和丰度要高于混凝土、岩石、钢和其他土工织物材料（Corbett *et al.*，2010）。这种潜在的生态改善，近年来已成为多用途礁设计加以考虑的因素，并且最近已经被应用到加利福尼亚州的海岸带保护中。那里的研究表明，在海岸带防护构筑物中，与补沙区相比，岩相堤坝上的海鸟数量较少。

虽然人们认为多用途礁可以兼顾海岸带防护、生态改善和冲浪舒适度提升，但世界上最成功的人造礁可能是礁球。全世界已经投放了超过 50 万个礁球，其中许多是为了改善生态，但同时也用来拓宽沙滩（Harris，2001）。

（三）多用途礁案例研究

值得注意的是，近年来，多用途礁的缩写 MPR 被频繁地用于描述人工冲浪礁。不过，在已建成的 7 个多用途礁中（图 16－8，表 16－4），只有 3 个属于可以提供海岸带防护、冲浪和生态改善功能的“真正”多用途礁，分别是澳大利亚的窄颈礁、印度的科瓦拉姆礁和威尔士的博斯礁。而电缆站礁、埃尔塞贡多礁、芒格努伊山礁和博斯科姆礁等，都主要是为冲浪设计建造的。即便如此，也只有部分多用途礁对海岸线的响应获得了详细研究（Mead and Borrero，2011）。 300

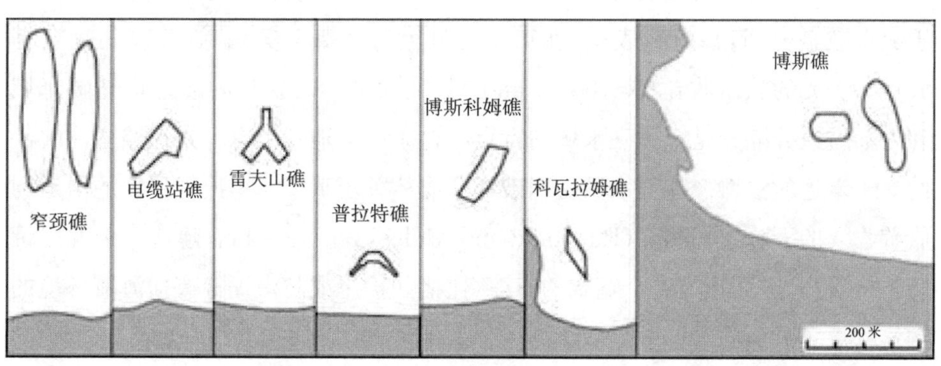

图 16－8　全球 7 个多用途礁项目的相对规模和位置

表 16－4　多用途珊瑚礁项目概述

项目名称	位置	建造年份	建造材料	占地体积（立方米）	大概费用（百万美元）
电缆站礁	澳大利亚华盛顿州珀斯	1999 年	石头	5000	1.8
窄颈礁	澳大利亚黄金海岸	1999 年	填沙土工织物	66 000	3.6
普拉特礁	美国加利福尼亚州埃尔塞贡多	1999 年	填沙土工织物	1350	0.5
雷夫山礁	新西兰芒格努伊山	2005 年	填沙土工织物	6500	1.3
博斯科姆礁	英格兰博斯科姆	2009 年	填沙土工织物	13 000	3.5
科瓦拉姆礁	印度喀拉拉科瓦拉姆	2009 年	填沙土工织物	4800	1.6
博斯礁	威尔士博斯	2011 年	石头	15 000	3.0

资料来源：复制自 Shand(2011)。

1. 窄颈礁

黄金海岸北部海滩保护战略（The Northern Gold Coast Beach Protection Strategy，NGCBPS）是软硬工程相结合的海滩混合管理方案的案例。该保护战略赢得了 2000 年昆士兰州环境奖和地球环境奖，表彰其全新战略思维的引入和创新。它是一种结合了沙滩补沙、稳定沙丘的固沙植物种植、备用或下沉式海堤和为海岸带防护、生态改善和提升冲浪舒适度而设计的多用途礁（窄颈礁）。

窄颈礁的主要功能是海岸带防护。在这个地点建造多用途礁的主要动力源于成本效益分析，该分析表明，在拓宽海滩上每花费 1 美元，旅游收入就会有 60～80美元的旅游收益（Raybould and Mules，1997）。狭长的陆地将开阔海域
301 和内陆航道分隔开是窄颈礁水域的特点。这条狭窄地带上有一条道路通往北部约 5 千米远的沙滩。这一水域受到破坏和媒体关于黄金海岸出现侵蚀的报道与旅游收入的下降密切相关（Raybould and Mules，1997）。因此，建造一个海岸带防护构筑物，进而形成一个宽阔的海滩，比诸如护岸或防浪堤等有损海滩环境的构筑物更具吸引力。

以前开展过一项现场综合计划，其成果被用于礁石设计和沉积物运移过程模拟（即评估礁石的功能表现）。数值和物理模型在窄颈礁的设计过程中都得到了应用，两者的结果是互补的（Black and Mead，2001b；Turner *et al.*，2001）。

窄颈礁的主要目的是要保留 1998 年海滩的补沙量。此外，沙丘的稳定主要通过种植天然固沙植物三齿稃来完成(新西兰三齿稃的例子也可参见第三章的图 3－5 和图 3－6)。

在施工后的 15 年左右，阿格斯远程摄像网络的监测表明，窄颈礁在冲浪者的天堂海滩的补沙量保持方面极其成功；礁体背风处的海滩(突出部)始终比海滩的其他部分宽 30～50 米，影响海滩距离约为 2 公里(图 16－9)。值得注意的是，图 16－9 中的突出部分是不对称的(Turner，2006)，主要是由于每年要向北输送的沉积物约 50 万立方米。阿格斯海岸带摄像网络发现，波浪能在高达 90％的时间内被礁石消散，说明窄颈礁保护了沙滩并充当了海岸带侵蚀控制点的作用(Todd *et al.*，2016)。

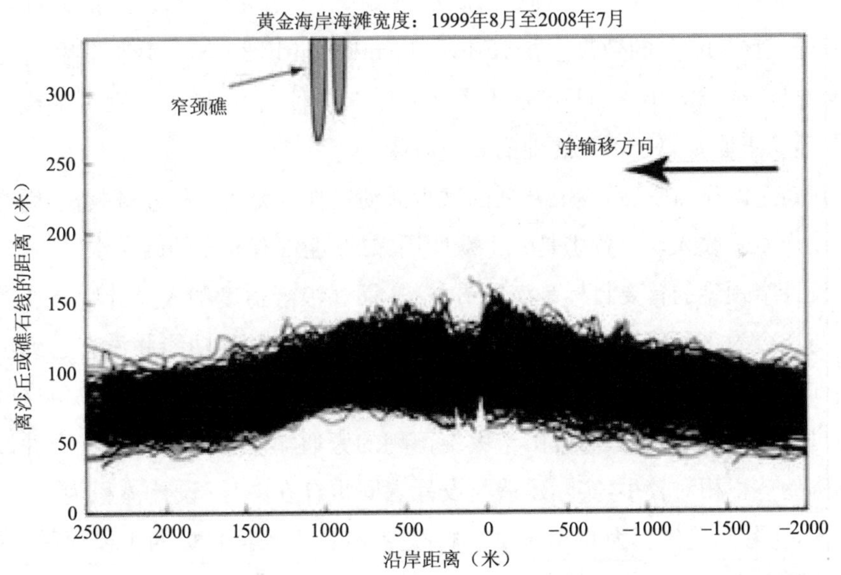

图 16－9　1999 年 8 月至 2008 年 7 月间窄颈礁附近的岸线位置

监测还证实，近岸水下构筑物不会导致海岸下游的侵蚀，这是控制岸滩侵蚀的各种构筑物共同关注的问题。因为它们的构筑物与海滩分离，使沙子沿着海岸移动而不受物理干扰。在 2013 年 2 月和 3 月的夏季气旋季节，虽然窄颈礁被证明比黄金海岸海滩的其他区域更坚固，但由于黄金海岸反复遭受到风暴袭击，

302 还是造成了大范围侵蚀。根据黄金海岸基督教学院估计,窄颈礁多用途礁的建设,使补沙量减少了 300%,从 10 年补沙一次减少到 30 年补沙一次。

窄颈礁在投放第一批装满沙子的集装箱后的几天内,就可以看到有海洋生物定居。几个月内,集装箱完全被海洋生物所覆盖,一年内,就很难确定是集装箱而不是天然礁石。最近有一项研究通过比较不同基质和土工材料上的定居率和生物多样性,发现无纺布土工织物上[在迄今为止建造的 7 个多用途礁中有 5 个(包括窄颈礁)用于制造装满沙子的土工织物集装箱的材料]的定居率和丰度要高于混凝土、岩石、钢和其他土工材料(Corbett *et al.*,2010)。

窄颈礁上的生物学研究发现,虽然生物多样性指数相似,但与天然礁石相比,由装满沙子的土工织物集装箱构建的多用途礁上的物种组成存在明显差异,即多用途礁上的软体结壳物种(如海绵、海鞘等)的数量相对较多,而硬体物种(如藤壶、管蠕虫等)的数量较少(Edwards and Smith,2005)。爱德华和史密斯(Edwards and Smith,2005)鉴定出了 240 多个物种,它们栖息在礁石上或礁石周围,而这里原本属于不毛之地的砂质海床。

在黄金海岸,在窄颈礁上开展的潜水活动也被认为是一种经济收益,因为这些活动产生了收入。窄颈礁是一个众所周知的、经常有人光顾的潜水区。

设计窄颈礁的首要目标是海岸带防护,而冲浪舒适度纳入设计则是次要效益。与迄今为止所建造的几个多用途礁一样,礁石的冲浪功能并没有达到项目开始前媒体报道的预期目标(Jackson *et al.*,2007)。与波丽台和基拉角这两个当地世界级冲浪区相比(后者由于堤维德岬的旁通输沙方案而不再适合冲浪),窄颈礁的体积相对较小,实际建造与设计之间也存在差异(设计体积为 12.8 万立方米,实际建造体积为 6.6 万立方米)是没有达到预期目标的主要原因,同时采用该施工方法按设计规范进行建造也有难度。窄颈礁是从分体式挖泥船上投下 20 米长的装满沙子的土工织物集装箱建造的,这是非常划算的,但也意味着该构筑物必须比设计得更深,而且集装箱也难以准确就位。

即便如此,窄颈礁在建造后的最初 4 年左右就创造了非常好的冲浪条件,而且在条件适合的时候仍然可以冲浪。杰克逊等人(Jackson *et al.*,2010)综述了窄颈礁及其冲浪条件。根据潮汐情况,高度为 0.7～2.0 米的海浪会在礁石上破裂,冲浪者曾用 GPS 记录了浪高较强时长达 60 秒的滑行(Jackson *et al.*,

2010)。此外,多用途礁附近的沙坝层改善了冲浪条件,冲浪救生员通常会在礁石背风处放置旗帜,因为在那里游泳更安全(Jackson *et al*.,2010)。

黄金海岸的第二个多用途礁计划于 2018 年在棕榈滩建造(Royal Haskoning DHV,2016)。 303

2. 电缆站礁

电缆站礁由西澳大利亚大学的研究人员设计,于 1998 年在珀斯建造,是世界上第一个多用途礁(Button,1991;Lyons,1992)。这个多用途礁由驳船上投放的总体积为 5000 立方米的石灰岩构成。主要目的是通过提供额外的冲浪场,缓解其他城市冲浪海滩的拥挤。在该礁建造后,媒体最初对其可以加强冲浪功能的反应是负面的。很明显,电缆站不是主要为冲浪而设计的多用途礁的最佳位置,因为它位于罗特内斯特岛和天然岸礁背风处的掩蔽位置,导致狭窄涌浪口和小型海浪气候的形成。然而,电缆站礁的远程视频监控显示,每年适宜冲浪的天数在多用途礁建造前为 5～7 天,在该礁建设后增加到了 142 天(Pattiarachi,2007)。

3. 普拉特礁

位于加利福尼亚州埃尔塞贡多的普拉特礁的资助和建造,是一个具有里程碑式法庭案件和解的一部分。该案件裁定雪佛龙石油公司要对由于建造与海岸垂直的丁坝和相关的补沙活动导致天然冲浪波的消亡。不幸的是,由于规模问题(如上所述),这个项目从一开始就不可能成功。由于和解资金大部分用于了诉讼费用和许可权,因此留给设计和施工的资金非常少。结果就是,有史以来最小的多用途礁(1 350 立方米)建在了离岸非常近的水域。尽管它确实改善了生态,但从未提供任何冲浪设施(Borrero and Nelsen,2003)。普拉特礁于 2010 年被拆除,拆除的成本与建造成本一样高(Leidersdorf *et al*.,2011)。

4. 雷夫山礁

位于新西兰陶朗加的雷夫山礁(图 16 - 10)主要是为了增强冲浪功能而设计的。然而,由于雷夫山礁的研究是 5 年资源许可的重要组成部分(Mead and Black,1999b),所以已经有 30 多篇博士、硕士论文以及同行评审的文章详细研究了冲浪、生态和形态学等方面对雷夫山礁的响应。

图 16-10 (左上图)空中观测的雷夫山礁;(右上图)冲浪者在礁石形成的形态很好的右手浪(下图)和左手浪上滑行

雷夫山礁的设计指定采用非常大的(长达 60 米 × 直径 5 米)装满沙子的土工织物集装箱(SFC)作为主要建造单元。工程于 2005 年 11 月开始施工,且受到延误、成本超支和施工失误的影响,直接导致了工期延长,最终有 6 500 立方米的构筑物未按照设计规范完工。此外,受限于邻近陶朗加港疏浚物处置区的边界限制,礁石的实际离岸距离要比设计的在大潮期间将礁石放入冲浪区的离岸距离少了近 50 米,因此削弱了其冲浪或海岸带防护的有效性(Ranasinghe *et al*.,2006)。尽管如此,韦佩(Weppe,2009)关于海滩响应的奇/偶
304 分析,获得了与特纳(Turner,2004)在窄颈礁的研究相似的结果,其表明雷夫山礁使海滩加宽了约 25 米,并在礁区东南方向沿海滩约 150 米的范围内产生了积极影响,同时造成主要沉积物的输送方向与窄颈礁的情况相似,产生了不

对称响应。

雷夫山礁分左右两半建造，2006 年 10 月下旬，右边那一半按照接近设计规范的标准完成。这时，多用途礁产生了非常好的冲浪波，按照设计，该波浪以中空、管状的方式破碎(图 16-10)。然而，在建造过程中，一个最大的集装箱损坏了，无法修复，只能被移除。在 2007 年的夏天，偶尔有报道说高质量的冲浪波在雷夫山礁上破碎，当时网上发布了大量的照片和视频。由于取出损坏的集装箱有 9 个多月的时间，因此一个集装箱陷进了相邻的空位中，导致了离岸端波峰高度下降了约 1 米。由于构筑物体积较小，波峰高度低于预期(设计体积为 6 500 立方米，实际体积为 2 800 立方米)，使得雷夫山礁波浪在一系列非常有约束的条件下破裂。在该构筑物的 5 年资源许可期满后，最大的集装箱从该构筑物上移除，较小的集装箱则用作海洋生物栖息地保留在原地。对定居在雷夫山礁的海洋生物多样性调查表明，多样性结果与该地区的天然岩质礁非常相似
(Green，2009)。 305

5. 博斯科姆礁

博斯科姆礁建设属于社区重建项目。与雷夫山礁一样，设计采用了总体积为 1.28 万立方米的大型装满沙子的土工织物集装箱。礁体于 2009 年 9 月底建造完成(Mead *et al.*，2010)。施工过程中及前后都进行了大量的水深和海岸线剖面测量。这些数据用于量化海岸线响应度，并将竣工构筑物与设计构筑物进行比较(Mead *et al.*，2010)。近岸分离构筑物对于防止沉积物越岸输送非常有用，这一点在普尔湾建造博斯科姆礁上得到了证实。在 6 个月的施工期内，在博斯科姆礁背风处和西侧(即不对称)500 米以上范围内的海滩额外增加了约 40 米宽度。与其他由装满沙子的土工织物集装箱建造的多用途礁类似，博斯科姆礁上很快就有大量海洋生物定居，该礁也成为潜水和浮潜的热门地点。

阿特金(Atkin，2010)使用视频图像来监控可冲浪度。这项工作证实了博斯科姆礁是按设计建造的，并产生了符合设计预期的破波类型。大量的在线照片和视频(见 www.magicseaweed.com，www.youtube.com/watch? v=F0PslWKkbf4)证实了阿特金(Atkin，2010)的观点。不过，博斯科姆礁也成了当地政客、媒体和部分冲浪社区批评和辩论的主题。大部分批评集中在博斯科姆礁的感知价值、波

浪破碎的类型及其一致性等方面（每年可冲浪的天数）。负责博斯科姆礁建设的理事会成员中的持有不同政见者认为，建设费用太高了，而缺乏经验的长板冲浪者则抱怨说，海浪破裂得太快，强度太大，无法驾驭。然而，当地的冲浪爱好者对海浪的破裂方式普遍感到满意。

在一致性方面，设计报告中反复提到，项目地点位于英吉利海峡上游，主要受当地风浪影响，浪高相对较小，周期较短，通常不太适合冲浪。2011 年更严重的问题出现了，一艘船与博斯科姆礁相撞，损坏了礁体上两个最大的装满沙子的集装箱，博斯科姆礁因此正式“关闭”。然而，2014～2015 年度的报告显示，冲浪爱好者仍然经常使用博斯科姆礁。博斯科姆礁是山德（Shand，2011）提出观点的一个很好的范例，即通过媒体和地方政治形成的公众看法可能与量化数据大不相同。

6. 科瓦拉姆礁

2010 年 2 月底，位于印度西南部喀拉拉邦的科瓦拉姆礁竣工。它的主要目标是扩大和保护科瓦拉姆海滩的南端，同时在季风季节保护海滩散步长廊，这个长廊是当地受欢迎的旅游地点。其次考虑的是改善冲浪舒适度和改善生态。在建造之后的一年里，人们对科瓦拉姆礁的海岸线响应进行了监测。在科瓦拉姆灯塔观测平台上每周进行的摄影监测，为校正后的照片时间序列分析提供了合适的数据来源（Mead and Borrero，2011）。这些数据表明，无论在季风或非季风
306 条件下，与建设前相比，海滩都变宽了。与其他由装满沙子的土工织物集装箱建造的多用途礁相似，科瓦拉姆礁的集装箱受损后，箱体由于沙子流失变瘪了，从而降低了构筑物的高度和体积。同样类似的还有海洋生物会很快在礁体上大量定居。在这种情况下，当地渔民会定期从礁体上捕捉贝类（贻贝），供应当地餐馆。

尽管科瓦拉姆礁的体积相对较小（只有 4 800 立方米），但它的冲浪舒适度得到优化。因为以前，科瓦拉姆海滩水域几乎不适合冲浪。在旱季，这条海岸线通常受到科瓦拉姆湾南端的微风和干净涌浪的影响。然而，在科瓦拉姆礁建造之前，这些涌浪通常会“关闭”，而且基本上无法冲浪。科瓦拉姆礁的出现使得海浪向离岸更远的地方冲击，并沿着它的构筑物剥离。

7. 博斯礁

2012 年 3 月完工的威尔士博斯礁靠近阿伯里斯特威斯，是最近才建造的多用途礁。它的建造主要是为了海岸带保护，经过公众咨询，人们优先选择没有建筑物的公共海滩，而冲浪和生态改善则是他们次要考虑的因素(Borth Community Website,2012)。该多用途礁由大型岩石单元建造，是 6 个大型海岸带构筑物之一，其中还包括 1 个与海岸平行的独立式防波堤、2 个近岸防波堤和 2 个丁坝。该项目的咨询、设计和施工历时 10 多年，最终于 2012 年初完成(Obhrai *et al.*,2011)。

在冲浪方面，博斯礁受到了大潮差和极大气候波动的挑战。可冲浪度研究(Borrero and Mead,2013;Rigden *et al.*,2013)注意到由于受潮差、波候和建筑材料等因素影响，海岸带保护功能与可冲浪度之间存在固有的权衡。

在撰写本文的时候，人们对博斯多用途礁上的冲浪活动知之甚少。虽然没 307
有进行正式的监测来量化海岸带响应，但在施工后的照片中，礁体背风处有一个很大的突出部清晰可见(图 16－11)，表明它起到了保护海岸带的作用。

图 16－11　竣工的博斯礁(注意在离岸礁背风处较大的突出部分)

专栏 16-1　冲浪设施规模的重要性

我们可以根据构筑物的建造体积或预算来评估项目的规模。无论用两者中的哪个指标来衡量,但迄今为止竣工的多用途礁项目规模都非常小。例如,可以将表 16-1 中的构筑物体积与 12.8 千米长的洛杉矶长滩(Los Angeles/Long Beach,LALB)防波堤对比一下(总体积为 1 536 万立方米,见图 16-12 左图)。将普拉特礁放在长滩防波堤的背景中进行对照,普拉特礁的总体积相当于 1 米多一点的洛杉矶长滩防波堤,而这些多用途礁结构中最大的窄颈礁所用的材料不到洛杉矶长滩防波堤系统的 0.5%。在构筑物上破浪的一个重要方面是它的跨岸宽度。如果多用途礁在这个维度上太窄,波浪将无法正确"感知"它,因而会在礁体上变浅,并且不能很好地符合冲浪条件地破裂。根据经验,这个跨岸维度应该至少要与在预计建造地点中所出现的最长海浪波长一样长。

同样,与其他以产生冲浪波为目的的人造构筑物相比,迄今为止的多用途礁也可被视为小型海岸带构筑物(图 16-12 右图)。例如,负责为纽波特"楔形"冲浪区提供冲浪波的防波堤有 700 多米长,由超过 40 万立方米的材料建成。楔形冲浪区被认为是全球冲浪景观的既定部分,尽管事实上它大多无法适合于冲浪,不仅危险,而且一年只能正常工作几次——关于多用途礁的冲浪设施,已经提出了一些相同的观点。

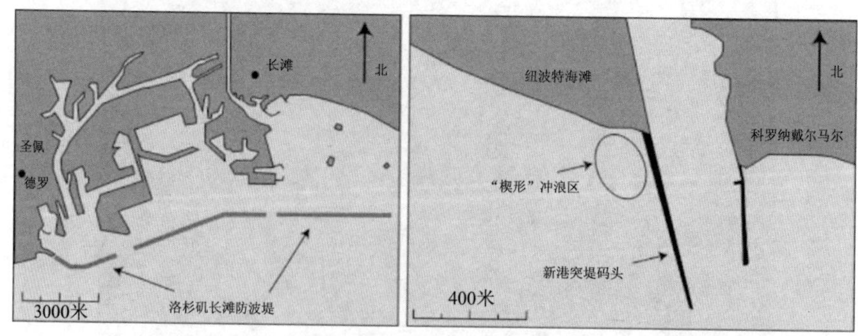

图 16-12　(左图)洛杉矶长滩防波堤长 12.8 千米,体积约为 1 200 立方米/米;(右图)负责为"纽波特楔形冲浪区"提供冲浪波的防浪堤长 700 多米,容积 40 万立方米

资料来源:仿自 Shand(2011)。

在预算方面,这样的比较同样令人印象深刻。补沙项目通常会达到100万美元,与这里所讨论的所有7个多用途礁项目的总预算(约1 530万美元)相比,补沙项目只是洛杉矶动物园大象展馆花掉的4 200万美元的1/3(LA Times,2012)。在评估多用途礁的舒适性时,将它的体积与天然冲浪场进行比较是有必要的。如米德和布莱克(Mead and Black,2001b)所定义的,构成冲浪区的面积为数千平方米,而自然地物的体积,例如定点冲浪场,可以为数百万立方米。如上所述,到目前为止已经建成的多用途礁已经多次对概念进行了验证;通过增加这类项目的规模或者预算,将冲浪设施融入大型海岸带构筑物中(Mead,2000)以及在冲浪区使用能够保持设计规范的建筑材料,为未来进一步提高人造冲浪波的质量提供机会。 308

四、结论

冲浪科学是一个多学科相融合的科学活动和研究领域,专注于海岸带海洋学的各个方面,如波浪传播和破碎、海床形态以及气象学,因为它们都与休闲冲浪有关。冲浪科学还融合了经济学、社会学和人类学等社会科学。事实上,从冲浪科学的早期研究(见Walker,1972)开始,这些元素就已经交织在一起,这些研究力图量化高质量冲浪波的控制因素,从而开发新的冲浪地点,缓解天然冲浪场的过度拥挤。这些早期研究引入了"多用途礁"的概念,这种构筑物既可作为娱乐设施,又可作为海滩防护、控制侵蚀和提高当地生物多样性的手段。20世纪90年代中期,人们开始努力设计和建造具有这些特征的构筑物,到90年代末,有无"多用途"设计内容的第一个专门建造的"冲浪礁"被建造出来了。到目前为止,这类项目只有7个获得了可感知或实际的成功。然而相对于"典型的"海岸带工程,如沙滩补沙、港口建设或海岸带土地保护而言,它们的共同点在于,构筑物体积或总体项目预算等规模都很小。这就导致了项目尽管在资金严重不足,甚至设计很糟糕的情况下(如普拉特礁),为了安抚项目支持者,也还能匆匆完工。有限的预算还影响了建筑材料的采用,这些材料(即装满沙子的土工织物集装箱)在持续的波浪冲击中已经证明是不稳定的。

尽管存在这些挫折,冲浪科学领域和多用途礁的应用领域仍然存在许多机会。由于发展压力经常会影响现有的冲浪场,现在比以往任何时候都更重要的是对冲浪资源的量化和社会经济的评估能够也应该用来保护现有的冲浪场。此外,鉴于冲浪运动在全球范围内的不断发展,已有的冲浪场比以往任何时候都更
309 拥挤,人们很可能还会继续努力寻找更多的人造冲浪场。

参考文献和延伸阅读

Ahrens, J. P. and J. Cox, 1990. Design and Performance of Reef Breakwaters. *Journal of Coastal Research*, Special Issue No. 7, The Coastal Education and Research Foundation (CERF), Fort Lauderdale, FL, pp. 61–75.

Atkin, E. A., 2010. The Impact of an Artificial Surfing Reef of Breaking Wave Conditions at Boscombe, UK. MSc Thesis, University of Southampton.

Battjes, J. A., 1974. Surf Similarity. *Proceedings of the 14th Coastal Engineering Conference*, ASCE, pp. 466–480.

Black, K. P. and S. T. Mead, 2001a. Wave Rotation for Coastal Protection. *Proceedings of the Australasian Coasts & Ports Conference*, Gold Coast, Queensland, Australia, 25–28 September 2001.

Black K. P. and S. T. Mead, 2001b. Design of the Gold Coast Reef for Surfing, Public Amenity and Coastal Protection. *Special Issue of the Journal of Coastal Research on Surfing*, pp. 115–130.

Borne, G. and J. Ponting, 2017. *Sustainable Surfing*. Routledge, London, 262pp.

Borrero, J. C. and S. T. Mead, 2013. Laboratory Studies of the Design of a Multi-Purpose Reef in Borth, Wales. *8th International Multi-Purpose Reef Symposium*, Rincon, Puerto Rico, 20–22 February 2013.

Borrero, J. C. and C. E. Nelsen, 2003. Results of a Comprehensive Monitoring Program at Pratte's Reef. *Proceedings of the 3rd International Surfing Reef Symposium*, Raglan, New Zealand.

Borth Community Website, 2012. Borth Coastal Defense. Accessed 19 October 2014, www.borthcommunity.info/index.php?option=com_content&view=article&id=43 percent3A coastal-view&lang=en.

Button, M., 1991. Laboratory Study of Artificial Surfing Reefs. Bachelor of Engineering, Department of Civil and Environmental Engineering, University of Western Australia, 1991, pp. 85 + appendices.

Corbett, B., L. A. Jackson, S. Restall, and T. Evans, 2010. Comparison of Geosynthetic Materials as Substrates on Coastal Structures – Gold Coast (Australia) and Arabian Gulf. *Proceedings of the 32nd International Conference on Coastal Engineering*, Shanghai, China, June 30–July 5, 2010.

Couriel, E. D., P. R. Horton, and D. R. Cox, 1998. Supplementary 2-D Physical Modelling of Breaking Wave Characteristics. WRL Technical Report 98/14, March 1998.

Edwards, R. A. and S. D. A. Smith, 2005. Subtidal Assemblages Associated with a Geotextile Reef in South-East Queensland, Australia. *Marine and Freshwater Research* 56: 133–142.

EIC, 2010. Fletcher Cove Reef Conceptual Design – Solana Beach, California. Report prepared for the USACE, Los Angeles District.

Galloway, G. S., M. B. Collins, and A. D. Moran, 1989. Onshore/Offshore Wind Influence on Breaking Waves: An Empirical Study. *Coastal Engineering*, 13: 305–323.

Grigg, R., 1969. Artificial Reefs: A Plan for Multiple Use. *Surfer Magazine*, January, 1969.

Guza, R. T. and D. L. Inman, 1975. Edge Waves and Beach Cusps. *Journal of Geophysical Research* 80: 2997–3012.

Hutt, J. A., 1997. Bathymetry and Wave Parameters Defining the Surfing Quality of Five Adjacent Reefs. MSc Thesis, University of Waikato, New Zealand.

Hutt, J. A, K. P. Black, and S. T. Mead, 2001. Classification of Surf Breaks in Relation to Surfing Skill. *Special Issue of the Journal of Coastal Research on Surfing*, pp. 66–81.

IPCC, 2014. Climate Change 2014: Synthesis Report. Contribution of Working Groups I, II and III to the Fifth Assessment Report of the Intergovernmental Panel on Climate Change [Core Writing Team, R.K. Pachauri and L.A. Meyer (eds.)]. IPCC, Geneva, Switzerland, 151 pp.

Iribarren, C. R. and C. Norales, 1949. Protection des ports. *Proceedings XVIIth International Navigation Congress*, Section II, Communication 4, Lisbon, Portugal, pp. 31–80.

Jackson, L. A., B. Corbett, R. Tomlinson, J. McGrath, and G. Stuart, 2007. Narrowneck Reef: Review of 7 Years of Monitoring Results. *Shore and Beach*, 75(4): 67–79.

Kurian, J., 1995. Collective Action for Common Property Resource Rejuvenation: The Case of People's Artificial Reefs in Kerala State, India. *Human Organisation*, 54: 160–168. 310

Leidersdorf, C., B. Richmond, and C. Nelsen, 2011. The Life and Death of North America's First Man-Made Surfing Reef. *Conference on Coastal Engineering Practice 2011*, pp. 212–225. doi:10.1061/41190(422)18.

Longuet-Higgins, M. S., 1982. Parametric Solutions for Breaking Waves. *Journal of Fluid Mechanics*, 121: 403–424.

Los Angeles Times, 2012. L.A. Zoo is not a 'Happy' Place for Elephants, July 24, 2012, accessed online.

Lyons, M., 1992. Design of an Artificial Surfing Reef. Bachelor of Engineering, Department of Civil and Environmental Engineering, University of Western Australia, 1992.

Mead, S. T., 2000. Incorporating High-Quality Surfing Breaks into Multi-Purpose Offshore Reefs. PhD Thesis, University of Waikato, New Zealand.

Mead, S. T. and K. P. Black, 1999a. Configuration of Large-Scale Reef Components at a World-Class Surfing Break: Bingin Reef, Bali, Indonesia. *Proceedings for Coasts and Ports Conference '99*, 2: 438–443.

Mead, S. T. and K. P. Black, 1999b. A Multi-Purpose, Artificial Reef at Mount Maunganui Beach, New Zealand. *Coastal Management Journal* 27(4): 355–365.

Mead, S. T. and K. P. Black, 2001a. Predicting the Breaking Intensity of Surfing Waves. *Special Issue of the Journal of Coastal Research on Surfing*, pp. 51–65.

Mead, S. T. and K. P. Black, 2001b. Field Studies Leading to the Bathymetric Classification of World-Class Surfing Breaks. *Special Issue of the Journal of Coastal Research on Surfing*, pp. 5–20.

Mead, S. T. and K. P. Black, 2001c. Functional Component Combinations Controlling Surfing Wave Quality at World-Class Surfing Breaks. *Special Issue of the Journal of Coastal Research on Surfing*, pp. 21–32.

Mead, S. T. C. Bleinkinsopp, A. Moores, and J.C. Borrero, 2010. Design and Construction of the Boscombe Multi-Purpose Reef. *Proceedings of the 32nd International Conference on Coastal Engineering (ICCE)*, Shanghai, China, July 2010.

Mead, S. T., and J. C. Borrero, 2011. Multi-Purpose Reefs – A Decade of Applications. *Proceedings of the 20th Australasian Coasts and Ports Conference*, Perth, Australia, 27–30 September 2011.

Moffat and Nichol, 1989. The Patagonia Surfing Reef Feasibility Study. Report prepared for The Surfrider Foundation, Huntington Beach California, by Moffat & Nichol, Engineers, Long Beach, CA. Job No. 2521, September 1989.

NZCPS, 2010. New Zealand Coastal Policy Statement: http://doc.org.nz/publications/

conservation/marine-and-coastal/new-zealand-coastal-policy-statement/new-zealand-coastal-policy-statement-2010/.

Obhrai, C., K. A. Powell, T. Rigden, and A. Johnson, 2011. Physical Modelling of the New Coastal Defence Scheme at Borth. *Proceedings of ICE Conference in Coastal Management*, Belfast.

Pattiarachi, C. 2007. The Cables Artificial Surfing Reef, Western Australia. *Shore and Beach*, 75(4): 80–92.

Peregrine, D. H., 1983. Breaking Waves on Beaches. *Annual Review of Fluid Mechanics*, 15: 149–178.

Pilarczyk, K. W., 2003. Design of Low-Crested (submerged) Structures – An Overview. *6th International Conference on Coastal and Port Engineering in Developing Countries*, Colombo, Sri Lanka, 2003.

Pilarczyk, K. W. and R. B. Zeidler, 1996. *Offshore Breakwaters and Shore Evolution Control*. A. A. Balkema, Rotterdam, 560pp.

311 Pratt, J. R., 1994. Artificial Habitat Technology and Ecosystem Restoration: Managing for the Future. *Bulletin of Marine Science*, 55(2–3): 268–275.

Ranasinghe, R., I. L. Turner, and G. Symonds, 2006. Shoreline Response to Multi-Functional Artificial Surfing Reefs: A Numerical and Physical Modelling Study. *Coastal Engineering* 53: 589–611.

Raybould, M. and T. Mules, 1997. Northern Gold Coast Beach Protection Strategy: A Benefit-Cost Analysis. Report prepared for the Gold Coast City Council, February 1998.

Rigden, T., T. Stewart, W. Allsop, and A. Johnson, 2013. Surf Reefs – Physical Modeling Results, Not Pipe Dreams. *Proceedings of ICE Conference on Coasts, Marine Structures and Breakwaters 2013*, Edinburgh.

Royal Haskoning DHV, 2016. Palm Beach Shoreline Project. Report prepared for the Gold Coast Cty Council.

Sayce, A., 1997. Transformation of Surfing Waves Over Steep and Complex Reefs. Unpublished MSc Thesis, University of Waikato, New Zealand.

Sayce, A., K. P. Black, and R. Gorman, 1999. Breaking Wave Shape on Surfing Reefs. *Proceedings Coasts and Ports 99* 2: 596–603.

Scarfe, B. E., 2002. Categorising Surfing Manoeuvres Using Wave and Reef Characteristics. MSc Thesis, University of Waikato, Hamilton, New Zealand.

Scarfe, B. E., M. H. S. Elwany, K. P. Black, and S. T. Mead, 2003. Categorizing the Types of Surfing Breaks around Jetty Structures. Scripps Institution of Oceanography. Scripps Institution of Oceanography, UC San Diego. Retrieved from: https://escholarship.org/uc/item/09f405bq.

Shand, T. D., 2011. Making Waves? A Rational Review of Artificial Surfing Reef Projects. *Shore and Beach*, 79(3), Summer 2011.

Short, A. and B. Farmer, 2012. Surfing Reserves – Recognition for the World's Surfing Breaks. *The Reef Journal* 2(1–14), ISSN No. 1176-7812.

Silvester, R., 1975. Synthetic Surfing Sites. University of Western Australia, Nedlands, Western Australia.

Todd, D., D. Strauss, T. Murray, R. Tomlinson, S. Hunt, and K. Bowra, 2016. Beach Volume Index: Management Tool for the Gold Coast Beaches. *Proceedings of the 24th New Zealand Coastal Society Conference*, 16–18 November 2016.

Turner, I. L., 2006. Discriminating Modes of Shoreline Response to Offshore-Detached Structures. *Journal of Waterway, Port, Coastal and Ocean Engineering* 132(3): 180–191.

Turner, I., V. Leyden, R. Cox, A. Jackson, and J. McGrath, 2001. Physical Modelling of the

Gold Coast Artificial Reef. *Special Issue of the Journal of Coastal Research on Surfing*, pp. 131–146.

Walker, J. R., R. Q. Palmer, and J. K. Kukea, 1972. Recreational Surfing on Hawaiian Reefs. *Proceedings of the 13th Coastal Engineering Conference.*

Washington Post, 2013. www.washingtonpost.com/surfonomics-quantifies-the-worth-of-waves/2012/08/23/86e335ca-ea2c-11e1-a80b-9f898562d010_story.html.

第十七章　后记——当前和未来的发展

大卫·R. 格林　杰弗里·L. 佩恩

正如我们在第一章末尾所述，单单一本书无法涵盖一个主题涉及的所有内容。在本书的开篇也简述了，海洋和海岸带管理包含了许多不同领域的专业知识。这本书对学生而言只是作为入门教材，从许多专题中选择出那些我们认为与掌握关于我们海洋和海岸带环境的基本知识和理解高度相关的内容着手。若要更深入了解具体的主题、课题及问题，则需要在以后广泛的文献阅读、实际工作和继续教育中获取。

与任何学科一样，随着时间的推移，在很多新领域必然会不断产生新的研究进展。这些发展通常出自持续不断的科学研究和实际业务中，这些研究和业务能够为海岸管理领域提供新见解、新工具和新技术。本书的最后一章对与海洋和海岸带管理相关的目前正在兴起及未来领域进行探索。科学技术方法应用方面的进展也将在未来不断出现——例如开发更高分辨率数据、采用新的海岸带管理方法、应用新的监测环境变化技术以及对由于气候变化带来的对社会、经济和环境安全的可能产生的重大影响导致推动利益相关者和社区主导的新的管理策略的追求。

几乎每天都有关于海洋和海岸带环境的许多方面的媒体报道——在杂志、报纸、社交媒体以及电台和电视上——例如人类活动的影响、海洋物理的演变、环境问题的关切以及海洋技术的发展。这些问题通常——也可能是越来越多地引发了我们对全世界持续地对环境和自然资源的开发利用直接导致的其变化和影响的担忧。许多这些担忧都与观察到的气候变化导致的变化有关。另一些则与我们为了经济、航运、可再生能源和旅游业的发展而对环境的利用有关。而在另一方面，人们通过各种先进技术实现水下考古、大众科普、海图绘制、海洋资源表征、海洋生物和海洋生态系统可持续性，出现了新的令人兴奋的发现。

这些广受欢迎的科学报道，为下面要提到的一些主题提供了基础，这些主题旨在强调我们如何加强对海岸带和海洋环境的意识，并且在这方面得到更好的教育，同时它们表明了我们作为一个全球社会，需要关注如何确保未来以可持续的方式管理和维护清洁、健康、有恢复力和高产的海洋和海岸带。 313

一、知识获取

近年来，我们的技术越来越多地以无法想象的规模为我们提供了对海洋和海岸进行监测、绘图、建模和可视化等的手段。在空间、大气、地面上、水体中、生物体上和海床上安装的各种传感器和成像仪，为我们提供了非常先进的手段来获取越来越高的空间、光谱和时间尺度的新数据以及将大量空间数据处理成可用信息的软件。使用安装在水下潜水器，如无人遥控潜水器（ROV），自主式潜水器（AUV）和着陆器上的数码相机和视频设备为我们提供了探索新的深度的手段，并且在专业传感器的帮助下，许多过去不可能的新水下发现被看到，如海洋物种、自然过程、沉船等。通过对以前从未覆盖过的区域甚至海床以下的海底进行水下测绘，我们得到了有关海底的表面、水下栖息地和大陆架构造等新的信息。使用 AUV 和无人机（UAV）上搭载的浅水测深激光雷达提供了更新的和更安全的方法来调查我们沿岸的浅水海域。智能手机应用程序提供了帮助我们通过移动通信技术，成为我们以廉价、快速和可靠的方式记录各种如海滩垃圾和风暴后的损害评估等的数据和信息的工具。谷歌手机地图和谷歌海洋提供鼓励更多的公众参与科学和数据收集，作为帮助这些根本没有人力在大范围内记录观测结果的情况下集中获取重要的沿海和海洋信息的手段，这是一个新的领域。卫星使我们能够持续监测和绘制全球海平面、海表温度（SST）、沉积物羽流、珊瑚礁、沿海和淡水藻华、石油泄漏等信息，并昼夜监测船舶的安全状况和合规情况。研究还增进了对石油泄漏化学品和其他有毒物质如何导致包括鱼类死亡在内的海洋环境问题的更多了解；海洋环境中的微型和大型塑料对海洋环境的影响以及其引起对人类的更广泛的食物链的影响和保护海洋生物的新途径;监测海洋及海岸带环境的变化;外来物种的影响;如何利用人造珊瑚来保护濒危的珊瑚礁;海洋禁猎区和保护区如何运作;随着海洋温度上升,海洋栖息地和海洋物种的损失和迁移;珊瑚礁白化现象;海洋酸化;沉船的识别和可视化。有关我们沿海和海域的越来越详细的数据和信息的获取,最终为更明智的规划和决策提供了基础。

二、水下环境与海洋资源开发

如今,水下技术使我们能够探索比过去更深的海洋世界,这主要得益于配备摄像头、视频和其他传感器的 AUV、ROV 和海底着陆器。我们不仅能够展示最深海洋中的生命,而且也有许多新的重要发现。能够在它们的栖息地识别到这些生物是一回事,但监测它们的生活和在栖息地内与其他物种的互动则是一件新奇的事情。随着我们对海洋环境的认识和理解的不断加深,再加上科技的发展,我们进行深海勘探的能力大大增强了。随着陆地上的宝贵资源越来越稀少,人们的注意力逐渐被吸引到水下环境,特别是在近岸区域开采用作建筑材料和填沙场的海沙和集料以及开采深海矿物,如铜、镍、钴、金和锌——它们在海洋
314 中的品质比在陆地上高得多——已经成为一种可能。在可再生能源领域,人们也将注意力集中在通过海洋获取新能源,一方面通过传统手段获取波浪和海流带来的能源,另一方面调查通过发掘海洋表面温度和密度梯度来进行能源生产的潜力。

三、海洋垃圾——一个日益增长的担忧

海洋和沿海滩涂垃圾长期以来被认为不只是一个局部问题,更是一个全球性问题。在地方一般社区主导的垃圾和废弃物清理工作通常是一个自愿过程,这些工作成功地提高了人们的环保认识,帮助人们了解垃圾的来源并尝试各种方法来确保垃圾不会到达海岸并进入海洋和生态系统。在全球范围内自 20 世纪 80 年代以来,随着大洋环流的流动,我们所有的海洋盆地都发现有大量的垃

圾堆积，其中最著名的可能是太平洋环流。垃圾中最有害的成分是塑料，通常在海鸟和海洋哺乳动物的消化道中被发现(Gall and Thompson，2015)。各种报告显示，海洋表面漂浮着 1 万～3.5 万吨塑料碎片。这还不包括沉降到海底或长时间滞留在水体中的垃圾数量。塑料在海洋环境中的持续时间可以达到数百年至数千年。然而，最新的报告(van Sebille *et al.*，2016)提供的科学证据显示，虽然我们知道全世界正在生产更多的塑料，但是目前海洋塑料的数量似乎没再增加。有些研究猜测一些由于环境破坏而产生的塑料小碎片实际上可能会移动到海洋的更深处以及进入中上层鱼类的胃中。尽管原因尚不清楚，但人们认为，一些海洋垃圾要么沉没，要么在下降到海底更深处之前，被生活在相对较浅水层的鱼消化了。尽管这些研究提出了新的担忧，但是我们现在已经能够更好地监测、量化和预测海洋垃圾的运输和积累，这有助于提供新的见解。

四、政策与科学

在过去的二三十年里，将科学与政策联系起来一直是许多海洋和海岸带学术会议的主题。一段时间以来，对基于科学支撑的政策的渴望已得到人们的认可。例如，在英国，由于认识到科学研究是海岸带管理的根本基础，因此成立了专门的海岸管理科学和政策部门，如苏格兰海洋局。科学研究不断为我们提供新的数据、信息和方法，并提高对海洋和海岸带环境的认识和理解，其中大部分得到了许多新技术的帮助。虽然我们的大部分工作侧重于了解自然和生态环境，但人们越来越认识到，正是提高了对海洋和海岸带环境作为我们陆地生存和安全的重要组成部分的作用和价值的认识，此时人往往是把科学与政策联系起
来的关键。我们需要持续对海岸带环境和陆海景观保持兴趣，因为气候变化与 315
适应性、经济发展和海岸带资源的压力会给它们带来变化的挑战，同时，个人和群体都要参与到这项为了海洋和海岸带资源的未来和我们的子孙后代造福的计划和决策工作中。

五、陆地景观和海洋景观

在海岸带管理的方法和实践中,人们已经逐渐认识到了海岸带的陆地或海洋景观是人们认识和评价海岸带环境的重要因素。海洋和海岸带不断增长的环境压力也使得海岸带的视觉外观产生了戏剧性的变化,例如,沿着滨水区的新开发项目,海洋可再生能源设施的出现和选址以及由于气候变化,通过海洋侵蚀、沉积、经常性淹没和反复出现的洪水导致的海岸线外观的变化。以往对海岸的记录,如文字描述和带有插图的文件和风景画,以及最近的照片和视频中所包含的这些海岸景观正越来越多地被用来帮助我们了解海岸线是如何随着时间的推移而变化和演变的;但这些记录有艺术加工的因素,并不总是很准确的。以诗歌、旅行笔记、音乐和照相形式出现的记录也可以对海岸带和海洋环境随时间的变化提供见解,包括它们的物理形态、基础设施、建筑物、船只和航运等。描述性和直观的记录也是一个非常重要的部分,它们可以让我们理解海岸带对我们个体和群体的意义以及为什么我们在改变海岸时需要在某种程度上评估这些视觉景观,以努力保留这些特别的地方吸引我们的精华部分。这些考虑需要放在发生无情变化或者可能破坏原始景观的变化之前。如今,人们正在通过景观指标、特征评估、可视化工具和虚拟现实来思考海岸的这些问题。我们甚至可以在"谷歌地球","谷歌海洋"和街道视图等计算机软件的帮助下,去开展海岸和海洋的虚拟旅游。这些信息和相关工具已经在目前相关工作计划海岸可再生能源的外观视觉特征中处于核心地位。

六、人类的适应性、迁徙和重新安置

随着气候变化导致世界某些区域海平面大幅上升,再加上这种变化的速度之快前所未有,它已经导致大量的人口离开不可持续生存的低洼沿海区域而流离失所,例如孟加拉国。事实上,世界上许多其他沿海城市变得越来越脆弱(Pelling and Blackburn,2013)。然而,在短期内,气候变化对地势较低的岛屿和环礁国家的影响更为显著,这些国家的人口被迫开始向该国或世界的其他区域迁移，如马尔代夫、马绍尔群岛、基里巴斯。如果这些流离失所的人口无法迁移到他们国家的另一个地方，海平面上升和海水侵入的影响当然将是一个更为严重的问题，需要在世界其他地方寻找和征用土地进行重新安置，或者通过将人口作为气候难民的方式迁移到愿意接收他们的国家。由于海平面上升和海水渗入 316
农业区域的影响，导致粮食和水安全的丧失以及相关的健康危机，因此岛屿人口尤其脆弱。除了海平面上升的影响外，风暴频率和严重程度的增加也可能对世界低洼区域造成毁灭性影响，由于风暴导致自然海岸保护特征区域和可居住土地受到侵蚀而丧失会导致经济和环境后果。在阿拉斯加西部，由于风暴和海浪的作用以及海冰每年平均滞留时间的减少，阿拉斯加原住民社区正以骇人的速度失去土地。随着北极气温的升高和气候条件的变化，海冰的流失也会导致当地物种的自然栖息地的流失，这些栖息地为这些社区提供长期的基本生存和文化需求。最后，在沿海经济高度依赖旅游业的地方，气候变化的影响将是显著的，这些地方的旅游收入会损失，抑或是增加用来维持那些能吸引游客旅游进入的特色景点的通道和景区质量的成本。

七、通往海滨和海滩的通道

海岸防护设施的建设和新的、往往是高端的滨海旅游胜地及其相关的休闲设施、住房和基础设施的开发限制了大众前往海滩和海岸的机会，在旅游中制造了贫富之间的差异，并且导致了有些人丧失了生计，出现对沿海原生社区十分不利的一面。因此，在一些沿海区域，市政当局与沿海居民之间的冲突不断攀升，包括有关财产和权利的分歧以及公共设施和空间的破坏。例如，在美国，马里布所谓的"沙盒"说明了一个动态，即私人财产所有者有时限制或不提供公众进入海滩的通道。在这些区域不存在私人海滩的概念，而根据《1976年的加州海岸法》(*California Coastal Act of* 1976)其他通过放置指示牌和其他更多的物理限制来阻碍公众海滩游客的尝试遇到了社会阻力。在世界其他地方，由于滨水区的土地再开发，破旧和被遗忘的区域变成了新的豪华住宅，使得社会不平等现象已经出现。在世界上一些面临海岸涌浪和海啸波威胁的区域，巨大而连续的海堤建设也使原生的历史悠久的社区脱离海滩空间和生计来源。与此同时，人们越来越担心,谁将为保护商业和房地产资产的建设项目买单,包括可能仅仅被一场风暴就可以摧毁的昂贵的海滩填沙护滩活动。

八、海岸灾害和脆弱性

随着气候变化,世界各地越来越关注沿海社区在大量海洋和海岸带灾害面前的脆弱性。其中包括海啸。2004 年印度洋海啸引起了全世界的关注,其直接导致了大片区域内的沿海人口和生计来源受到严重影响,包括造成人员大量死亡。因此人们将更多的注意力集中于发展足够敏感的全球监测网络,以提供关
317 于海啸波的成因、时间和空间影响的预警信息。如今,全球对海啸事件的认识和向公众传达海啸警报的提前性和可靠性均有所提高。这些预警可以在海啸引发的海啸波产生影响之前就成功疏散面临威胁的沿岸居民。现在,更高分辨率的无缝海洋地形和水深数字高程模型、绘图、预测和海啸模拟也或多或少地为确定受海啸影响的海岸线和人群提供依据。其他影响包括海平面上升、较强降水引发的更频繁的河流和沿海洪水、海平面基线升高导致浅层潮汐引发的沿海洪水、海浪侵蚀导致海岸防护工程更大的破坏,甚至是由于海水侵入沿海含水层改变了地下水动力平衡造成的内陆翘曲以及道路路面和铺砌区域的开裂。为了评估这些灾害,一些以实现先进的沿海脆弱性地图绘制的工具正在出现,其中一些工具通过网络地图门户网站提供在线、公开的信息,让人们更清楚地了解那些具有或多或少灾害风险的海岸线(Fitton *et al.*,2016)。

九、沿海社区、气候变化适应和不确定性

随着许多沿海区域受到气候变化的影响,人们越来越关注制定应对气候变化的策略,以期对可能发生的变化进行提前准备并进行及时调整。其中一些问题已在第十三章中讨论。策略包括通过建立有生命力的岸线来与自然合作、恢复受影响的栖息地以及实现一些自然的或者是以自然为基础的功能来与传统的坚固构筑物相配合,以获得综合解决方案来创造海岸线保护、水质和栖息地改善、洪水控制、固碳、滨海休闲等多重综合效益。例如,有生命力的岸线能够适应

气候变化的影响,而且相比于建设和维护那些随着时间不断损耗的坚固构筑物,它的成本仅仅是后者的一小部分。

人们在受到资助的研究成果上已经付出了大量的努力,以更深刻地认识到海洋和沿海环境、海岸过程的作用以及重点做好应对气候变化对沿岸社区潜在影响的准备。然而,与气候变化有关的不确定性仍然是一个相当大的挑战。尽管有科学研究的结果,更多的数据和信息以及复杂的模拟工具和技术,但是仍然很难迫使人们确定他们的相对风险态势和面对、对相关变化做出规划的需求,包括可能发生的也可能永远不会发生的变化的严重性。对投资回报的短期期望和对私利的渴望往往妨碍了更好地制定长期规划以及降低风险和规避成本的效益。人们认识到具有恢复力的社区是能够准备、响应、吸收、恢复和适应外部事件的社区,因此社区恢复力的概念正在呈现改变社区如何做出应对变化的规划的态势。目前,许多社区和更高级别的方案都缺少一个关键点,即如何从变化中 318
恢复过来的同时提升恢复力。社区的自然趋势是设法迅速恢复原状,但是如果缺乏事先准备好的恢复计划,就可能无法认识到或考虑到更好、更具韧性的手段。在全球范围内,最昂贵的保险支出之一是反复的洪水损失,这往往是由于人们倾向于在同样发生洪水的高风险区域原地重建。随着在沿海社区开始投资共有前瞻性的、基于风险的恢复规划,甚至开展减少风险和提高复原力的迭代式改进项目,灾害和气候变化的经济成本和社会成本可以得到更好的控制。

十、海上运输和航运

尽管从一开始,我们就利用海洋从事运输并建造港口用来进行贸易和避风,但海洋运输和航运业伴随着从人力到用帆再到用燃料发动机以及核动力等技术创新而进步。随着发展趋势越来越转向于降低环境和空气污染,人们的注意力转移到了为全球航运提供清洁能源的新途径上。除此之外,人们对海洋柴油泄漏、沿海燃料排放和气候变化的一般原因以及大型游轮越来越多地进入原始区域(如北极)的担忧也在增加。尽管在最近的未来完全摆脱化石燃料可能需要一段时间,但从长远来看,船舶将越来越多地以可再生能源来作为海上运输的主要动力。推进技术的发展已经证明了太阳能、风筝和更现代的风能利用方法的实用性。随着海上运输继续成为日益增长的全球运输网络的支柱以及在当地沿海区域未来利用强度的增加,加上对利用更清洁燃料和更节能船舶的渴望,都将会重点采用新的更环保的技术,以确保海洋清洁和健康。

十一、邮轮

如第十五章所述,近年来旅游业发展最迅速的一个领域是邮轮行业。与过去情况不同,邮轮数量和规模的增长非常迅速。多数船只现在可以运载数千名游客。这些邮轮一方面可以与过去的远洋班轮的回忆建立极好和浪漫的联系,另一方面也是伟大的工程壮举。近年来,它们在度假和旅游方面的受欢迎程度迅速提升,为这些船只到访的许多沿海地区提供了非常有价值且充满活力的经济来源。然而,除了对小型社区经济体具有吸引力和开发新港口基础设施的经济潜力外,这新一代邮轮的规模之大实际上使得很多沿海城镇和港口相形见绌,同时随之带来大量的人口涌入小型居民社区对本就基础设施包括通信设施有限的社区承载力和环境带来了许多负面影响。下面是一个说明邮轮行业带来负面
319 影响显著的例子。由于北极海冰融化引发了几乎全年都开辟了广阔的远洋和航运航线。邮轮行业进驻这些以前是原始的海域引发了人们对这一迅速扩张行业的某些挑战性方面的关注。这些可能包括经营者坚持环保做法的程度、船只的数量(现在几乎全年都有)以及对成千上万游客进入小社区的影响。此外,如果发生事故,人们担心处理沉船和相关石油泄漏的能力,因为如果要迅速应对的话,北极的资源是有限的(Klein,2005)。

十二、环境安全

环境安全涉及海洋和海岸带环境保护方面,从保护其不受由货轮舱内货物附带的外来生物入侵的影响,到日益增长的应对全球海盗问题的需求,这些海盗的目标是国际航运,他们通过多种形式威胁休闲船只和商业航运。随着国际航运体量的增长,全世界都面临着由于压舱水的排放而导致的生物入侵问题。所谓的生物入侵对入侵地生物多样性造成了严重的、不可逆转的破坏。这在很大

程度上已通过《船舶压舱水和沉积物控制和管理国际公约》(*the International Convention for the Control and Management of Ships' Ballast Water and Sediments*,BWM)得到解决。自 20 世纪 90 年代末以来,海盗行为已成为全球关注的主要问题,其正在对沿海周边的人员和区域安全产生巨大影响。它可能意味着登船、劫持、绑架和抢劫。航运业在货物、船只、人员、赎金以及海军提供保护方面的经济成本都是巨大的,甚至还要以人的生命作为代价。这个主要与贫穷的沿海国家有关的问题正显著增加,只有通过经济发展和教育才能解决。随着北极冰的融化,北极海域正迅速变得更容易开展全年航运,从而为国际海域提供了捷径。随着交通便利程度的提高,包括军用船只和邮轮在内的航运强度的增加,会对小型原生社区和野生动物栖息地造成影响。此外,在一些目前安保水平不够的区域有可能发生碰撞、溢油及安全等事故(http://www. geopolitical-monitor. com/current-state-global-maritime-piracy)。

十三、总结与结论

我们从一开始就一直在寻求治理和管理海岸带及海洋环境的方法。虽然我们最初可能根据实际情况和进行海岸带管理,并且积累了一定经验,但是随着时间的推移,从渔业到工业选址、从航运到定居,海岸带和海洋环境的重要性不断增长,进而逐渐导致了不断增加的管理压力。这就需要更加正规的管理方法以确保可持续的利用和更现代的长期可持续利用的策略。

正如我们今天所知道的,海洋和海岸带管理是一个相对较新的概念,而且在不断演化。当然,海洋和海岸带管理无疑也是一个非常复杂的课题,研究它需要掌握多学科的专业技能、知识、理解和技术,同时具备与社会和经济领域打交道的能力。同时,海岸、近海和远洋是人类文化中一个固有、根深蒂固的部分,也是 320
我们这个世界中具有永无止境的吸引力、具有浪漫联系和社会价值的一部分。

我梦中的海洋……
将我所有的痛苦、仇恨和悲伤埋葬,
让我的思念和遗憾释怀,
使我的希望和梦想远航,

我对那片海惊鸿一瞥,

海洋,对我而言,承载了我个人经历和历史的回忆。

承蒙得到韩盛弼的善意授权(http://www.hansungpil.com)

参考文献和延伸阅读

Armitage, D., Charles, A., and Berkes, F. (Eds.). (2017). *Governing the Coastal Commons: Communities, Resilience and Transformation*. Routledge, London and New York.

Fitton, J.M., Hansom, J.D., and Rennie, A.F. (2016). A National Coastal Erosion Susceptibility Model for Scotland. *Ocean and Coastal Management* 132: 80–89.

Gall, S.C. and Thompson, R.C. (2015). The Impact of Debris on Marine Life. *Marine Pollution Bulletin* 92(1–2): 170–179.

Klein, R.A. (2005). *Cruise Ship Squeeze: The New Pirates of the Seven Seas*. New Society Publishers, 312pp.

Pelling, M. and Blackburn, S. (Eds.). (2013). *Megacities and the Coast: Risk, Resilience and Transformation*. Routledge, London and New York, 272pp.

van Sebille, E., Spathi, C., and Gilbert, A. (2016). The Ocean Plastic Pollution Challenge: Towards Solutions in the UK. Grantham Institute Briefing Paper No 19. July 2016. Imperial College London, 16pp.

索　　引

（数字为英文原书页码，在本书中为边码）

译　后　记

《海洋和海岸带资源管理:原则与实践》作者为英国阿伯丁大学地理科学学院地理与环境系的阿伯丁海岸科学与管理研究所和环境监测与制图无人机中心主任大卫·R. 格林以及美国国家海洋和大气管理局海岸带管理办公室主任杰弗里·L. 佩恩。每章均由相关领域的国际权威专家撰写。本书英文版原著于2017年9月由劳特奇出版社首版发行。

本书除第一章结论以外,共分三个部分,共十七章,第一部分为二至六章,第二章介绍海岸/海岸带管理包括海岸管理的历史演变和一些关键定义;第三章探讨了海滩尺度下的海岸管理方法,包括保护和养护海滩战略的制定和实施;第四章介绍海洋法;第五章介绍海洋空间规划;第六章介绍了海岸工程师在海洋和海岸带管理中的作用。第二部分为七至十章,第七章介绍数据转化为信息的途径;第八章介绍建模在海岸带和海洋环境中的作用;第九章探讨了基于地理信息系统网络地图集的形式访问海洋和海岸带数据信息的需求与方法;第十章介绍从声纳到多波束等水下测量技术。第三部分为十一至十七章,第十一章介绍海岸生态学、海岸保护、可持续性和海岸管理的难题;第十二章在海岸带生态系统管理的背景下讨论海洋和海岸带生物、海洋渔业和水产养殖;第十三章探讨适应气候变化及其对海岸带区域环境影响的必要性;第十四章探讨近岸环境中发生利益冲突的可能性;第十五章介绍滨海和海洋旅游;第十六章介绍冲浪科学和多用途礁。第十七章介绍海洋和海岸带环境中用途相互冲突的各种用海活动。

全书均由国家海洋信息中心译者团队翻译。其中第一章、第二章由王倩翻译;第三章、第十七章由张宏晔、孙艳莉翻译;第四章由张慧翻译;第五章、第九章由邓跃、臧琦翻译;第六章由纪大伟、郭连杰翻译;第七章由刘文利翻译;第八章、第十六章由东韩、侯辰晨翻译;第十章由徐辉奋、刘畅翻译;第十一章由魏莱翻译;第十二章由刘书明、翟伟康翻译;第十三章由李欣冉翻译;第十四章由田洪军、郑芳媛翻译;第十五章由乔琳、魏秀兰翻译。相文玺、曹英志承担了译校工作。全书由魏莱统稿。

感谢周秋麟研究员和林宝法研究员对本书全部译文进行的细致入微的指导。感谢商务印书馆李娟主任、责任编辑魏铼为本书所做的工作。借本书出版之际,谨向以上诸位师友,一并深致谢忱!

鉴于学术水平、知识谱系、见识能力等的局限,译著中仍可能存在疏漏不当之处,期望各位读者不吝赐教指正。

译　者

2023 年 9 月

图书在版编目(CIP)数据

海洋和海岸带资源管理:原则与实践/(英)大卫·R. 格林,(美)杰弗里·L. 佩恩编;相文玺,曹英志,魏莱译. —北京:商务印书馆,2023
("自然资源与生态文明"译丛)
ISBN 978-7-100-22595-3

Ⅰ.①海… Ⅱ.①大… ②杰… ③相… ④曹… ⑤魏… Ⅲ.①海洋资源—资源管理②海岸带—沿岸资源—资源管理 Ⅳ.①P74

中国国家版本馆CIP数据核字(2023)第113165号

"自然资源与生态文明"译丛
海洋和海岸带资源管理:原则与实践
〔英〕大卫·R. 格林 〔美〕杰弗里·L. 佩恩 编
相文玺 曹英志 魏莱 译

商务印书馆出版
(北京王府井大街36号 邮政编码100710)
商务印书馆发行
北京中科印刷有限公司印刷
ISBN 978-7-100-22595-3
审图号:GS(2023)3065号

2023年11月第1版 开本 710×1000 1/16
2023年11月北京第1次印刷 印张 25½

定价:178.00元